McCollough / Atta · Statistik programmiert

Celeste McCollough/Loche van Atta

Statistik programmiert

Ein Grundkurs zum Selbstunterricht

Aus dem Amerikanischen: Bearbeitet von
Dr. Manfred Hofer, Dipl.-Psych., in Zusammenarbeit
mit dem Psychologischen Institut der
Universität Düsseldorf

Beltz Verlag · Weinheim und Basel

Aus dem Amerikanischen: Bearbeitet von Dr. Manfred Hofer, Dipl.-Psych.,
in Zusammenarbeit mit dem Psychologischen Institut der Universität Düsseldorf

Titel der Originalausgabe: Celeste McCollough/Loche van Atta,
Statistical Concepts (a program for self-instruction)

1. Auflage 1970
2., verbesserte Auflage 1971
3. Auflage 1972, 11.-15. Tausend

Gesamtherstellung: Beltz, Offsetdruck, 6944 Hemsbach über Weinheim
Printed in Germany

ISBN 3 407 28052 1

Inhaltsverzeichnis

Vorwort der Verfasser

Das vorliegende Buch ist als Lehr- und Lernbuch gedacht. Es stellt die Grundlagen des statistischen Denkens in leicht faßlicher und – da in programmierter Form dargeboten – in Schritt für Schritt nachvollziehbarer Weise dar. Der Anfänger im Bereich der Statistik – gleich welcher Studienrichtung er entstammt – kann dieses Buch als Einführung und als Leitfaden benutzen. Der Leser, der sich eingehender mit statistischen Problemen befassen will, wird sich der Spezialliteratur (etwa den auf Seite 361 angegebenen Büchern) zuwenden müssen. Es wird ihm allerdings sehr zum Vorteil gereichen, wenn er sich vorbereitend mit dem vorliegenden Text beschäftigt. Auch zur Wiederholung und Festigung bereits erworbenen statistischen Grundwissens ist dieses Buch wegen seiner programmierten Darbietung besonders geeignet. Und nicht zuletzt kann es als Leitfaden für Statistikkurse der verschiedensten Fachrichtungen dienen.

Einzelne Abschnitte des vorliegenden Lehrbuches können ohne die Kenntnis anderer Abschnitte bearbeitet werden. In der Einführung zu jedem Kapitel ist vermerkt, welche Abschnitte als Voraussetzung für das betreffende Kapitel erforderlich sind.

Das Lehrbuch wurde ursprünglich für unsere Psychologiestudenten geschrieben. Ihnen und den mehr als 300 anderen Studenten, die an der Erprobung mitwirkten, gebührt unser Dank für die zahlreichen Vorschläge, die zu vielen Verbesserungen geführt haben. Desgleichen danken wir Blair STEWART dafür, daß er uns mit didaktischen Anregungen unterstützt hat. Für Hinweise und Kritik danken wir John BARLOW, Dalbir BINDRA, Robert DE HAAN, George A. FERGUSON, der Schwester Mary FERRER, Phil. C. LANGE, George F. MAIR, Margaret MODLISH, J. William MOORE, Derek NUNNEY, Edward OSTRANDER, Edward POHLMAN, Jack D. RAINS, M. Daniel SMITH, Paul A. SMITH, Judith Ann WILLIAMS und insbesondere Samuel GOLDBERG. Wir freuen uns, unseren Dank auch der Ford Foundation abzustatten dafür, daß sie uns für die Entwicklung dieses programmierten Lehrbuches ein großzügiges Stipendium zur Verfügung stellte.

Celeste MC COLLOUGH
Loche Van ATTA

Vorwort zur deutschen Ausgabe

Mit der ständig wachsenden Bedeutung empirischer Untersuchungen im Bereich der Sozialwissenschaften ist der sichere Umgang mit statistischen Gedankengängen und Techniken heute in vielen Disziplinen, insbesondere denen der Psychologie und der Erziehungswissenschaften, unerläßlich.

Für so manche Studierende und für ältere Fachkollegen, die zu geeigneten Lehrveranstaltungen keinen Zugang haben, ist es noch immer sehr schwierig, einen Text zu finden, mit dem sie sich als Autodidakten ein fundiertes statistisches Grundwissen aneignen können.

Nachdem ich verschiedene, in den letzten Jahren erschienene programmierte Lehrbücher auf ihre Eignung gerade bezüglich der Ausbildung an Psychologen und Pädagogen durchgesehen habe, erschien mir vorliegendes Buch von McCollough und van Atta trotz mancher Mängel am besten geeignet, dieses Grundwissen zu vermitteln. Auf der Suche nach einem fachlich qualifizierten, thematisch interessierten und didaktisch geschickten Kollegen, hat sich mein Mitarbeiter Manfred Hofer bereit gefunden, neben den Vorbereitungen zu seiner Promotion auch diese Aufgabe in Angriff zu nehmen und – wie nun ersichtlich – erfolgreich zu beenden. Es verdient hervorgehoben zu werden, daß sich Dr. Hofer nicht mit einer Übersetzung begnügt hat, sondern das Buch in einem ersten Stadium neu bearbeitet und in einem zweiten Stadium der Entwicklung empirisch auf seine Eignung hin überprüft hat, indem er es einer Gruppe von Studenten der Psychologie, der Pädagogik und der Medizin an der Universität Hamburg zur Durcharbeitung vorlegte und es in einem dritten Schritt nach den Ergebnissen dieser empirischen Überprüfung endgültig abgefaßt hat. In der vorliegenden Form ist somit McCollough und van Attas Programm sowohl eine Revision wie zugleich auch eine Adaptation der Originalfassung an die Bedingungen des Unterrichtsbetriebes an einer deutschen Universität.

Ich glaube, es ohne Einschränkung all jenen empfehlen zu können, die ich oben als mögliche Interessenten angesprochen habe.

Düsseldorf, Sommer 1969 G. A. Lienert

Hinweise für den Studenten

Wenn Sie dieses programmierte Lehrbuch sinnvoll benutzen wollen, dann sollten Sie folgende beiden Hinweise beachten:

1. Decken Sie die Antworten zu jeder Aufgabe solange ab, bis Sie Ihre eigene Antwort niedergeschrieben haben.
2. Halten Sie Ihre Lernzeiten kurz! Lernperioden von 15 bis zu 30 Minuten sollten genügen.

Was versteht man unter einem „Programmierten" Lehrbuch?

Ein Lehrbuch sollte für den Leser einen Leitfaden darstellen, der es ihm ermöglicht, das neue Gebiet vom Anfang bis zum Ende zu verfolgen. Ein *programmiertes* Lehrbuch im besonderen sollte dasselbe erreichen, jedoch *ausführlicher* in den einzelnen Stufen des Vorgehens. Jede dieser Stufen ist eine *numerierte Einheit.* Sie wird als *Rahmen* bezeichnet, und *folgt logisch* aus der vorhergehenden.
Das Besondere ist nun, daß einige Teile des Textes absichtlich unvollständig gelassen werden, so daß der Leser, der den Gedankengang verfolgt, veranlaßt wird, die fehlenden Worte aus dem Gelernten zu ersetzen. Diese fehlenden Worte sind die „Antworten", die Sie finden und selbst niederschreiben sollen.

Warum und wie benutzt man das Abdeckblatt?

Regel 1 weist darauf hin, daß die Antworten abzudecken sind. Da die Antworten auf der rechten Seite einer jeden Frage abgedruckt sind, könnte man sie doch zugleich mit den Fragen ablesen. Warum aber soll man sie selbst finden und niederschreiben?
Das Finden und Schreiben der eigenen Antworten ist der einzige Weg, auf dem man *unmittelbar* feststellen kann, ob man das Wesentliche am Inhalt erfaßt hat oder nicht. Sicher haben Sie schon oft eine Stunde oder mehr über einem Buch gesessen und dann festgestellt, daß Sie Wesentliches überlesen haben. Dies kann dann leicht passieren, wenn sich die

Antworten zu einer Frage bereits im Text befinden. Man gibt sich dann der *Illusion* hin, alles verstanden zu haben, obgleich man später feststellt, daß dies keineswegs der Fall war. Aus diesem Grunde soll man die Antworten selbst finden.
Um dies auf bequeme Weise zu erreichen, benutzen wir als Abdeckblatt einen Karton, mit dem wir die Antworten so lange abdecken, bis wir unsere eigenen Antworten niedergeschrieben haben. Am besten benutzen wir dazu einen dünnen Karton, den wir leicht selbst herstellen können. Er soll die folgenden Abmessungen besitzen:

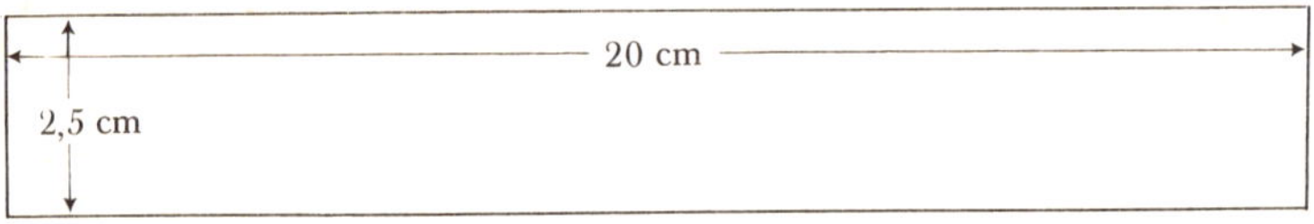

Dieses Abdeckblatt legen wir der Länge nach auf die rechte Fläche, auf der die Antworten stehen. Wir schieben dann das Abdeckblatt Rahmen für Rahmen abwärts. Wir schreiben zuerst das fehlende Wort in das leere Feld und geben dann die gedruckte Antwort frei.
Wenn Sie nach dieser Vorschrift handeln, so werden Sie bald feststellen, daß Ihnen der zu lernende Stoff stets verständlich und sinnvoll erscheinen wird.
Sie werden feststellen, daß diese Methode zu einem statistischen Denken und statistischen Verständnis führt, das man durch Auswendiglernen von Definitionen und Formeln nicht erreichen kann. Sie werden dann in die Lage versetzt, den meisten allgemeineren und auch spezielleren statistischen Abhandlungen folgen zu können.

Halten Sie Ihre Lernzeiten kurz!

Nach Regel 2 sollten Sie nur 15 bis 30 Minuten durchgehend an diesem Buch arbeiten. Solch eine Lernphase ist nämlich lang genug, um einen oder mehrere Abschnitte eines Kapitels durchzuarbeiten. Sie ist lang genug, um Ihnen den Eindruck zu vermitteln, daß Sie etwas Neues gelernt haben; und sie ist andererseits kurz genug, daß Sie alle verfügbaren Zwischenzeiten, die sonst leicht verlorengehen, nutzbringend anwenden können. Versuchen Sie, jedesmal, wenn Sie die Lektüre wieder aufnehmen, den zuletzt gelernten Abschnitt zu rekapitulieren, indem Sie die zusammenfassenden Rahmen am Ende eines jeden Abschnittes wiederholen. Diese Rahmen werden Ihnen einen Überblick über das Gelernte vermitteln, so daß Sie jederzeit den Faden wieder aufnehmen können. Darüber hinaus finden Sie am Ende eines jeden Kapitels einige Aufgaben, die Ihnen die Möglichkeit geben, Ihr Verständnis zu überprüfen.

Natürlich können Sie auch über längere Zeiten an dem vorliegenden Lehrbuch arbeiten, aber dieses Lehrbuch hat gerade den besonderen *Vorteil*, daß man damit Zwischenzeiten nutzen kann, die sonst verlorengehen würden. Sie werden sicher angenehm überrascht sein, wenn Sie entdecken, daß man auch einen schwierigen Stoff auf diese Art Stück für Stück gewissermaßen unterwegs lernen kann.
Neben den zusammenfassenden Rahmen am Ende der meisten Abschnitte und den Aufgaben am Ende eines jeden Kapitels hat dieses Buch noch zwei andere Besonderheiten, die Ihnen zu einer Übersicht über das Gelernte verhelfen können. Einmal finden Sie im Inhaltsverzeichnis zu Beginn des Buches die ausführlichen Überschriften aller Abschnitte, und zum anderen enthält das Stichwortverzeichnis am Ende des Buches die wichtigsten Begriffe unter Kennzeichnung der Seiten, auf denen sie vorkommen.

Bedeutung der Begriffe

Die bezifferten Einheiten eines programmierten Lehrbuches nennt man *Rahmen.* Eine durch eine gerade Linie innerhalb eines solchen Rahmens bezeichnete Leerstelle muß durch ein Wort oder durch eine Zahl ersetzt werden.

Beispiel Ein Lehrbuch, das den Leser veranlaßt, Antworten in Leerstellen einzusetzen, nennt man ein ____________ Lehrbuch.

programmiertes

Wenn in die Leerstelle zwei oder mehr Wörter eingesetzt werden müssen, wird dies durch eine Doppellinie angezeigt.

Beispiel Um solch ein Lehrbuch möglichst wirksam zu benutzen, muß der Student solange die gedruckten Antworten abdecken, bis er ============ .

seine eigene Antwort niedergeschrieben hat

Wie diese Beispiele gezeigt haben, erscheint die Antwort für eine Leerstelle in derselben Zeile wie diese. Wenn innerhalb ein und derselben Zeile zwei Leerstellen stehen, dann werden die Antworten durch einen Bindestrich getrennt.

Beispiel Ein weiterer Vorteil eines programmierten Lehrbuches ist der, daß die ____________ Lernabschnitte möglichst ____________ sein können.

einzelnen – kurz

Gelegentlich wird es vorkommen, daß die zu zwei aufeinanderfolgenden Leerstellen gehörigen Antworten wechselseitig vertauschbar sind. Das heißt, die Antwort ist richtig, gleich welche Reihenfolge der Wörter gewählt wird. In solch einem Fall wird der Bindestrich durch einen zweiseitigen Pfeil ersetzt. Ein solcher Pfeil wird auch dann verwendet, wenn die Leerstellen nicht in dieselbe Druckzeile fallen.

Beispiel Wenn man eine Münze wirft, so wird man entweder ________ oder ______________ erhalten.

Kopf (oder Wappen) ⟷ Zahl

Kapitel 1: Einführung in die Statistischen Schlußweisen

Viele unserer praktischen Entscheidungen müssen angesichts unvollständigen Wissens gefällt werden. Selten ist es möglich, alles zu kennen und zu wissen, was notwendig wäre, um eine verbindliche Feststellung zu treffen. Die Fähigkeit, aufgrund unvollständiger Informationen Schlußfolgerungen zu ziehen, die sich später als richtig erweisen, sobald weitere Informationen verfügbar sind, ist die Voraussetzung dazu, ein guter Kaufmann oder ein guter Politiker zu werden.
Auch in wissenschaftlichen Untersuchungen ist es häufig notwendig, Schlußfolgerungen aus einer begrenzten Zahl von Informationen zu ziehen. Die Gewinnung von Informationen ist im allgemeinen ein kostspieliges und zeitraubendes Verfahren. Deshalb ist es für den Untersucher wichtig zu wissen, wann er mit genügend hoher Sicherheit eine bestimmte Schlußfolgerung ziehen darf.
Mit dem Problem, *Schlußfolgerungen* (oder Inferenzen) *aus unvollständigen Informationen zu ziehen*, befaßt sich ein spezieller Bereich der Mathematik, den man als Statistik bezeichnet. Das Studium der Statistik lehrt daher, wie man bei einer bestimmten Menge von Datenmaterial auf Grund bestimmter Rechenregeln zu Schlußfolgerungen gelangt.
Das 1. Kapitel soll nun einige der wichtigsten Grundbegriffe einführen, auf denen die statistischen Verfahrensweisen beruhen. Wir beginnen dabei mit einer Unterscheidung zwischen einer Stichprobe und einer Population, woraus am besten ersichtlich wird, warum für bestimmte Schlußfolgerungen statistische Methoden herangezogen werden müssen.

A. Stichproben und Populationen

Wollten wir das Intelligenzniveau von Universitätsstudenten in der Bundesrepublik untersuchen, so könnten wir die Intelligenzquotienten aller Studenten bestimmen. Diese Menge von Meßwerten würde eine vollständige (oder erschöpfende) Anzahl aller für unser Untersuchungsziel relevanten Informationen darstellen. Mit solch einer vollständigen Anzahl von Beobachtungen könnten wir mit absoluter Sicherheit bestimmte Feststellungen über die Intelligenzquotienten (IQ's) der Studenten treffen. So könnten wir z. B. die Variationsbreite oder den Mittelwert aller Intelligenzquotienten genau angeben. Nun ist es jedoch innerhalb einer einzigen Untersuchung sehr selten möglich, die Gesamtheit aller relevanten Beobachtungen zu erheben. Gewöhnlich genügt es, daß wir einen kleinen Teil aller möglichen Beobachtungen erheben. Man bezeichnet die Gesamtheit aller relevanten Beobachtungen als POPULATION (oder Grundgesamtheit) und jenen Teil aus ihr, der im Rahmen einer Untersuchung tatsächlich verfügbar ist, als STICHPROBE. In dem Augenblick, in dem wir anstelle einer Population mit einer Stichprobe von Beobachtungen operieren, müssen wir statistische Methoden anwenden.

1–1 In der Alltagssprache bezeichnet der Ausdruck Bevölkerung oder „Population" der Bundesrepublik eine Menge von Elementen, deren individuelle Mitglieder ________ sind. In unserem – dem statistischen – Gebrauch stellt eine Population stets eine Menge von BEOBACHTUNGEN dar. Menschen

1–2 In vielen Fällen sind diese Beobachtungen Merkmale von Menschen, so die Körperlänge, das Einkommen, die Zahl der Kinder oder ähnliches. Auch in diesen Fällen besteht die Population im statistischen Sinne *nicht* aus *Menschen* selbst, sondern nur aus den ________ über bestimmte Merkmale dieser Menschen. Beobachtungen

1–3 Volkswirtschaftler sprechen von „Populationsstatistiken" und meinen dabei die Beschreibung von Merkmalen einer Population von Menschen, die in einem bestimmten Gebiet leben. Dagegen ist der Begriff der Population in der Statistik – als einem Bereich der angewandten Mathematik – niemals auf diese Personen, sondern stets auf die an ihnen durchgeführten ________ bezogen. Diese Beobachtungen werden meistens in Form von Zahlen angegeben, und diese Zahlen – nicht die Personen – sind die Elemente, aus denen sich eine *statistische Population* zusammensetzt. Beobachtungen

1–4 Die Intelligenzquotienten *aller* Studenten würden eine ________ von Beobachtungen darstellen. Von der Population der IQ-Werte aller Studenten kann man auch dann sprechen, wenn nicht alle Studenten konkret getestet wurden. Eine aus einer Population entnommene Teilmenge von Beobachtungen bezeichnet man als STICHPROBE. So würde eine begrenzte Zahl von IQs als ________ aus der Population von IQs zu betrachten sein. Population Stichprobe

1–5 Nehmen wir an, in einem Wohnhaus leben 27 Menschen. Ein Sozialpsychologe wählt jede dritte Person in diesem Haus für eine Meinungsbefragung aus. Dabei erhält er von jeder befragten Person einen *Punktwert*. In diesem Beispiel sind die Mitglieder der statistischen Population nicht Menschen, sondern ________. Punktwerte

1-6 Die Zahl der (möglichen) Mitglieder der obigen Population beträgt ______________, obwohl nicht alle von ihnen durch die Befragung erfaßt worden sind. Der Begriff einer Population von Beobachtungen bezieht sich nämlich auf alle Beobachtungen einer bestimmten Art, die prinzipiell gemacht werden *können*, wobei es nicht erforderlich ist, daß alle Beobachtungen *tatsächlich* gemacht worden sind. 27

1-7 Die Zahl der Mitglieder in der *Stichprobe* der Punktwerte beträgt ______________. 9

1-8 Nehmen wir an, daß eine neue Schizophreniebehandlung erprobt wird. Die *Population* der relevanten Beobachtungen besteht aus den Punktwerten, die die Wirkung der neuen Behandlung auf (wie viele?) ______________ Schizophrene anzeigen (und nicht nur aus den Punktwerten jener Schizophrenen, an denen die Wirkung tatsächlich erprobt wurde). Die Punktwerte des Behandlungserfolges jener Schizophrenen, bei denen die Behandlung tatsächlich durchgeführt wurde, bilden eine ______________ aus dieser Population. alle / Stichprobe

1-9 Auch eine begrenzte Zahl von Beobachtungen, die man bei einem Einzelindividuum macht, stellt eine *Stichprobe* aus der Gesamtheit aller Beobachtungen dar, die man an diesem Individuum machen könnte. So ist eine Anzahl von Antworten auf Fragen in einem Intelligenztest eine ______________ aus dem insgesamt möglichen Testverhalten des betreffenden Individuums. Stichprobe

1-10 Zusätzliche Beobachtungen würden die ______________ nur vergrößern; sie würden niemals ausreichen, um die Gesamtheit aller möglichen Beobachtungen auszuschöpfen, die notwendig wären, um die Intelligenz des betreffenden Individuums genau zu messen. Stichprobe

1-11 In stark belastenden Situationen beginnen Ratten gewöhnlich zu quieken. Eine Möglichkeit, die allgemeine Nervosität von Ratten zu messen, ist daher, die Zahl der Quieklaute zu zählen. Da eine Ratte über einen längeren Zeitraum nicht ununterbrochen beobachtet werden kann, ist die ______________ der Quieklaute nicht verfügbar; wir können nur eine Stichprobe aus ihr entnehmen. Population

1-12 Wenn man von einem Studenten erwartet, daß er in einem Semester 1 000 französische Vokabeln erlernt und wenn ihm in der Schlußprüfung von diesen 1 000 nur 75 Vokabeln als Aufgaben vorgelegt werden, dann beträgt die Population der relevanten Beobachtungen ______________. Die Zahl der stichprobenartig ausgewählten Vokabeln beträgt ______________. 1.000 / 75

Zusammenfassung

1-13 Wenn in der Statistik das Wort „Population" gebraucht wird, so bezieht sich dieses Wort auf eine Anzahl von ____________ und nicht auf eine Gruppe von Menschen. Wenn nur ein Teil der Population tatsächlich verfügbar ist, so können wir Informationen über die Population nur auf dem Wege über diese ____________ gewinnen. — Beobachtungen; Stichprobe

1-14 Die Intelligenzquotienten aller an einer Universität eingeschriebenen Studenten bilden eine ____________. Wenn die IQ-Werte der Studenten an *allen* Universitäten interessierten, so würde dieselbe Menge von IQ-Werten eine ____________ bilden. Jeder einzelne dieser IQ-Werte ist das Ergebnis einer Reihe von Beobachtungen, die ihrerseits wieder eine ____________ im Hinblick auf das Intelligenztestverhalten dieser Studenten bilden. — Population; Stichprobe; Stichprobe

B. Arten von Schlußfolgerungen aus Stichproben

1-15 Die Auswahl einer Stichprobe bezeichnet man als *Stichprobenentnahme*. Wenn Stichproben von einem Untersucher benutzt werden, so richtet sich dessen Interesse in der Regel nicht auf die Stichprobe selbst, sondern auf die Population, aus der die Stichprobe ____________ wurde. — entnommen

1-16 Ein Untersucher mag daran interessiert sein, Schlußfolgerungen über bestimmte *Merkmale* der Population zu ziehen. Feststellungen über die Merkmale einer Population nennt man DESKRIPTIVE Feststellungen. So z. B. könnten wir eine deskriptive Feststellung über die Nervosität einer bestimmten Rattenzucht machen, auch wenn wir nur wenige Ratten dieser Zucht beobachtet und von diesen wieder nur eine ____________ aus ihrem Quiekverhalten entnommen haben. — Stichprobe

1-17 Will man eine deskriptive Feststellung über das Intelligenzniveau einer Versuchsperson treffen, so geschieht dies dadurch, daß man eine Stichprobe ihres Verhaltens bei der Beantwortung von bestimmten ____________ entnimmt. Oder man will eine deskriptive Feststellung über den durchschnittlichen Intelligenzquotienten von Studenten treffen. Dies ist auch dann möglich, wenn man nur eine begrenzte Zahl von IQ-Punktwerten von Studenten zur Verfügung hat. — Fragen

1-18 Sehr häufig allerdings ist der Untersucher primär daran interessiert zu erfahren, ob zwei Populationen sich im Hinblick auf ein bestimmtes Merkmal *unterscheiden.* Wenn man z.B. Stichproben des Quiekverhaltens aus zwei verschiedenen Rassen von Ratten zur Verfügung hat, so möchte man wissen, ob die eine Rasse nervöser ist als die andere. Aufgrund der beiden *Stichproben* entscheidet man dann, ob sich die ______________, aus denen die Stichproben des Quiekverhaltens entnommen wurden, unterscheiden. Populationen

1-19 In diesem Fall ist die Schlußfolgerung, die man aus den Stichproben gewinnt, eine Schlußfolgerung bzgl. der Existenz von Unterschieden. Der Untersucher interessiert sich nicht für die Nervosität jeder der beiden Rassen, sondern er fragt: „Bedingt die Rassenzugehörigkeit einen *Unterschied* im Hinblick auf die Nervosität?" Um diese Frage zu beantworten, muß er sich fragen, ob man aus den beiden *Stichproben* schließen kann, daß zwischen den beiden *Populationen* ein ______________ besteht. Unterschied

1-20 In Laboratoriumsuntersuchungen ist man meist daran interessiert zu erfahren, ob zwei verschiedene Bedingungen, denen man zwei Gruppen von Individuen unterwirft, Unterschiede hinsichtlich eines bestimmten Merkmals verursachen. Zur Beantwortung dieser Frage muß man feststellen, ob die Beobachtungen innerhalb der Stichproben die Annahme zulassen, daß sich die den Stichproben zugrunde liegenden Populationen ______________. unterscheiden

1-21 Nehmen wir an, ein Untersucher möchte wissen, ob Vokabeln am Morgen mit weniger Wiederholungen gelernt werden können als am Abend. Zu diesem Zweck plant er ein Experiment, das ihm zwei Stichproben von Beobachtungen liefert: Eine Stichprobe von Behaltensleistungen am Morgen und eine andere Stichprobe von Behaltensleistungen am Abend. Wenn die Tageszeit des Lernens tatsächlich den Lernerfolg beeinflußt, dann sollten die beiden Stichproben von Lernleistungen den Schluß zulassen, daß sich die zugehörigen Populationen ______________. unterscheiden

1-22 Der Untersucher ist also an den Unterschieden zwischen zwei *Populationen* interessiert: zwischen den Beobachtungen (z.B. die „Zahl der Wiederholungen bis zur Perfektion"), die am Morgen gemacht wurden und den Beobachtungen, die am Abend gemacht wurden. Der Untersucher verfügt jedoch nur über zwei Stichproben aus diesen Populationen von Beobachtungen. Daher muß er, wenn er entscheidet, ob sich die ______________ unterscheiden, dies auf der Basis der ihm zur Verfügung stehenden ______________ tun. Populationen

Stichproben (oder Beobachtungen)

Zusammenfassung

1-23 Bestimmt man das Intelligenzniveau einer Versuchsperson, so nennt man diese Feststellung eine ______________ Feststellung. Sie basiert auf einer *statistischen Schlußfolgerung*, die man aus einer ______________ des Intelligenztestverhaltens dieser Versuchsperson zieht.

deskriptive

Stichprobe

1-24 Aus Stichproben lassen sich zwei Arten von Schlußfolgerungen (oder Inferenzen) ziehen. Einmal handelt es sich um deskriptive Feststellungen. Zum anderen handelt es sich um die Frage, ob zwischen den Populationen, aus denen die Stichproben entnommen worden sind, ein ______________ besteht. Diese Art der Schlußfolgerung ist immer dann erforderlich, wenn man sich dafür interessiert, ob eine bestimmte Variable (wie die Rassenzugehörigkeit oder die Tageszeit) einen ______________ auf die untersuchten Beobachtungen ausübt.

Unterschied

Einfluß

C. Warum statistische Schlußfolgerungen erforderlich sind

1-25 Sofern die gesamte Population von Beobachtungen verfügbar ist, besteht keine Notwendigkeit für statistische Schlußfolgerungen, weder für deskriptive Feststellungen noch für den Nachweis von Unterschieden. Das Bedürfnis nach Methoden der statistischen Inferenz tritt nur dann auf, wenn die Zahl der Beobachtungen auf eine ______________ aus der betreffenden Population begrenzt ist.

Stichprobe

1-26 Es ist leicht zu zeigen, daß eine deskriptive Feststellung über eine ganze Population nicht gemacht werden kann, ohne Methoden der statistischen Inferenz zu verwenden. Verschiedene Stichproben aus ein und derselben Population sind sich nicht vollständig gleich. Man darf deshalb auch nicht erwarten, daß die Population einer ihrer möglichen Stichproben genau ______________.

gleicht

1-27 Da sich die Merkmale von Populationen im allgemeinen mehr oder weniger von den Merkmalen ihrer Stichproben unterscheiden, verwendet man zwei verschiedene Begriffe, um „Merkmale" zu bezeichnen. Es ist üblich, die Merkmale der Population als PARAMETER zu bezeichnen und die Merkmale der Stichproben als STATISTIKEN. Die statistischen Methoden erlauben es nun, von Stichproben-______________ auf Populations-______________ zu schließen.

Statistiken

Parameter

1-28 Später (in Kapitel 13) werden wir erfahren, wie man aus Stichprobenstatistiken deskriptive Feststellungen über Populations-________ treffen kann. In den Kapiteln 1 bis 5 wollen wir unsere Aufmerksamkeit jedoch dem Problem der Schlußfolgerung über die Existenz von *Unterschieden* zuwenden. — Parameter

1-29 Angenommen, wir möchten den Unterschied der Körpergröße zweier *Personen* kennenlernen. Wir messen zu diesem Zweck beide Personen und finden etwa, daß die eine Person 1 cm größer ist als die andere. Wir können diese Messung kontrollieren, indem wir sie ein zweites Mal durchführen. Und wenn wir zu demselben Resultat kämen, würden wir nicht zögern, festzustellen, daß zwischen den Körpergrößen der beiden Personen tatsächlich ein ____________ besteht, obwohl dieser nur klein ist. — Unterschied

1-30 Finden wir dagegen, daß die durchschnittliche Körpergröße einer Stichprobe von Studenten der Universität A 1 cm über der durchschnittlichen Körpergröße einer Stichprobe von Studenten der Universität B liegt, so würden wir nicht ohne weiteres daraus schließen, daß die Studenten der Universität A größer sind als die der Universität B. Wenn wir eine zweite ____________ aus jeder der beiden Studentenpopulationen entnehmen würden, so würde sich dieser kleine Unterschied vielleicht nicht wiederfinden lassen. — Stichprobe

1-31 Hätten wir *alle* Studenten der beiden Universitäten gemessen, so könnten wir absolut sicher sein, daß die A-Studenten 1 cm größer sind als die B-Studenten. Der Zweifel über den Unterschied der Körpergrößen der beiden Populationen entsteht nur dadurch, daß wir eine ____________ Zahl von Messungen durchgeführt haben. — begrenzte (kleine)

1-32 Innerhalb der Population der A-Studenten (ebenso wie innerhalb der Population der B-Studenten) werden wir eine große VARIATION der individuellen Körpergrößen finden; und es ist sehr wahrscheinlich, daß wir eine größere ____________ *innerhalb* einer jeden der beiden Populationen finden werden als *zwischen* den beiden Populationen. — Variation

1-33 Unter solchen Umständen hängt es sehr von der jeweils entnommenen Stichprobe ab, wie groß der Unterschied ist, den wir finden. So z. B. wissen wir, daß Männer größer sind als Frauen, aber es wäre leicht möglich, zwei ungewöhnliche Stichproben von Körpergrößen zu erheben, indem wir in die Stichprobe der Männer hauptsächlich kleine Männer aufnehmen und in die Stichprobe der Frauen in der Hauptsache große, so daß der Mittelwert der Stichprobe der Körpergrößen von Männern ____________ sein könnte als der von Frauen. — kleiner

1–34 Da man im voraus niemals genau weiß, ob eine Stichprobe ungewöhnlich ist oder nicht, müssen wir stets im Auge behalten, daß eine gewisse Variation auch zwischen Stichproben, die aus *derselben* ______________ stammen, auftritt. So könnte der Unterschied zwischen den A- und den B-Studenten tatsächlich nicht ______________ sein als der Unterschied zwischen zwei Stichproben aus der Population der A-Studenten.

Population

größer

Zusammenfassung

1–35 Wann immer in einer Untersuchung nicht die gesamte Population von Beobachtungen verfügbar ist, müssen wir ______________ Methoden anwenden, um aus der verfügbaren Stichprobe Schlußfolgerungen auf die Population ziehen zu können.
Will man auf Populationsmerkmale schließen, so heißt das, daß man aus den Stichproben-______________ auf die Populations-______________ schließt.

statistische

einzelnen

Statistiken – Parameter

1–36 Wenn die Population von Beobachtungen in ihrer Gesamtheit nicht verfügbar ist, so kann man aus einem Unterschied zwischen *Stichproben* nicht ohne weiteres auf einen Unterschied zwischen den zugehörigen ______________ schließen. Man muß stets bedenken, daß gewisse Unterschiede auch zwischen Stichproben aus ______________ auftreten können.

Populationen

derselben Population

D. Signifikante Unterschiede

1–37 Die Variation zwischen Stichproben, die aus ein und derselben Population stammen, nennt man STICHPROBENVARIABILITÄT (oder (Zufallsvariation). Diese Variabilität wird durch jene zufälligen, unkontrollierten Faktoren bedingt, die für die Aufnahme der Beobachtungen in die Stichprobe verantwortlich sind.

1–38 Kleine Unterschiede zwischen Stichproben von Beobachtungen sind in erster Linie dem *Zufall* oder den unkontrollierten Faktoren zuzuschreiben, die die Aufnahme der Beobachtungen in die jeweiligen Stichproben bedingen. Diese Variation nennt man die ______________ Variabilität.

Stichproben

1–39 Unterschiede zwischen Stichproben von Beobachtungen, die durch die Stichproben-______________ erklärt werden können, geben

Variabilität

keine Veranlassung zu der Annahme, daß die Stichproben aus ________ Populationen stammen. verschiedenen

1-40 Wenn zwei Stichproben aus ein und derselben Population stammen, dann ist die einzige Ursache für etwa auftretende Unterschiede zwischen den Stichproben die ________. Stichprobenvariabilität

1-41 Kommen dagegen zwei Stichproben aus *unterschiedlichen* Populationen, dann sind *zwei* Quellen für etwa auftretende Unterschiede verantwortlich zu machen. Zunächst ist es die Stichprobenvariabilität, die gewisse Unterschiede zwischen den Stichproben bewirkt. Als zusätzliche Quelle wirkt jedoch die Tatsache, daß sich die ________, aus denen die Stichproben entstammen, voneinander unterscheiden. Populationen

1-42 Wenn beide Quellen gemeinsam am Werke sind, so resultieren *größere* Unterschiede zwischen zwei Stichproben als wenn nur eine Quelle allein vorhanden ist. Wenn also zwei Stichproben aus *verschiedenen* Populationen stammen, dann wird der Unterschied zwischen diesen beiden Stichproben im allgemeinen ________ sein als der Unterschied zwischen Stichproben aus *derselben* Population. größer

1-43 Wenn der Unterschied zwischen zwei Mengen von Beobachtungen so groß ist, daß er auf Grund der Stichprobenvariabilität allein nur selten auftritt, so besagt dies, daß die beiden Stichproben wahrscheinlich aus ________ Populationen stammen. Einen solchen Unterschied nennt man einen SIGNIFIKANTEN UNTERSCHIED, da er als Zeichen dafür gilt (signum facere), daß zwischen den zwei ________, aus denen die Stichproben stammen, tatsächlich ein Unterschied besteht. verschiedenen (oder zwei) Populationen

1-44 Nehmen wir an, der Unterschied zwischen den Körpergrößen der A- und B-Studenten ist im Vergleich zur Stichprobenvariabilität sehr gering. In diesem Fall würden wir schließen, daß ein so kleiner Unterschied der ________ zuzuschreiben ist und daß A- und B-Studenten *im Hinblick auf deren Körpergröße zu* der ________ Population gehören. Stichprobenvariabilität gleichen

1-45 Wäre jedoch der Unterschied zwischen den Stichproben so groß gewesen, daß er zwischen zwei Stichproben aus derselben Population nur selten auftreten würde, so könnten wir einen solchen Unterschied als einen SIGNIFIKANTEN Unterschied bezeichnen und daraus schließen, daß die A- und B-Studenten aus ________ Populationen, d.h., aus Populationen mit unterschiedlichen Körpergrößen, stammen. Im Anschluß an diese Schlußfolgerung könnten wir dann einen Erklärungsversuch für diese Erscheinung unternehmen und etwa die Zulassungsbestimmungen der beiden Universitäten näher betrachten. verschiedenen (oder zwei)

Zusammenfassung

1–46 Die durchschnittliche Körpergröße einer Stichprobe von Männern liegt im allgemeinen über der einer Stichprobe von Frauen. Der Unterschied ist im allgemeinen so ______________, daß man annehmen kann, daß er nur selten durch die ______________ allein zustande kommt. Daher schließen wir, daß Männer und Frauen im Hinblick auf deren Körpergröße zu ______________ gehören.

groß

Stichprobenvariabilität

verschiedenen Populationen

1–47 Wenn zwei Stichproben aus *verschiedenen* Populationen stammen, so werden die Unterschiede zwischen diesen Stichproben im allgemeinen ______________ sein als die Unterschiede zwischen Stichproben, die aus *derselben* Population stammen.

größer

1–48 Wenn ein Unterschied so groß ist, daß er nur selten auf der Grundlage der Stichprobenvariabilität allein zustande kommt, dann läßt er die Schlußfolgerung zu, daß die beiden Stichproben aus verschiedenen Populationen stammen. Solch einen Unterschied nennt man einen ______________ Unterschied.

signifikanten

E. Anwendung des Begriffs „signifikanter Unterschied"

1–49 Der Intelligenzquotient einer Person ist nicht mit ihrer Körpergröße vergleichbar; denn der Intelligenzquotient stellt eine ______________ aus dem Intelligenztestverhalten dieser Person dar. Wenn ein anderer vergleichbarer Test – ein Paralleltest – derselben Person gegeben würde, erhielte sie einen etwas anderen Punktwert. Dies ist eine Folge der ______________ Variabilität.

Stichprobe

Stichprobe

1–50 Dagegen ist die *Körpergröße* einer Person eine Messung, die nicht der Stichprobenvariabilität unterworfen ist. Sie stellt eine *exakte Angabe* dar. Deshalb ist es auch sinnlos zu fragen, ob der Unterschied in der Körpergröße zwischen zwei Personen signifikant ist. Wohl aber kann man fragen, ob der Unterschied in ihren Intelligenz-Quotienten signifikant ist. Solange nämlich dieser Unterschied nicht genügend ______________ ist, kann er allein durch die ______________ bedingt worden sein.

groß — Stichprobenvariabilität

1–51 Nehmen wir an, wir vergleichen die Intelligenz-Quotienten zweier Versuchspersonen (Probanden). Wir wollen wissen, ob sich der eine Quotient vom anderen *mehr* unterscheidet als sich zwei Intelligenz-

Quotienten unterscheiden, die von ________ Versuchsperson stammen. Wir fragen, ob sich die Population des Intelligenztest-Verhaltens der einen Person von der der anderen unterscheidet.

derselben (oder einer)

1-52 Selbst wenn sich die Populationen des Testverhaltens der beiden Personen nur wenig voneinander unterscheiden, so können sich die Intelligenz-Quotienten doch ________. Dies könnte z. B. dann der Fall sein, wenn eine der beiden Personen während des Tests stark ermüdet.

unterscheiden

1-53 Aber je größer der Unterschied in den Intelligenz-Quotienten der beiden Versuchspersonen ausfällt, um so ________ wahrscheinlich ist es, daß sich die Populationen des Intelligenzverhaltens ähnlich sind.

weniger

1-54 Die Frage nach der Signifikanz von Unterschieden tritt *nur* dann auf, wenn die Beobachtungen lediglich eine ________ aus allen relevanten Beobachtungen darstellen, d.h., wenn nicht sämtliche Beobachtungen der ________ verfügbar sind.

Stichprobe

Population

1-55 Das gleiche gilt für den Vergleich von Körpermessungen zweier *Gruppen* von Personen: obwohl jede einzelne Messung exakt ist, ist der Mittelwert der Stichprobe nicht gleich dem Mittelwert der Population, solange nicht alle Beobachtungen der betreffenden Population in die ________ mit aufgenommen wurden.

Stichprobe

1-56 Dieselbe Frage stellt sich beim Vergleich der Intelligenz-Quotienten zweier Versuchspersonen. Denn der Intelligenz-Quotient ist *keine* exakte Angabe. Er stellt lediglich eine ________ aus einer viel größeren Population von relevanten Beobachtungen dar.

Stichprobe

1-57 Nehmen wir an, man will zwei Fußballspieler miteinander vergleichen. Betrachtet man die *Zahl der Tore*, die jeder von ihnen während einer Spielperiode geschossen hat, dann tritt die Frage nach der Signifikanz des Unterschiedes in der Zahl der Tore (auf, nicht auf) ________. Die Zahl der Tore ist eine *exakte* Angabe. Betrachtet man aber die *Fähigkeit* der Spieler, Tore zu schießen, dann tritt die Frage nach der Signifikanz der Tordifferenz (auf, nicht auf) ________. Die Zahl der Tore ist eine *Stichprobe* aus dem gesamten Torschußverhalten der Spieler, und als solche ist sie der Stichprobenvariabilität unterworfen.

nicht auf

auf

1-58 Da die Torzahl eine exakte Zahlenangabe ist, besteht keine Frage hinsichtlich des Unterschiedes zwischen zwei Torzahlen, ebenso wie keine Frage bzgl. des Unterschiedes zwischen zwei Körpergrößen besteht. Aber in dem Augenblick, in dem die Torzahl als Indikator für die *Fähigkeit*, Tore zu schießen, genommen wird, stellt sich sogleich die Frage nach der Signifikanz des Unterschiedes; denn die Zahl der Tore in einer Spielperiode stellt eine ______________ dar und ist nicht die gesamte ______________ aller Tore der beiden Fußballspieler. Sicherlich sind in jede der beiden Stichproben viele Zufallsfaktoren mit eingegangen.

Stichprobe
Population

Zusammenfassung

1–59 Wenn man von einem „signifikanten" Unterschied spricht, so meint man damit, daß zwei Stichproben mit größter Wahrscheinlichkeit aus ______________ stammen. Wenn wir fragen, ob die Intelligenz-Quotienten zweier Versuchspersonen verschieden sind, so fragen wir in Wirklichkeit, „Stammt die Stichprobe des Testverhaltens der einen Person aus der ______________ wie die Stichprobe des Testverhaltens der anderen Person, oder stammen beide Stichproben aus verschiedenen Populationen?"

verschiedenen Populationen

gleichen Population

1–60 Wenn man die Testleistungen zweier *Schulklassen* derart miteinander vergleicht, daß aus jeder Klasse eine *Stichprobe* entnommen wird, dann stellt sich die Frage nach der Signifikanz des Unterschiedes. Auf Grund der Stichprobenvariabilität ist nämlich ein ______________ Unterschied zu erwarten. Wenn *zwei Schüler* aus diesen Klassen – auf der Basis ihrer Testleistungen – miteinander verglichen werden, dann stellt sich ebenfalls die Frage nach der Signifikanz dieses Unterschiedes, und zwar deshalb, weil jeder Testpunktwert seinerseits auf einer Stichprobe von Beobachtungen des Testverhaltens beruht, und ein ______________ Unterschied durch die Stichprobenvariabilität allein in Erscheinung treten kann.

geringer (oder gewisser)

geringer (oder gewisser)

Aufgaben zu Kapitel 1

Am 21. März wurden nach Zufall 20 Schüler eines Internates bestimmt und gefragt, wieviel Stunden sie während der letzten 72 Stunden (vom 18. bis 20. März) geschlafen hätten. Ungefähr einen Monat später, am 18. April, wurden denselben Schülern abermals dieselben Fragen gestellt, dieses Mal bezüglich der Tage vom 15. bis 17. April. Überlegen Sie nacheinander jede der Fragen 1–1 bis 1–6, die der Untersucher aus seinen Beobachtungen beantwortet haben möchte.
Jede Frage erfordert den Vergleich zweier „Populationen" von Beobachtungen, und zwar einer Population von März-Beobachtungen und einer Population von April-Beobachtungen. Beantworten Sie für jede der sechs Fragen folgende Unterfragen (a–c):

(a) *Wie viele* Beobachtungen erfordert die gesamte „März"-Population, die im Hinblick auf die vorliegende Frage relevant ist?
(b) Ist die *Gesamtheit* aller Beobachtungen in dieser Untersuchung eingeschlossen oder stellen die Beobachtungen lediglich eine *Stichprobe* aus der März-Population dar?
(c) Ist es sinnvoll zu fragen, ob der Unterschied zwischen den im März und den im April beobachteten Schlafstunden *signifikant* ist?

1–1 Hat der zuerst befragte Schüler am 18., 19. und 20. März länger geschlafen als am 15., 16. und 17. April?
1–2 Hat derselbe Schüler im Monat März länger geschlafen als im Monat April?
1–3 Haben die 20 Schüler am 18., 19. und 20. März länger geschlafen als am 15., 16. und 17. April?
1–4 Haben die 20 Schüler im März länger geschlafen als im April?
1–5 Haben die Schüler des Internats am 18., 19. und 20. März länger geschlafen als am 15., 16. und 17. April?
1–6 Haben die Schüler des Internats im März länger geschlafen als im April?

Kapitel 2: Zufallsstichprobe, erwartete Häufigkeit und Wahrscheinlichkeit

Um schließen zu können, daß ein beobachteter Unterschied signifikant ist, müssen wir wissen, ob er größer ist als ein Unterschied, der *nur* auf Grund der Stichprobenvariabilität zustande gekommen ist. Die Stichprobenvariabilität kommt durch jene Zufallsfaktoren zustande, die die Auswahl der in die Stichprobe einzuschließenden Beobachtungen bedingen. Diese Zufallsfaktoren gehorchen bestimmten mathematischen Gesetzmäßigkeiten, die als *Wahrscheinlichkeitsgesetz* bekannt sind. Auf Grund dieser Gesetze kann man berechnen, ein *wie großer* Unterschied zwischen zwei Stichproben, die aus derselben Population stammen, erwartet werden kann.
Die Gesetze der Wahrscheinlichkeit lassen sich allerdings *nur* auf solche Stichproben anwenden, die als *Zufallsstichproben* gelten. Deshalb beginnt dieses Kapitel mit der Definition einer Zufallsstichprobe im Unterschied zu einer nicht zufälligen oder *verzerrten* Stichprobe. In Abschnitt B dieses Kapitels finden Sie ein Beispiel, anhand dessen das Verfahren zur Bestimmung von signifikanten Unterschieden illustriert wird. Die Abschnitte C und D führen den Begriff der Wahrscheinlichkeit ein, der ausführlicher jedoch erst in den Kapiteln 3 und 4 behandelt werden wird.

A. Zufallsstichproben

2–1 Wir kennen zwei Bedingungen, die erfüllt sein müssen, damit eine Stichprobe als Zufallsstichprobe bezeichnet werden darf. Als erstes muß die Stichprobe so ausgewählt werden, daß jede Beobachtung in der Population die *gleiche Chance* hat, mit in die Stichprobe aufgenommen zu werden.

2–2 Wenn die Intelligenz-Quotienten der Schüler eines bestimmten Gymnasiums auf kleine Kärtchen geschrieben und in einer Urne gut durchgeschüttelt werden, wenn ferner 10% dieser Kärtchen durch eine Person mit verbundenen Augen entnommen werden, so ist diese Stichprobe eine ________________-Stichprobe, da jedes Mitglied der Population von IQ-Werten die ________________ besitzt, in die Stichprobe miteinbezogen zu werden.

Zufalls
gleiche Chance

2–3 Eine Stichprobe, die *keine* Zufallsstichprobe ist, heißt eine VERZERRTE Stichprobe. Wenn z. B. einige IQ-Werte nicht in die Urne mit aufgenommen worden wären, dann wäre die aus der Urne entnommene Stichprobe eine ______________ Stichprobe gewesen, da nicht alle Mitglieder der Population von ______________ die gleiche Chance gehabt hätten, mit in die Stichprobe aufgenommen zu werden.

verzerrte

IQ-Werten (oder Beobachtungen)

2–4 Wenn die IQ-Werte einiger Studenten *zweimal* aufgeschrieben und in die Urne mit aufgenommen worden wären, dann hätte dies ebenfalls zu einer verzerrten Stichprobe geführt, da die IQ-Werte dieser Schüler eine ______________ Chance gehabt hätten, mit in die Stichprobe aufgenommen zu werden.

doppelte (oder größere)

2–5 Um eine Zufallsstichprobe zu erhalten, muß noch eine *zweite* Bedingung erfüllt sein: Die Auswahl einer Beobachtung muß *unabhängig* von der Auswahl einer anderen Beobachtung sein. Nur dann, wenn die Auswahl einer Beobachtung nicht die Chancen für die Auswahl einer anderen Beobachtung beeinflußt, ist diese Bedingung der ______________ gewährleistet.

Unabhängigkeit

2–6 Wenn auf *einem* Kärtchen die IQ-Werte mehrerer Studenten geschrieben ständen, dann könnte keiner dieser IQ-Werte ausgewählt werden, ohne daß auch *alle* übrigen mit ausgewählt werden würden. Die entnommene Stichprobe würde verzerrt sein, da die Chance für die Auswahl eines IQ-Wertes nicht ______________ von der Auswahl der auf dem gleichen Kärtchen stehenden IQ-Werte wäre.

unabhängig

2–7 Nehmen wir an, eine Stichprobe von Wählern in einem bestimmten Bezirk wird dadurch gebildet, daß jeder hundertste Wähler der Wahlliste entnommen und zusammen mit seiner Frau in die Stichprobe aufgenommen wird. Ist dies eine Zufallsstichprobe? ______________.

Nein

2–8 Die Stichprobe ist verzerrt, weil (1) die Aufnahme einer Frau nicht unabhängig von der Aufnahme ihres ______________ ist und (2) weil nicht alle ______________ Wähler die gleiche Chance haben, mit in die Stichprobe aufgenommen zu werden, da nach dem obigen Verfahren nur ______________ Frauen aufgenommen werden.

Mannes

weiblichen

verheiratete

2–9 Im Jahre 1936 führte die Zeitschrift „Literary Digest" eine Befragung durch, um das Ergebnis der nächsten Präsidentenwahl vorherzusagen. Die Untersucher stellten die Stichprobe dadurch zusammen, daß sie nach Zufall Namen aus dem Telefonbuch und aus der Kraftfahrzeug-Registraturliste entnahmen und die betreffenden Wähler befragten. Diese Stichprobe war eine ______________ Stichprobe, weil ______________ Wähler die gleiche Chance hatten, berücksichtigt zu werden. In die Stichprobe wurden nur jene Personen aufgenommen, die entweder ein Telefon oder ein Kraftfahrzeug besaßen.

verzerrte

nicht alle

2–10 Als Ergebnis dieser Umfrage sagte die Zeitschrift voraus, daß Roosevelt nicht gewählt werden würde. Tatsächlich wurde Roosevelt aber gewählt. Warum? Die Stichprobe schloß eine ______________ Anzahl von Personen ein, die gegen Roosevelt stimmen wollten, als es dem Anteil der Roosevelt-Wähler in der ______________ der Wähler entsprach.

größere
Population

Zusammenfassung

2–11 Damit man von einer Zufallsstichprobe sprechen kann, muß eine Stichprobe zwei Bedingungen erfüllen: die Bedingung der ______________ und die Bedingung der ______________. Eine Stichprobe, die keine Zufallsstichprobe ist, ist eine ______________ Stichprobe.

gleichen Chancen
Unabhängigkeit
verzerrte

2–12 Der „Literary Digest" entnahm seine Stichprobe nach Zufall aus Telefonbüchern und Kraftfahrzeug-Registraturlisten. Das Ergebnis war eine ______________ Stichprobe der Population der Wähler, aber eine ______________-Stichprobe der Population der Telefon- und der Autoinhaber.

verzerrte
Zufalls

B. Stichproben-Erhebung beim Verhalten im T-Labyrinth (ein Beispiel)

Der Begriff der Wahrscheinlichkeit und die Methoden zur Signifikanzbestimmung können am einfachsten mit Hilfe einiger Beispiele erklärt werden. Wir wollen ein solches Vorgehen am Beispiel des „Alternationsverhaltens" von Ratten in einem T-Labyrinth illustrieren. Dieses Verhalten ist überdies auch deswegen von Interesse, weil es für die Existenz eines „Explorationstriebes" bei Tieren spricht, und und zwar bei so wenig intelligenten Tieren wie bei weißen Ratten. Diese Tatsache ist für die Psychologie von großem Interesse, obwohl wir uns hier nur mit den numerischen und statistischen Merkmalen beschäftigen wollen.
In Untersuchungen zum Alternationsverhalten wird ein Tier in einem T-ähnlichen Gang, und zwar am Fuße des T, abgesetzt. Es kann nun in einen der beiden T-Arme laufen, in den rechten oder in den linken, wobei wir annehmen, daß keines der beiden Enden Futter oder eine sonstige Belohnung enthält. Wenn das Tier das Ende des Ganges links oder rechts erreicht hat, wird es ein *zweites Mal* in Startposition gebracht, und dabei wird nun beobachtet, ob es sich zur *gleichen* oder zur *anderen* Seite wendet, ob es also ein sogenanntes WIEDERHOLUNGS- oder ob es ein ALTERNATIONSverhalten zeigt.

Der Unterschied zwischen *Alternations-* und *Wiederholungs*verhalten kann statistisch in anderer Weise formuliert werden: Wir nehmen an, daß eine einzelne Beobachtung aus einem *Paar* von Durchläufen besteht. Wenn nun das Versuchstier beim ersten Durchlauf nach *links* biegt und beim zweiten Durchlauf nach *rechts*, dann nennen wir diese Beobachtung eine Alternation. Wenn das Tier auch beim zweiten Durchlauf nach links biegt, dann nennen wir dies eine Wiederholung. Bezeichnen wir das Ergebnis der Durchläufe durch Buchstaben (L für links und R für rechts), dann ist die Beobachtung LR eine Alternation und die Beobachtung LL eine Wiederholung. Das gleiche gilt, wenn das Versuchstier beim ersten Durchlauf nach rechts abbiegt und beim zweiten nach links. RL steht dann für eine Alternation. Und wenn das Versuchstier beide Male nach rechts biegt, steht RR für eine Wiederholung.

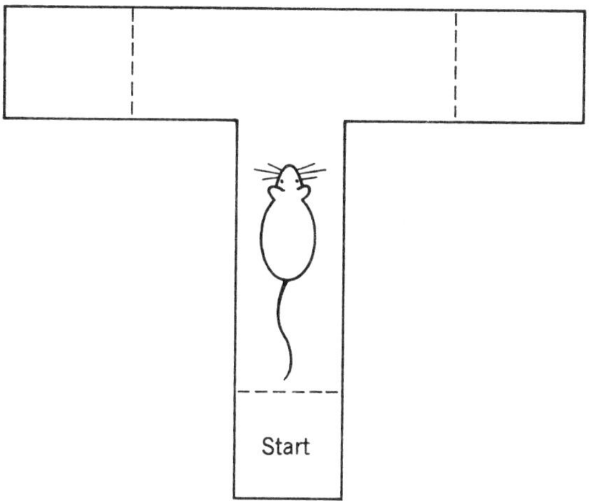

Wir wollen uns in der Erörterung auf den speziellen Fall eines Experiments einschränken, in dem jede einzelne Ratte *nur ein Paar von Durchläufen* vollführt. Sollte sich zeigen, daß die Ratten in der Mehrzahl der Fälle alternieren, so kann vermutet werden, daß die Ratten eine Tendenz zur Erkundung neuer Situationen (also einen Explorationstrieb) besitzen, daß sie also *nicht* dazu tendieren, an jene Stelle zurückzukehren, an der sie bereits einmal gewesen sind. Ein Untersucher also, der die Hypothese prüfen möchte, daß die Ratten Erkundungsverhalten zeigen, sollte überzeugend nachweisen, daß die Ratten zur Alternation tendieren. Im folgenden soll das logische Konzept entwickelt werden, mit Hilfe dessen man die Zweifelhaftigkeit oder die Stichhaltigkeit der Ergebnisse eines solchen Experiments bestimmen kann.
In den folgenden Ausführungen werden wir drei Arten von Schlußfolgerungen zu unterscheiden haben, die wir aus einem Alternationsexperiment ziehen können. Einmal können wir folgern, daß eine ein-

deutige Tendenz zur ALTERNATION besteht unter der Voraussetzung, daß die Ergebnisse ein hinreichendes Überwiegen von LR- und RL-Reaktionen gegenüber RR- und LL-Reaktionen zeigen. Sollte jedoch im Gegenteil eine Tendenz zur WIEDERHOLUNG bestehen, dann würden wir ein Überwiegen von LL- und RR-Reaktionen gegenüber LR- und RL-Reaktionen erwarten. Im dritten – dem unentschiedenen – Fall müßte gezeigt werden, daß *kein eindeutiges Überwiegen* des einen Typs von Reaktionen gegenüber dem anderen vorliegt. In diesem Fall würde man schließen, daß das, was eine Ratte beim ersten Durchlauf tut, keinen Einfluß darauf hat, wie sie sich beim zweiten Durchlauf verhält. Wir wollen daher von einem *unsystematischen* Verhalten sprechen, womit wir meinen, daß sich die Ratten weder im Sinne der einen noch im Sinne der anderen Erwartung verhalten.

2–13 In dem eben beschriebenen Alternationsexperiment kommt es dem Untersucher lediglich auf die Frage an, ob das Tier einen Wechsel im Verhalten zeigt, oder ob es sich gleich verhält. Es kommt ihm nicht darauf an, ob die Ratte beim zweiten Durchlauf nach rechts oder nach links biegt, sondern, ob sie bei zwei Durchläufen einen Wechsel (Alternation) oder eine Wiederholung zeigt. Deshalb ist die Zahl der Beobachtungen, die bei einem einzelnen Tier gemacht werden, nur (wieviel?) ______________ . — eine

2–14 Obwohl der Untersucher am Alternationsverhalten einer bestimmten Tierart als ganzer interessiert ist, kann er nicht alle Mitglieder dieser Tierart in seine Untersuchung einschließen. Er wird sich mit einer begrenzten Zahl von Beobachtungen begnügen müssen. Da er nicht die ganze ______________ untersuchen kann, muß er sich also mit einer ______________ begnügen. — Population — Stichprobe

2–15 Zu diesem Zweck muß er seine Stichprobe von Beobachtungen so auswählen, daß alle Mitglieder dieser Tierart die ______________ Chance haben, mit in die Stichprobe aufgenommen zu werden. Würde er z. B. nur jene Ratten auswählen, die als erste aus dem Käfig laufen, wenn die Tür geöffnet wird, dann würde dies zu einer ______________ Stichprobe von Beobachtungen führen, in der sich möglicherweise die besonders neugierigen Ratten befinden. — gleiche — verzerrten

2–16 Wenn z. B. die Ratten so untergebracht sind, daß jeweils drei Ratten in einem Käfig leben, so dürfte man nicht ganze Käfige mit allen darin befindlichen Ratten für den Versuch auswählen; denn in diesem Fall würde man die Bedingung verletzen, daß die Auswahl einer jeden Beobachtung ______________ sein muß von der Auswahl jeder anderen Beobachtung. Denn die Entnahme einer Ratte würde zur gleichzeitigen Entnahme zweier anderer führen. — unabhängig

2-17 Nehmen wir an, der Untersucher hat das Erfordernis gleicher Chancen und das weitere Erfordernis der Unabhängigkeit erfüllt, so daß er eine ______________-Stichprobe von 100 Tieren zur Verfügung hat. Die Beobachtungen dieser Stichprobe bestehen aus 100 Doppeldurchläufen. Einige dieser Tiere zeigen Alternationsverhalten, die übrigen zeigen ______________-Verhalten.

Zufalls

Wiederholungs

2-18 Die Zahl der Ratten, die Alternationsverhalten zeigen, ist die BEOBACHTETE HÄUFIGKEIT des Alternationsverhaltens. Entsprechend ist die Zahl der Ratten, die Wiederholungsverhalten zeigen, die ______________ Häufigkeit des Wiederholungsverhaltens.

beobachtete

2-19 Besitzen die Ratten eine Tendenz zur Alternation, so müßte die beobachtete Häufigkeit des Alternationsverhaltens größer sein als die ______________ des Wiederholungsverhaltens.

beobachtete Häufigkeit

2-20 Wenn jedoch die Ratten eine Tendenz zur Wiederholung besitzen, dann müßte die beobachtete Häufigkeit des Alternationsverhaltens ______________ sein als die des Wiederholungsverhaltens.

kleiner

2-21 Besitzen die Ratten weder eine Tendenz zur Alternation noch zur Wiederholung, so erwarten wir von einem Teil der Ratten Alternations-, von dem anderen Teil Wiederholungsverhalten. Dann sollten die beobachteten Häufigkeiten des Alternations- und des Wiederholungsverhaltens in etwa ______________ sein.

gleich

2-22 Wir haben also zwei Richtungen, in denen systematische Tendenzen der Beobachtungen auftreten können: Einmal können Alternationsbeobachtungen überwiegen und zum anderen können die Wiederholungsbeobachtungen überwiegen. Wenn dagegen *kein* eindeutiges Überwiegen von Beobachtungen der einen Art gegenüber Beobachtungen der anderen Art vorliegt, dann sprechen wir von einem ______________ Verhalten.

unsystematischen

Zusammenfassung

2-23 Das Alternationsbeispiel bezieht sich auf das Verhalten von Ratten in einem T-______________. Die kritische Beobachtung besteht in der Feststellung, ob die Ratte im zweiten Durchgang nach der ______________ Seite wie beim ersten Durchgang (Wiederholungsverhalten) oder ob sie nach der ______________ Seite (Alternationsverhalten) einbiegt.

Labyrinth

gleichen

anderen

2–24 Wenn der Untersucher zeigen will, daß die Ratten eine Tendenz zur Alternation besitzen, muß er nachweisen, daß die ______________ Häufigkeit der Alternation ______________ ist als die ______________ Häufigkeit der Wiederholung. *Wie groß* der Unterschied zwischen diesen beiden Häufigkeiten sein muß, wird in den folgenden Abschnitten gezeigt werden.

beobachtete
größer — beobachtete

C. Bestimmung der erwarteten Häufigkeiten

2–25 In einer unsystematischen Population von Beobachtungen erwartet man, daß die Häufigkeit von Wiederholungen etwa gleich der Häufigkeit von Alternationen ist. Die Häufigkeit, die man erwartet, wenn man von einer bestimmten Annahme (z. B. der Annahme einer „unsystematischen" Population) ausgeht, nennt man ERWARTETE HÄUFIGKEIT. Beobachtet man etwa 100 Ratten unter der Annahme, daß ihr Verhalten unsystematisch ist, dann ist die erwartete Häufigkeit von Alternationen ______________ und die erwartete Häufigkeit von Wiederholungen ______________.

50
50

2–26 Beobachtet man 200 Ratten unter der Annahme eines unsystematischen Verhaltens, so beträgt die erwartete Häufigkeit von Alternationen ______________.

100

2–27 Die erwartete Häufigkeit braucht keine ganze Zahl zu sein. Wenn 75 Ratten z. B. unter der Annahme eines unsystematischen Verhaltens beobachtet wurden, dann beträgt die erwartete Häufigkeit von Alternationen ______________. In diesem Fall kann die erwartete Häufigkeit tatsächlich niemals beobachtet werden. Jedoch wird sich in allen Experimenten mit 75 unsystematischen Ratten eine Häufigkeit ergeben, die der erwarteten Häufigkeit sehr *nahekommt.*

37,5

2–28 Stellen Sie sich z. B. vor, daß eine große Zahl von Alternationsexperimenten durchgeführt worden ist, jedes mit 75 Ratten. Wenn das Verhalten der Ratten unsystematisch ist, dann werden viele dieser Experimente 37 Alternationen und 38 Wiederholungen ergeben; andere werden 38 Alternationen und 37 Wiederholungen ergeben; und wieder andere werden vielleicht 36 oder 40 Alternationen ergeben, nur wenige werden eine sehr viel größere oder sehr viel kleinere Zahl von Alternationen liefern. Aber der *Durchschnitt* all dieser verschiedenen beobachteten Häufigkeiten sollte gleich der ______________ Häufigkeit sein, und die beträgt ______________.

erwarteten
37,5

2–29 Der Grund für die Variation der beobachteten Häufigkeiten um die erwarteten Häufigkeiten ist uns schon bekannt. Wenn Stichproben aus einer Population entnommen werden, so sind diese Stichproben nicht immer ein genaues Abbild der Population, da in die Auswahl der Beobachtungen immer ________________-Faktoren mit eingehen. Die Variation der beobachteten Häufigkeiten um die erwartete Häufigkeit ist daher der ________________-Variabilität zuzuschreiben.

Zufalls

Stichproben

2–30 Kehren wir nun zu dem Untersucher zurück, der nachweisen möchte, daß Ratten einer Alternationstendenz unterliegen. Das heißt, er möchte zeigen, daß die Beobachtungen eher systematisch als unsystematisch sind; genauer: daß ein *signifikanter* Unterschied besteht zwischen den Beobachtungen, die er erhalten hat, und jenen, die man *erwarten* würde, wenn das Verhalten der Ratten ________________ wäre.

unsystematisch

2–31 So mag er feststellen, daß sich die beobachteten Häufigkeiten seines Experiments von den unter der Hypothese eines unsystematischen Verhaltens ________________ Häufigkeiten unterscheiden, etwa, indem er bei 100 Beobachtungen anstelle von 50 Alternationen 52 oder 55 erhält.

erwarteten

2–32 Nun müssen wir uns fragen: rechtfertigt ein Unterschied zwischen beobachteten und erwarteten Häufigkeiten stets die Annahme, daß die Beobachtungen von Ratten mit systematischen Verhaltenstendenzen stammen? Erinnern Sie sich daran, daß eine *gewisse* Variation um die erwartete Häufigkeit auch in Stichproben aus einer unsystematischen Population von Beobachtungen zu erwarten ist, und zwar auf Grund der ________________.

Stichproben-
variabilität

2–33 Ehe der Untersucher also feststellen kann, ob seine Ergebnisse *signifikant* von jenen einer unsystematischen Population abweichen, muß er wissen, wie weit der beobachtete Unterschied allein der Stichprobenvariabilität zugeschrieben werden kann. Erst wenn der beobachtete Unterschied ________________ ist als der aufgrund der Stichprobenvariabilität zu erwartende Betrag, kann man ihn als signifikant bezeichnen.

größer

2–34 Um zu entscheiden, ob die Ergebnisse eine Tendenz zur Alternation anzeigen, muß der Untersucher zunächst festlegen, wie hoch die ________________ der Alternation in einer unsystematischen Population ist, d.h. in einer Population von Beobachtungen, die an unsystematisch reagierenden Ratten gemacht werden. Dann hat er zu ermitteln, welche Variation um diesen Wert rein auf der Basis der ________________ zustande kommen kann. Erst mit Hilfe dieser Information läßt sich feststellen, ob seine Ergebnisse von der erwarteten Häufigkeit ________________ als um den erwarteten Betrag abweichen.

erwartete
Häufigkeit

Stichproben-
variabilität

mehr

Zusammenfassung

2–35 Die erwartete Häufigkeit ist eine Zahl, die sich aus einer bestimmten Annahme wie der Annahme einer unsystematischen Population ableiten läßt. Man erwartet dabei nicht, daß sich die erwartete Häufigkeit *genau* in den Ergebnissen einer jeden Stichprobe niederschlägt; denn bestimmte Unterschiede zwischen der beobachteten Häufigkeit und der erwarteten Häufigkeit sind wegen der ______________ zu erwarten. Stichproben-variabilität

2–36 Ein Unterschied zwischen einer beobachteten und einer erwarteten Häufigkeit ist nur dann *signifikant*, wenn er ______________ ist als jener Unterschied, den man erwartet, wenn man aus derselben Population verschiedene Zufallsstichproben entnimmt. größer

D. Erwartete Häufigkeit und Wahrscheinlichkeit

2–37 In einer unsystematischen Population von 100 Beobachtungen beträgt die erwartete Häufigkeit einer Alternation 50. Die Gesamtzahl aller Beobachtungen nennt man die GESAMTHÄUFIGKEIT. In unserem Fall ist also die Gesamthäufigkeit gleich ______________, und die 100
erwartete Häufigkeit einer Alternation gleich ______________. 50

2–38 Man kann nun das *Verhältnis* von erwarteter Häufigkeit zur Gesamthäufigkeit bilden, indem man die erwartete Häufigkeit durch die Gesamthäufigkeit dividiert. Dieses Verhältnis beträgt in unserem Beispiel ______________. Das Verhältnis $\frac{\text{erwartete Häufigkeit}}{\text{Gesamthäufigkeit}}$ bildet nun 1/2
die WAHRSCHEINLICHKEIT des Alternationsverhaltens.

2–39 Die Wahrscheinlichkeit, daß unsystematische Ratten alternieren, beträgt 1/2. Diese Zahl gewinnt man dadurch, daß man die ______________ erwartete
Häufigkeit von Alternationen durch die ______________-Häufigkeit Gesamt
der Beobachtungen dividiert.

2–40 Die Wahrscheinlichkeit eines Ereignisses ist stets gleich der erwarteten Häufigkeit dieses Ereignisses, ______________ durch die dividiert
Gesamthäufigkeit der Beobachtungen.

2–41 Die Wahrscheinlichkeit eines Ereignisses kann in einen Prozentsatz umgewandelt werden, wenn man sie mit 100 multipliziert. So ist der Prozentsatz des Alternationsverhaltens bei unsystematischen Ratten

1/2 x 100 oder ______________%. Vielen fällt es leichter, sich Wahrscheinlichkeiten als *erwartete Prozentsätze* vorzustellen. 50

2–42 Welches ist nun die niedrigste Wahrscheinlichkeit, die ein Ereignis jemals erreichen kann? Wenn die erwartete Häufigkeit eines Ereignisses gleich 0 ist, dann ist die Wahrscheinlichkeit dieses Ereignisses gleich ______________. 0

2–43 Der Wert der Wahrscheinlichkeit kann niemals kleiner sein als 0, da Zahlen kleiner als 0 ein negatives Vorzeichen haben. Und ein negativer Wert wäre sinnlos, sowohl für die erwartete ______________ als Häufigkeit
auch für die Gesamt-______________ eines bestimmten Ereignisses. Häufigkeit

2–44 Und welches ist der höchste Wert, den die Wahrscheinlichkeit jemals erreichen kann? Von den zwei Häufigkeiten, die in der Definition der Wahrscheinlichkeit impliziert sind, kann eine, die ______________ erwartete
Häufigkeit, niemals größer sein als die andere. Die Häufigkeit der Alternationen kann niemals größer sein als die ______________ der Beobachtungen. Gesamthäufigkeit

2–45 Die erwartete Häufigkeit eines Ereignisses kann wohl ebenso groß sein wie die Gesamthäufigkeit, aber sie kann nicht größer sein. Wenn die zwei Häufigkeiten gleich sind, dann ist ihr Verhältnis gleich ______________. Daher ist der höchste Wert, den die Wahrscheinlichkeit überhaupt erreichen kann, gleich ______________. 1 1

2–46 Die Wahrscheinlichkeit eines Ereignisses erreicht ihren höchstmöglichen Wert, nämlich 1, wenn das Ereignis in ______________% der Beobachtungen erwartet wird. 100

Zusammenfassung

2–47 Die Wahrscheinlichkeit eines Ereignisses wird in einem Bruch ausgedrückt. Sie ist gleich der ______________, dividiert durch die ______________. erwarteten Häufigkeit Gesamthäufigkeit

2–48 Der Zahlenwert der Wahrscheinlichkeit kann zwischen ______________ und ______________ variieren. Er erreicht seine untere Grenze (0), wenn erwartet wird, daß das Ereignis ______________ auftritt, und er erreicht seine obere Grenze (1), wenn erwartet wird, daß das Ereignis ______________ auftritt. Wohlgemerkt: Es gibt keine Wahrscheinlichkeit von 50%, sondern nur von 1/2. Bei einer Wahrscheinlichkeit von 1/2 wird das Ereignis in 50% aller Fälle erwartet. 0 ⟷ 1 niemals immer

---

E. Anwendung von Wahrscheinlichkeitsaussagen auf andere Beispiele

2–49 Das für Wahrscheinlichkeiten üblicherweise benutzte Symbol ist der Buchstabe p. Im Alternationsexperiment waren wir an dem p des Alternationsverhaltens interessiert. Wir wollen deshalb diese spezielle Wahrscheinlichkeit mit p_A bezeichnen. Für die Beobachtung von unsystematischen Ratten ist p_A = ________________. 1/2

2–50 Wir haben uns bislang mit *zwei* aufeinanderfolgenden Durchläufen der Ratten im T-Labyrinth beschäftigt. Im Augenblick wollen wir uns nur die Frage stellen, ob überhaupt und mit welcher Wahrscheinlichkeit eine Ratte *einen* der beiden T-Wege wählt. *Jede* gesunde Ratte wird, wenn sie nur genügend lange in einem T-Labyrinth verbleibt. *beide* Wege des Labyrinths erkunden. Daher gilt für eine Gruppe gesunder Ratten, daß die Wahrscheinlichkeit p_B, mit der eine Ratte beide T-Arme exploriert, ________________ ist. 1

2–51 Wenn einer der T-Arme dunkel und der andere hell ist, dann werden sich mehr Ratten nach dem dunklen Arm hin wenden. Die erwartete Häufigkeit der Wendungen nach dem dunklen Arm ist dann größer als 50%. Die Wahrscheinlichkeit p_D einer Wendung nach der dunklen Seite muß also größer als ________________ sein, sie kann aber 1/2
nicht größer als ________________ sein. 1

2–52 Der Begriff der Wahrscheinlichkeit kann auf viele andere Situationen angewendet werden. So erwarten wir von einer unverfälschten Münze, daß sie in einer Reihe von Würfen ebensohäufig Kopf wie Zahl ergibt. Für solch eine Münze ist die Wahrscheinlichkeit von Kopf ebenso wie die Wahrscheinlichkeit von Zahl gleich ________________. 1/2

2–53 Für eine unbeschädigte und nicht abgenutzte Münze gilt also, daß die erwartete Häufigkeit der Köpfe genau gleich ist der ________________ Hälfte
aller Würfe mit dieser Münze. Unter 100 Würfen beträgt die erwartete Häufigkeit der Köpfe ________________. 50

2–54 Die Wahrscheinlichkeit p_K, bei einem Münzenwurf Kopf zu erhalten, ist gleich ________________. Die Wahrscheinlichkeit p_Z, 1/2
Zahl zu erhalten, ist ebenfalls gleich ________________. Man schreibt 1/2
die Wahrscheinlichkeiten in Wahrscheinlichkeitstafeln häufig als Dezimalbrüche und nicht als echte Brüche. In der Dezimalbruchform würde also p_K = ________________ sein. 0,5

2–55 Das Münzenwurfbeispiel entspricht in jeder Weise dem Alternationsexperiment bei Ratten, sofern wir annehmen, daß das Verhalten der Ratten *unsystematisch* ist. Das heißt, wir erwarten, daß sich die Ratten so verhalten wie eine unverfälschte Münze, die bei häufig wiederholten Würfen ebensooft ______________ ergibt. Kopf wie Zahl

2–56 Allerdings unterscheiden sich die beiden obigen Beispiele durch einen Umstand. Im Alternationsbeispiel kam jede Beobachtung von einer anderen Ratte, aber im Münzenwurfbeispiel wurde eine Münze wiederholt geworfen, und jede Beobachtung entsprach einem einzelnen Wurf. Wir könnten aber auch einer *einzelnen* Ratte eine große Anzahl von Paardurchgängen ermöglichen, z. B. ein Paar an jedem Tag. Diese Modifikation, die in der Praxis häufig angewendet wird, entspricht in jeder Weise genau dem Münzenbeispiel.

2–57 Betrachten wir ein Beispiel anderer Art: das Beispiel eines sechsseitigen Würfels. Wenn es sich um einen unverfälschten Würfel handelt, dann sollte, wenn man eine große Anzahl von Würfen vornimmt, jede Seite des Würfels gleich oft nach oben zu liegen kommen. Wird der Würfel z. B. 600mal geworfen, so beträgt die erwartete Häufigkeit für das Ereignis „2 Augen" ______________. 100

2–58 Die Wahrscheinlichkeit p_2, das Ereignis „2 Augen" bei einem bestimmten Wurf zu erhalten, ist deshalb gleich __________ : __________. 100 – 600
Das ergibt p_2 = ______________. 1/6 (oder 0,166)

2–59 Das Würfelbeispiel gleicht dem Münzenbeispiel mit der Ausnahme, daß ein Würfel ______________ Arten von möglichen Ereignissen anstelle von zwei bietet, deren jedes, wenn der Würfel unverfälscht ist, gleich oft erwartet wird. sechs

---

Zusammenfassung

2–60 Eine unverfälschte Münze ist eine Münze, die in einer langen Reihe von Würfen Kopf und Zahl mit ______________ Häufigkeit liefert. Für solch eine Münze gilt, daß das Ereignis Kopf eine Wahrscheinlichkeit von p_K = ______________ besitzt. gleicher; 1/2 (oder 0,5)

2–61 Stellen wir uns eine Scheibe mit einem drehbaren Zeiger vor, der, ähnlich einem Rouletterad, in jedem der 10 Sektoren der Scheibe halten kann. Nehmen wir an, es handelt sich um eine unverfälschte Drehscheibe, so daß die Häufigkeit der Halte in jeder der 10 Sektoren gleich groß ist. Die Wahrscheinlichkeit, daß der Zeiger nach einer Umdrehung auf dem Sektor hält, auf den Sie gewettet haben, beträgt ______________. 1/10

F. Endliche Populationen und Stichprobenerhebung

Eine *endliche* Population ist eine Population, deren Mitglieder in eine Reihenfolge gebracht werden können, so daß es ein *erstes* und ein *letztes Mitglied* der Population gibt. Die in einem bestimmten Laboratorium lebenden Ratten, die an einer Universität eingeschriebenen Studenten, die Bücher einer Bibliothek – all dies sind endliche Populationen. Eine Population, die nicht endlich ist, bezeichnet man als *unendlich.* So bilden „alle möglichen Würfe einer Münze" eine unendliche Population. Obwohl es hier ein erstes Glied geben kann, so kann es in einer solchen Population niemals ein letztes Glied geben.
Wenn ein Untersucher das Explorationsverhalten von Ratten untersucht und hierbei an die Gesamtheit aller Ratten denkt, dann ist seine Stichprobe, an der er die Untersuchung durchführt, eine Stichprobe aus einer (praktisch) *unendlichen* Population. Wenn er dagegen nur die Population seiner Laboratoriumsratten im Auge hat und von diesen Laboratoriumsratten einige zur Untersuchung heranzieht, dann handelt es sich um eine Stichprobenerhebung aus einer endlichen Population.
Die Zusammensetzung einer bestimmten endlichen Population *kann* im Vorhinein bekannt sein. So etwa kann ein Untersucher (aber nicht seine Versuchspersonen) wissen, daß eine Population von 100 Handschriften aus 50 männlichen und 50 weiblichen Handschriften besteht. Wir wollen nun den Begriff der Wahrscheinlichkeit für den Fall solcher endlicher Populationen untersuchen, um daraus zu ersehen, warum man *Zufallsstichproben* verwenden muß.

2–62 Wenn eine Population von 100 Handschriften 50 männliche und 50 weibliche Handschriften enthält – gekennzeichnet etwa durch ein Symbol auf der Rückseite der Handschriften – dann ist die „erwartete Häufigkeit" männlicher Handschriften eine *bekannte* Häufigkeit und gleich ______________. Die Wahrscheinlichkeit, nach Zufall eine männliche Handschrift daraus zu entnehmen, beträgt ______________. 50 1/2

2–63 Es handelt sich in diesem Fall um eine endliche Population und um eine bekannte Zusammensetzung der Population. Die Wahrscheinlichkeit, eine bestimmte Art eines Mitgliedes aus dieser Population nach Zufall zu entnehmen, ist gleich der bekannten Häufigkeit dieser Art von Mitgliedern in der Population, dividiert durch die ______________. Gesamtzahl aller Mitglieder

2–64 Wenn 50 Handschriften nach Zufall aus der Population entnommen werden, dann beträgt die erwartete Häufigkeit männlicher Handschriften in dieser Stichprobe von 50 Handschriften ______________. 25
Werden nur 25 Handschriften entnommen, so ist die erwartete Häufigkeit einer männlichen Handschrift gleich ______________. 12,5

2–65 Es gibt zahlreiche Beispiele solcher endlicher Populationen. So ist ein normaler Satz von Spielkarten eine endliche Population, die 4 Farben – Treff, Karo, Herz, Pik – enthält, wobei es für jede Farbe eine gleiche Anzahl von Karten – nämlich 13 – gibt, so daß es insgesamt 52 Karten gibt. Die Wahrscheinlichkeit, aus einem gut gemischten Kartenpaket nach Zufall eine Herzkarte zu ziehen, ist gleich ______________ . 1/4

2–66 Wenn 12 Karten gleichzeitig nach Zufall aus einem Kartensatz gezogen werden, dann beträgt die erwartete Häufigkeit von Herzkarten ______________ . 3

2–67 In derselben Weise „erwarten" wir, daß sich in dieser Stichprobe von 12 Karten ______________ Pik, ______________ Treff und 3 – 3
______________ Karo befinden. Natürlich werden die beobachteten 3
Häufigkeiten den „erwarteten" Häufigkeiten selten entsprechen; denn Abweichungen von den erwarteten Häufigkeiten kommen häufig vor. Und kleine Abweichungen sind häufiger als große.

2–68 Wir erwarten, daß die Prozentsätze von unterschiedlichen Farben in einer *Stichprobe* von 12 Karten, die nach Zufall aus einem Kartenspiel gezogen worden sind, den Prozentsätzen in der *Gesamtpopulation* von 52 Karten *annähernd* entsprechen. *Dieselbe Erwartung hegen wir für Stichproben aus jeder endlichen Population.* Wenn z.B. eine Population von 1000 Wählern 600 Christdemokraten und 400 Sozialdemokraten enthält, dann sollte eine Stichprobe von 100 zufällig aus dieser Population ausgewählten Wählern ungefähr ______________ Christ- 60
demokraten und ______________ Sozialdemokraten enthalten. 40

2–69 Diese Regel gilt auch dann, wenn die Zusammensetzung der Population nicht im voraus bekannt ist. In diesem Fall kann die Regel dazu benutzt werden, eine *Schätzung* über die wahrscheinliche Zusammensetzung der Population zu gewinnen. Wenn sich z.B. 60 Christdemokraten und 40 Sozialdemokraten in der Stichprobe befinden, so können wir daraus schließen, daß die Gesamtpopulation wahrscheinlich ungefähr ______________ % Christdemokraten und ______________ % 60 – 40
Sozialdemokraten enthält. (Die Details einer solchen Schlußfolgerung werden wir in Kapitel 13 erörtern.)

2–70 Wir sehen also, daß eine enge Beziehung zwischen Wahrscheinlichkeit, erwarteter Häufigkeit und Zufallsstichprobe besteht. Denn wenn eine Population *bekannt* und *endlich* ist und wenn jedes Mitglied die gleiche Wahrscheinlichkeit hat, in die Stichprobe mitaufgenommen zu werden, dann ist die *Wahrscheinlichkeit*, daß ein Mitglied einer bestimmten Klasse angehört, definiert als der Anteil der Mitglieder dieser Klasse an der ______________ . Die Wahrscheinlichkeit kann dazu Population
benutzt werden, die *erwartete Häufigkeit* von Mitgliedern dieser Art in

einer Stichprobe jeder Größe zu bestimmen, sofern sie nach Zufall aus der betreffenden Population entnommen wird.

2–71 Wenn eine Population *endlich*, aber ihre Zusammensetzung *unbekannt* ist, dann ist es möglich, die *beobachtete Häufigkeit* einer bestimmten Klasse in einer Zufallsstichprobe dazu zu verwenden, eine Schätzung für die Häufigkeit der betreffenden Klasse in der ________ vorzunehmen. Population

2–72 Für manche Populationen, endliche wie unendliche, wird die erwartete Häufigkeit eines bestimmten Ergebnisses durch die Definition der betreffenden Population festgelegt. Wenn wir von unsystematisch reagierenden Ratten sprechen, so impliziert dies, daß p_A = ________ ist. 1/2 (oder p_w)

2–73 In gleicher Weise impliziert die Feststellung, daß eine Münze unverfälscht ist, daß p_K = ________ ist. Diese Feststellung bezieht sich auf eine unendliche Population von Würfen mit einer unverfälschten Münze. 1/2 (oder p_z)

Zusammenfassung

2–74 Stichproben von endlichen wie von unendlichen Populationen können mit hypothetischen Populationen verglichen werden, deren Zusammensetzungen logisch definiert worden sind. Wenn die Beobachtungen in einem T-Labyrinth aus einer unsystematischen Population stammen, dann sollte sich die beobachtete Häufigkeit des Alternationsverhaltens der erwarteten Häufigkeit des Alternationsverhaltens in einer unsystematischen Population nähern. Besteht zwischen Beobachtung und Erwartung dagegen ein signifikanter Unterschied, dann dürfen wir schließen, daß diese Stichprobe *nicht* aus der genannten ________ Population stammt. unsystematischen

2–75 Die Häufigkeit einer bestimmten Klasse in einer Population von Beobachtungen kann also in dreifacher Weise ermittelt werden: (1) indem man sämtliche Mitglieder der Population beobachtet und die Mitglieder der betreffenden Klasse auszählt (diese Methode ist nur für ________ Populationen realisierbar) (2) indem man eine *zufällige* Stichprobe aus der Population entnimmt und von der beobachteten Häufigkeit auf die ________ Häufigkeit schließt und (3) indem man die Population so definiert, daß es diese Definition ermöglicht, die erwartete Häufigkeit abzuleiten. Diese letzte Methode läßt sich auf hypothetische Populationen, z.B. auf die Ergebnisse von Münzwürfen, anwenden. endliche; erwartete

---

Aufgaben zu Kapitel 2

2–1 Verschiedentlich werden Befragungen derart durchgeführt, daß man Fragebogen per Post an die Mitglieder einer bestimmten Gruppe sendet und diese bittet, sie in einem freigemachten Umschlag zurückzusenden. Im allgemeinen erhält man nicht mehr als 70 oder höchstens 80% der ausgefüllten Fragebogen tatsächlich zurück. Wenn wir nun annehmen, daß solch ein Fragebogen einer Zufallsstichprobe von Mitgliedern einer bestimmten Gruppe übersandt worden ist, so stellt sich die Frage, ob die Beobachtungen aus den zurückgesandten Fragebogen ebenfalls noch eine Zufallsstichprobe dieser Gruppe darstellen. Wenn nicht, äußern Sie sich dazu, welche Bedingung für eine Zufallsstichprobe in diesem Fall verletzt worden ist. – Gleiche Chancen, Unabhängigkeit oder beide Bedingungen?

2–2 Wenn der Untersucher, anstatt die Fragebogen durch die Post zu verschicken, eine bestimmte Gruppe von Studenten, die an diesem Tage zur Vorlesung kommt, den Fragebogen auszufüllen ersucht, dann stellt sich ebenfalls die Frage, ob diese Stichprobe von Beobachtungen eine Zufallsstichprobe im Hinblick auf die Studentenpopulation darstellt. Wenn dies nicht der Fall ist, welche Bedingung wurde verletzt? – Die der gleichen Chancen, der Unabhängigkeit oder beide Bedingungen?

2–3 Zehn Ratten wurden nach Zufall aus einer Kolonie von 100 Ratten ausgewählt. Jede der 10 Ratten wurde zweimal durch ein T-Labyrinth, das sie vorher nicht kannten, geschickt. In den folgenden Ergebnissen bedeutet L eine Wendung nach links, R eine Wendung nach rechts, wobei der erste Buchstabe eines Paares die Wendung der Ratte beim ersten Durchlauf bedeutet und der zweite Buchstabe die Wendung dieser Ratte beim zweiten Durchlauf.

LR	*LR*
RL	*RR*
RL	*LR*
LL	*RR*
RL	*RL*

(a) Wie viele der 10 Tiere zeigten Alternationsverhalten? Wie viele zeigten Wiederholungsverhalten?

(b) Unter der Annahme, daß die Tiere dieser Gruppe *nicht* dazu tendieren, systematisch entweder zu alternieren oder zu wiederholen (zumindest nicht bei den ersten beiden Durchläufen), wie groß ist in einem Experiment mit diesen 10 Ratten die erwartete Häufigkeit der Alternation? Entspricht die beobachtete Häufigkeit von Alternationen der erwarteten Häufigkeit?

(c) Beantworten Sie die Frage: „Haben diese 10 Ratten öfter alterniert als wiederholt?" Auf welche Population von Beobachtungen bezieht sich diese Frage? Konstituieren die Beobachtungen eine Stichprobe einer Population oder diese selbst? Stellt sich die Frage nach der Signifikanz?

(d) Überlegen Sie die Frage: „Tendieren Ratten dieser Kolonie bei den ersten zwei Durchgängen öfter zu Alternationen als zu Wiederholungen?" Welche Population von Beobachtungen ist im Hinblick auf diese Frage relevant? Konstituieren die Beobachtungen eine Stichprobe dieser Population oder die Population selbst? Stellt sich die Frage nach der Signifikanz? Wenn die beobachtete Häufigkeit von Alternationen größer ist als die erwartete Häufigkeit, so *können* *2* Faktoren diesen Unterschied verursacht haben. Welche sind es?

2–4 An einer Universität studieren 500 weibliche und 1 000 männliche Studenten. Wenn alle 1 500 Namen dieser Studenten in alphabetischer Reihenfolge in einem 30-Seiten-Verzeichnis abgedruckt werden, wie groß ist dann die Wahrscheinlichkeit, den Namen einer weiblichen Studentin als letzten auf Seite 9 zu finden? Wie groß ist die Wahrscheinlichkeit, daß der letzte Name der Seite 9 der eines männlichen Studenten ist? Wenn eine Zufallsstichprobe von 60 Namen aus diesem Verzeichnis entnommen wird, wie groß ist dann die erwartete Häufigkeit von Männernamen in dieser Stichprobe?

2–5 Angenommen, Sie wissen nicht, daß an der Universität 500 Damen und 1 000 Herren eingeschrieben sind. Sie beobachten lediglich 10 Damen und 20 Herren in einer bestimmten Vorlesung mit 30 Teilnehmern. *Überlegen Sie sorgfältig*, was man über den relativen Anteil von Männern und Frauen an dieser Universität aussagen kann. Prüfen Sie die Liste der folgenden Feststellungen, kreuzen Sie diejenigen Feststellungen an, denen Sie mit Hilfe Ihres verfügbaren Wissens zustimmen können. Warum sind die übrigen Feststellungen *nicht* zutreffend?

(a) Diese Vorlesungsgruppe ist eine Zufallsstichprobe aus den Studenten dieser Universität.

(b) Es mag Umstände geben, die diese Gruppe von Studenten als verzerrte Stichprobe der Studenten der gesamten Universität erscheinen lassen.

(c) Es gibt doppelt so viele Herren wie Damen an dieser Universität.

(d) Die Zahl der Männer an der Universität ist größer als die Zahl der Frauen.

(e) Es gibt eine gewisse Stichprobenvariabilität zwischen Gruppen, die Zufallsstichproben aus der Population der Studenten an der Universität darstellen.

Kapitel 3: Die Berechnung von Wahrscheinlichkeiten – I: Die erwarteten Ergebnisse bei wiederholten Beobachtungen

In den Kapiteln 3 und 4 entwickeln wir die Wahrscheinlichkeitsregeln, die die Ausgangsbasis für statistische Schlußfolgerungen darstellen. Ein Studierender, der diese beiden Kapitel überspringt, wird den weiteren Ausführungen dieses Buches trotzdem folgen können, er wird aber nicht in der Lage sein, mit dem Wahrscheinlichkeitskonzept selbständig umzugehen und es auf einfache Situationen, in denen der Zufall eine Rolle spielt, anzuwenden.

A. Gruppen von zwei Beobachtungen

In diesem und in den folgenden 3 Abschnitten wollen wir annehmen, daß ein Untersucher, der an das Alternationsverhalten von Ratten glaubt, versucht, einen anderen, der an ein unsystematisches Verhalten von Ratten glaubt, von seiner Auffassung zu überzeugen. Versuchen Sie, sich selbst den zweiten Blickpunkt zu eigen zu machen und überlegen Sie, was der Untersucher nachweisen müßte, um *Sie* davon zu überzeugen, daß er recht hat.

3–1 Beginnen wir mit der einfachsten Form eines Experiments: Der Untersucher läßt eine Ratte durch ein T-Labyrinth laufen und beobachtet, daß die Ratte beim zweiten Durchlauf die entgegengesetzte Seite wie beim ersten Durchlauf wählt. Verständlicherweise werden Sie sich davon nicht überzeugen lassen; denn wahrscheinlich werden Sie sagen, „selbst von unsystematisch reagierenden Ratten darf man erwarten, daß sie sich in __________ % der Fälle alternierend verhalten. Sie 50
haben eben Glück gehabt, einen solchen Fall zu erwischen. Die Wahrscheinlichkeit, daß Sie bei ihrer Ratte eine Alternation beobachten, beträgt __________". 1/2

3–2 Nehmen wir an, der Untersucher läßt nun eine zweite Ratte durch das Labyrinth laufen, die ebenfalls alterniert. Wie wahrscheinlich ist es nun, daß *2* Ratten einer unsystematischen Population unabhängig voneinander alternieren? Beachten Sie, daß in diesem Fall __________ zwei
Beobachtungen nacheinander mit je $p_A = 1/2$ gemacht werden.

3–3 Bei 2 Ratten beträgt die Zahl der Beobachtungen *2*. Es gibt aber mehr als 2 Kombinationen, in der 2 Ratten 2 Durchläufe vollbringen können. Die folgende Liste zeigt die Zahl der möglichen Kombinationen der beiden Beobachtungen:

a) Die erste Ratte alterniert;
die zweite Ratte alterniert.
b) Die erste Ratte alterniert;
die zweite Ratte wiederholt.
c) Die erste Ratte wiederholt;
die zweite Ratte alterniert.
d) Die erste Ratte wiederholt;
die zweite Ratte wiederholt.

Es gibt also eine Gesamtzahl von ____________ verschiedenen Kombinationen von Beobachtungen, die in einem Experiment mit 2 Ratten auftreten können. 4

3–4 In einem Ein-Ratten-Experiment beträgt die Zahl der möglichen Ergebnisse nur ____________, in einem Zwei-Ratten-Experiment gibt es ____________ mögliche Ergebnisse. Wenn wir die Wahrscheinlichkeit einer Kombination vom Typ *a* der obigen Liste kennenlernen möchten, müssen wir die erwartete Häufigkeit der Kombinationen *a* in einer großen Anzahl von Zwei-Ratten-Experimenten zu bestimmen versuchen. Mit anderen Worten: wir müssen wissen, wie oft Kombinationen vom Typ *a* zu erwarten sind, wenn man viele Zwei-Ratten-Experimente mit Ratten durchführt, deren Verhalten unsystematisch ist.

zwei
vier

3–5 Nehmen wir die Kombinationen *a* und *b* zusammen. In beiden dieser Kombinationen alterniert die erste Ratte. Wie groß ist bei 100 Zwei-Ratten-Experimenten die erwartete Häufigkeit einer Alternation bei der ersten Ratte (immer unter der Annahme, daß es sich um unsystematisch sich verhaltende Ratten handelt)? Schreiben Sie die erwarteten Häufigkeiten in die Leerstellen:

Kombination	*Erwartete Häufigkeit*	
a) Die erste alterniert, die zweite alterniert b) Die erste alterniert, die zweite wiederholt	____________	50
c) Die erste wiederholt, die zweite alterniert d) Die erste wiederholt, die zweite wiederholt	____________	50

3–6 Innerhalb der 50 Experimente, in denen die erste Ratte alterniert, beträgt die erwartete Häufigkeit für die Alternation der zweiten Ratte ________________ . Schreiben Sie für 100 Experimente die erwarteten Häufigkeiten für alle 4 Kombinationen nieder: 25

Kombination	*Erwartete Häufigkeit*	
a) Die erste alterniert, die zweite alterniert	________________	25
b) Die erste alterniert, die zweite wiederholt	________________	25
c) Die erste wiederholt, die zweite alterniert	________________	25
d) Die erste wiederholt, die zweite wiederholt	________________	25

3–7 Jede der vier Kombinationen sollte also mit gleicher Häufigkeit auftreten, und die *Wahrscheinlichkeit* einer jeden Kombination ist (Achtung!) ________________ . 1/4

3–8 Demnach ist die Wahrscheinlichkeit, daß beide Ratten alternieren, gleich ________________, sofern die Ratten aus einer unsystematischen Rattenpopulation stammen. Dadurch, daß der Untersucher eine zweite Ratte zu der einen Ratte hinzugenommen hat, hat er seine Möglichkeit, das Alternationsverhalten von Ratten zu beweisen, verbessert. Wenn nämlich das Verhalten der Ratten tatsächlich unsystematisch ist, wie Sie annehmen, dann können wir das Ergebnis, daß beide Ratten alternieren, nur einmal unter je ________________ Wiederholungen (Replikationen) eines Zwei-Ratten-Experiments erwarten. 1/4 vier

3–9 Sie werden allerdings noch immer zu der Aussage neigen, „dieses Ergebnis wird zwar nur einmal unter vier Experimenten bei unsystematischen Ratten vorkommen, ich glaube aber immer noch, daß Sie Glück gehabt haben und daß Sie bei Wiederholung des Experiments ein anderes Ergebnis erhalten werden". Sie können nämlich darauf hinweisen, daß der Untersucher mit gleicher Wahrscheinlichkeit auch das Ergebnis, daß beide Ratten Wiederholungsverhalten zeigen, beobachtet haben könnte. Und dieses Ergebnis hat ebenfalls nur eine Wahrscheinlichkeit von ________________ . 1/4

3–10 Das Ergebnis, daß eine Ratte wiederholt und die andere alterniert, ist wahrscheinlicher als die anderen beiden Ergebnisse; denn in einem von vier Experimenten sollte die Kombination *b* auftreten und in einem anderen von vier Experimenten sollte die Kombination *c* auftreten. Wenn also das Rattenverhalten unsystematisch ist, dann erwarten wir die Beobachtung, daß eine Ratte alterniert und die andere wiederholt, in ________________ von vier Zwei-Ratten-Experimenten. zwei

3–11 Aus dem vorstehenden Grunde wollen wir eine Unterscheidung zwischen KOMBINATION und ART DES ERGEBNISSES vornehmen. Wir wollen sagen, daß *AA*, *AW*, *WA* und *WW Kombinationen* von zwei Beobachtungen sind und daß diese vier Kombinationen lediglich *drei* unterschiedliche *Arten von Ergebnissen* bringen, nämlich: „beide Ratten alternieren", „beide Ratten wiederholen" und „eine Ratte wiederholt, die andere alterniert". Denn die Kombinationen __________ und __________ repräsentieren beide die gleiche Art von Ergebnis, nämlich das Ergebnis __________.

AW ⟷ WA
„eine Ratte wiederholt, die andere alterniert"

Zusammenfassung

3–12 In einem Experiment mit zwei Beobachtungen gibt es __________ mögliche Kombinationen von Beobachtungen. Wenn die Wahrscheinlichkeit p für eine bestimmte Beobachtung in einem Ein-Beobachtungs-Experiment gleich 1/2 ist, so hat diese Beobachtung in einem Zwei-Beobachtungs-Experiment eine Wahrscheinlichkeit von __________.

vier
1/4

3–13 Sofern es zwei Kombinationen gibt, die zu einem einzigen Ergebnis führen, ist die Wahrscheinlichkeit, dieses Ergebnis in einem Zwei-Beobachtungs-Experiment zu erhalten, gleich __________. Dagegen ist die Wahrscheinlichkeit, zwei Alternationen zu erhalten, nur gleich 1/4, weil es in einem Zwei-Ratten-Experiment nur eine Kombination gibt, die zu diesem Ergebnis führt.

1/2

B. Die Additionsregel für Entweder-Oder-Fälle

3–14 Wir wollen im folgenden das Ereignis „Alternation" durch den Buchstaben *A* und das Ereignis „Wiederholung" durch den Buchstaben *W* kennzeichnen (wie dies bereits im Rahmen 3–11 geschehen ist). Immer wenn wir von Zwei-Ratten-Experimenten sprechen, wollen wir uns dieser beiden Buchstaben bedienen. Der erste der beiden Buchstaben bezeichnet das Verhalten der ersten Ratte, der zweite das Verhalten der zweiten Ratte. So bedeuten etwa die Buchstaben *AW* die Kombination „die erste Ratte __________ und die zweite Ratte __________".

alterniert — wiederholt

3–15 Zwei Ereignisse oder Kombinationen von Ereignissen wollen wir als *sich wechselseitig ausschließend* bezeichnen, wenn sie nicht beide gleichzeitig in demselben Experiment auftreten können. Tatsächlich sind die Ereignisse *A* und *W* wechselseitig sich ausschließende Ereignisse in einem Ein-Ratten-Experiment. Die Kombination *AW* und die Kombination *AA* sind ______________ Kombinationen in einem Zwei-Ratten-Experiment, da die zweite Ratte nicht gleichzeitig wiederholen und alternieren kann. wechselseitig sich ausschließende

3–16 Die Wahrscheinlichkeit, daß eine Ratte alterniert und die andere Ratte wiederholt, ist in einem Zwei-Ratten-Experiment gleich 1/2. Das gleiche Ergebnis kann beschrieben werden als „entweder *AW* oder *WA*". Deshalb ist die Wahrscheinlichkeit eines „entweder *AW* oder *WA*-Ergebnisses" gleich ______________ . 1/2

3–17 Die Ergebnisse „entweder *AW* oder *WA*" schließen zwei der vier möglichen Kombinationen eines Zwei-Ratten-Experiments ein. Wenn in 100 Experimenten die erwartete Häufigkeit von *AW* 25 beträgt und die erwartete Häufigkeit von *WA* ebenfalls 25, dann ist die erwartete Häufigkeit von „entweder *AW* oder *WA*" gleich ______________ . 50

3–18 Wenn die erwartete Häufigkeit einer *jeden* von zwei sich wechselseitig ausschließenden Kombinationen bekannt ist, dann ist die erwartete Häufigkeit des Auftretens der *einen oder der anderen der beiden Kombinationen* gleich der ______________ der erwarteten Häufigkeiten einer jeden der beiden Kombinationen. Summe

3–19 Die erwarteten Häufigkeiten können in diesen Entweder-oder-Fällen also *addiert* werden, sofern die Ereignisse sich wechselseitig ausschließen. Die Wahrscheinlichkeiten können ebenfalls addiert werden; denn eine Wahrscheinlichkeit ist das Verhältnis der erwarteten zur Gesamthäufigkeit. So ergibt 25/100 + 25/100 = ______________ . Die 50/100 Wahrscheinlichkeit einer „entweder *AW* oder *WA*"-Kombination ist deshalb gleich ______________ . 1/2

3–20 In ähnlicher Weise läßt sich die Wahrscheinlichkeit bestimmen, entweder eine *AA*- oder eine *WW*-Kombination zu erhalten. Die Wahrscheinlichkeit von *AA* ist ______________ , die Wahrscheinlichkeit von 1/4 *WW* ist ______________ und die Summe dieser beiden Wahrschein- 1/4 lichkeiten ist ______________ , was der Wahrscheinlichkeit des Auf- 1/2 tretens entweder einer *AA*- oder einer *WW*-Kombination entspricht.

3–21 Das gleiche Resultat hätten wir auch erhalten, wenn wir uns überlegt hätten, daß alle vier möglichen Kombinationen des Zwei-Ratten-Experimentes die gleichen erwarteten Häufigkeiten besitzen und daß das Ergebnis „entweder *AA* oder *WW*" ______________ von diesen zwei vier möglichen Kombinationen einschließt.

3–22 Interessant ist es, die Additionsregel auf den Fall eines Ein-Ratten-Experiments anzuwenden. In einem solchen Experiment ist die Wahrscheinlichkeit eines *A* = 1/2 und die eines *W* ebenfalls = 1/2. Wie wir in

Rahmen 3–15 gesehen haben, sind die Ereignisse *A* und *W* sich wechselseitig ausschließende Ereignisse, so daß die Additionsregel angewendet werden kann. Die Wahrscheinlichkeit, entweder ein *A*- oder ein *W*-Ergebnis zu erhalten, ist gleich ______________ plus ______________ . 1/2 – 1/2
Und dies ergibt ______________ . 1

3–23 Eine Wahrscheinlichkeit von 1 bedeutet, daß das Ereignis mit *Sicherheit* (oder immer) auftritt. Denn wenn eine Ratte nur einmal in einem Alternationsexperiment beobachtet wird, so ist es von vornherein gewiß, daß sie entweder ein *A*- oder ein *W*-Ergebnis liefern wird. Eine Wahrscheinlichkeit von 1 kann es also nur dann geben, wenn die (Achtung!) ______________ Häufigkeit gleich ist der ______________ Häufigkeit. erwartete ⟷ gesamten

---

Zusammenfassung

3–24 In einem Zwei-Ratten-Experiment ist bei unsystematischen Ratten $p_{AW} = 1/4$ und $p_{WA} = 1/4$. Die Wahrscheinlichkeit, „entweder *AW* oder *WA*" zu erhalten, ist gleich der ______________ dieser beiden Wahrscheinlichkeiten, d.h. gleich ______________ . Summe 1/2

3–25 Angenommen, wir haben eine Stichprobe von Ratten vor uns, die dazu neigt, Alternationsverhalten dreimal so oft wie Wiederholungsverhalten zu zeigen, so daß für jedes Ein-Ratten-Experiment $p_A = 3/4$ und $p_W = 1/4$ ist. Nun ist in einem Ein-Ratten-Experiment die Wahrscheinlichkeit, ein *A*- oder ein *W*-Ereignis zu erhalten, gleich 3/4 ______________ plus
1/4 oder gleich ______________ . Die Summe von p_A und p_W muß 1
stets gleich ______________ sein, da eines der beiden Ereignisse 1
sicherlich auftreten wird.

C. Anwendungen der Additionsregel auf Gruppen von drei Beobachtungen

3–26 Vervollständigen Sie die nachstehende Tabelle der möglichen Kombinationen in einem *Drei*-Ratten-Experiment. Achten Sie darauf, wie die Tabelle aufgebaut ist.

Kombination	*1. Ratte*	*2. Ratte*	*3. Ratte*	
1	A	A	A	
2	A	A	W	
3	A	W	A	
4	A	W	______	W
5	W	A	A	
6	W	______	W	A
7	W	W	A	
8	______	W	W	W

3–27 Die Tabelle wurde offensichtlich systematisch aufgebaut. Insgesamt gibt es acht Kombinationen. Die ersten vier Kombinationen schließen all jene Fälle ein, in denen die Ratte 1 alterniert; die letzten vier all jene Fälle, in denen die Ratte 1 wiederholt. Innerhalb der ersten vier Kombinationen alterniert die Ratte 2 ______ mal, und die 2
Ratte 3 alterniert in denselben ersten vier Kombinationen ______ 2
mal.

3–28 Um in ähnlicher Weise eine Tabelle für ein Vier-Ratten-Experiment zu konstruieren, würden wir noch eine weitere Spalte hinzufügen müssen. Die gesamte Tafel würde dann 16 Kombinationen enthalten; denn all die obigen 8 Kombinationen können sowohl mit einer *alternierenden* Ratte 4 als auch mit einer *wiederholenden* Ratte 4 in Erscheinung treten.

3–29 Wir haben im Rahmen 3–26 gesehen, daß die Zahl der möglichen Kombinationen in einem Drei-Ratten-Experiment ______ 8
ist. Da die Wahrscheinlichkeit einer Alternation bei einer einzigen Beobachtung an unsystematischen Ratten gleich 1/2 ist, sollten alle Kombinationen mit gleicher Häufigkeit auftreten. (Sollte dem Leser diese Feststellung nicht klar sein, dann wiederhole er die Rahmen 3–5 und 3–6; denn die logischen Grundlagen für das Zwei-Ratten-Experiment können auch auf das Drei-Ratten-Experiment übertragen werden.) Die erwartete Häufigkeit eines *AAA* in 100 Drei-Ratten-Experimenten ist deshalb ______. 12,5

3–30 Die Wahrscheinlichkeit p_{AAA} eines Ereignisses *AAA* ist gleich ______ und p_{WWW} = ______, da *WWW* ebenso 1/8 ↔ 1/8
wie *AAA* nur einmal in den 8 möglichen Kombinationen auftritt.

3–31 Unter den 8 Kombinationen eines Drei-Ratten-Experiments gibt es ______ Kombinationen, in denen zwei Ratten alternieren 3
und eine wiederholt. *Jede* dieser drei Kombinationen hat eine Wahrscheinlichkeit von ______. 1/8

3–32 Auch hier kann die „Entweder-Oder-Regel" angewendet werden. So wie die Wahrscheinlichkeit eines „entweder *AW* oder *WA*" gleich ist der Summe von p_{AW} und p_{WA} (vgl. 3–16 und 3–17), ist die Wahrscheinlichkeit des Auftretens von „entweder *AAW* oder *AWA* oder *WAA*" gleich der Summe von ________________, ________________ und ________________, da sich die Ereignisse *AAW*, *AWA* und *WAA* wechselseitig ausschließen.

p_{AAW} (oder 1/8) ⟷ p_{AWA} (oder 1/8) ⟷ p_{WAA} (oder 1/8)

3–33 Jede dieser drei Kombinationen hat eine Wahrscheinlichkeit von 1/8. Die Wahrscheinlichkeit eines „entweder *AAW* oder *AWA* oder *WAA*" ist gleich der Summe der Wahrscheinlichkeiten dieser drei Ereignisse. Daher beträgt die Wahrscheinlichkeit für zwei *A* und ein *W* ________________.

3/8

3–34 Die Wahrscheinlichkeit eines „entweder *AAW* oder *AWA* oder *WAA*" entspricht der Wahrscheinlichkeit, daß ________________ Ratte(n) alternieren und ________________ Ratte(n) wiederholen.

zwei

eine

3–35 Die Wahrscheinlichkeit, daß eine Ratte alterniert und die anderen beiden wiederholen, entspricht der Wahrscheinlichkeit, daß entweder ________________ oder ________________ oder ________________ auftritt. Da jede dieser Kombinationen eine Wahrscheinlichkeit von 1/8 besitzt und da sie sich wechselseitig ausschließen, beträgt die Wahrscheinlichkeit, die eine *oder* die andere dieser drei Kombinationen zu erhalten, ________________.

AWW ⟷ WAW ⟷ WWA

3/8

Zusammenfassung

3–36 Formulieren wir diese Feststellungen in einer allgemeineren Form, so können wir sagen, daß in jedem Drei-Beobachtungs-Experiment ________________ Kombinationen möglich sind. Ein Ereignis, das in einem Ein-Beobachtungs-Experiment eine Wahrscheinlichkeit von 1/2 besitzt (z. B. das Ereignis „Kopf" in einem Münzenwurf), besitzt in einem Drei-Beobachtungs-Experiment eine Wahrscheinlichkeit von ________________, in *jeder der drei* Beobachtungen aufzutreten.

acht

1/8

3–37 Wird eine Münze dreimal geworfen, dann ist die Wahrscheinlichkeit, zwei Ereignisse der einen Art und ein drittes Ereignis anderer Art zu erhalten, ________________ als die Wahrscheinlichkeit, drei gleiche Ereignisse zu erhalten. Dieser Unterschied ergibt sich aus der Tatsache, daß nur zwei der insgesamt acht Kombinationen Ergebnisse liefern, in denen alle drei Ereignisse die gleichen sind; die übrigen ________________ Kombinationen setzen sich aus zwei gleichen und einem unterschiedlichen Ereignis zusammen.

größer

sechs

D. Die Multiplikationsregel für Sowohl-Als-Auch-Fälle

3–38 Wir wollen nun eine weitere wichtige Wahrscheinlichkeitsregel kennenlernen, indem wir uns abermals dem Zwei-Ratten-Experiment zuwenden. Wenn die Kombination AW eine der vier möglichen Kombinationen von zwei Ereignissen ist, dann beträgt deren Wahrscheinlichkeit $p_{AW} = 1/4$, unter der Annahme, daß es sich um unsystematisch reagierende Ratten handelt. Die Kombination AW bedeutet das Ergebnis: „sowohl A bei der ersten Ratte als auch W bei der zweiten Ratte". Um die Kombination AW zu erhalten, ist es also erforderlich, daß genau diese beiden Ereignisse auftreten.

3–39 Die Wahrscheinlichkeit der Kombination AW läßt sich aus den Wahrscheinlichkeiten der Einzelereignisse bestimmen, indem wir das A der ersten Ratte und das W der zweiten Ratte betrachten. Da für die erste Ratte $p_A =$ ________ ist, beträgt die erwartete Häufigkeit von „A bei der ersten Ratte" unter 100 Experimenten ________. 1/2 50

3–40 Unter den 50 Beobachtungen, bei denen A bei der ersten Ratte auftritt, erwarten wir ________ mal ein W bei der zweiten Ratte, da $p_W = 1/2$. 25

3–41 Die erwartete Häufigkeit von AW haben wir also dadurch bestimmt, daß wir zuerst die Zahl der (100) Beobachtungen mit der Wahrscheinlichkeit des ersten Ereignisses und dann mit der Wahrscheinlichkeit des zweiten Ereignisses multipliziert haben. Dasselbe Resultat erhalten wir, wenn wir die Wahrscheinlichkeiten der beiden Ereignisse A und W zunächst miteinander *multiplizieren* und das entstehende Produkt mit 100 multiplizieren. $1/2 \times 1/2$ ergibt ________, 1/4
und dieses mit 100 multipliziert ergibt ________. 25

3–42 Aus diesem Beispiel können wir eine allgemeine Regel ableiten, nämlich: *Wenn beide von zwei Ereignissen unabhängig voneinander auftreten und die Wahrscheinlichkeit jedes einzelnen Ereignisses bekannt ist, dann erhält man die Wahrscheinlichkeit, daß beide Ereignisse zusammen auftreten, durch die Multiplikation der beiden Wahrscheinlichkeiten.*

3–43 Beachten Sie, daß diese Regel das Wort „unabhängig" enthält. Die Ereignisse A und W sind in der Tat unabhängig voneinander insofern, als das Verhalten der ersten Ratte in keiner Weise das Verhalten der ______________ Ratte beeinflussen kann. Um die Multiplikationsregel anwenden zu können, muß feststehen, daß beide Ereignisse voneinander ______________ sind. zweiten unabhängig

3–44 Dies ist auch der Grund, daß die Definition einer Zufallsstichprobe verlangt, daß nicht nur allen Mitgliedern einer Population die *gleiche Chance*, in die Stichprobe zu gelangen, eingeräumt wird, sondern auch, daß die Wahl eines einzelnen Mitgliedes ______________ von der Wahl eines anderen Mitgliedes erfolgt. Wenn diese Bedingung nicht erfüllt ist, dann ist die Stichprobe keine ______________-Stichprobe. Dies bedeutet, daß die für die Wahrscheinlichkeitslehre grundlegende Multiplikationsregel nicht angewendet werden kann. unabhängig Zufalls

3–45 Die Multiplikationsregel für Sowohl-Als-Auch-Fälle läßt sich auch auf Experimente mit mehr als 2 Beobachtungen ausdehnen. So wissen wir aus Abschnitt C mit dem Drei-Ratten-Experiment, daß die Wahrscheinlichkeit der Kombination *AAW* gleich 1/8 ist. Um diese Kombination zu erhalten, müssen wir bei der ersten und bei der zweiten Ratte eine ______________ und bei der dritten Ratte eine ______________ beobachten. Alternation – Wiederholung

3–46 Die Wahrscheinlichkeit p_A für Ratte 1 und für Ratte 2 ist je 1/2; die Wahrscheinlichkeit p_W für Ratte 3 ist ebenfalls 1/2. Wenn man diese 3 Wahrscheinlichkeiten multipliziert, so erhält man als Produkt ______________. Dies ist in der Tat die Wahrscheinlichkeit, *alle drei* Ereignisse in demselben Drei-Ratten-Experiment zu erhalten. 1/8

3–47 Die Multiplikationsregel läßt sich auch dann anwenden, wenn die Wahrscheinlichkeiten nicht gleich 1/2 sind. Nehmen wir abermals das Beispiel aus Rahmen 3–25, in dem für eine bestimmte Rattengruppe $p_A = 3/4$ und $p_W = 1/4$ galt. In solch einem Fall ist die Wahrscheinlichkeit p_{AW} in einem Zwei-Ratten-Experiment gleich ______________ × ______________, das heißt gleich ______________. 3/4 ⟷ 1/4 – 3/16

3–48 In einem Zwei-Ratten-Experiment mit $p_A = 3/4$ und $p_W = 1/4$ beträgt die Wahrscheinlichkeit der Kombination *AA* ______________, wogegen die Wahrscheinlichkeit einer Kombination *WW* ______________ beträgt. 9/16 1/16

3–49 In einem Drei-Ratten-Experiment mit der gleichen Gruppe von Ratten ist die Wahrscheinlichkeit zweier Alternationen und einer Wiederholung *nicht* die gleiche wie die Wahrscheinlichkeit einer Alternation und zweier Wiederholungen. Die Wahrscheinlichkeit p_{AAW} ist nämlich gleich ______________, und die Wahrscheinlichkeit p_{WWA} gleich ______________. 9/64 3/64

Zusammenfassung

3–50 Wenn *alle* von mehreren unabhängigen Ereignissen gleichzeitig auftreten, dann ist die Wahrscheinlichkeit für das kombinierte Auftreten dieser Ereignisse nach der ______________-Regel zu bestimmen. Wenn wir dagegen mit *einem einzelnen* von diesen sich gegenseitig ausschließenden Ereignissen zufrieden sind, dann ist die ______________-Regel anzuwenden.

Multiplikations
Additions

3–51 Wenn wir Wahrscheinlichkeitswerte, die kleiner als 1 sind, addieren, dann erhalten wir eine Summe, die ______________ ist als jeder ihrer Summanden. Wenn wir dagegen solche Wahrscheinlichkeiten multiplizieren, dann erhalten wir ein Produkt, das ______________ ist als jeder seiner Faktoren. Sofern nicht gerade eines der Einzelereignisse eine Wahrscheinlichkeit von 1 besitzt, ist die Wahrscheinlichkeit, 2 bestimmte Ereignisse *gleichzeitig* zu beobachten, stets ______________ als die Wahrscheinlichkeit, entweder das eine oder das andere der beiden zu beobachten.

größer
kleiner
kleiner

E. Anwendung der Wahrscheinlichkeitsregeln auf Münzen-, Würfel- und Kartenaufgaben

3–52 Die Wahrscheinlichkeitsregeln werden in den meisten einführenden Lehrbüchern anhand von Münzenbeispielen entwickelt. Dabei ist p_K die Wahrscheinlichkeit, bei einem Wurf Kopf zu erhalten und p_Z die Wahrscheinlichkeit, Zahl zu erhalten. Wenn $p_K = p_Z = 1/2$, dann ist die Münze unverfälscht. Bei zwei Würfen einer solchen Münze würde p_{KK} = ______________, p_{ZZ} = ______________ und $p_{KZ} = p_{ZK}$ = ______________ sein.

1/4 – 1/4
1/4

3–53 Die Wahrscheinlichkeit, einmal Kopf und einmal Zahl zu erhalten, erhält man dadurch, daß man p_{KZ} und p_{ZK} ______________; sie ist also gleich ______________.

addiert
1/2

3–54 Die Wahrscheinlichkeit, mit einem Würfel die Augenzahl 1 zu erhalten, ist bei einem unverfälschten Würfel gleich 1/6, ebenso die Wahrscheinlichkeit, zwei Augen zu erhalten. Die Wahrscheinlichkeit, bei einem Wurf entweder ein Auge oder zwei Augen zu erhalten, ergibt sich zu ______________.

1/3

3–55 In einem Versuch mit zwei unabhängigen Würfen eines Würfels (oder bei gleichzeitigem Werfen zweier Würfel) beträgt die Wahrscheinlichkeit, *zweimal* eine Augenzahl von 1 zu erhalten, ______________.

1/36

3–56 In einem Zwei-Würfe-Experiment ist die Wahrscheinlichkeit, ein Auge beim ersten Wurf und zwei Augen beim zweiten Wurf zu werfen, gleich ______________. Beachten Sie dabei, daß hier eine ganz bestimmte Kombination gefordert wird, nämlich zuerst ein Auge und dann zwei Augen. 1/36

3–57 Neben dieser Kombination gibt es noch eine andere Kombination, die dasselbe Ergebnis bringt: nämlich zuerst zwei Augen und dann ein Auge. Es gibt also zwei unterschiedliche Kombinationen, die zwei Augen und ein Auge als Wurfergebnis verbinden. Die Wahrscheinlichkeit, entweder die eine oder die andere der beiden Kombinationen zu erhalten, beträgt 1/36 + 1/36 oder ______________. 1/18

3–58 Nehmen wir an, es werden zwei Karten aus einem Kartenspiel, das aus 52 Karten mit je 13 Karten von jeder Farbe besteht, gezogen. Unterstellen wir, daß das Päckchen gut durchgemischt und daß jede Karte wieder in das Spiel zurückgesteckt worden ist, ehe die nächste Karte gezogen wird. (Man spricht von „Stichprobenerhebung mit Zurücklegen"). Die Wahrscheinlichkeit, daß die erste gezogene Karte eine Pik ist, beträgt ______________. Die Wahrscheinlichkeit, daß die als zweite gezogene Karte eine Pik ist, beträgt ______________. Die Wahrscheinlichkeit, daß *beide* Karten Pik sind, ist daher ______________. 1/4 (oder 13/52) 1/4 1/16

3–59 Wie groß ist die Wahrscheinlichkeit, ein Pik und ein Karo zu ziehen, wenn zwei Karten nach Zufall und mit Zurücklegen gezogen werden? Wir überlegen dazu: es gibt ______________ Reihenfolgen, eine Pik- und eine Karokarte zu ziehen. zwei

3–60 Die Wahrscheinlichkeit einer *jeden einzelnen* dieser beiden Reihenfolgen ist gleich ______________. Die Wahrscheinlichkeit, die eine *oder* die andere der beiden Reihenfolgen zu erhalten, ist gleich der ______________ der Wahrscheinlichkeiten der einzelnen Reihenfolgen. Deshalb ist die Wahrscheinlichkeit, ein Pik und ein Karo zu erhalten, gleich ______________. 1/16 Summe 1/8

3–61 Vier Karten in einem Spiel von 52 Karten sind Asse. Die Wahrscheinlichkeit, ein As bei einem einzelnen Zug nach Zufall zu ziehen, ist also ______________. Die Wahrscheinlichkeit, bei *zwei* Zügen *zwei* Asse zu ziehen, beträgt dann ______________. 1/13 (oder 4/52) 1/169

3–62 Warum ist die Bedingung „mit Zurücklegen" so wichtig? Nehmen wir an, ein As sei gezogen und nicht zurückgelegt worden. In diesem Fall beträgt die Gesamtzahl der Karten in dem Paket nur mehr ______________. Die Gesamtzahl der verbleibenden Asse beträgt ______________. Die Wahrscheinlichkeit, beim zweiten Zug ein As *ohne Zurücklegen* zu ziehen, würde deshalb ______________ sein. 51 3 1/17 (oder 3/51)

3–63 Wenn die erste Karte (ein As) der beiden gezogenen Karten nicht zurückgelegt wird, so beträgt die Wahrscheinlichkeit, zwei Asse nacheinander zu ziehen, ______________ × ______________ oder gleich ______________. Vergleiche diese Wahrscheinlichkeit mit der von 1/169, zwei Asse *mit* Zurücklegen zu ziehen!

1/13 – 1/17

1/221

3–64 Angenommen, eine Versuchsperson hat eine Aufgabe mit vier Alternativantworten, von denen nur jeweils eine richtig ist, vor sich. Der Test besteht im ganzen aus 100 solcher Aufgaben mit je vier Alternativantworten. Angenommen, die Versuchsperson besitzt keinerlei Wissen und rät nur nach Zufall. Die Wahrscheinlichkeit, daß ihre Antwort auf die erste Aufgabe richtig ist, beträgt in diesem Fall ______________.

1/4

3–65 Nehmen wir an, diese Versuchsperson versucht sich an allen 100 Aufgaben, wobei sie jedesmal bloß nach Zufall eine Antwort anstreicht. In diesem Fall erwarten wir eine Häufigkeit von ______________ richtigen Antworten.

25

Aufgaben zu Kapitel 3

3–1 Wenn eine Karte aus einem Kartenspiel von 52 Karten gezogen wird, wie groß ist die Wahrscheinlichkeit, daß diese Karte ein Pik ist?

3–2 Wenn eine zweite Karte vom gleichen Spiel gezogen wird, nachdem die erste zurückgelegt und das Kartenspiel gemischt worden ist, wie groß ist die Wahrscheinlichkeit, daß die neue Karte ein Pik ist?

3–3 Angenommen, ein Pik wurde aus einem Kartenspiel gezogen und beiseite gelegt. Nun wird eine zweite Karte aus dem gleichen Spiel gezogen, und es stellt sich die Frage, wie groß die Wahrscheinlichkeit ist, daß diese zweite Karte ein Pik ist. Wie groß ist die Wahrscheinlichkeit, daß diese zweite Karte ein Karo ist?

3–4 Nehmen wir an, es sind 26 Karten nacheinander aus dem Spiel entnommen worden, wobei jede nach der Entnahme wieder in das Spiel zurückgegeben wurde, nachdem sie notiert worden war. Nach jedem Zug wurde das Kartenspiel durchgemischt. Bekanntlich enthält ein Kartenspiel 12 Bildkarten. Wie groß ist in den 26 Karten die erwartete Häufigkeit von Bildkarten?

3–5 Wie groß ist die Wahrscheinlichkeit, in einem Zug *entweder* ein Pik *oder* ein Karo aus einem Kartenspiel zu ziehen?

3–6 Wie groß ist die Wahrscheinlichkeit, in beiden von zwei aufeinanderfolgenden Zügen ein As zu erhalten, wenn wir annehmen, daß die erste Karte zurückgegeben und das Spiel durchgemischt worden war, ehe die zweite Karte gezogen wurde?

~~**3–5** Wie groß ist die Wahrscheinlichkeit, *entweder* ein Pik *oder* ein Karo in einem Zug aus einem Kartenspiel zu ziehen?~~

~~**3–6** Wie groß ist die Wahrscheinlichkeit, ein As in beiden von zwei aufeinanderfolgenden Zügen zu erhalten, wenn wir annehmen, daß die erste Karte zurückgegeben und das Spiel durchgemischt worden war, ehe die zweite Karte gezogen wurde?~~

3–7 Wie groß ist die Wahrscheinlichkeit, zwei rote Karten und eine schwarze Karte in beliebiger Ordnung in drei aufeinanderfolgenden Zügen aus einem Kartenspiel zu entnehmen, wenn die Karten nach jedem Zug wieder zurückgelegt und das Spiel gemischt wurde? Wie groß ist die Wahrscheinlichkeit, daß die beiden ersten Karten rote sind? Schreiben Sie alle Kombinationen von roten und schwarzen Karten auf, die in diesen drei Zügen auftreten können. Wie viele solcher Kombinationen gibt es und wie viele verschiedene Arten von Ergebnissen sind möglich?

3–8 Ein Würfel wird dreimal geworfen und zeigt jedesmal eine Augenzahl von 1. Wie groß ist die Wahrscheinlichkeit, dieses Ergebnis mit einem unverfälschten Würfel zu erhalten?

3–9 Ein Würfel wird dreimal geworfen. Zweimal erscheinen zwei Augen und einmal ein Auge. Wie groß ist die Wahrscheinlichkeit, dieses Ergebnis mit einem unverfälschten Würfel zu erhalten? Wie groß ist die Wahrscheinlichkeit, daß die beiden ersten Würfe je zwei Augenzahlen geben, unbeschadet davon, welche Augenzahl der dritte Wurf liefert?

3–10 Ein anderer Würfel wird dreimal geworfen und liefert einmal eine 1, einmal eine 2 und einmal eine 3. Wie groß ist die Wahrscheinlichkeit, daß dieses Ergebnis einem unverfälschten Würfel entstammt? Wie groß ist die Wahrscheinlichkeit, daß diese Ereignisse in der Folge ein Auge, zwei Augen, drei Augen in Erscheinung treten?

3-11 Nehmen wir an, eine Münze begünstigt das Auftreten von Zahl, und zwar so stark, daß die Wahrscheinlichkeit einer Zahl 0,9 und die Wahrscheinlichkeit eines Kopfes 0,1 ist. Wie groß ist dann die Wahrscheinlichkeit, bei zwei Würfen mit dieser Münze zweimal Kopf zu erhalten und wie groß ist die Wahrscheinlichkeit, zweimal Zahl zu erhalten? Wie groß ist schließlich die Wahrscheinlichkeit, einmal Kopf und einmal Zahl zu erhalten? Bedenken Sie, daß die drei Wahrscheinlichkeiten zusammen 1,00 ergeben sollten. Tun sie das?

Kapitel 4: Die Berechnung von Wahrscheinlichkeiten – II: Die Fakultätenregel

In den vorangegangenen Kapiteln haben wir die Wahrscheinlichkeitsgesetze für Experimente bis zu drei Beobachtungen erörtert. In Kapitel 4 wollen wir uns eine einfache Rechenregel erarbeiten, mit der wir Wahrscheinlichkeiten leicht berechnen können. Mit Hilfe der Dreieckstafel (auf Seite 375) wollen wir das Verfahren bis zu Experimenten mit 10 Beobachtungen entsprechend ausweiten. Trennen Sie daher die Dreieckstafel ab und schreiben Sie Ihre eigenen Antworten darauf, wann immer dies erforderlich sein wird.
Sie werden feststellen, daß die rechnerische Prozedur für manche Aufgaben in diesem Kapitel etwas aufwendig ist. Versuchen Sie nicht, möglichst schnell mit diesem Kapitel fertig zu werden, sondern nehmen Sie sich Zeit, die Aufgaben gründlich und richtig zu bearbeiten. Sie werden die zugrunde liegenden Prinzipien besser verstehen, wenn Sie die Beispiele gründlich durcharbeiten.

A. Bestimmung der Gesamtzahl von Kombinationen

4–1 In dem Alternationsexperiment mit *einer* Ratte gibt es lediglich ______________ mögliche Ereignisse (Alternation und Wiederholung). zwei
Wenn sich die Ratten unsystematisch verhalten, dann hat jedes dieser Ereignisse eine Wahrscheinlichkeit von ______________. 1/2

4–2 In dem Alternationsexperiment mit *zwei* Ratten gab es bereits ______________ Kombinationen von Ereignissen. Die Zahl der Kom- vier
binationen ist also gleich 2mal ______________ oder $(2)^2$. Dieser 2
Ausdruck liest man „2 zum Quadrat" oder „2 zur zweiten Potenz".

4–3 In dem Experiment mit zwei Ratten hatte jede der vier Kombinationen eine Wahrscheinlichkeit von ______________. Die Wahr- 1/4
scheinlichkeit einer jeden der vier Kombinationen ist deshalb $(1/2)^2$, d.h. 1/2 mal 1/2.

4–4 In dem Experiment mit *drei* Ratten gab es ______________ acht
Kombinationen von möglichen Beobachtungen. In diesem Fall war die

Zahl der Beobachtungen gleich $(2)^3$ oder 2 zur ______________. Jede dieser Kombinationen hat eine Wahrscheinlichkeit von ______________ oder $(1/2)^3$, d.h. 1/2 mal 1/2 mal 1/2. — dritten Potenz; 1/8

4–5 Wir sehen also:

Bei einer Ratte sind $(2)^1 = 2$ Ereignisse möglich.

Bei zwei Ratten sind $(2)^2 = 4$ Kombinationen von Ereignissen möglich.

Bei drei Ratten sind $(2)^3 = 8$ Kombinationen von Ereignissen möglich.

Bei vier Ratten sind ______________ Kombinationen von Ereignissen möglich. — $(2)^4 = 16$

4–6 Aus diesen Feststellungen können wir nun folgende Regel ableiten: Wenn ein Experiment aus N Beobachtungen besteht, und wenn jede dieser Beobachtungen aus einem von zwei möglichen Ereignissen besteht, dann ist die Gesamtzahl der Kombinationen von Ereignissen gleich 2 zur ______________ Potenz. — N-ten

4–7 Unsere Dreieckstafel (auch Pascalsches Dreieck) enthält auf der linken Seite die Zahl der Beobachtungen – N – bis zur Größe 10. Die zweite mit $(2)^N$ bezeichnete Spalte zeigt, wie viele Kombinationen von Ereignissen für jede der verschiedenen Zahlen von ______________ möglich sind. — Beobachtungen

4–8 Wenn z.B. wie in dem Ein-Ratten-Experiment nur eine Beobachtung gemacht wird, sind zwei Ereignisse möglich. Die Zahl 2 steht in der zweiten Spalte neben der Zahl ______________ in der ersten Spalte. — 1

4–9 Tragen Sie nun in die zweite Spalte von oben nach unten die richtigen Zahlen ein. — von oben nach unten: 2, 4, 8, 16, 32, 64, 128, 256, 512, 1.024

4–10 Die dritte Spalte in der Dreieckstafel ist mit $(1/2)^N$ bezeichnet. Diese Spalte enthält die *Wahrscheinlichkeiten* einer jeden dieser Kombinationen unter der Annahme, daß ein einzelnes Ereignis eine Wahrscheinlichkeit von $p = 1/2$ besitzt. Tragen Sie die Werte für die Wahrscheinlichkeiten in diese Spalte ein. — von oben nach unten: 1/2, 1/4, 1/8, 1/16, 1/32, 1/64, 1/128, 1/256, 1/512, 1/1.024

Zusammenfassung

4–11 In der Feststellung, „eine Münze wurde N-mal geworfen", bezeichnet der Buchstabe N die ______________. Bei N Würfen einer jeden Münze beträgt die Zahl der möglichen Kombinationen der Ereignisse „Kopf" und „Zahl" ______________. — Zahl der Beobachtungen; $(2)^N$

4–12 Bei einem Münzenwurf ist, wenn es sich um eine unverfälschte Münze handelt, $p_K = p_Z = 1/2$. Die *Wahrscheinlichkeit* einer jeden Kombination ist bei *N* Beobachtungen gleich ________. $(1/2)^N$

B. Kombinationen, die das gleiche Ergebnis liefern

4–13 In unserem Zwei-Ratten-Experiment gibt es zwei Kombinationen von Ereignissen, in denen eine Alternation und eine Wiederholung vorkommt. Dies sind die Kombinationen ________ und ________. AW ⟷ WA

4–14 Im Drei-Ratten-Experiment gibt es *drei* Kombinationen, in denen zwei Ratten alternieren und eine wiederholt. Die wiederholende Ratte kann die ________, die ________ oder die ________ der drei Ratten sein. erste – zweite – dritte

4–15 Wenn zwei von drei Ratten alternieren, dann kann man auch sagen „alle mit Ausnahme einer einzigen", oder auf *N* Ratten bezogen, „*N* – 1 Ratten wiederholen". Wenn wir also *N* Beobachtungen haben, gibt es stets *N* Kombinationen, in denen *N* – 1 der Beobachtungen in eine bestimmte Richtung gehen, z. B. in die Richtung der Alternation. Denn es gibt in der Reihe der *N* Beobachtungen ________ Positionen, die das Ereignis, das nur einmal auftritt (in diesem Fall die Wiederholung), einnehmen kann. N

4–16 In einem Zwei-Ratten-Experiment gibt es stets nur eine Kombination, in der beide Ratten alternieren. Ebenso gibt es nur eine Kombination, in der beide Ratten wiederholen. In einem Drei-Ratten-Experiment gibt es stets nur ________ Kombination, in der alle drei Ratten alternieren. eine

4–17 Wenn wir *N* Beobachtungen haben, gibt es also stets eine Kombination, in der ________ Beobachtungen in die gleiche Richtung gehen, z. B. in Richtung der Alternation. alle N

4–18 Die Dreieckstafel hilft uns, die Zahl der Kombinationen zu bestimmen, die zu gleichen Ergebnissen führen. Wir wissen, daß verschiedene Kombinationen zu gleichen Ergebnissen führen können. So führen die beiden Kombinationen *AW* und *WA* zum Ergebnis „eine Ratte wiederholt, die andere alterniert". Ebenso liefern die Kombinationen *AAW*, *AWA* und *WAA* ein gleiches Ergebnis, nämlich „zwei Ratten alternieren, eine Ratte wiederholt". Betrachten wir die zweite Zeile mit *N* = 2. In dieser Zeile enthält die Dreieckstafel soviel Quadrate, wie es bei ________________ Beobachtungen Ergebnisse gibt. Wieviel Ergebnisse sind möglich? ________________. 2 3

4–19 Schreiben Sie in das linke Dreiecksquadrat der zweiten Zeile die Zahl der Kombinationen, in denen das Ergebnis „zwei Wiederholungen" auftreten kann: ________________. Schreiben Sie entsprechend in das rechte Quadrat die Zahl der Kombinationen, in denen das Ergebnis „zwei Alternationen" auftreten kann: ________________. eins eins

4–20 Und nun schreiben Sie in das mittlere Quadrat der gleichen Zeile die Zahl der Kombinationen, in denen das Ergebnis „eine Alternation und eine Wiederholung" auftreten kann: ________________. [Dies entspricht der Feststellung, daß die Alternation bei allen außer einer Ratte, d.h. bei ________________ Ratten, beobachtet wurde.] Die Summe der Zahlen in der zweiten Zeile ist ________________. Sie ist gleich der Gesamtzahl der möglichen ________________ von Beobachtungen in einem Zwei-Ratten-Experiment. zwei N – 1 4 Kombinationen

4–21 Die linken Quadrate in der Dreieckstafel enthalten die Zahl der Kombinationen, in denen alle Ratten wiederholen. Diese Zahl ist stets ________________, gleichgültig wieviel Beobachtungen ein Experiment einschließt. Setzen Sie diese Zahl in alle linksseitigen Quadrate. Dieselbe Zahl müssen Sie in alle rechtsseitigen Quadrate setzen; denn diese Quadrate sind für die Anzahl der Kombinationen bestimmt, in denen alle N Ratten alternieren. 1

4–22 Das zweite Quadrat in jeder Zeile der Dreieckstafel enthält die Zahl der Kombinationen, in denen $N-1$ Ratten wiederholen. Diese Zahl ist für jede Zeile *eine andere*; sie ist stets gleich dem Wert von ________ für diese Zeile (vgl. Rahmen 4–15). Dieselbe Zahl setzen Sie in das vorletzte Quadrat der Zeile ein, da dieses Quadrat für die Zahl der Kombinationen bestimmt ist, in welchen $N-1$ Ratten alternieren. N

Zusammenfassung

4–23 In einem Experiment mit fünf Ratten ist $N =$ ________________. Wieviel Kombinationen gibt es, die zum Ergebnis „alle 5 Ratten alternieren" führen? ________________. 5 Eine

4–24 Bilden Sie alle möglichen Kombinationen von fünf Beobachtungen, die zum Ergebnis „$N-1$ Ratten alternieren" führen. ________________. Wie viele Kombinationen dieser Art gibt es? ________________. In einem Experiment mit N Ratten gibt es stets AAAAW, AAAWA, AAWAA, AWAAA, WAAAA fünf

____________ Kombinationen, in denen sich $N-1$ Ratten in einer bestimmten Weise verhalten. N

C. Die Fakultätenregel

4–25 Um die Dreieckstafel zu vervollständigen, benötigen wir eine Rechenregel, mit deren Hilfe wir die Zahl der Kombinationen bestimmen. Diese Regel ist die sogenannte *Fakultätenregel*. Von einer Fakultät spricht man dann, wenn einer Zahl ein Rufzeichen folgt. Der Ausdruck 2 ! heißt „2-Faktultät". Gemeint ist damit *das Produkt aus 2 und allen ganzen Zahlen, die kleiner als zwei sind.* In diesem Fall ist 2 ! also: ____________ mal ____________, und das ist gleich 2. 2 ⟷ 1

4–26 4 ! bedeutet das Produkt von 4 und allen ganzen Zahlen kleiner als 4. 4! bedeutet also das Produkt aus ____________ und ____________ und ____________ und ____________. Das ergibt ____________. 4 ⟷ 3 ⟷ 2 ⟷ 1 24

4–27 Da die Definition von Fakultäten nur auf positive ganze Zahlen angewendet werden kann und da Null keine positive ganze Zahl ist, läßt sich die Definition auf Null Fakultät (0!) nicht anwenden. Dafür hat man vereinbart, 0! gleich 1 zu setzen. Das Produkt aus 2! und 0! ist also ____________. 2

4–28 Das Rechnen mit Fakultäten ermöglicht uns, für N Beobachtungen die Zahl der Kombinationen zu bestimmen, die ein bestimmtes Ergebnis liefern. So ist bei 4 Beobachtungen die Zahl der Kombinationen von zwei Alternationen und zwei Wiederholungen gleich 4!/2!2!, also gleich ____________. 6

4–29 Es läßt sich zeigen, daß es in einem Vier-Ratten-Experiment tatsächlich 6 Kombinationen gibt, in denen zwei Ratten alternieren und zwei wiederholen. Die beiden Alternationen können von der Ratte 1 und ____________, 1 und ____________, 1 und ____________, 2 und ____________, 2 und ____________ oder 3 und ____________ stammen. 2 ⟷ 3 ⟷ 4 3 ⟷ 4 4

4–30 Der Bruch 4!/2!2! gibt an, wieviel mögliche Kombinationen bei vier Beobachtungen zu zwei Alternationen und zwei Wiederholungen führen. Der Bruch enthält im *Zähler* die Fakultät der Zahl der ____________. Der *Nenner* des Bruches enthält die Fakultäten zweier Zahlen, nämlich der Zahl der Alternationen und der Zahl der ____________. Beobachtungen Wiederholungen

4–31 Dieselbe Regel läßt sich auch auf drei Alternationen und eine Wiederholung anwenden. Der entsprechende Bruch hat dann 4! im Zähler und 3!1! im Nenner. Die Zahl der Kombinationen von drei Alternationen und einer Wiederholung ist also gleich ________ . 4
Den Beweis dafür haben wir bereits geführt, indem wir gezeigt haben, daß es unter vier Beobachtungen stets vier Kombinationen gibt, in denen *alle Beobachtungen mit Ausnahme einer einzigen* das gleiche Ergebnis liefern. In unserem Beispiel gibt es ________ Positionen, die das Ereignis, das nur einmal auftritt, nämlich die Wiederholung, einnehmen kann. 4

4–32 In der gleichen Weise können wir bei vier Beobachtungen die Zahl der Kombinationen von vier Alternationen und Null Wiederholungen bestimmen. Der Zähler des Fakultätenbruches ist in diesem Fall 4! und der Nenner ist ________ mal ________. Die Zahl der Kombinationen ist daher gleich ________. Wir haben diese Zahl bereits im rechten äußeren Quadrat der vierten Zeile der Dreieckstafel notiert.

4! ←→ 0!
eins

4–33 Natürlich kann die Fakultätenregel auch auf Experimente mit mehr als vier Beobachtungen angewendet werden. Nehmen wir an, es wäre ein Fünf-Ratten-Experiment durchgeführt worden. Bei fünf Beobachtungen läßt sich die Zahl der Kombinationen von drei Alternationen und zwei Wiederholungen nach unserer Regel dadurch ermitteln, daß wir in den Zähler 5! setzen und in den Nenner ________. Die Zahl der Kombinationen ist somit ________ .

3! 2!
10

4–34 In einem Zehn-Ratten-Experiment ist N gleich 10. Bei zehn Beobachtungen läßt sich die Zahl der Kombinationen von acht Alternationen und zwei Wiederholungen aus dem Bruch ________ ermitteln. Diese Zahl ist gleich ________ .

$\frac{10!}{8!\,2!}$
45

Zusammenfassung

4–35 Die Fakultätenregel läßt sich nun in eine allgemeine Form bringen. Bezeichnen wir mit k die Zahl der Alternationen, so gibt es bei N Beobachtungen $N-$ ________ Wiederholungen. k

4–36 Der Zähler eines Fakultätenbruches enthält stets nur die Fakultät der Zahl der ________. Der Nenner enthält stets die Fakultät der Zahl der ________, multipliziert mit der Fakultät der Zahl der ________.

Beobachtungen
Alternationen ←→
Wiederholungen

4–37 Bei N Beobachtungen errechnet sich die Zahl der Kombinationen von k Alternationen und $N-k$ Wiederholungen stets nach dem Bruch __________. $\frac{N!}{k!\,(N-k)!}$

D. Vervollständigung der Dreieckstafel

4–38 Wir haben bislang die Zeilen 1–4 der Dreieckstafel voll ausgefüllt. In der fünften Zeile sind noch zwei Quadrate leer. Das dritte Quadrat von links enthält die Zahl der Kombinationen von zwei Alternationen und drei Wiederholungen. Das vierte Quadrat enthält die Zahl der Kombinationen von __________ Alternationen und __________ Wiederholungen.

drei
zwei

4–39 Die Zahl der Kombinationen von zwei Alternationen und drei Wiederholungen läßt sich aus dem Fakultätenbruch $5!/2!3!$ ermitteln. Diese Zahl ist gleich __________. Die Zahl der Kombinationen von drei Alternationen und zwei Wiederholungen kann nach dem Bruch __________ ermittelt werden. Diese Zahl entspricht natürlich der eben ermittelten. Setzen Sie diese beiden Zahlen in die Tafel ein.

10
$\frac{5!}{3!\;2!}$

4–40 Es gibt einen einfachen Weg, um jedes gewünschte Ergebnis in der Dreieckstafel darzustellen. Betrachten wir zu diesem Zweck die Zeile 5, in der $N =$ __________ ist. Das *erste* Quadrat auf der linken Seite enthält die Zahl der Kombinationen von fünf Wiederholungen und __________ Alternationen. Das zweite Quadrat enthält die Zahl für vier Wiederholungen und __________ Alternation. Das dritte Quadrat steht für __________ Wiederholungen und __________ Alternationen, usf.

5
null
eine
drei
zwei

4–41 Angenommen, die Quadrate einer Zeile sind von links nach rechts numeriert. In diesem Fall ist die Zahl der Alternationen in jedem Quadrat stets um eine Einheit __________ als die Positionszahl dieses Quadrats.

kleiner

4–42 Um diese Einsicht sogleich anzuwenden, fragen wir uns, wie viele Alternationen dem *zweiten* Quadrat der sechsten Zeile entsprechen: __________. Welches Quadrat der sechsten Zeile enthält vier Alternationen? __________.

Eine
Das fünfte

4–43 Welches Quadrat der sechsten Zeile enthält vier Wiederholungen. (Überlegen Sie sich bei dieser Frage, wie viele Alternationen es gibt, wenn unter sechs Beobachtungen vier Wiederholungen auftreten!) Das Quadrat hat die Positionszahl ________________. Welches Quadrat der siebenten Zeile steht für die Zahl der Kombinationen mit vier Wiederholungen? ________________.

3

Das vierte

4–44 Das vierte Quadrat der sechsten Zeile enthält die Zahl der Kombinationen, die zu ________________ und ________________ führen. Bestimmen Sie die Zahl der Kombinationen für dieses Quadrat. Der Fakultätenbruch beträgt ________________, und die Zahl der Kombinationen beträgt ________________. Schreiben Sie diese Zahl in das entsprechende Quadrat.

drei Alternationen ⟷ drei Wiederholungen

$\frac{6!}{3!\,3!}$

20

4–45 Bestimmen Sie die Zahl der Kombinationen, die bei acht Beobachtungen zu sechs Wiederholungen und zwei Alternationen führen. Diese Zahl beträgt ________________ und gehört in das ________________ Quadrat der achten Zeile.

28 – dritte

4–46 Beachten Sie nun die folgende Regelmäßigkeit innerhalb der Dreieckstafel: Jede Zahl in der Tafel ist gleich der Summe der beiden Zahlen, die ihr in der Zeile *darüber* am nächsten stehen. So etwa ist in der dritten Zeile im zweiten Quadrat die Zahl 3 gleich der Summe der Zahlen ________________ und ________________ über ihr. In der sechsten Zeile ist die Zahl im vierten Quadrat gleich der Summe der Zahlen ________________ und ________________ unmittelbar darüber.

1 ⟷ 2

10 – 10

4–47 Benützt man diese einfache Regel, dann kann man die fehlenden Zahlen in der Tabelle einsetzen. Auf Seite ~~384~~ 76 befindet sich zu Ihrer Kontrolle die vollständig ausgefüllte Dreieckstafel.

Zusammenfassung

4–48 Die Dreieckstafel (oder das sog. Pascal'sche Dreieck) ist ein Hilfsmittel zur leichteren Berechnung der Zahl der ________________, die zu einem bestimmten Ergebnis führen.

Kombinationen

4–49 Die Zahl der Quadrate in der ersten Zeile der Tabelle, also für $N = 1$, beträgt ________________. Jede nachfolgende Zeile muß ________________ Quadrat(e) mehr als die darüber stehende besitzen. Um die *Zahl* der Kombinationen für eine bestimmte Position zu erhalten, kann man ________________ addieren.

zwei

ein

die zwei Zahlen darüber

4–50 Alle äußersten Quadrate auf der rechten und linken Seite der Tafel müssen die Zahl ________________ enthalten. Unter Berücksichtigung dieser Tatsachen läßt sich jede Dreieckstafel leicht herstellen.

1

E. Die Benutzung der Dreieckstafel

4–51 Mit Hilfe der Dreieckstafel lassen sich verschiedene Fragen zur Wahrscheinlichkeit beantworten. Nehmen wir an, 10 Ratten haben an einem Alternationsexperiment teilgenommen. Die *Gesamtzahl* der Kombinationen von 10 Beobachtungen, die überhaupt möglich sind, beträgt $(2)^N$ und daher ____________. Dies können wir auch aus der zweiten *Spalte* in Zeile ____________ der Dreieckstafel entnehmen.

1.024
10

4–52 Wenn das Verhalten der Ratten unsystematisch ist, dann beträgt die Wahrscheinlichkeit *einer jeden* dieser 1024 Kombinationen ____________, wie wir aus der dritten Spalte derselben Zeile ersehen können.

$\frac{1}{1.024}$

4–53 Wenn wir in einem Zehn-Ratten-Experiment beobachten, daß neun Ratten alternieren und eine Ratte wiederholt, dann finden wir die Zahl der Kombinationen, die zu diesem Ergebnis führen können, in dem ____________ Quadrat der 10. Zeile der Dreieckstafel. Diese Zahl beträgt ____________. Deshalb ist die Wahrscheinlichkeit, bei 10 unsystematisch reagierenden Ratten neun Alternationen und eine Wiederholung zu erhalten, gleich der *Summe* der Wahrscheinlichkeiten dieser zehn Kombinationen. Die Wahrscheinlichkeit ist also ____________.

zehnten
10
$\frac{10}{1.024}$

4–54 Die Dreieckstafel kann auch für andere Beobachtungen herangezogen werden. Erinnern wir uns an das Beispiel mit der unverfälschten Münze. Wenn wir eine solche Münze zehnmal werfen und dabei achtmal Kopf erhalten, so ist die Wahrscheinlichkeit dieses Ergebnisses gleich groß wie die Wahrscheinlichkeit, in einem Alternationsexperiment ____________ Alternationen und ____________ Wiederholungen zu erhalten.

acht ←→ zwei

4–55 Da wir im Münzenexperiment an der Zahl der Kopfwürfe und nicht an der Zahl der Alternationen interessiert sind, entspricht das erste Quadrat in der 10. Zeile dem Ergebnis „null Kopfwürfe", das zweite Quadrat dem Ergebnis „ein Kopfwurf" usf. Die Zahl der Kombinationen, die das Ergebnis „acht Kopfwürfe und zwei Zahlwürfe" liefern, findet man im ____________ Quadrat der Zeile 10. Die Zahl dieser Kombinationen beträgt ____________.

neunten
45

4–56 Da es also für 10 Beobachtungen 45 mögliche Kombinationen gibt, die zu achtmal Kopf und zweimal Zahl führen, und da die Wahrscheinlichkeit *einer* jeden dieser Kombinationen für sich ____________ ist, ist die Wahrscheinlichkeit, achtmal Kopf und zweimal Zahl zu erhalten ____________.

$\frac{1}{1.024}$
$\frac{45}{1.024}$

4–57 Eine Wahrscheinlichkeit von 45/1 024 besagt, daß das Ergebnis „achtmal Kopf und zweimal Zahl" in 1 024 Würfen mit einer unverfälschten Münze ungefähr ______________ mal auftritt. 45

4–58 Wenn die Münze siebenmal Kopf und dreimal Zahl zeigt, dann gibt es ______________ Kombinationen, die zu einem solchen Ergebnis führen. Die Wahrscheinlichkeit solch eines Ergebnisses ist dann ______________. 120 $\frac{120}{1.024}$

4–59 Die Wahrscheinlichkeit, daß zehn Würfe dreimal Kopf und siebenmal Zahl ergeben, beträgt ______________ und ist somit genau gleich der Wahrscheinlichkeit, daß 10 Würfe siebenmal Kopf und dreimal Zahl ergeben. $\frac{120}{1.024}$

4–60 Wenn man aus einer Population von 50 männlichen und 50 weiblichen Handschriften eine Stichprobe von 10 Handschriften entnimmt, so ist die *Wahrscheinlichkeit*, daß eine einzelne Handschrift eine männliche ist, gleich ______________. Die erwartete *Häufigkeit* männlicher Handschriften in der Stichprobe von 10 Handschriften ist gleich ______________. 1/2 5

4–61 Wenn man in einer Stichprobe von 10 Handschriften sechs männliche und vier weibliche vorfindet, so ist dies ein Ergebnis, das in 1 024 Wiederholungen dieses Experiments nach Zufall ______________ mal auftreten sollte. Es gibt nämlich ______________ Kombinationen, die zu sechs männlichen und vier weiblichen Handschriften führen, und die Wahrscheinlichkeit einer einzelnen Kombination beträgt 1/1024. Dieses Ergebnis ist fast ebenso wahrscheinlich, wie das Ergebnis, in 10 Handschriften 5 männliche und 5 weibliche vorzufinden. Dieses Ergebnis würde in 1 024 Fällen nach Zufall ______________ mal auftreten. 210 210 252

4–62 *Bei 10 Beobachtungen* beträgt die Zahl der Kombinationen, die fünf Alternationen beinhalten, ______________. *Bei 8 Beobachtungen* beträgt die Zahl der Kombinationen, die fünf Alternationen beinhalten, dagegen ______________. *Bei 6 Beobachtungen* beträgt die Zahl der Kombinationen, die fünf Alternationen beinhalten ______________. 252 56 6

4–63 Die Wahrscheinlichkeit, daß bei 6 Beobachtungen 5 Alternationen auftreten, beträgt ______________. Die Wahrscheinlichkeit, daß bei 8 Beobachtungen 5 Alternationen auftreten, beträgt ______________, und die Wahrscheinlichkeit, daß bei 10 Beobachtungen 5 Alternationen auftreten, beträgt ______________. 6/64 56/256 $\frac{252}{1.024}$

Aufgaben zu Kapitel 4

4–1 Eine Münze wird neunmal geworfen. Wie viele verschiedene Kombinationen von beiden Ereignissen „Kopf“ und „Zahl“ sind möglich? Wieviele Arten von Ergebnissen? Nehmen wir an, die Münze ist unverfälscht. Wie groß ist dann die Wahrscheinlichkeit, eine bestimmte dieser Kombinationen zu erhalten? Wieviel Kombinationen führen zum Ergebnis „sechsmal Kopf und dreimal Zahl“? Wie groß ist die Wahrscheinlichkeit, bei neun Würfen sechsmal Kopf und dreimal Zahl zu erhalten?

4–2 Ein Untersucher experimentiert mit 11 Ratten im T-Labyrinth. Er erhält acht Alternationen und drei Wiederholungen. Wie viele verschiedene Kombinationen können bei 11 Ratten auftreten? Wie groß ist die Wahrscheinlichkeit einer jeden dieser Kombinationen unter der Annahme, daß die Ratten unsystematisch reagieren? Wie viele Kombinationen liefern das Ergebnis „acht Alternationen und drei Wiederholungen“. Wie groß ist die Wahrscheinlichkeit, genau dieses Ergebnis zu erhalten?

4–3 (a) Ein Untersucher erhält in einem Vier-Ratten-Experiment drei Alternationen und eine Wiederholung. Wie groß ist unter der Annahme unsystematisch reagierender Ratten die Wahrscheinlichkeit dieses Ergebnisses?

(b) Der Untersucher wiederholt nun das Vier-Ratten-Experiment und erhält zwei Alternationen und zwei Wiederholungen. Wie groß ist ebenfalls unter der Annahme unsystematisch reagierender Ratten die Wahrscheinlichkeit dieses Ergebnisses?

(c) Wenn ein Untersucher *zwei* Vier-Ratten-Experimente durchführt und drei Alternationen beim *ersten* und zwei Alternationen beim *zweiten* Experiment erhält, wie groß ist die Wahrscheinlichkeit eines solchen Ergebnisses? Wie groß ist die Wahrscheinlichkeit, daß er drei Alternationen von einem der beiden Experimente und zwei Alternationen vom anderen Experiment erhält?

(d) Angenommen, der Untersucher betrachtet *alle acht* Ratten so, als gehörten sie zu einem Acht-Ratten-Experiment, das fünf Alternationen und drei Wiederholungen geliefert hat. Wie groß ist die Wahrscheinlichkeit, daß fünf Alternationen und drei Wiederholungen aus einem Acht-Ratten-Experiment resultieren? Bedenken Sie, daß diese Wahrscheinlichkeit *nicht* gleich ist der Wahrscheinlichkeit, drei Alternationen von einem der beiden Vier-Ratten-Experimente und zwei Alternationen vom anderen Vier-Ratten-Experiment zu erhalten. Warum nicht?

Kapitel 5: Das Testen der Nullhypothese

Der Untersucher, dessen Alternationsexperiment in Kapitel 2 beschrieben wurde, muß nunmehr zeigen, daß sich seine Ergebnisse *signifikant* von den Ergebnissen unterscheiden, die man bei unsystematisch reagierenden Ratten erhalten würde. Andernfalls kann er nicht behaupten, daß seine Ratten eine eindeutige Tendenz zur Alternation zeigen. Es muß hinreichend *unwahrscheinlich* sein, daß die beobachteten Ergebnisse von unsystematisch reagierenden Ratten stammen, damit er einen solchen Schluß ziehen kann.

In Kapitel 3 haben wir von einem Untersucher gesprochen, der mit nur einer Ratte begonnen hat und dem Sie entgegenhielten; „Alternationsverhalten bei nur einer Ratte zu beobachten, beweist nichts: die Wahrscheinlichkeit ist 1/2, daß man eine Alternation beobachtet, selbst wenn das Verhalten der Ratte, wie ich glaube, unsystematisch ist". Der Untersucher sah sich dann veranlaßt, das Experiment mit zwei Ratten durchzuführen, und wir haben gesehen, daß das Ergebnis, daß beide Ratten alternieren, nicht so unwahrscheinlich ist, als daß es nicht auch von unsystematisch reagierenden Ratten stammen könnte. Tatsächlich könnte man das Ergebnis, daß beide Ratten alternieren, einmal in vier solcher Zwei-Ratten-Experimente erhalten, auch wenn die Ratten unsystematisch reagieren. Mit anderen Worten, die Wahrscheinlichkeit, daß ein Zwei-Ratten-Experiment dieses Ergebnis liefert, ist gleich 1/4.

Wir betrachten nun die Wahrscheinlichkeit eines bestimmten Ergebnisses, wenn die Zahl der Beobachtungen (d.h. die Zahl der Ratten) weiter vergrößert wird. Der Leser, der die Kapitel 3 und 4 übersprungen hat, sollte sich sorgfältig vor Augen halten, daß die *Wahrscheinlichkeiten, von denen wir sprechen, die Wahrscheinlichkeiten sind, mit denen man bei einer großen Zahl von Wiederholungen* (Replikationen) *desselben Experiments ein bestimmtes Ergebnis* (z.B. drei Alternationen bei drei Ratten) erhält.

A. Wahrscheinliche und unwahrscheinliche Ergebnisse

5–1 Betrachten wir nun den Fall, daß ein Untersucher ein Drei-Ratten-Experiment durchgeführt hat. Dabei konnte er beobachten, daß alle drei

Ratten alternieren. Dieses Ergebnis hat eine Wahrscheinlichkeit von 1/8 (vgl. Kapitel 3 C. bezgl. der Berechnung dieser Wahrscheinlichkeit). Die erwartete Häufigkeit dieses Ergebnisses in einer Reihe von acht vollständigen Wiederholungen eines Drei-Ratten-Experiments ist gleich
____________ . 1

5–2 Der Untersucher hat ein Ergebnis erhalten, das man in hundert Wiederholungen dieses Drei-Ratten-Experiments durch Zufall nur ____________ mal erhalten würde. Dieses Ergebnis ist offensichtlich nicht *sehr* wahrscheinlich, wenn das Verhalten der Ratten unsystematisch ist, aber es ist auch nicht besonders unwahrscheinlich. 12,5

5–3 Nehmen wir nun an, der Untersucher wiederholt sein Experiment mit einer anderen Gruppe von drei Ratten und erhält abermals drei Alternationen. Die Wahrscheinlichkeit, zweimal nacheinander drei Alternationen bei unsystematisch reagierenden Ratten zu erhalten, ist gleich $1/8 \times 1/8$ (vgl. Kapitel 3 D.) und deshalb gleich ____________ . 1/64

5–4 Dieses Ergebnis würde in 64 Wiederholungen des Experimentes durch Zufall nur ____________ mal auftreten, wobei ein Experiment nunmehr bedeutet, daß es sich um ein *Paar* von Drei-Ratten-Experimenten handelt. ein

5–5 Wenn das Verhalten der Ratten tatsächlich unsystematisch wäre, dann würde ein solches Ergebnis relativ selten eintreten. Wenn man nun ein solches Ergebnis vorliegen hat, dann muß man zwischen zwei Schlußfolgerungen wählen: Die eine Schlußfolgerung besagt, daß das Verhalten der Ratten zwar unsystematisch ist, daß aber ein relativ ____________ Ergebnis aufgetreten ist. Die andere Schlußfolgerung besagt, daß das Verhalten der Ratten ____________ ist. seltenes (oder unwahrscheinliches) systematisch

5–6 Nehmen wir schließlich an, der Untersucher wiederholt sein Experiment ein drittes Mal, und das Ergebnis sind wieder drei Alternationen. Die Wahrscheinlichkeit, ein solches Gesamtergebnis zu erhalten, ist gleich $1/8 \times 1/64$ oder ____________ unter der Voraussetzung, daß das Verhalten der Ratten tatsächlich unsystematisch ist. 1/512

5–7 Ein Ergebnis, das in 512 Experimenten durch Zufall nur einmal auftritt, ist sicher ein sehr seltenes Ergebnis. Und wenn, wie hier, sämtliche neun Ratten ein alternierendes Verhalten zeigen, dann wird man angesichts der extremen Seltenheit dieses Ergebnisses spätestens jetzt dazu übergehen, den Schluß zu ziehen, daß das Verhalten der Ratten ____________ ist. systematisch (oder alternierend)

5–8 Auch der Untersucher würde den Schluß ziehen, daß sich die Ratten dieses Experiments systematisch, genauer, alternierend, verhalten. Die Wahrscheinlichkeit, das beobachtete Ergebnis von alternierenden Ratten zu erhalten, ist ______________ als die Wahrscheinlichkeit, dasselbe Ergebnis von unsystematisch reagierenden Ratten zu erhalten. größer

5-9 In gleicher Weise gilt: wenn der Untersucher bei neun beobachteten Ratten 9 *Wiederholungen* erhält, wird er ebenfalls geneigt sein zu schließen, daß das Verhalten systematisch ist. Allerdings wird er in diesem Fall eine Tendenz in Richtung zur ______________ vermuten. Wiederholung

5-10 Wenn nur acht von neun Ratten Alternationsverhalten zeigen, würden wir in ähnlicher Weise argumentieren: Die Wahrscheinlichkeit, bei neun Beobachtungen acht Alternationen zu erhalten, ist natürlich etwas größer als die Wahrscheinlichkeit, neun Alternationen zu erhalten. Man würde *nur* dann die Schlußfolgerung ziehen, daß das Verhalten der Ratten systematisch ist, wenn die Wahrscheinlichkeit, daß man ein solches Ergebnis bei unsystematisch reagierenden Ratten erhält, genügend ______________ ist. klein (niedrig)

Zusammenfassung

5-11 Obwohl der Untersucher sein Experiment vorgenommen haben mag, weil er daran glaubt, daß das Verhalten der Ratten *systematisch* ist, berechnet er die Wahrscheinlichkeit, mit der man ein solches Ergebnis aus einer Population von ______________ reagierenden Ratten erhält. unsystematisch

5-12 Wenn diese Wahrscheinlichkeit genügend klein ist, sieht er sich vor zwei mögliche Schlußfolgerungen gestellt: er kann durch Zufall ein sehr seltenes Ergebnis erzielt haben, und zwar von einer ______________ Rattenpopulation, oder aber er hat ein relativ wahrscheinliches Ergebnis aus einer Population von ______________ reagierenden Ratten erhalten. unsystematischen systematisch

---

B. Die Nullhypothese

5-13 Der Untersucher muß also seine Resultate stets zunächst so betrachten, *als* kämen sie aus einer Population unsystematisch reagierender Ratten. Er muß sich immer fragen: „Angenommen, meine Vermutung ist falsch und die Ratten haben keinerlei Tendenz zur Alternation, wie ______________ würden meine Ergebnisse dann sein?“ wahrscheinlich

5-14 Er muß sich also zu einer ganz bestimmten Einstellung gegenüber seinen Beobachtungen bekennen, und zwar zu einer ziemlich skeptischen Einstellung. D.h., er muß die Ergebnisse auch unter der *Annahme* sehen, daß sie aus einer unsystematisch reagierenden Rattenpopulation stammen. Daraufhin hat er zu beurteilen, inwieweit er es rechtfertigen kann, seine Ergebnisse als *zu extrem*, d.h. zu ______________ zu betrachten, als daß sie diese Annahme bestätigten.

unwahrscheinlich

5-15 Die Hypothese, daß die Beobachtungen aus einer Population stammen, die sich von einer unsystematischen Rattenpopulation *nicht unterscheidet*, bezeichnet man als NULLHYPOTHESE (oder H_0). Die Nullhypothese ist also die Hypothese, daß zwischen zwei bestimmten Populationen kein ______________ besteht.

Unterschied

5-16 In unserem Fall handelt es sich um die folgenden beiden Populationen: die Population der Beobachtungen, aus denen die tatsächlichen Beobachtungen stammen, und die (hypothetische) Population von Beobachtungen, die als Population von ______________ reagierenden Ratten definiert wurde, bei denen Alternationen und Wiederholungen mit gleicher Häufigkeit auftreten.

unsystematisch

5-17 Es gibt andere Arten von Experimenten, in denen beide Populationen reelle Populationen darstellen, aus denen je eine Stichprobe entnommen wurde. Wir haben solch ein Beispiel bereits in Kapitel 1 C. kennengelernt, wo wir die Körpergrößen zweier Stichproben von Studenten aus zwei Universitäten verglichen haben. In diesem Beispiel wäre die Nullhypothese die Hypothese, daß die beiden Stichproben tatsächlich aus *derselben* Population stammen, mit anderen Worten, daß es ______________ Unterschied zwischen den Populationen gibt, aus denen die beiden Stichproben stammen.

keinen

5-18 Der Untersucher des Alternationsverhaltens vergleicht ebenfalls zwei ______________, obwohl er nur aus einer eine Stichprobe entnommen hat. Seine ______________ besagt, daß zwischen diesen beiden Populationen kein Unterschied besteht.

Populationen
Nullhypothese

5-19 Dieses Beispiel verleitet zu einem Trugschluß. Man könnte leicht denken, daß jede Nullhypothese generell die Annahme einschließe, es bestünde kein Unterschied zwischen der Wahrscheinlichkeit eines Ereignisses (der Alternation) und der Wahrscheinlichkeit eines anderen Ereignisses (der Wiederholung), zumal dies in unserem speziellen Fall tatsächlich für die fiktive Population der unsystematisch reagierenden Ratten, mit der wir unsere ______________ verglichen haben, zutrifft.

Beobachtungen (oder Stichprobe)

5–20 Hingegen ist die Nullhypothese die Hypothese, daß zwischen zwei Populationen, wie immer sie auch definiert sind, kein Unterschied besteht. Man könnte die erhobene Stichprobe, d.h., die ihr zugrunde liegende Population, z.B. mit einer fiktiven Rattenpopulation vergleichen, in der die Wahrscheinlichkeit einer Alternation 1/4 und die Wahrscheinlichkeit einer Wiederholung 3/4 ist. Man würde damit eine neue *hypothetische Population* vorschlagen, die mit der tatsächlich beobachteten Population zu vergleichen wäre. Um diese neue Nullhypothese zu überprüfen (oder zu testen), müßten Sie die Nullhypothese aufstellen, daß Ihre Ergebnisse aus einer Population stammen, die sich von einer Population, in der das Wiederholungsverhalten dreimal so häufig wie das Alternationsverhalten auftritt, ______________, und Sie müßten die Wahrscheinlichkeit berechnen, mit der Ihre Ergebnisse aus einer solchen Population durch Zufall zustande kommen können. nicht unterscheidet

5–21 Die obengenannte Hypothese ist auch eine Nullhypothese, obwohl sie *nicht* die Annahme $p_A = p_B = 1/2$ einschließt. Um diese Nullhypothese zu testen, müßten wir annehmen, daß $p_A =$ ______________ ist. 1/4

5–22 Die Nullhypothese besagt also stets, daß zwei Stichproben aus derselben ______________ stammen. Es handelt sich dabei *nicht* um die Hypothese, daß zwischen zwei Wahrscheinlichkeiten (wie etwa der Wahrscheinlichkeit zu alternieren und der Wahrscheinlichkeit zu wiederholen) kein Unterschied besteht. Population

---

Zusammenfassung

5–23 Eine Nullhypothese ist eine Hypothese, die besagt, daß zwischen ______________ besteht. zwei Populationen kein Unterschied

5–24 Wenn die erhaltenen Ergebnisse eine *hohe* Wahrscheinlichkeit besitzen, unter der Nullhypothese aufzutreten, dann wird man wahrscheinlich schließen, daß sich die Populationen ______________. nicht unterscheiden

5–25 Wenn die Wahrscheinlichkeit, daß diese Ergebnisse unter der Nullhypothese auftreten, sehr *niedrig* ist, dann wird man zur Schlußfolgerung neigen, daß sich die Populationen ______________. unterscheiden

---

C. Die Nullhypothese in anderen Beispielen

Unser erstes Beispiel in diesem Abschnitt befaßt sich mit der Überprüfung der Wirksamkeit eines neuen Medikaments zur Behandlung der Schizophrenie. Nehmen wir an, einer Gruppe von acht Patienten wird das neue Medikament verabreicht. Eine andere Gruppe, die mit dieser Gruppe bezüglich der Länge und der Schwere der Erkrankung vergleichbar ist (man sagt, die beiden Gruppen sind parallelisiert oder „gematcht"), dient als *Kontrollgruppe* und erhält keinerlei Medikament, statt dessen ein sogenanntes „Placebo", ein Mittel (üblicherweise aus Zucker), von dem man keinerlei Heilungswirkung erwartet. Nach einigen Wochen werden die Patienten beider Gruppen untersucht, und der Psychiater beurteilt jeden Patienten nach „gebessert" oder „nicht gebessert". Die Ergebnisse dieses Experiments sind *Häufigkeiten* (Frequenzen): die Zahl der „gebesserten" und die Zahl der „nicht gebesserten" Patienten in der Medikamentengruppe sowie die Zahl der „gebesserten" und die Zahl der „nicht gebesserten" Patienten in der Kontrollgruppe.

5–26 Die Beobachtungen an den 8 Medikamentpatienten können wir als eine *Stichprobe* aus der Population aller möglichen Beobachtungen an Schizophrenen betrachten. Wir können die Häufigkeit von „gebessert" analog der Häufigkeit der Alternationen in unserem früheren Experiment verstehen; entsprechend verstehen wir die Häufigkeit von „nicht gebessert" analog der Häufigkeit von ______________. Wiederholungen

5–27 Die Nullhypothese besagt, daß sich die Population der Beobachtungen, aus denen die Medikamentenstichprobe entnommen wurde, von der Population, aus der die Kontrollstichprobe entnommen wurde ______________. Die wahre Häufigkeit von „gebessert" ist nach der Nullhypothese in beiden Populationen ______________, und jeglicher beobachtete Unterschied in bezug auf die Häufigkeit ist allein der Stichprobenvariabilität zuzuschreiben.

nicht unterscheidet

gleich

5–28 Die eine Population ist die Gesamtheit der möglichen Beobachtungen bei Schizophrenen, nachdem sie das neue Medikament bekommen haben. Die andere Population ist die Gesamtheit der möglichen Beobachtungen bei Schizophrenen, die ______________ und gleichzeitig auch in keiner anderen Weise behandelt worden sind. Die Nullhypothese besagt, daß zwischen diesen beiden Populationen kein Unterschied besteht, daß es sich also um *eine* (um dieselbe) Population handelt.

kein Medikament bekommen haben

5–29 Gemäß der Nullhypothese erwarten wir, daß das Medikament *keinerlei Unterschied* auf den Heilungserfolg bewirkt. Wenn dies tatsächlich zutrifft, dann sollten beide Stichproben von Beobachtungen zur

__________ von Beobachtungen gehören; die beiden Populationen sollten sich also in Wirklichkeit nicht voneinander unterscheiden. — selben Population

5–30 Wenn sich die beiden Stichproben in der Häufigkeit von „gebessert"-Urteilen unterscheiden, so kann dieser Unterschied ein signifikanter Unterschied sein oder auch nur ein zufälliger. Denn ein kleiner Unterschied könnte sich ergeben, selbst wenn die Stichproben aus derselben Population stammen. Dies ist der __________ zuzuschreiben. — Stichproben-variabilität

5–31 Ist der Häufigkeitsunterschied jedoch groß „genug", so wird es notwendig sein, die Schlußfolgerung zu ziehen, daß die beiden Stichproben wahrscheinlich nicht aus derselben Population stammen. In einem solchen Fall muß man annehmen, daß die __________-Hypothese nicht die beste Hypothese ist, um das Ergebnis zu erklären. Man sagt dann, die Nullhypothese wird VERWORFEN (oder ABGELEHNT). — Null

5–32 In Kapitel 1 B haben wir uns gefragt, ob es von Bedeutung ist, ob man französische Vokabeln am Morgen oder am Abend lernt. Wir haben vorgeschlagen, eine Gruppe von Versuchspersonen das Material am Morgen und eine andere Gruppe dasselbe Material am Abend lernen zu lassen. Registriert werden sollte für jede Versuchsperson die durchschnittliche Anzahl von Wiederholungen bis zur Beherrschung des Lernmaterials. Die Nullhypothese würde in diesem Falle lauten, daß zwischen den Populationen, aus denen die beiden Stichproben von Beobachtungen entnommen worden sind, __________. Die durchschnittliche Anzahl der Wiederholungen sollte beim Lernen am Morgen __________ sein wie beim Lernen am Abend, wenn die Nullhypothese zutrifft. — kein Unterschied besteht — die gleiche (oder ebenso groß)

5–33 Auch wenn die Beobachtungen tatsächlich aus derselben Population stammen, können wir gewisse Unterschiede zwischen den Stichproben erwarten, aber diese Unterschiede werden im allgemeinen __________ sein. Sie können der __________ zugeschrieben werden. — klein – Stichproben-variabilität

5–34 Sollten die Unterschiede jedoch „sehr" groß sein, dann müssen wir folgern, daß die Stichproben nicht aus derselben Population stammen. Folglich werden wir die Nullhypothese __________. — verwerfen (oder ablehnen)

5–35 Behalten wir auch hier im Auge, daß wir zwei Populationen vor uns haben, die unter der Annahme der __________ identisch sind. Erinnern wir uns, daß es sich nicht um Populationen von *Personen* handelt, sondern um Populationen von Beobachtungen. — Nullhypothese

5-36 Unsere Populationen sind also Populationen von möglichen ______________, die sich auf die Anzahl der Wiederholungen bis zur Beherrschung des Lernmaterials beziehen. Die eine Population ist die Population aller möglichen Beobachtungen beim Lernen ______________, die andere ist die Population aller möglichen Beobachtungen beim Lernen ______________.

Beobachtungen

am Morgen ⟷

am Abend

Zusammenfassung

5-37 Ein Unterschied, der so groß ist, daß er nur selten ausschließlich auf der Basis der Stichprobenvariabilität allein zustande kommt, heißt ein ______________ Unterschied. Er zeigt an, daß die Stichproben wahrscheinlich aus ______________ stammen.

signifikanter

verschiedenen Populationen

5-38 Die Nullhypothese besagt, daß die Populationen, aus denen zwei Stichproben stammen, identisch sind; oder, daß die beiden Stichproben aus derselben ______________ stammen. Nicht beide Populationen müssen durch Stichproben vertreten sein. Man kann eine Population auch statistisch definieren (z.B. ist die Population der unverfälschten Münzen durch $p_K = p_Z = 1/2$ definiert), um die erhaltenen Ergebnisse damit zu vergleichen.

Population

5-39 Wenn der Unterschied zwischen zwei Stichproben signifikant ist, so schließen wir daraus, daß die Populationen ______________ und daß die Nullhypothese ______________ werden muß.

verschieden sind

verworfen

D. Die Alternativhypothese

5-40 Das Vorgehen, das zur Entscheidung führt, ob die Nullhypothese zu verwerfen ist oder nicht, nennt man das PRÜFEN (oder Testen) der Nullhypothese. Wenn jemand die Hypothese aufstellt, daß seine Beobachtungen aus einer bestimmten Population stammen, und dann die Wahrscheinlichkeit dafür berechnet, mit der seine Beobachtungen aus dieser bezeichneten Population stammen, dann ______________ er die Nullhypothese.

prüft (oder testet)

5-41 Der Untersucher hat in der Regel gleichzeitig auch eine andere Hypothese vor Augen, eine Hypothese, die man als die ALTERNATIVHYPOTHESE (H_1) bezeichnet. Diese Hypothese wird man *annehmen*, wenn die Nullhypothese verworfen werden kann. Unser Untersucher, der am Alternationsverhalten interessiert ist, hat die Hypothese, daß die Ratten häufiger alternieren als wiederholen. Diese Hypothese ist seine ________________-Hypothese. Alternativ

5–42 Ein anderer Untersucher könnte die Hypothese, „die Ratten wiederholen häufiger als sie alternieren", aufstellen. Diese Hypothese würde ebenfalls eine ________________ darstellen, die nur dann annehmbar wäre, wenn die ________________ verworfen werden könnte. Alternativhypothese Nullhypothese

5–43 Ein Untersucher würde es vorziehen, eine vorsichtigere Hypothese als die beiden obengenannten aufzustellen; er könnte etwa die Hypothese aufstellen, „die Ratten verhalten sich systematisch", wobei es gleich ist, ob sie alternieren oder ob sie wiederholen. Er sagt nur, daß sie sich nicht unsystematisch verhalten. Beides, Alternation oder Wiederholung, wäre eine Bestätigung dieser Alternativhypothese. Sie konnte beibehalten werden, wenn es sich herausstellte, daß sich die Ratten ________________ verhalten. systematisch

5–44 Bei der Ablehnung der Nullhypothese stützt man sich auf den Befund, daß das Ergebnis zu *extrem* ist, als daß die Hypothese zutreffen könnte. Je weiter die Ergebnisse von der Erwartung unter der Nullhypothese abweichen, um so eher können sie als signifikant bezeichnet werden.

5–45 Ein Untersucher, der unwahrscheinliche Ergebnisse erhalten hat, wird deshalb sagen: „Kleine Variationen um die Erwartungswerte können der Stichprobenvariabilität zugeschrieben werden. Meine Ergebnisse dagegen fallen *aus der Reihe.* So extreme Ergebnisse wie diese treten nicht sehr ________________ in Populationen wie den unter der Nullhypothese angenommenen auf. Die Ergebnisse würden in Populationen wie der unter der Alternativhypothese angenommenen ________________ auftreten." häufig häufiger

5–46 Man beachte im Rahmen 5–45 die Redewendung „so extreme Ergebnisse wie diese". Der Untersucher betrachtet seinen Fall auf der Basis der *Seltenheit* solcher Ergebnisse, aber er darf dabei nicht aus dem Auge verlieren, daß es *sogar noch extremere Ergebnisse* gibt. Um festzustellen, wie selten solch ein extremes Ergebnis auftritt, muß er die erwartete Häufigkeit jener Ergebnisse kennen, die ebenso extrem wie sein eigenes Ergebnis sind *und* jene Ergebnisse, die noch ________________ sind. extremer

5–47 Dieser Gesichtspunkt wird im folgenden Beispiel klarer herausgestellt werden. Angenommen, ein Versuchsleiter hat die Alternativ-Hypothese „Die Ratten alternieren häufiger als daß sie wiederholen". Er beobachtet bei neun Ratten acht Alternationen. Er muß also die Wahrscheinlichkeit berechnen, bei neun Ratten, die unsystematisch reagieren, acht Alternationen und eine Wiederholung zu beobachten. Aber er muß darüber hinaus die Wahrscheinlichkeit, ein noch *extremeres Ergebnis*, nämlich ________ Alternationen zu erhalten, in Betracht ziehen. neun

5–48 Will der Untersucher feststellen, daß solch extreme Zahlen von Alternationen in der unter der Nullhypothese angenommenen Population sehr selten sind, so muß er alle möglichen Fälle von *mindestens* ebensovielen Alternationen in Betracht ziehen.

5–49 Jedoch braucht der Untersucher dabei *nicht* an acht oder neun Wiederholungen zu denken, die ebenso extreme Ergebnisse darstellen würden. Diese Ergebnisse würden unter seiner ________-Hypothese noch unwahrscheinlicher sein als unter der Nullhypothese. Tatsächlich ist unser Untersucher nur an den extremen Ergebnissen einer bestimmten Richtung interessiert, nämlich der Richtung, die durch seine ________ festgelegt ist. Alternativ / Alternativhypothese

5–50 Ein anderer Untersucher kann eine andere Alternativhypothese formulieren, nämlich daß die Ratten systematisch reagieren, und zwar *entweder* in die eine *oder* in die andere Richtung (den Untersucher interessiert aber nicht, in welche). In diesem Fall kann der Untersucher die Nullhypothese verwerfen, wenn er entweder eine große Anzahl von ________ oder eine große Anzahl von ________ beobachtet. Denn er ist ebenso interessiert an der erwarteten Häufigkeit von „wenigstens acht Wiederholungen" wie an der erwarteten Häufigkeit von „wenigstens acht Alternationen"; denn jeder der beiden Fälle entspricht seiner ________. Alternationen ↔ Wiederholungen / Alternativhypothese

5–51 Ob nun ein Untersucher die extreme Anzahl von Wiederholungen in seinen Berechnungen ebenso berücksichtigt wie die extreme Anzahl von Alternationen, hängt von der Art seiner *Alternativhypothese* ab. Wenn extreme Ergebnisse *in jeder der beiden Richtungen* seine Alternativhypothese bestätigen und sie plausibler machen als die Nullhypothese, dann muß er die Wahrscheinlichkeit berechnen, mit der er Ergebnisse erhält, die mindestens ebenso ________ sind wie seine Ergebnisse, und zwar in ________ Richtung(en). extrem / beide

5–52 Angenommen, solch ein Untersucher beobachtet in einem Neun-Ratten-Experiment acht Alternationen. Dieser Untersucher muß die Wahrscheinlichkeit berechnen, mit der er acht oder neun ________ erhält, ebenso wie die Wahrscheinlichkeit, acht oder neun ________ zu erhalten, damit er entscheiden kann, ob er die Nullhypothese verwerfen darf oder nicht. Nur wenn die kombinierte Wahrscheinlichkeit genügend niedrig ist, darf er die Nullhypothese verwerfen und seine ________ annehmen. Alternationen ↔ Wiederholungen / Alternativhypothese

5-53 Dagegen braucht der Untersucher, der die Alternativhypothese, Ratten zeigen mehr Alternationen, aufgestellt hat, nur die Wahrscheinlichkeit zu berechnen, 8 oder 9 ________ zu erhalten. Extreme Ergebnisse in die andere Richtung können es ihm nicht erlauben, seine ________ anzunehmen, und sie sind deshalb für die Prüfung der Nullhypothese irrelevant.

Alternationen

Alternativhypothese

Zusammenfassung

5-54 Das Prüfen der Nullhypothese erfordert die Berechnung der Wahrscheinlichkeit, ein Ergebnis zu erhalten, das *mindestens* so extrem ist wie das beobachtete Ergebnis, unter der Voraussetzung, daß die Nullhypothese zutrifft.

5-55 Sofern die Alternativhypothese nicht die *Richtung* angibt, in der die Abweichung zu erwarten ist, muß die Prüfung der Nullhypothese die extremen Ergebnisse in ________ Richtungen berücksichtigen.

beiden

5-56 Wenn dagegen die Alternativhypothese die Richtung angibt, in der die Abweichung erwartet wird, dann braucht die Prüfung der ________ nur jene extremen Ergebnisse zu berücksichtigen, die in die betreffende Richtung weisen.

Nullhypothese

E. Signifikanzstufen

Bislang wurde nichts darüber gesagt, *wie* selten ein Ergebnis sein muß, um als unwahrscheinlich betrachtet zu werden. Wir wollen daher nun die Frage erörtern, wie niedrig eine Wahrscheinlichkeit sein muß, damit man berechtigt ist, die Nullhypothese zu verwerfen. Um diese Frage zu beantworten, wollen wir einige Wahrscheinlichkeiten als Beispiele heranziehen. Nehmen wir an, die ALTERNATIVHYPOTHESE lautet in jedem der folgenden Fälle, das Verhalten der Ratten sei *systematisch*. Da diese Alternativhypothese nicht die Richtung angibt, in welcher systematische Abweichungen erwartet werden, müssen wir bei der Prüfung der Nullhypothese extreme Ergebnisse in *beiden* Richtungen in Rechnung stellen. D.h. wir müssen die Wahrscheinlichkeit ermitteln, mit der wir eine große Zahl *entweder* von Alternationen *oder* von Wiederholungen erhalten.

5–57 Wenn das Verhalten der Ratten unsystematisch ist, dann ist die Wahrscheinlichkeit, 10 Alternationen unter 10 Beobachtungen zu erhalten, gleich 1/1 024. Die Wahrscheinlichkeit, 10 Wiederholungen zu beobachten, ist ebenfalls 1/1 024. Daher ist die Wahrscheinlichkeit, *entweder* 10 Alternationen *oder* 10 Wiederholungen zu finden, gleich der *Summe* der beiden Wahrscheinlichkeiten, also ________________. $\frac{2}{1.024}$ oder $\frac{1}{512}$
Solch ein extremes Ergebnis würde bei unsystematisch reagierenden Ratten nur einmal unter ________________ Wiederholungen eines Zehn-Ratten-Experimentes zu beobachten sein. 512

5–58 Die Wahrscheinlichkeit eines mindestens so extremen Ergebnisses wie 9 Alternationen in einem Zehn-Ratten-Experiment schließt entsprechend vier Wahrscheinlichkeiten mit ein, nämlich die Wahrscheinlichkeit, ________________ oder ________________ Alternationen oder 9 - 10
Wiederholungen zu erhalten. Diese Wahrscheinlichkeit ist 22/1 024, und dieses Ergebnis würde bei unsystematisch reagierenden Ratten nur ungefähr ________________ mal in 100 solcher Experimente auftreten. zwei
Man würde es deshalb für unwahrscheinlich genug halten, um die Nullhypothese zu verwerfen.

5–59 Die Wahrscheinlichkeit eines so extremen Ergebnisses wie acht Alternationen in einem Zehn-Ratten-Experiment beträgt 112/1 024. Dieses Ergebnis erhält man ungefähr ________________ mal in 100 elf
solchen Experimenten. Das ist nicht ein besonders seltenes Ergebnis und würde im allgemeinen *nicht* als unwahrscheinlich genug gelten, um das Verwerfen der Nullhypothese zu rechtfertigen.

5–60 Es hat sich eingebürgert, die Nullhypothese *nur* dann zu verwerfen, wenn ein Ergebnis, das mindestens ebenso extrem wie das beobachtete Ergebnis ist, *nicht häufiger als fünfmal in 100 Experimenten* auftreten würde. Deshalb wird die Nullhypothese im allgemeinen ________________, wenn die Wahrscheinlichkeit des beobachteten Er- verworfen
gebnisses einschließlich der extremeren Ergebnisse nicht größer ist als 5/100. Die Nullhypothese wird *nicht* verworfen, wenn die Wahrscheinlichkeit eines solchen oder extremeren Ergebnisses ________________ ist größer
als 5/100.

5–61 Wir wissen, daß wir Wahrscheinlichkeiten als Brüche und auch als Dezimalzahlen schreiben können. Die Wahrscheinlichkeit 5/100 schreibt man als Dezimalzahl 0,05. Man spricht dann von einem 0,05-(auch 5%-)SIGNIFIKANZNIVEAU (oder Signifikanzstufe). Die Wahrscheinlichkeit, unter 10 Beobachtungen neun Alternationen zu erhalten, beträgt 22/1 024; diese Wahrscheinlichkeit ist ________________ kleiner
als 0,05.

5–62 Neun Alternationen in einem Zehn-Ratten-Experiment sind ein Ergebnis, das *auf der 5%-Stufe signifikant* ist. Ein Ergebnis ist auf der 5%-Stufe ______________, wenn die Wahrscheinlichkeit seines Auftretens unter der Nullhypothese kleiner ist als 0,05. | signifikant

5–63 Die Wahrscheinlichkeit eines Ergebnisses von 8 oder mehr Alternationen ist 112/1 024. Diese Wahrscheinlichkeit ist ______________ als 0,05. Acht Alternationen unter zehn Beobachtungen ist ein Ergebnis, das auf der 5%-Stufe *nicht* ______________ ist. | größer | signifikant

5–64 Verschiedentlich werden auch höhere Signifikanzstufen gefordert. Die Signifikanzstufe ist *höher*, wenn das Ergebnis *signifikanter* ist. Ein *signifikanteres* Ergebnis hat entsprechend eine ______________ Wahrscheinlichkeit als ein weniger signifikantes Ergebnis, unter der Nullhypothese aufzutreten. | niedrigere

5–65 So ist z. B. die 2%ige Signifikanzstufe eine ______________ Signifikanzstufe als die 5%ige Signifikanzstufe. Eine solche Aussage ist auf den ersten Blick ein wenig verwirrend; denn die Wahrscheinlichkeit 0,02 ist niedriger als die Wahrscheinlichkeit 0,05. | höhere

5–66 Wir stellen also fest, daß bei den Signifikanzniveaus (oder Signifikanzstufen) eine niedrigere Wahrscheinlichkeit eine ______________ Signifikanzstufe bedeutet. Die niedrigere Wahrscheinlichkeit gibt an, daß das Ergebnis bei Geltung der Nullhypothese ______________ auftritt. Ergebnisse mit einer niedrigeren Wahrscheinlichkeit sind daher auf einem ______________ Niveau signifikant. | höhere | seltener | höheren

5–67 Die Wahrscheinlichkeit des Ergebnisses „mindestens neun Alternationen" ist ein wenig niedriger als 0,02. Neun Alternationen unter 10 Beobachtungen sind daher *auf* der ______________-Stufe signifikant. | 0,02 (oder 2 %)

5–68 Die Wahrscheinlichkeit eines so extremen Ergebnisses wie 10 Alternationen unter 10 Beobachtungen beträgt ungefähr 0,002. Zehn Alternationen ist daher ein Ergebnis, das *mindestens* auf der 2%-Stufe signifikant ist. Genau gesprochen ist es auf der ______________-Stufe signifikant. | 0,2 % (oder 0,002)

5–69 Die Wahl der 5%-Stufe als konventionelles Niveau für das Verwerfen der Nullhypothese ist rein willkürlich. Verschiedentlich ist man in der Lage, niedrigere Signifikanzstufen, z. B. zwischen 5% und 10%, anzunehmen. Das konventionelle 5%-Niveau stellt lediglich den am häufigsten verwendeten Durchschnittsstandard dar.

5–70 Ein Signifikanzniveau von 10% ist ein ______________ Niveau als eines von 5%. Auf der Basis eines niedrigeren Signifikanzniveaus folgert der Untersucher lediglich, daß eine *gewisse* Wahrscheinlichkeit für die Alternativhypothese spricht, daß aber noch andere Untersuchungen notwendig sind, um diese zu sichern. niedrigeres

5–71 In anderen Fällen ist die Wahl eines höheren Signifikanzniveaus wünschenswert. Wenn man z.B. auf dem Gebiet der außersinnlichen Wahrnehmung den Nachweis erbringen möchte, daß Versuchspersonen Ereignisse wahrnehmen können, die sie mit ihren normalen fünf Sinnesorganen nicht wahrnehmen können, dann muß man zeigen, daß die Reaktionen der Versuchspersonen *sehr* verschieden sind von den Reaktionen einer Population von Versuchspersonen, die nur rät. Da man gegenüber der Annahme einer außersinnlichen Wahrnehmung begreiflicherweise skeptisch ist, ist ein ______________ Signifikanzniveau erforderlich, um jeden Zweifel zu beseitigen. Bei einem hohen Signifikanzniveau besteht nur mehr geringe Wahrscheinlichkeit, daß man sich irrt. hohes

---

Zusammenfassung

5–72 Die konventionelle Definition eines „seltenen" Ereignisses ist die eines Ereignisses, das eine Wahrscheinlichkeit des Auftretens von kleiner oder gleich ______________ hat. Solch ein Ergebnis würde in 100 Experimenten durch Zufall nicht öfter als ______________ mal auftreten. Man sagt deshalb, dieses Ergebnis ist auf der ______________. 0,05 fünf 5%-Stufe signifikant

5–73 Ein Ergebnis mit einer Wahrscheinlichkeit von 1% ist auf einer ______________ Stufe signifikant als ein Ergebnis mit einer Wahrscheinlichkeit von 5%. höheren

---

F. Fehler erster und zweiter Art

5–74 Ein Ergebnis das unter der Nullhypothese mit einer Wahrscheinlichkeit von 0,05% auftritt, ist in 100 Experimenten ______________ mal zu erwarten, *selbst wenn die Nullhypothese zutrifft.* 5

5–75 Wenn ein Versuchsleiter solch ein Experiment nur *einmal* durchführt, so kann er nicht wissen, ob es nicht gerade eines jener 5 Experimente unter den 100 ist, die ein solch extremes Ergebnis liefern.

5-76 Da zum anderen nur 5 von 100 Experimenten ein solches Ergebnis liefern, ist die Wahrscheinlichkeit, gerade eines dieser außergewöhnlichen Ergebnisse zu erhalten, nur ________. Wäre der Versuchsleiter in der Lage, 20 Experimente der gleichen Art durchzuführen, so dürfte er erwarten, daß unter diesen 20 Experimenten eines ist, dessen Ergebnis auf der ________-Stufe signifikant ist, obwohl die Nullhypothese zutrifft.

0,05 · 5 %

5-77 Die Wahrscheinlichkeit von 0,05 ist die Wahrscheinlichkeit, daß der Untersucher eine bestimmte Art von Fehler machen kann, nämlich *den Fehler, die Nullhypothese zu verwerfen, obwohl sie eigentlich zutrifft.* Wenn er also die Nullhypothese auf der 5 %-Stufe verwirft, unterwirft sich der Untersucher einem gewissen Risiko. Und zwar ist die Wahrscheinlichkeit, daß die Nullhypothese *zutrifft*, obwohl er sie *verwirft*, gleich ________.

0,05

5-78 Führt der Untersucher eine große Zahl von Experimenten durch und verwirft *jedesmal* die Nullhypothese, wenn seine Ergebnisse auf der 5 %-Stufe signifikant sind, so kann er niemals sicher sein, ob er bei einigen Entscheidungen nicht doch einen Fehler begeht. Tatsächlich wird er in 5 von 100 Fällen eine Entscheidung getroffen haben, die ________ ist. Dieser Fehler besteht darin, die Nullhypothese verworfen zu haben, obwohl sie richtig ist.

falsch

Anmerkung: In der Praxis wird selten Anstoß daran genommen, daß ein Untersucher die Nullhypothese bereits auf der 5 %-Stufe verwirft, es sei denn, es besteht anderweitig Anlaß, die Alternativhypothese anzuzweifeln. Es läßt sich dann berechtigterweise ins Feld führen, daß das vorliegende Ergebnis vielleicht eines der bei 100 Ergebnissen 5 möglichen ist, bei denen ein so großer Unterschied allein durch die Stichprobenvariabilität zu erklären ist.

5-79 Will der Untersucher diesen Fehler möglichst vermeiden, dann sollte er sich dazu entschließen, die Nullhypothese *nur* dann zu verwerfen, wenn er ein Ergebnis erhält, das auf der 1 %-Stufe signifikant ist. Auf diese Weise wird er das Risiko vermindern, einen Fehler durch ________ der Nullhypothese zu begehen, obwohl sie tatsächlich ________. Wendet er diese Regel an, dann wird er eine Nullhypothese, die tatsächlich zutrifft, nur in ________ der Fälle zu Unrecht verwerfen.

Verwerfen · zutrifft · 1 %

5-80 Durch dieses Vorgehen *erhöht* der Untersucher jedoch eine andere Art des Risikos, das Risiko nämlich, *die Nullhypothese* ANZUNEHMEN, *obwohl sie in Wirklichkeit falsch ist!* Ergebnisse, die auf der 5 %-Stufe signifikant sind, mögen unter der Nullhypothese tatsächlich auftreten, aber in der Regel seltener als unter einer Alternativhypothese. Die Alternativhypothese mag bei einem Ergebnis, das auf der 5 %-Stufe signifikant ist, tatsächlich zutreffen. Aber wenn man sich dazu entschlossen hat, die Nullhypothese *nur* dann zu verwerfen, wenn das Ergebnis auf der 1%-Stufe signifikant ist, dann wird man die Nullhypothese trotzdem nicht ______________. Damit begeht man nun eine andere Art von Fehler. — verwerfen

5–81 Der Untersucher nimmt bei jeder Entscheidung ein Risiko auf sich. Er riskiert, die Nullhypothese zu verwerfen, obwohl sie tatsächlich ______________ und riskiert, die Nullhypothese anzunehmen, obwohl sie tatsächlich ______________ ist. — zutrifft; falsch

5–82 Diese beiden Fehler tragen bestimmte Bezeichnungen. Man bezeichnet sie als FEHLER ERSTER und als FEHLER ZWEITER ART. Man spricht auch von α-Fehler und von β-Fehler.

Fehler I. Art: Die Nullhypothese wird ______________, obwohl sie ______________ ist. — verworfen; richtig

Fehler II. Art: Die Nullhypothese wird ______________, obwohl sie ______________ ist. — angenommen; falsch

5–83 Will der Untersucher das Risiko eines Fehlers I. Art vermindern, so muß er sich dazu entscheiden, die Nullhypothese erst auf einer ______________ Signifikanzstufe zu verwerfen. — höheren

5–84 Entscheidet er sich aber für ein höheres Signifikanzniveau, so nimmt er damit ein höheres Risiko des Fehlers ______________ mit in Kauf. — II. Art

5–85 Will der Untersucher das Risiko eines Fehlers II. Art vermindern, so muß er sich dafür entscheiden, die Nullhypothese zurückzuweisen, selbst wenn die Wahrscheinlichkeit seines Ergebnisses unter der Nullhypothese nicht ______________ genug ist. — klein

---

Zusammenfassung

5–86 Um zu bestimmen, ob die Ergebnisse eines Experiments signifikant sind, stellt ein Untersucher zwei Hypothesen auf: eine Nullhypothese, die besagt, daß zwischen zwei Populationen ______________ besteht; und eine Alternativhypothese, die er dann anzunehmen bereit ist, wenn die Ergebnisse unter der Nullhypothese zu unwahrscheinlich sind. — kein Unterschied

5–87 Die Alternativhypothese braucht nicht die ______________ anzugeben, in der der Unterschied erwartet wird. — Richtung

5-88 Der Untersucher muß die ______________ berechnen, mit der er ein Ergebnis wie das vorliegende oder ein noch ______________ erhalten kann unter der Annahme, daß die ______________-Hypothese zutrifft.

Wahrscheinlichkeit
extremeres
Null

5-89 Ob er die extremen Ergebnisse *beider* Richtungen oder nur *einer* Richtung in Betracht zieht, hängt von der Art seiner ______________ Hypothese ab. Er berücksichtigt beide Richtungen nur dann, wenn die Alternativhypothese die Richtung, in der der Unterschied erwartet wird, ______________ .

Alternativ
nicht angibt

5-90 Wenn die Wahrscheinlichkeit, die er berechnet, 0,05 oder weniger beträgt, so darf er die ______________ ablehnen und die ______________ annehmen, vorausgesetzt, daß er das konventionelle Signifikanzniveau von ______________ zugrunde legt.

Nullhypothese – Alternativhypothese
5 %

5-91 Er ist sich dessen bewußt, daß er bei dieser Entscheidung in 5 von 100 Fällen einen Fehler ______________ Art begeht.

erster

5-92 Um viele Fehler I. Art zu vermeiden, könnte er sich dazu entscheiden, ein ______________ Signifikanzniveau zugrunde zu legen, d.h. zu verlangen, daß die Wahrscheinlichkeit ______________ als 0,05 ist, ehe er die Nullhypothese verwirft.

höheres
kleiner

5-93 Die Wahl eines höheren Signifikanzniveaus führt zwar zur Herabsetzung des Risikos, einen Fehler ______________ Art zu begehen, bewirkt aber zugleich, daß das Risiko eines Fehlers ______________ Art ansteigt.

I.
II.

Aufgaben zu Kapitel 5

5–1 An einer Universität studieren 500 weibliche und 1000 männliche Studenten. An einem Einführungskurs in Zoologie nehmen 90 Studenten teil, davon 50 Frauen. Man vermutet, daß Frauen in höherem Ausmaße dazu neigen, Zoologie zu studieren. Diese Hypothese soll statistisch überprüft werden.

(a) Formulieren Sie die Nullhypothese, von der eine solche Prüfung ausgehen muß.
(b) Wie groß ist die unter dieser Nullhypothese erwartete Häufigkeit von Frauen?
(c) Gesetzt den Fall, die Nullhypothese trifft zu; wie kommt der Unterschied zwischen der beobachteten und der erwarteten Häufigkeit zustande?
(d) Welches ist die Alternativhypothese?
(e) Welche Wahrscheinlichkeit müssen Sie berechnen, um die Nullhypothese zu prüfen?
(f) Unter welchen Bedingungen können Sie Ihre Alternativhypothese annehmen?

5–2 Ein Freund von Ihnen erhebt den Anspruch, zwischen löslichem und normalem Kaffee unterscheiden zu können. Um seinen Anspruch zu überprüfen, bereiten Sie 10 Tassen Kaffee vor: 5 Tassen löslichen und 5 Tassen normalen Kaffee. Sie fragen ihn, welche Art von Kaffee in jeder der 10 Tassen ist.

(a) Welches ist Ihre Nullhypothese?
(b) Welches sind die drei möglichen Alternativhypothesen? Bedenken Sie dabei die Möglichkeit, daß Ihr Freund löslichen und normalen Kaffee verwechseln kann.
(c) Nehmen Sie an, Ihr Freund habe acht von zehn Tassen richtig erkannt. Wie groß ist die Wahrscheinlichkeit, ein *so extremes wie dieses* Ergebnis unter jeder der drei Alternativhypothesen zu erhalten? Berechnen Sie die zugehörigen Wahrscheinlichkeiten. Kann man eine der drei Alternativhypothesen auf dem 5%-Niveau annehmen?
(d) Welche der drei Alternativhypothesen impliziert die geringste Wahrscheinlichkeit, einen Fehler I. Art zu begehen, wenn man das 5%-Niveau zugrunde legt?

5–3 Ein Untersucher überprüft Unterschiede in der Einstellung gegenüber dem Rauchen vor und nach Darbietung eines Films über den Lungenkrebs. Er fand einen Unterschied, der zwischen dem 5%- und dem 2%-Niveau signifikant ist.

(a) Wie lautet die Nullhypothese?
(b) Welche Stufe ist die *höhere* Signifikanzstufe? Die 5%- oder die 2%-Stufe?
(c) Wenn der Untersucher seinen Schlußfolgerungen das 5%-Niveau zugrunde legt, wird er dann die Nullhypothese verwerfen? Wird er sie bei Zugrundelegung des 2%-Niveaus verwerfen? Wenn er *statt* des 2%- das 5%-Niveau wählt, so *erhöht* er das Risiko eines der beiden Fehlertypen. Welcher Fehlertyp ist es in diesem Fall?

Kapitel 6: Häufigkeitsverteilungen

Statistiklehrbücher beginnen häufig mit der Behandlung von Häufigkeitsverteilungen. Der Begriff „Statistik" führt zunächst zur Vorstellung einer großen Ansammlung von Zahlen. Ordnet man diese Zahlen in der Form einer Häufigkeitsverteilung, so tut man damit den ersten Schritt zu deren Vereinfachung und besseren Handhabung. Bislang sind wir ohne Häufigkeitsverteilungen ausgekommen, weil wir lediglich die grundlegenden Konzepte der statistischen Schlußfolgerung behandelt haben. Von nun an werden wir jedoch Methoden kennenlernen müssen, mit denen wir auch größere Gruppen von Daten beschreiben und in bequemer Weise verarbeiten können.
Manche Leser, besonders die fortgeschritteneren, werden es vorziehen, mit diesem Kapitel zu beginnen, ehe sie die Kapitel 1 bis 5 durcharbeiten. Deshalb wurde dieses Kapitel so abgefaßt, daß es bereits erläuterte Begriffe und Operationen *nicht* voraussetzt. Gelegentlich wird auf Ausdrücke oder Beispiele in den früheren Kapiteln bezug genommen, um für die Leser, die alle Kapitel durchgearbeitet haben, die Kontinuität zu bewahren.

A. Arten von Variablen

6–1 Jedes Merkmal von Individuen oder Objekten, das verschiedene Werte annehmen kann, nennt man eine VARIABLE. So etwa kann das Merkmal „Alter" bei verschiedenen Personen verschiedene Werte annehmen. Deshalb ist das Alter eine ______________. Andere Variablen sind Geburtsdatum, Geschlecht, Körpergröße, Gewicht, Augenfarbe und ähnliches mehr.

Variable

6–2 Einige dieser Variablen können Werte annehmen, die sich in *Zahlen* ausdrücken lassen. Das gilt von drei der obigen fünf Variablen, nämlich von ______________, ______________ und ______________.

Geburtsdatum, Körpergröße – Gewicht

6–3 Die Werte, die die übrigen ______________ annehmen können, lassen sich nicht in Zahlen ausdrücken. Diese Werte kann man nur durch *Namen*, wie „männlich" und „weiblich", oder „blau", „braun" und „grau", bezeichnen.

Variablen

6–4 Wenn eine Variable Werte annimmt, die nur durch *Namen* bezeichnet werden können, dann werden diese Werte NOMINALWERTE (*nomen* lat. für „Namen") genannt. Augenfarbe und Geschlecht sind Variablen, die ______________ annehmen können. — Nominalwerte

6–5 Die übrigen Variablen in unserem Beispiel nehmen *numerische* Werte an und können darüber hinaus in Einheiten eines Maßsystems oder einer Skala ausgedrückt werden. Im Falle der Körpergröße sind diese Einheiten Zentimeter, und diese Zentimeter repräsentieren *gleiche Intervalle* entlang einer Längenskala.

6–6 Es gibt Arten von numerischen Werten, die keiner Skala mit gleichen Intervallen entsprechen. Nehmen wir z.B. die Variable „Leistungsrangordnung der Schüler in einer Klasse". Diese Variable ist klar in Zahlen ausgedrückt. Daher sind diese Werte ______________ Werte und nicht Nominalwerte. — numerische

6–7 *Aber* den Werten dieser Skala liegt keine Skala mit gleichen Intervallen zugrunde. Es wäre nicht richtig zu sagen, daß der Unterschied in der Leistung zwischen dem Schüler mit dem Rang „1" und einem anderen Schüler mit dem Rang „10" derselbe ist wie der Unterschied zwischen einem Schüler mit dem Rang „11" und einem Schüler mit dem Rang „20". Obgleich die numerischen Unterschiede in beiden Fällen die gleichen sind, sind die zugrundeliegenden Skalenintervalle im allgemeinen nicht ______________. Sie entsprechen also nicht ______________ Unterschieden in der Schulleistung. — gleich – gleichen

6–8 Verschiedene Variablen, die in der Psychologie und in den Erziehungswissenschaften benutzt werden, sind lediglich Rangvariablen, d.h. Variablen, deren Werte nur eine *Rangposition* bezeichnen. Man bezeichnet sie im allgemeinen als Variablen mit ORDINALWERTEN (*ordo* lat. für „Rang"). Diese Variablen nehmen eine Zwischenstellung ein zwischen den nichtnumerischen oder ______________-werten und den numerischen Werten, die Skalen mit gleichen Intervallen zugehören. — Nominal

6–9 *Diese drei verschiedenen Variablen erfordern eine unterschiedliche statistische Behandlung.* Es ist deshalb wichtig zu wissen, mit welcher Art von Variablen man es im gegebenen Fall zu tun hat. Wenn wir Werte mit gleichen Intervallen als INTERVALLWERTE bezeichnen, so haben wir also insgesamt drei Möglichkeiten: entweder es handelt sich um ______________, um ______________ oder um ______________. Ordinal- und Intervallwerte sind beides numerische Werte. — Nominalwerte ⟷ Ordinalwerte ⟷ Intervallwerte

6–10 Wenn man eine Reihe von Farbtönen nach dem Ausmaß ihrer Beliebtheit ordnen läßt, und zwar vom unbeliebtesten bis zum beliebtesten Farbton, so kann man jedem Farbton eine Zahl zuordnen. Diese Zahlen sind ________________ -werte. Ordinal

6–11 Der Intelligenzquotient wird gewöhnlich mit Zahlen bezeichnet, denen gleiche Intervalle zugrunde liegen. Deshalb ist der Intelligenzquotient eine Variable mit ________________-werten. Intervall

6–12 Im Verlauf einer pharmakologischen Behandlung lassen sich schizophrene Patienten in „gebessert" und in „nicht gebessert" einteilen. Die Wirkung des Medikaments ist eine Variable, die in diesem Fall ________________-werte annimmt. Nominal

---

Zusammenfassung

6–13 Merkmale von Individuen oder Objekten, die unterschiedliche ________________ annehmen können, nennt man ________________. Werte – Variablen

6–14 Die Werte bestimmter Variablen können nicht mit Zahlen bezeichnet werden. Sie heißen ________________-werte. Variablen mit numerischen Werten wiederum können verschiedenen Typs sein: wenn die Werte entlang einer Skala mit gleichen Intervallen angeordnet werden können, nennt man sie ________________-werte, wenn sie dagegen lediglich ihrer Reihenfolge nach angeordnet werden können, nennt man sie ________________-werte, auch *Rangwerte* oder Ränge genannt. Nominal Intervall Ordinal

---

B. Die Klassen einer Variablen, Häufigkeiten und Häufigkeitsverteilungen

6–15 Jeden Wert einer Variablen, den man in einer Untersuchung erhält, nennt man eine BEOBACHTUNG. Angenommen, die Punktwerte in einem Rechentest von 1000 Kindern der dritten Schulklasse sind verfügbar. Angenommen weiterhin, die Punktwerte liegen zwischen den Zahlen 60 und 100 entlang einer Intervallskala. Wir haben es dann mit einer Gesamtzahl von ________________ Beobachtungen zu tun, wobei jede Beobachtung durch einen ________________-Wert der Variablen „Punktwert im Rechentest" dargestellt ist. 1000 Intervall (auch numerischen)

6–16 Da wir 1000 Beobachtungen haben, aber nur 41 ganze Zahlen zwischen 60 und 100, müssen notwendigerweise viele der 1000 Beobachtungen *identisch* sein. Bestimmte Punktwerte sind zwangsläufig von mehr als nur ________________ Kind erreicht worden. einem

6–17 Man kann nun alle identischen Punktwerte gruppieren und in eine KLASSE oder eine Kategorie zusammenfassen. So bildet der Punktwert 60 eine Klasse, der Punktwert 61 eine andere Klasse und so weiter bis zum Punktwert 100. Im ganzen gibt es in diesem Beispiel 41 solcher ______________ . — Klassen (oder Kategorien)

6–18 Die Zahl der Punktwerte in einer bestimmten ______________ heißt HÄUFIGKEIT (oder Frequenz) dieser Klasse. Wenn z. B. 10 Kinder den Punktwert 100 erreicht haben, dann besitzt die ______________ 100 eine Häufigkeit von ______________. — Klasse; Klasse; 10

6–19 Angenommen, es gibt 10 Punktwerte von 100, 12 Punktwerte von 99, und 13 Punktwerte von 98. Die Klasse 100 würde dann eine ______________ von 10 besitzen, die Klasse 99 eine ______________ von ______________ und die Klasse 98 eine ______________ von ______________ . — Häufigkeit – Häufigkeit; 12 – Häufigkeit; 13

Tabelle 6–1: Eine Folge von 80 Zügen aus einer Urne. Die Züge sind mit B oder W in der Reihenfolge ihrer Entnahme bezeichnet

B	W	B	B	B	W	W	B	W	B
W	W	W	W	W	W	B	W	B	B
B	W	B	W	W	B	B	B	W	W
B	B	W	B	B	B	B	B	B	W
W	W	B	W	B	W	W	B	B	B
B	W	W	W	B	W	B	B	B	B
B	W	W	B	B	B	W	B	B	W
B	B	W	B	B	B	W	W	W	B

6–20 Variablen, die keine Intervallwerte annehmen, können in der gleichen Weise behandelt werden. In dem Beispiel der Tabelle 6–1 wurden 80 Kugeln in einer Urne gemischt. Einige dieser Kugeln waren weiß, die anderen waren blau. Eine Kugel nach der anderen wurde so lange entnommen, bis keine der 80 Kugeln mehr in der Urne war. Dabei wurde bei jeder Entnahme ein *W* oder ein *B* in der Tafel registriert. Die Variable ist in diesem Beispiel die „Farbe", und die zwei Kategorien *W* und *B* sind ______________ Werte dieser Variablen. — Nominal

6–21 Jede Entnahme aus der Urne stellt eine Beobachtung bezüglich dieser Variablen dar. Wenn die Ergebnisse der Entnahme wie in Tabelle 6–1 in ihrer Reihenfolge dargestellt werden, ist es schwer, auf den ersten Blick zu sagen, welcher der beiden Werte die größere ______________ besitzt. — Häufigkeit

6–22 Bestimmen Sie durch Zählen die Häufigkeit von *W* in Tabelle 6–1. Die Häufigkeit von *W* beträgt ________. Da wir ins- 35
gesamt 80 Beobachtungen vor uns haben, beträgt die Häufigkeit von *B* ________. Diese 80 Beobachtungen sind nun leichter zu 45
handhaben, da sie nunmehr in zwei Zahlen ausgedrückt sind.

6–23 Auf diese Weise können wir jeden der beiden Werte als eine *Klasse* behandeln. Ergänzen Sie die folgende Tafel:

Klasse	*Häufigkeit (f)*	
W	________	35
B	________	45

6–24 Eine solche Tafel nennt man eine HÄUFIGKEITSVERTEILUNG. Sie zeigt die Verteilung von 80 Beobachtungen auf die beiden ________ der Variablen. Beachten Sie, daß die Summe aller Klassen (auch Werte)
Häufigkeiten gleich sein muß der Gesamtzahl der Beobachtungen.

6–25 Die Gesamtzahl der Beobachtungen bezeichnen wir mit dem Buchstaben *N* (*numerus* lat. für „Zahl"). Die Summe der ________ Häufigkeiten
aller Klassen muß stets gleich ________ sein. N

Zusammenfassung

6–26 Eine Häufigkeitsverteilung kann in Form einer Tafel dargestellt werden, die alle ________, nach denen die Werte einer Varia- Klassen
blen gruppiert worden sind, enthält. Sie zeigt die ________ Häufigkeit
für jede Klasse.

6–27 Wenn wir die Häufigkeiten für alle Klassen einer Variablen auszählen, dann erhalten wir eine Häufigkeitsverteilung.

C. Das Klassenintervall

6–28 Variable, die nur ganz bestimmte Werte annehmen können, nennt man DISKRETE Variable. Die „Zahl der Personen in einer Gruppe" ist eine diskrete Variable. Sie kann 2, 3, 4 oder mehr Individuen umfassen, niemals aber 3 1/2 Individuen. Die „Zahl der Kinder in einer Familie" ist ebenfalls eine ________ Variable. diskrete

6–29 Die „Punktwerte im Rechentest" lassen sich ebenfalls nur als ganze Zahlen erfassen. Da es keine Bruchteile von Punktwerten geben kann, sind die „Punktwerte im Rechentest" eine ______________. diskrete Variable

6–30 Tabelle 6–2 stellt eine Häufigkeitsverteilung der Körpergrößen von 296 männlichen Jugendlichen dar, wobei jede Messung bis auf 1 cm genau durchgeführt wurde. Die Körpergröße ist *keine* diskrete Variable; sie kann beliebige Werte, auch Bruchteile von cm, annehmen. Solch eine Variable nennt man eine STETIGE (auch *kontinuierliche*) Variable. Das Körpergewicht z. B. kann alle Werte einschließlich Bruchteilen von Pfunden annehmen; deshalb ist das Körpergewicht eine ______________ Variable. stetige

Tabelle 6–2: Die Körpergröße von 295 männlichen Jugendlichen (in cm)

Klasse	*Mittelpunkt des Intervalls*	*Häufigkeit (f)*
179,5–180,49	180	1
178,5–179,49	179	2
177,5–178,49	178	1
176,5–177,49	177	3
175,5–176,49	176	6
174,5–175,49	175	12
173,5–174,49	174	21
172,5–173,49	173	25
171,5–172,49	172	30
170,5–171,49	171	44
169,5–170,49	170	55
168,5–169,49	169	33
167,5–168,49	168	26
166,5–167,49	167	15
165,5–166,49	166	11
164,5–165,49	165	5
163,5–164,49	164	1
162,5–163,49	163	2
161,5–162,49	162	1
160,5–161,49	161	1
		$N = 295$

6–31 Variablen mit *nominalen* oder *ordinalen* Werten, wie z. B. „Geschlecht" oder „Rangreihe in der Klasse", sind stets ______________ Variablen, da sie nur ganz bestimmte Werte annehmen können. Solche Variablen können niemals ______________ Variablen sein.

diskrete

stetige

6-32 Man beachte, daß Tabelle 6-2 die Variable „Körpergröße“ so behandelt, *als ob* sie eine diskrete Variable wäre; denn es wurde nur bis auf __________ genau gemessen. Ein junger Mann, der z.B. 1 cm
170,3 cm messen würde, wäre so klassifiziert worden, als ob er __________ cm groß wäre. 170

6-33 Betrachten Sie Abbildung 6-1. Hier handelt es sich um eine graphische Veranschaulichung der Körpergrößenskala aus Tabelle 6-2. Beachten Sie, daß die Zahlen 161, 162 bis 180 als __________ Skaleneinheiten
bezeichnet werden. Die Zahlen 160,5, 161,5 usw. sind jeweils die __________. unteren Grenzen der Klassenintervalle

Abbildung 6-1: Eine Skala mit einem Klassenintervall von einer Skaleneinheit.

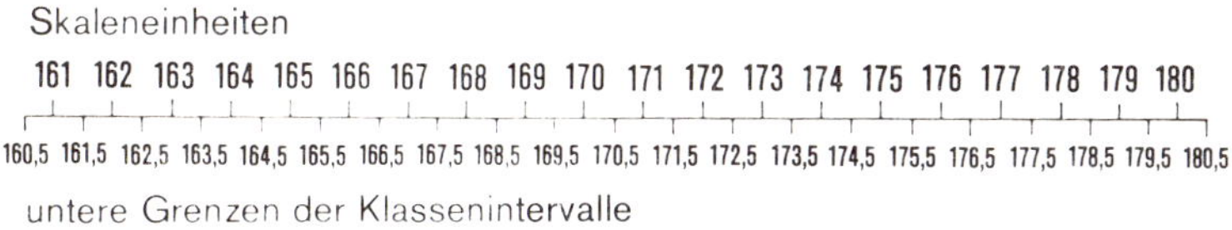

6-34 Abbildung 6-1 veranschaulicht, wie Bruchteile eines Zentimeters abgerundet werden können. Ein junger Mann, der genau 170,5 cm mißt, würde der Klasse __________ cm zugeordnet werden, da 171
seine tatsächliche Körpergröße genau mit der unteren Grenze dieses Klassenintervalls zusammenfällt. Tatsächlich ist die *untere* Grenze dieser Klasse __________. Die *obere* Grenze ist 171,49. 170,5

6-35 Die Klasse „171 cm“ schließt alle Körpergrößen von 170,5 bis __________ cm ein. Der *Abstand* zwischen der unteren Grenze 171,49
einer Klasse und der unteren Grenze der nächstfolgenden Klasse heißt das KLASSENINTERVALL. Dieser Abstand wird *in Einheiten einer Intervallskala* gemessen.
Das Klassenintervall in Abbildung 6-1 beträgt __________ eine
Skaleneinheit(en).

6-36 In Abbildung 6-2 wird dieselbe Skala der Körpergröße, aber mit einem anderen Klassenintervall, dargestellt. Das Klassenintervall in Abbildung 6-2 beträgt __________ Skaleneinheiten. zwei
Ein Jugendlicher, dessen Körpergröße 170,5 beträgt, wird zusammen mit allen anderen Jugendlichen, deren Körpergrößen nicht weniger als __________ cm und nicht mehr als __________ cm betra- 170,5 - 172,49
gen, derselben Klasse zugeordnet.

Abbildung 6–2: Eine Skala mit einem Klassenintervall von 2 Skaleneinheiten.

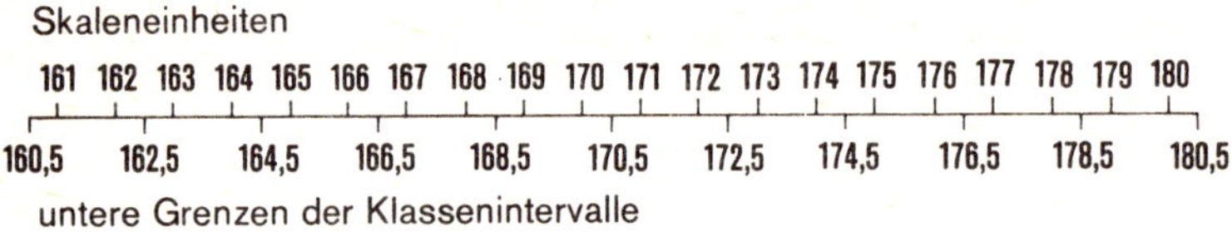

Tabelle 6–3: Die Körpergrößen von 295 männlichen Jugendlichen, dargestellt als Häufigkeitsverteilung mit einem Klassenintervall von 2 Einheiten (in cm)

Exakte Intervallgrenzen	*Mittelpunkt des Intervalls*	*Häufigkeit (f)*
178,5 – 180,49	179,5	3
176,5 – 178,49	177,5	4
174,5 – 176,49	175,5	18
172,5 – 174,49	173,5	46
170,5 – 172,49	171,5	74
168,5 – 170,49	169,5	88
166,5 – 168,49	167,5	41
164,5 – 166,49	165,5	16
162,5 – 164,49	163,5	3
160,5 – 162,49	161,5	2
		N = 295

6–37 Die Tabelle 6–3 stellt eine Häufigkeitsverteilung der Körpergrößen von Tabelle 6–2 dar, aber mit einem Klassenintervall von 2 Einheiten. Beachten Sie, daß die Häufigkeit der Klasse 160,5 – 162,49 gleich ist der *Summe* der Häufigkeiten der Klassen 160,5 – 161,49 und 161,5–162,49 aus Tabelle 6–2. Statt diese Klasse in Tabelle 6–3 durch das Intervall 160,5–162,49 zu kennzeichnen, kann man sie ebensogut durch den MITTELPUNKT dieser Klasse kennzeichnen. Der Mittelpunkt beträgt ________________ cm. 161,5

Abbildung 6–3: Eine Skala mit einem Klassenintervall von 4 Skaleneinheiten.

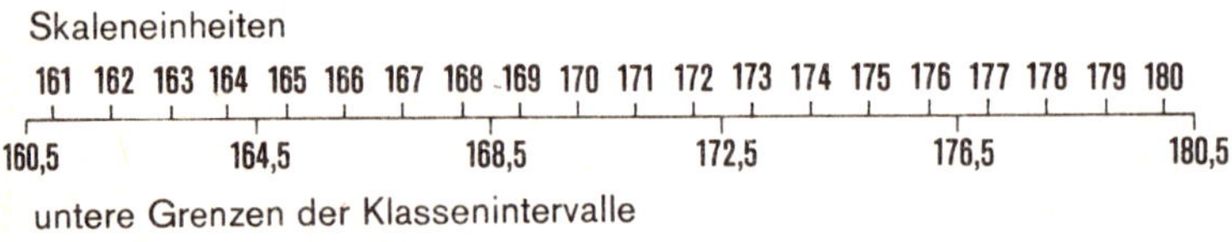

6–38 Natürlich ist es möglich, ein Klassenintervall beliebiger Größe zu wählen. Abbildung 6–3 zeigt, wie eine Skala mit ______________ Skaleneinheiten aussehen würde. Hier würde jede Körpergröße, die in den Bereich zwischen 160,5 und 164,49 cm fällt, als Häufigkeit der Klasse mit einem Mittelpunkt von ______________ cm gezählt werden. — 4 — 162,5

6–39 Wann immer Beobachtungen gruppiert und als Häufigkeitsverteilung dargestellt werden, betrachtet man alle Beobachtungen innerhalb einer bestimmten Klasse so, *als hätten sie den Skalenwert des Mittelpunktes des betreffenden Klassenintervalls*. So gilt für Tabelle 6–3, daß alle 46 Beobachtungen im Klassenintervall zwischen 172,5 und 174,49 cm so behandelt werden, als hätten sie den Wert ______________ cm. Dieser Wert stellt den ______________ des Klassenintervalls 172,5 bis 174,49 cm dar. — 173,5 — Mittelpunkt

---

Zusammenfassung — Seite 78

6–40 Größere Zahlen von Beobachtungen lassen sich vereinfacht darstellen, indem man eine Häufigkeitsverteilung bildet. Man stellt die Gesamtmenge der Beobachtungen als Häufigkeiten dar, die den betreffenden ______________ zugeordnet werden. — Klassen

6–41 Nominale und ordinale Werte gehören stets *diskreten* Variablen an. Intervallbeobachtungen, wie die Körpergröße, können dagegen auch ______________ Variablen zur Grundlage haben. — stetige

6–42 Beobachtungen von stetigen Variablen können vereinfacht dargestellt werden, indem man exakte Grenzen für die Intervallklassen definiert und dann alle Beobachtungen, die innerhalb dieser ______________ liegen, so behandelt, als hätten sie den Wert des ______________ des zugehörigen ______________. — Grenzen — Mittelpunktes – Klassenintervalls

---

D. Graphische Methoden zur Darstellung von Häufigkeitsverteilungen

6–43 Tabelle 6–4 stellt eine Häufigkeitsverteilung von Testpunktwerten dar. Diese Verteilung besitzt ein Klassenintervall von ______________ Einheit(en). Jeden Punktwert von 1 bis 9 kann man als Mittelpunkt eines Klassenintervalls betrachten. Der Punktwert 5 ist z. B. der Mittelpunkt eines Intervalls, dessen untere Grenze ______________ und dessen obere Grenze ______________ beträgt. — einer — 4,5 — 5,49

Tabelle 6–4: Häufigkeitsverteilung von Testpunktwerten

Punktwerte	*Häufigkeit*
9	1
8	2
7	4
6	8
5	10
4	8
3	4
2	2
1	1
	$N = 40$

6–44 Abbildung 6–4 ist eine Darstellung der Häufigkeitsverteilung von Tabelle 6–4. Wir bezeichnen, wie es dem üblichen Gebrauch entspricht, die vertikale Achse (Ordinate) als *Y-Achse* und die horizontale Achse (Abszisse) als *X-Achse*. Die Punktwerte der Tabelle 6–4 wurden dabei entlang der ______________ Achse und die Häufigkeiten entlang der ______________ Achse abgetragen.

X
Y

6–45 Die Darstellung von Beobachtungen wie in Abbildung 6–4 nennt man ein SÄULENDIAGRAMM (oder Histogramm). In diesem Säulendiagramm sind die Häufigkeiten durch vertikale Säulen repräsentiert. Die Breite einer jeden Säule ist gleich der Größe des ______________. Die Höhe einer jeden Säule ist gleich der ______________ in der betreffenden Klasse.

Klassenintervalls – Häufigkeit

Abbildung 6–4: Ein Säulendiagramm der Punktwerte aus Tabelle 6–4.

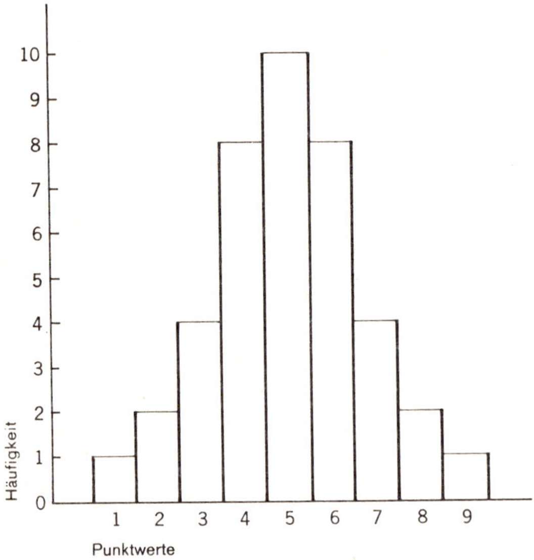

6–46 Die Breite einer Säule in einem ______________ ist stets gleich dem Klassenintervall, und die Höhe der Säule ist stets gleich der Häufigkeit. Die Fläche eines Rechteckes ist gleich Breite mal Höhe, deshalb ist die Fläche einer Säule gleich eins mal der ______________ in dieser Klasse. Das bedeutet also, daß die Fläche *und* die Höhe einer Säule die ______________ für die betreffende Klasse repräsentieren.

Säulendiagramm
Häufigkeit
Häufigkeit

6–47 In Abbildung 6–4 repräsentiert die höchste Säule die Häufigkeit des Punktwertes ______________. Ihre Höhe beträgt ______________. Deshalb hat der Punktwert 5 eine ______________ von ______________. Da die Säule genau ein Klassenintervall breit ist, beträgt die Fläche der Säule ______________ Einheiten. Die Fläche ist also auch gleich der Häufigkeit des Punktwertes.

5 – 10
Häufigkeit – 10
10

6–48 In Abbildung 6–4 hat der Punktwert 6 eine Häufigkeit von ______________. Die Säule, die diese Fläche repräsentiert, besitzt eine Fläche von ______________ Einheiten (wobei eine Einheit durch das Klassenintervall als Breite und eine Häufigkeitseinheit als Höhe gebildet wird). Sowohl die ______________ als auch die ______________ der Säule veranschaulichen die Häufigkeit des Punktwertes 6.

8
8
Höhe ↔ Fläche

6–49 Die Gesamthäufigkeit der Verteilung in Abbildung 6–4 und in Tabelle 6–4 beträgt N = ______________. Die Gesamtfläche aller Säulen ergibt, wenn man sie addiert, ______________ Einheiten.

40
40

6–50 Die Gesamtfläche eines Säulendiagramms ist gleich der Summe der Flächen aller Säulen. Diese Gesamtfläche ist gleich der Größe ______________ oder der ______________.

N –
Gesamthäufigkeit

Abbildung 6–5: Ein Säulendiagramm ohne vertikale Grenzlinien.

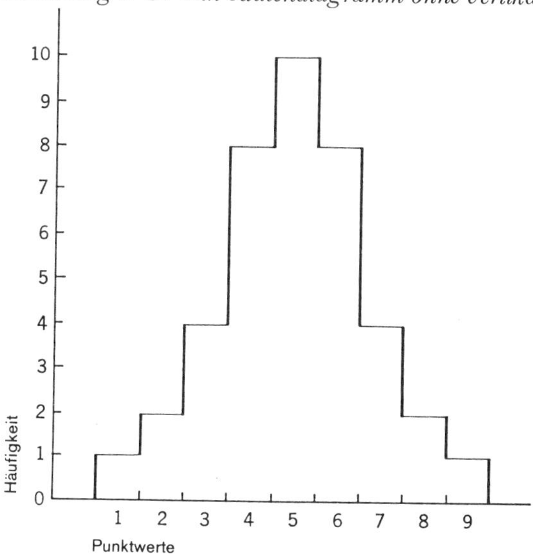

6–51 Abbildung 6–5 zeigt das gleiche Säulendiagramm wie Abbildung 6–4 mit dem einen Unterschied, daß die vertikalen Grenzlinien zwischen den Säulen entfernt worden sind. Wie groß ist die Gesamtfläche der Abbildung 6–5? Sie beträgt ____________ Einheiten. Die Entfernung der Grenzlinien zwischen den Säulen hat die Gesamtfläche des Säulendiagramms natürlich nicht verändert. 40

6–52 Abbildung 6–6 zeigt noch eine andere Möglichkeit der Darstellung der gleichen Häufigkeitsverteilung. Diese Darstellung nennt man ein HÄUFIGKEITSPOLYGON. Die *X*- und die *Y*-Achse sind unverändert geblieben. Die Häufigkeit einer jeden ____________ ist lediglich durch einen *Punkt* angedeutet, der sich *direkt über dem Mittelpunkt des Klasseninterevalls* in der Höhe der Häufigkeit befindet. Da die Häufigkeiten der Punktwerte 0 und 10 gleich Null sind, wurden diese Punktwerte mit einbezogen, damit die graphische Darstellung nach jeder Seite hin zur X-Achse ausläuft. Klasse

6–53 Abbildung 6–6 ist ein Häufigkeitspolygon. Jeder Punkt wurde direkt über dem ____________ seines ____________ plaziert. Mittelpunkt – Klassenintervalls

Abbildung 6–6: Ein Häufigkeitspolygon der Punktwerte aus Tabelle 6–4.

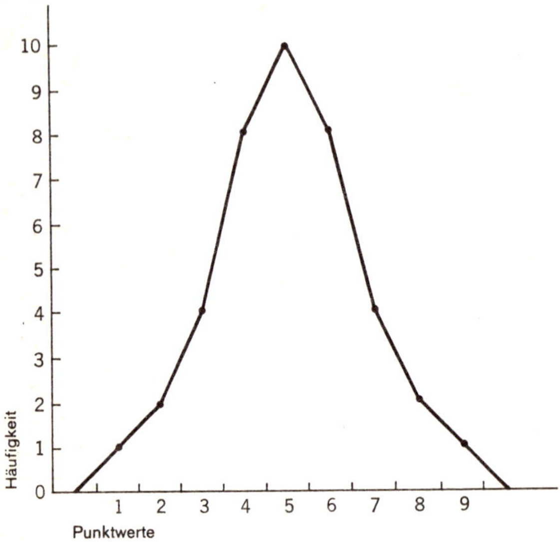

6–54 Ein Polygon ist eine Figur mit mehreren Seiten. Die Abbildung 6–6 nennt man ein ____________, da seine vielen Seiten ein anschauliches Bild von den Häufigkeiten einer Verteilung geben. Häufigkeitspolygon

6–55 Abbildung 6–7 ist eine zusammengesetzte Darstellung, die sowohl Abbildung 6–5 als auch Abbildung 6–6 einschließt. Das Häufigkeitspolygon wurde einfach dem Säulendiagramm überlagert. Die Punkte des *Polygons* erscheinen genau in der *Mitte* der oberen Begrenzung der Säulen des Säulendiagramms, da diese Punkte die ________ des jeweiligen ________ darstellen.

Mittelpunkte – Klassenintervalls

Abbildung 6–7: Ein Häufigkeitspolygon, das einem Säulendiagramm überlagert wurde.

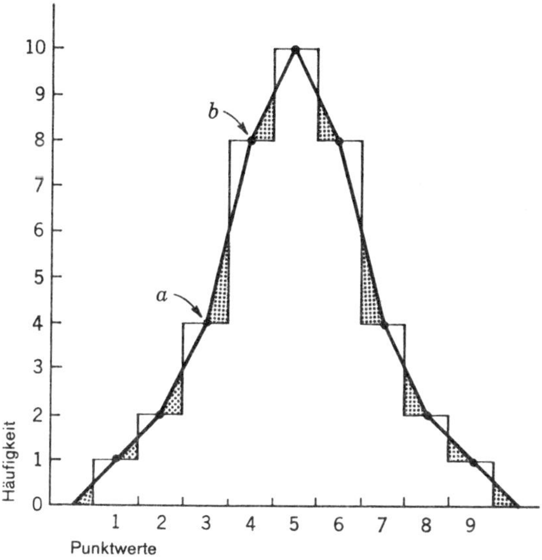

6–56 Wie man aus Abbildung 6–7 ersehen kann, schneiden die Verbindungslinien des Polygons die Ecken des ________, so daß *Paare von flächengleichen Dreiecken entstehen.* Eines dieser Paare liegt zwischen den mit *a* und *b* bezeichneten Punkten, wobei das untere Dreieck grau und das obere weiß ist. Da die beiden Glieder eines Paares *identische Dreiecke* darstellen, ist die Fläche des grauen Dreiecks ________ des weißen Dreiecks.

Säulendiagramms

gleich der Fläche

6–57 Da für jedes Paar von Dreiecken das graue flächengleich mit dem entsprechenden weißen ist, ist die Summe aller Flächen von *grauen* Dreiecken ________ Summe aller Flächen von *weißen* Dreiecken.

gleich der

6–58 Dort wo das Häufigkeitspolygon das Säulendiagramm schneidet, schneidet es weiße Dreiecke ab und läßt diese außerhalb des Polygons. Jedes weiße Dreieck stellt eine Fläche dar, die zwar *innerhalb* des ________ liegt, aber zugleich *außerhalb* des ________.

Säulendiagramms – Häufigkeitspolygons

6–59 Gleichzeitig liegen aber die grauen Dreiecke innerhalb des Häufigkeitspolygons. Jedes graue Dreieck stellt also eine Fläche dar, die *innerhalb* des Häufigkeitspolygons liegt, aber *außerhalb* des ________________ . Säulendiagramms

6–60 Daraus folgt: Die ________________ Dreiecke liegen innerhalb des Polygons und außerhalb des Säulendiagramms, während die ________________ Dreiecke außerhalb des Polygons und innerhalb des Säulendiagramms liegen. Da nun die Gesamtfläche der grauen Dreiecke gleich ist der Gesamtfläche der weißen Dreiecke, ist die Gesamtfläche unter dem Häufigkeitspolygon gleich der Gesamtfläche unter dem ________________ .

grauen

weißen

Säulendiagramm

6–61 Die Fläche des Säulendiagramms und die Fläche des Häufigkeitspolygons sind genau gleich. Da die Fläche des Säulendiagramms gleich N ist, ist die Fläche des Polygons gleich ________________ .

N

Zusammenfassung

6–62 Es gibt zwei Möglichkeiten, Häufigkeitsverteilungen anschaulich darzustellen. Eine Möglichkeit besteht darin, Säulen zu zeichnen, deren Breite genau dem ________________ und deren Höhe genau der ________________ der betreffenden Klasse entsprechen. Solch eine Darstellung nennt man ein ________________ .

Klassenintervall

Häufigkeit

Säulendiagramm

6–63 Die andere Möglichkeit besteht darin, einen Punkt direkt über dem ________________ eines jeden Klassenintervalls in jene Höhe zu setzen, die der ________________ der betreffenden Klasse entspricht. Solch eine Darstellung nennt man ein ________________ .

Mittelpunkt

Häufigkeit

Häufigkeitspolygon

6–64 Die Gesamtfläche im Säulendiagramm ist gleich ________________ , und dies ist das Symbol für die ________________ . Die Gesamtfläche unter dem Häufigkeitspolygon ist ebenfalls gleich ________________ .

N

Gesamthäufigkeit

N

Aufgaben zu Kapitel 6

6–1 Klassifizieren Sie die folgenden Variablen im Hinblick auf den Skalentypus, dem deren Werte angehören (Nominal-, Ordinal- oder Intervallskala).

(a) Die Zahlen auf den Trikots von Fußballspielern. (Vorsicht!)
(b) Die diagnostischen Kategorien „Schizophrenie", „manisch-depressives Irresein", „Paranoia" und „senile Demenz".
(c) Intelligenztest-Punktwerte.
(d) Ergebnisse eines Pferderennens, bei dem jedes Pferd in der Reihenfolge des Eintreffens numeriert wird: 1., 2., 3., 4., ..., n.
(e) Die Temperatur auf der Oberfläche des Planeten Venus.

6–2 Geben Sie bei jeder der folgenden Variablen an, ob sie diskret oder stetig ist:

(a) Die Länge, gemessen in Zentimeter,
(b) Die Anzahl der Bundestagsabgeordneten,
(c) Die Lebenserwartung, wie sie von Versicherungsgesellschaften in Form von Tabellen veröffentlicht wird,
(d) Die durchschnittliche Trainingszeit pro Tag eines Sportlers,
(e) Die Zahlen auf den Trikots von Eishockeyspielern.

6–3 Angenommen, es gibt in einer Häufigkeitsverteilung von Gewichten bei Kindern eine Klasse „81–90 Pfund". Welches ist (a) das niedrigste Körpergewicht, das dieser Klasse zugeordnet werden kann, (b) das höchste Körpergewicht und (c) der Mittelpunkt dieser Klasse? Wie würde man ein Gewicht von 90,5 Pfund klassifizieren? Käme es in die Klasse 81–90 oder in die nächst höhere Klasse, wenn man Klassen zu 10 Pfund bildet? Begründen Sie Ihre Auffassung!

6–4 Zeichnen Sie ein Häufigkeitspolygon und ein Säulendiagramm für die Daten der folgenden Häufigkeitstabelle. (Benützen Sie dabei, wenn möglich, für beide Abbildungen dasselbe Koordinatensystem.)

Punktwerte	*Häufigkeiten*
95–99	2
90–94	3
85–89	9
80–84	15
75–79	28
70–74	38
65–69	45
60–64	32
55–59	20
50–54	11
45–49	6
40–44	2
35–39	1
	$N = 212$

Kapitel 7: Der Chi-Quadrat-Test

Der Chi-Quadrat-Test ist ein einfacher Signifikanztest. Er eignet sich für Fälle, in denen Beobachtungen Klassen zugeordnet und als *Häufigkeiten* behandelt werden können. Der Chi-Quadrat-Test wird bereits hier besprochen, da er die spezielleren Methoden zur Beschreibung von Häufigkeitsverteilungen, auf die später eingegangen wird, nicht voraussetzt.

Kapitel 7 bringt einige Beispiele, in denen der Chi-Quadrat-Test zur Prüfung einer Nullhypothese angewendet werden kann. Es setzt voraus, daß Sie sich mit den Häufigkeitsverteilungen (Kapitel 6) sowie mit den Grundlagen der Signifikanzprüfung (Kapitel 1, 2 und 5) beschäftigt haben.

Die Bezeichnung Chi-Quadrat bezieht sich auf eine mathematische Größe, die mit dem Symbol χ^2 bezeichnet wird.

A. Beobachtete und erwartete Häufigkeiten

Beispiel: Es wird eine neue Behandlungsmethode erprobt, um festzustellen, ob sie zur Besserung von schizophrenen Patienten führt oder nicht. Aus den Schizophrenen einer bestimmten Anstalt werden 53 nach Zufall ausgewählt und mit der neuen Methode behandelt. 55 andere Patienten dienen als Kontrollgruppe und erhalten ein unwirksames Medikament (etwa Zucker). Beide Gruppen sind vergleichbar im Hinblick auf Schwere und Dauer der Erkrankung.

Nach einer bestimmten Behandlungszeit wird jeder der 108 Patienten durch ein psychiatrisches Team als „gebessert" oder als „nicht gebessert" eingestuft (klassifiziert). Die Beobachtungen werden also zwei diskreten Klassen zugeordnet und können als Häufigkeiten in einer Häufigkeitstabelle (Tabelle 7–1) dargestellt werden.

7–1 Tabelle 7–1 zeigt die in vier Felder klassifizierten Beobachtungen, wobei die vier Zahlen innerhalb des umrandeten Rechtecks die ______________ darstellen, mit denen die vier Gruppen von Patienten beobachtet wurden. Häufigkeiten

7–2 Die Häufigkeiten in der Tabelle sind die BEOBACHTETEN HÄUFIGKEITEN. Die Frage, um die es nun geht, ist, inwieweit aus diesen Häufigkeiten hervorgeht, daß ein signifikanter Unterschied in der Besserung zwischen der Behandlungsgruppe (Experimentalgruppe) und der ______________ gruppe besteht. Kontroll

Tabelle 7–1: Beobachtete Häufigkeiten von gebesserten und nicht gebesserten Patienten einer Behandlungsgruppe und einer Kontrollgruppe

	Anzahl der gebesserten Patienten	*Anzahl der nicht gebesserten Patienten*	*insgesamt*
Behandlungsgruppe	45	8	53
Kontrollgruppe	18	37	55
insgesamt	63	45	108

7–3 Als *Nullhypothese* fungiert in diesem Beispiel die Hypothese, daß die beiden Stichproben von Beobachtungen nach Zufall aus ______________ entnommen worden sind, und daß tatsächlich kein Unterschied zwischen ihnen besteht, der nicht auf die ______________ zurückgeführt werden könnte. derselben Population Stichprobenvariabilität

7–4 Wenn die Nullhypothese zutrifft, dann sollten wir in jeder Gruppe den gleichen *Anteil* von Patienten in der Kategorie „gebessert" finden. Dem Augenschein nach scheint diese Hypothese nicht zuzutreffen; denn in der Behandlungsgruppe sind ______________ von 53 Patienten in der Kategorie „gebessert", während von den 55 Patienten der Kontrollgruppe nur ______________ in dieser Kategorie vertreten sind. 45 18

7–5 Wenn die Nullhypothese zutrifft, dann müssen beide Gruppen von Beobachtungen aus derselben Population stammen. In der Gesamtgruppe aller 108 Patienten gibt es ______________ Patienten, die als „gebessert" eingestuft worden sind. Dieser Anteil beträgt 63/108 oder 58,3%. 63

7–6 Wenn beide Gruppen aus derselben Population stammen, dann muß der Prozentsatz der gebesserten Patienten in *jeder* Gruppe ungefähr derselbe sein wie der Prozentsatz der gebesserten Patienten in der Gesamtgruppe. Aus diesem Grunde sollten ______________ % der Patienten jeder Gruppe in der Kategorie „gebessert" aufscheinen. 58,3

7–7 Wenn die Behandlungsgruppe nicht mehr als die nach bloßem Zufall zu erwartende Besserungsquote von Patienten enthält, dann

müssen in der Spalte „gebessert" 58,3% oder ______________ der 30,9
53 Patienten aufscheinen. Der Rest von ______________ Patienten ist 22,1
in der Spalte „nicht gebessert" zu erwarten.

7–8 Analog muß dann die Kontrollgruppe 58,3% ihrer Beobachtungen (oder 32,1 Patienten) in der Spalte ______________ und weitere 41,7% (oder 22,9 Patienten) in der Spalte ______________ enthalten. Diese auf der Basis der Nullhypothese ermittelten Häufigkeiten heißen ERWARTETE HÄUFIGKEITEN.

gebessert
nicht gebessert

7–9 Man beachte, daß man bei der Berechnung der erwarteten Häufigkeiten von den *Randsummen* ausgeht. Beim χ^2-Test besagt die Nullhypothese, daß *die Verteilung der Häufigkeiten für jede Zeile der Tabelle nicht signifikant verschieden ist von der Verteilung der Häufigkeiten in den Randsummen der Zeilen.*

7–10 Der Gedankengang ist folgender: Bestehen tatsächlich keine Unterschiede zwischen den beiden Gruppen im Hinblick auf die Besserungsquote, dann muß der *Anteil* der gebesserten Patienten in beiden Gruppen ______________ sein. Der Anteil der Patienten, bei denen eine Besserung zu verzeichnen ist, sollte in jeder der beiden Gruppen ______________ sein dem Anteil der gebesserten Patienten in der gesamten Stichprobe.

gleich
gleich

7–11 Da die Zahl der Patienten in der Behandlungsgruppe ein wenig ______________ ist als die Zahl der Patienten in der ______________-gruppe, ist auch die erwartete Häufigkeit der gebesserten Patienten in der Kontrollgruppe ein wenig höher als die der ______________-gruppe. Es ist wohlgemerkt nicht die *Häufigkeit* von gebesserten Patienten, von der man erwartet, daß sie in beiden Gruppen gleich groß ist, sondern der ______________. Der Anteil trägt nämlich der Tatsache Rechnung, daß die Häufigkeit bei verschiedenen Stichproben nicht gleich groß ist.

kleiner – Kontroll
Behandlungs
Anteil

7–12 Die Nullhypothese in solch einem Beispiel ist also die Hypothese, daß der ______________ der Beobachtungen, die in eine bestimmte Kategorie fallen, für alle Gruppen gleich groß ist.

Anteil

7–13 Die tatsächlichen Beobachtungen erscheinen in der Tabelle als ______________ Häufigkeiten. Die Häufigkeiten, die man auf der Basis der Nullhypothese ermittelt, nennt man ______________ Häufigkeiten.

beobachtete
erwartete

7–14 Um die Nullhypothese zu prüfen, müssen wir die Wahrscheinlichkeit berechnen, mit der ein solcher Unterschied zwischen den beobachteten und den ______________ zu erwarten ist, wenn beide Gruppen aus derselben Population stammen. — erwarteten Häufigkeiten

---

Zusammenfassung

7–15 Der Chi-Quadrat-Test kann angewendet werden, wenn Beobachtungen nach zwei (oder mehreren) diskreten Kategorien klassifiziert werden können und als ______________ behandelt werden können. — Häufigkeiten

7–16 Die zu prüfende Nullhypothese besagt, daß der ______________ der Beobachtungen einer bestimmten Kategorie für alle zu vergleichenden Gruppen gleich ist. — Anteil

7–17 Die erwarteten Häufigkeiten berechnen sich auf der Basis der Nullhypothese als Anteil der Häufigkeiten in den Kategorien an der Gesamthäufigkeit der kombinierten Gruppen. Diese Anteile müssen gleich sein den Häufigkeitsanteilen in den ______________-Summen. — Rand

7–18 Das Prüfen der Nullhypothese besteht also darin, daß wir die ______________ Häufigkeiten daraufhin untersuchen, ob sie sich signifikant von den ______________ Häufigkeiten unterscheiden. — beobachteten; erwarteten

---

B. Die Freiheitsgrade

7–19 Im Beispiel von Abschnitt A hatten wir zwei verschiedene Gruppen, deren Beobachtungen nach ______________ Kategorien klassifiziert worden waren. Die resultierende Tabelle bestand aus vier FELDERN mit zwei Spalten und zwei Zeilen. Die Randsummen werden dabei nicht als Spalten oder Zeilen gezählt. — zwei

7–20 Solch eine Tafel nennt man eine ZWEI-MAL-ZWEI-TAFEL (oder *Vierfelder-Tafel*). Entsprechend nennt man eine Tafel mit drei Zeilen und drei Spalten eine ______________-Tafel. Diese Tafel würde neun ______________ enthalten. — drei-mal-drei; Felder

7–21 Die erwarteten Häufigkeiten für jedes Feld in einer Vierfelder-Tafel gewinnt man durch ein einfaches Multiplikationsverfahren. Die erwartete Häufigkeit für die „Behandlungsgruppe gebessert" erhält man durch Multiplikation des Prozentsatzes der Patienten, die in der *gesamten* Gruppe gebessert wurden, mit der Zahl der Patienten in der ______________-gruppe. — Behandlungs

7–22 Nun ist es jedoch nicht erforderlich, daß wir für *alle* erwarteten Häufigkeiten eine solche Multiplikation durchführen. Hat man nämlich einmal die erwartete Häufigkeit für die „Behandlungsgruppe gebessert" zu 30,9 erhalten, so kann man die erwartete Häufigkeit für die „Behandlungsgruppe nicht gebessert" ermitteln, indem man 30,9 von 53, der Zahl der Patienten in der ________________-gruppe, abzieht. Behandlungs

7–23 Und da die Gesamtzahl der Patienten in der Kategorie „gebessert" 63 beträgt, läßt sich die erwartete Häufigkeit für das Feld „Kontrollgruppe gebessert" dadurch bestimmen, daß man ________________ 30,9
von ________________ abzieht. 63

7–24 Das letzte Feld, „Kontrollgruppe nicht gebessert", läßt sich dadurch ausfüllen, daß man 32,1 von 55, der Zahl der Patienten in der ________________-gruppe, abzieht. Kontroll

7–25 Aus den vorstehenden Überlegungen kann man ersehen, daß die auf der Basis der Nullhypothese erwarteten Häufigkeiten nur für ________________ Feld(er) einer Vierfelder-Tafel zu berechnen sind. ein
Die Erwartungswerte aller übrigen Felder können durch ________________ Subtraktion
von den Randsummen gewonnen werden.

7–26 Wenn eine erwartete Häufigkeit ermittelt worden ist, sind damit alle anderen automatisch festgelegt. Man sagt deshalb, eine solche Vierfelder-Tafel habe nur *einen* FREIHEITSGRAD; denn nur ________________ eine
erwartete Häufigkeit braucht unabhängig von den anderen auf der Basis der Nullhypothese errechnet werden. [Die Freiheitsgrade werden mit df (degrees of freedom) abgekürzt.]

7–27 Immer dann, wenn durch Multiplikation nur eine erwartete Häufigkeit bestimmt zu werden braucht, liegt nur ein ________________ Freiheitsgrad
vor.

7–28 Noch ein anderes Beispiel soll uns helfen, den Begriff der Freiheitsgrade zu verdeutlichen. Nehmen wir an, die Psychiater haben eine etwas komplexere Klassifizierung durchgeführt und die Patienten als „gebessert", als „leicht gebessert" und als „nicht gebessert" klassifiziert. Die Tafel der beobachteten Häufigkeiten (Tabelle 7–2) würde in diesem Fall, wie zuvor, ________________ horizontale Zeilen enthalten, zugleich zwei
aber ________________ vertikale Spalten. Die Tafel ist nun keine Zwei- drei
mal-zwei-Tafel mehr, sondern eine ________________ Tafel. zwei-mal-drei

Tabelle 7–2: Beobachtete und erwartete Häufigkeiten in einer 2 × 3-Tafel

	Anzahl der gebesserten Patienten	*Anzahl der leicht gebesserten Patienten*	*Anzahl der nicht gebesserten Patienten*	*insgesamt*
Behandlungsgruppe	20	25	8	53
Kontrollgruppe	6	12	37	55
insgesamt	26	37	45	108

7–29 In Tabelle 7–2 wurde in der rechten unteren Hälfte eines jeden Feldes für die erwarteten Häufigkeiten Raum gelassen. Da 26/108 oder 24,07% aller Patienten der Kategorie „gebessert" angehören, sollten sich 24,07% von 53, oder ____________ Patienten der Behandlungsgruppe in der Kategorie „gebessert" befinden. Schreiben Sie den Wert 12,76 in das entsprechende Feld.

12,76

7–30 Bestimmen Sie nun so viele der übrigen fünf erwarteten Häufigkeiten, wie Sie können, *ohne daß Sie die Methode der gleichen Anteile, also das Multiplikationsverfahren, anwenden*, d.h. also, so viele, wie Sie *durch Subtraktion allein* erhalten können.

Es kann lediglich noch eine erwartete Häufigkeit durch Subtraktion allein gefunden werden: nämlich die erwartete Häufigkeit für das Feld „Kontrollgruppe gebessert". Sie beträgt 13,24. Man erhält sie, indem man 12,76 von 26 subtrahiert.

7–31 Da noch weitere vier Felder ausgefüllt werden müssen, müssen wir noch eine andere erwartete Häufigkeit nach der Methode der gleichen Anteile bestimmen. Da 37/108 aller Patienten oder 34,26% in die Kategorie „leicht gebessert" fallen, erhält man 34,26% von ____________ Patienten als erwartete Häufigkeit für die „Behandlungsgruppe leicht gebessert". Die erwartete Häufigkeit ist also 18,16.

53

7–32 Schreiben Sie den Wert 18,16 in das entsprechende Feld und füllen Sie soviel weitere Felder wie möglich *nur durch Subtraktion* aus.

7–33 Um alle erwarteten Häufigkeiten der Tabelle 7–3 zu ermitteln, müssen mindestens ____________ durch Multiplikation errechnet werden. Diese Tafel hat also *mehr als einen Freiheitsgrad.* Die Nullhypothese wurde in Anspruch genommen, um ____________ erwartete Häufigkeiten zu bestimmen, und deshalb besitzt diese Tafel ____________ Freiheitsgrade.

zwei

zwei

zwei

Tabelle 7–3: Beobachtete und erwartete Häufigkeiten in einer 2 × 3-Tafel

	Anzahl der gebesserten Patienten	*Anzahl der leicht gebesserten Patienten*	*Anzahl der nicht gebesserten Patienten*	*insgesamt*
Behandlungsgruppe	20 / *12,76*	25 / *18,16*	8 / *22,08*	53
Kontrollgruppe	6 / *13,24*	12 / *18,84*	37 / *22,92*	55
insgesamt	26	37	45	108

7–34 Betrachten wir ein Beispiel mit mehr Feldern. Nehmen wir an, ein Test ist konstruiert worden, der „Grundlagen der Pädagogik" messen soll. Dieser Test ist Pädagogikstudenten vorgelegt worden. Die Ergebnisse des Tests sind in drei Kategorien klassifiziert worden, und zwar in eine Klasse hoher Testpunktwerte, in eine Klasse mittlerer und in eine Klasse niedriger Testpunktwerte. Die Studenten ihrerseits sind in vier Gruppen eingeteilt worden, und zwar in 1. und 2. Semester, in 3. und 4. Semester, in 5. und 6., und in alle höheren Semester. Die Verteilung von 1500 Pädagogikstudenten ist in einer 3 × 4-Tafel in Tabelle 7–4 wiedergegeben.

Unsere Nullhypothese lautet, daß im Laufe des Studiums *kein* Fortschritt im Hinblick auf pädagogische Grundkenntnisse erzielt wird, d.h., daß die Semesterzahl *keinen* Einfluß auf die Punktwerte besitzt, oder, daß der Anteil der hoch, mittel und niedrig abschneidenden Studenten für alle vier Semestergruppen ______________ ist. gleich

Tabelle 7–4: Beobachtete Häufigkeiten in einer 3 × 4-Tafel

	1., 2. Semester	*3., 4. Semester*	*5., 6. Semester*	*ab 7. Semester*	*insgesamt*
hohe Testpunktwerte	60	120	200	220	600
mittl. Testpunktwerte	100	180	110	110	500
niedrige Testpunktwerte	240	90	50	20	400
insgesamt	400	390	360	350	1500

7–35 Die Zahl der Freiheitsgrade für diese Tabelle kann man wie folgt bestimmen: Wir überlegen, wieviel erwartete Häufigkeiten durch Multiplikation bestimmt werden müssen und wieviel durch Subtraktion ermittelt werden können. Bezeichnen wir die Felder, für die wir die erwartete Häufigkeit durch Multiplikation berechnen, mit einem Kreis und lassen wir die, welche wir durch Subtraktion erhalten, ohne Kreis. Wie viele Zahlen in Tabelle 7–4 haben Sie mit einem Kreis zu versehen? __________. Wie viele Felder bleiben ohne Kreis? __________. sechs – sechs

7–36 Um in einer 3 × 4-Tafel die Zahl der Freiheitsgrade zu bestimmen, müssen wir aufgrund der Nullhypothese __________ der drei Erwartungswerte in jeder *Spalte* und __________ der vier Erwartungswerte in jeder *Zeile* berechnen. zwei drei

7–37 Wir kommen damit zur allgemeinen Regel für die Bestimmung von Freiheitsgraden. Bezeichnen wir mit r die Zahl der Zeilen (in Tabelle 7–4 beträgt r = __________), und bezeichnen wir mit k die Zahl der Spalten (in Tabelle 7–4 beträgt k = __________), so gilt: 3 4

7–38 Die Zahl der erwarteten Häufigkeiten, die über die Nullhypothese ermittelt werden müssen, beträgt $(r-1) \times (k-1)$. Dieses Produkt beträgt für Tabelle 7–4: __________ × __________ = __________. 2 – 3 – 6

7–39 Diese Regel gilt generell für alle Tafeln, in denen r und k größer als 1 sind. Sie gibt an, wieviel __________ eine bestimmte Tafel enthält. Freiheitsgrade

---

Zusammenfassung

7–40 Die Zahl der Freiheitsgrade einer Tafel entspricht der Zahl der __________, die unabhängig voneinander auf der Basis der __________ ermittelt werden müssen. erwarteten Häufigkeiten Nullhypothese

7–41 In einer 2 × 2-Tafel ist die Zahl der Freiheitsgrade (df abgekürzt) gleich __________. In einer 2 × 3 Tafel ist die Zahl der Freiheitsgrade gleich __________, und in einer 3 × 4 Tafel ist df gleich __________. 1 2 6

7–42 Die allgemeine Regel zur Bestimmung der Zahl von Freiheitsgraden in einer Tafel mit r Zeilen und k Spalten ist __________. In einer 8 × 10-Tafel ist df = __________. $(r-1) \times (k-1)$ 63

C. Die Berechnung der Chi-Quadrat-Prüfgröße

7–43 Der Chi-Quadrat-Test basiert auf der Differenz zwischen ________ und ________ Häufigkeiten. Wenn die Nullhypothese zutrifft, dann sind diese Häufigkeiten in jedem Feld annähernd gleich. — beobachteten ←→ erwarteten

7–44 Tabelle 7–5 enthält die beobachteten Häufigkeiten der Tabelle 7–1 zusammen mit den (kursiv gedruckten) erwarteten Häufigkeiten. Bezeichnen wir mit O die beobachteten (observed) und mit E die erwarteten (expected) Häufigkeiten, so wird, wenn die Nullhypothese zutrifft, die Differenz $O–E$ für jedes Feld ungefähr ________ sein. — Null

Tabelle 7–5: Beobachtete und erwartete Häufigkeiten in einer Vierfelder-Tafel (2 × 2-Tafel)

	Anzahl der gebesserten Patienten	*Anzahl der nicht gebesserten Patienten*	*insgesamt*
Behandlungsgruppe	45 / *30,9*	8 / *22,1*	53
Kontrollgruppe	18 / *32,1*	37 / *22,9*	55
insgesamt	63	45	108

7–45 Im allgemeinen gilt: Wenn die Differenz $O–E$ für jedes der Felder wächst, dann wird die Wahrscheinlichkeit, daß *die Nullhypothese nicht zutrifft*, ________. — größer

7–46 Man geht also von der Differenz $O–E$ aus. Dann bildet man für jedes Feld die Größe $(O–E)^2/E$. Diese Größe wächst in dem Maße, in dem die Differenz $O–E$ ________. — wächst

7–47 Beachten Sie, daß die Differenz $O–E$ bei der Berechnung der Größe $(O–E)^2/E$ *quadriert* wird. Das bedeutet: Mit dem Anwachsen von $O–E$ steigt das Quadrat dieser Größe ________ an als $O–E$ selbst. — stärker (oder schneller)

7–48 Beachten Sie weiter, daß die *quadrierte Differenz* $(O–E)$ in bezug auf den Wert *E relativiert* wird; denn die Größe $(O–E)^2$ wird durch E dividiert. Dadurch wird die absolute Größe der Häufigkeiten mit berücksichtigt. An einem konkreten Beispiel bedeutet das, daß die Differenz zwischen einer beobachteten Häufigkeit von 40 und einer erwarteten Häufigkeit von 35 eine ________ Bedeutung besitzt als dieselbe Differenz zwischen den Häufigkeiten 940 und 935. — größere

7–49 Der erste Schritt bei der Anwendung des Chi-Quadrat-Tests besteht darin, für jedes Feld der Tafel den Wert $(O-E)^2/E$ zu berechnen. Für das obere linke Feld in Tabelle 7–5 ergibt sich dabei der Wert ____________. 6,43

7–50 Nachdem für jedes Feld die Größe $(O-E)^2/E$ berechnet worden ist, summiert man diese Größen und nennt diese *Summe* CHI-QUADRAT. Für das linke obere Feld haben wir den Wert 6,43 erhalten. Dieser Wert stellt den *Beitrag* dieses Feldes zum ____________-Wert der ganzen Tafel dar. Chi-Quadrat

7–51 Berechnen Sie nun die Beiträge der übrigen drei Felder und schreiben Sie jeden Wert in die entsprechende Leerstelle der folgenden Tabelle.

6,43	________
________	________

9,00

6,19 – 8,68

7–52 Die Summe dieser vier Werte beträgt ____________. Diese Zahl ist der ____________-Wert für die ganze Tafel. 30,30 Chi-Quadrat

7–53 Wenn die Differenzen zwischen beobachteten und erwarteten Häufigkeiten groß sind, so wird das resultierende χ^2 ____________ sein, als wenn die Differenzen nur klein sind. größer

7–54 Tabelle 7–6 zeigt eine Tafel der kritischen Werte von χ^2. Wie aus der Bezeichnung ersichtlich ist, enthält diese Tabelle die Wahrscheinlichkeit, mit der man ein χ^2 erhält, das größer oder gleich dem numerischen Wert der Tabelle ist, wenn die ____________-hypothese zutrifft. Null

Tabelle 7–6: Kritische Werte von Chi-Quadrat für 1 bis 4 Freiheitsgrade (df) [1]

df	*Die Wahrscheinlichkeit, unter der Nullhypothese ein χ^2 zu erhalten, das größer oder gleich dem eingetragenen Tabellenwert ist*									
	0,99	0,95	0,90	0,70	0,50	0,30	0,10	0,05	0,01	0,001
1	0,00016	0,0039	0,016	0,15	0,46	1,07	2,71	3,84	6,64	10,83
2	0,02	0,10	0,21	0,71	1,39	2,41	4,60	5,99	9,21	13,82
3	0,12	0,35	0,58	1,42	2,37	3,66	6,25	7,82	11,34	16,27
4	0,30	0,71	1,06	2,20	3,36	4,88	7,78	9,49	13,28	18,46

[1] Eine vollständige χ^2-Tabelle finden Sie auf Seite 377.

7–55 Da wir für die Tafel der Tabelle 7–5 ein χ^2 von 30,30 erhalten haben, müssen wir unter Berücksichtigung der Tatsache, daß diese Tafel ______________ Freiheitsgrad(e) besitzt, den nächsten kritischen Wert kleiner als 30,30 in der ______________ Zeile von Tabelle 7–6 aufsuchen.

einen
ersten

7–56 Der nächste Wert kleiner als 30,30 ist 10,83. Dieser Wert entspricht einer Wahrscheinlichkeit von ______________. Deshalb ist die Wahrscheinlichkeit, unter Annahme der Nullhypothese ein χ^2 von der Größe 30,30 oder ein noch größeres χ^2 zu erhalten, ______________ als 0,001. Unter diesen Umständen wollen wir die Nullhypothese ______________.

0,001
kleiner
verwerfen

7–57 Wäre unser χ^2-Wert für Tabelle 7–5 genau 10,83 gewesen, so würden wir sagen, „angenommen, die Nullhypothese trifft zu und es besteht kein Unterschied zwischen den Populationen, aus denen die beiden Stichproben stammen, dann würden wir ein so großes χ^2 nur einmal in ______________ Experimenten dieser Art erhalten".

1000

7–58 Mit anderen Worten: große χ^2-Werte *können* vereinzelt auch dann auftreten, wenn die Nullhypothese zutrifft. Sie sind dann eine Folge der Stichprobenvariabilität. Kleine Wert von χ^2 sind viel häufiger, und je größer ein χ^2-Wert wird, um so kleiner ist die Wahrscheinlichkeit, daß er als Ergebnis der ______________ alleine zu betrachten ist.

Stichproben-
variabilität

7–59 Man beachte, daß, wenn in Tabelle 7–6 die Zahl der Freiheitsgrade zunimmt, die kritischen χ^2-Werte für die Wahrscheinlichkeit von 0,001 ______________. Das gilt für sämtliche Spalten der Tabelle. Deshalb ist es wichtig, vor Benutzung einer χ^2-Tabelle die genaue Anzahl der ______________ zu bestimmen.

anwachsen
Freiheitsgrade

Zusammenfassung

7–60 Der Beitrag eines Feldes zur Prüfgröße χ^2 ist gegeben durch die Größe ______________. Der Gesamtwert der Prüfgröße χ^2 für eine Tafel ist gleich der ______________ der Beiträge jedes einzelnen Feldes.

$(O - E)^2/E$
Summe

7–61 Eine Tabelle der kritischen Werte von χ^2 gibt die ______________ an, mit der wir einen χ^2-Wert erhalten, der mindestens ebenso ______________ ist wie der aus der Häufigkeitstafel berechnete Wert, unter der Voraussetzung, daß die ______________ zutrifft.

Wahrscheinlichkeit
groß
Nullhypothese

7–62 Ehe man die Tabelle der kritischen χ^2-Werte benutzt, ist es erforderlich, die Zahl der ______________ zu bestimmen.

Freiheitsgrade

D. Das Chi-Quadrat für eine einzelne Stichprobe

In den bisher behandelten Beispielen wurden mindestens zwei Stichproben miteinander verglichen. Das Behandlungsexperiment des Abschnittes A enthielt eine Behandlungsgruppe und eine Kontrollgruppe, wobei die Nullhypothese lautete, daß die beiden Stichproben aus ein und derselben Population stammen. Im Beispiel des Abschnittes B (Tabelle 7–4) hatten wir es mit vier Stichproben zu tun, wobei jede Stichprobe einem Studienabschnitt entsprach. Hier lautete die Nullhypothese, daß sich diese Stichproben im Hinblick auf deren pädagogische Kenntnisse nicht signifikant unterscheiden.
Man kann die Prüfgröße χ^2 auch dazu benutzen, um zu prüfen, ob eine *einzelne* Stichprobe aus einer Population stammt, die statistisch definiert worden ist. In einem solchen Fall enthält die Häufigkeitstafel nur *eine* Zeile von beobachteten Häufigkeiten. Die erwarteten Häufigkeiten werden nach den Merkmalen der theoretischen Verteilung, mit der die Stichprobe verglichen werden soll, ermittelt. Die Nullhypothese besagt dann, daß zwischen der beobachteten und der theoretischen Häufigkeitsverteilung kein signifikanter Unterschied besteht. Der Abschnitt D bringt nun zwei Beispiele, anhand derer diese Anwendung des Chi-Quadrat-Tests illustriert wird.

7–63 Häufig wurde die Verteilung der Variable „Intelligenzquotient" untersucht. Entnimmt man aus der Gesamtpopulation eine große Stichprobe, so erwartet man, daß ungefähr 34,1% der Intelligenzquotienten zwischen den Werten 100,1 und 116 liegen, weiterhin ungefähr 13,6% zwischen den Werten 116,1 und 132 und ungefähr 2,3% über dem Wert 132.
Da die Verteilung der Intelligenzquotienten *symmetrisch* ist, sollten zwischen den Werten 84,1 und 100 ungefähr ______ % der Intelligenzquotienten liegen zwischen den Werten 68,1 und 84 ungefähr ______ % und unter dem Wert 68,1 ungefähr ______ %.

34,1

13,6 – 2,3

7–64 Eine solche Verteilung nennt man eine „Normalverteilung". Wir werden in Kapitel 10 mehr darüber erfahren. Da die Intelligenzquotienten also „normal" verteilt sind, besitzt eine Versuchsperson mit einem Intelligenzquotienten über 132 eine höhere Intelligenz als 97,7% der Population, da nur 2,3% der Bevölkerung Intelligenzquotienten über ______ besitzen. Außerdem besitzen nur 15,9% der Population Intelligenzquotienten über 116.

132

Tabelle 7–7: Verteilung der Intelligenzquotienten von 100 Schülern des 10. Schuljahres

Unter 68,1	*68,1–84*	*84,1–100*	*100,1–116*	*116,1–132*	*über 132*	*insg.*
0	8	25	45	17	5	100

7-65 Obwohl also die Intelligenzquotienten in der Population als Gesamtheit normalverteilt sind, brauchen die Intelligenzquotienten einer bestimmten Untergruppe nicht ebenfalls normalverteilt zu sein: da zum Beispiel die weniger intelligenten Schüler die Schule eher verlassen als die intelligenten, kann man vermuten, daß eine Stichprobe von Intelligenzquotienten von Schülern des 10. Schuljahres einen höheren Anteil von Schülern mit ______ Intelligenzquotienten und einen geringeren Anteil von Schülern mit ______ Intelligenzquotienten enthält als die Gesamtpopulation.

hohen
niedrigen

7-66 In einem solchen Fall könnte die χ^2-Prüfgröße dazu benutzt werden, um zu testen, ob die Abweichung von der Normalverteilung *signifikant* ist. Tabelle 7-7 enthält fingierte Häufigkeiten von Intelligenzquotienten einer Stichprobe von 100 Schülern des 10. Schuljahres. Die Intelligenzquotienten wurden in ______ Kategorien unterteilt.

sechs

7-67 Die *erwarteten* Häufigkeiten dieser Kategorien sollen nun auf der Basis der Nullhypothese bestimmt werden. Die Nullhypothese besagt, daß sich die beobachtete Verteilung von einer Normalverteilung nicht unterscheidet. Unter Bezugnahme auf die im Rahmen 7-63 angegebenen Prozentzahlen der Normalverteilung sollten 2,3 % der 100 Schüler Intelligenzquotienten unter ______ haben. Die erwartete Häufigkeit für die Kategorie „unter 68,1" beträgt deshalb ______.

68,1
2,3

7-68 Schreiben Sie die übrigen erwarteten Häufigkeiten in die nachstehende Tafel (die richtigen Antworten finden Sie in Tabelle 7-8).

Unter 68,1	*68,1-84*	*84,1-100*	*100,1-116*	*116,1-132*	*über 132*	*insg.*
0 / *2,3*	8	25	45	17	5	100

7-69 Tabelle 7-8 enthält die beobachteten und die erwarteten Häufigkeiten. Beachten Sie, daß es in dieser Tabelle nur ______ Zeile(n) gibt, weil nur ______ Stichprobe(n) vorliegt.

eine
eine

Tabelle 7-8: Beobachtete und erwartete Häufigkeiten

Unter 68,1	*68,1-84*	*84,1-100*	*100,1-116*	*116,1-132*	*über 132*	*insg.*
0 / *2,3*	8 / *13,6*	25 / *34,1*	45 / *34,1*	17 / *13,6*	5 / *2,3*	100

7–70 Ehe wir für das Beispiel der Tabelle 7–8 den χ^2-Wert berechnen, müssen wir eine Umgruppierung der Intervalle vornehmen; denn die Anwendung des χ^2-Tests erfordert, daß *nicht mehr als 20% der erwarteten Häufigkeiten kleiner als 5 sind* [1]). Von den 6 erwarteten Häufigkeiten der Tabelle 7–8 sind ______________ kleiner als fünf; dieser Anteil ist größer als 20%. zwei

1) Manche Autoren empfehlen sogar, daß *alle* erwarteten Häufigkeiten größer als 5 sein sollen.

7–71 Die Schwierigkeit, die sich daraus ergibt, daß hier mehr als 20% der erwarteten Häufigkeiten kleiner als 5 sind, läßt sich dadurch beseitigen, daß wir bestimmte Kategorien zusammenlegen. Tabelle 7–9 zeigt nun die Verteilung der beobachteten und der erwarteten Häufigkeiten nach einer solchen Umgruppierung, nach der nur noch ______________ Kategorien verblieben sind. vier

Tabelle 7–9: Umgruppierung der beobachteten und erwarteten Häufigkeiten von Tabelle 7–8

Unter 84,1	*84,1–100*	*100,1–116*	*über 116*	*insgesamt*
8 / *15,9*	25 / *34,1*	45 / *34,1*	22 / *15,9*	100

7–72 Berechnen Sie nun die Beiträge von χ^2 für jedes der vier Felder und addieren Sie diese Beiträge zum Gesamt-χ^2. Tragen Sie die entsprechenden Werte in die folgende Tabelle ein.

Kategorien	*Beiträge von χ^2*	
unter 84,1	______________	3,9
84,1–100	______________	2,4
100,1–116	______________	3,5
über 116	______________	2,3
Gesamt χ^2	______________	12,1

7–73 Ehe wir den erhaltenen χ^2-Wert in der χ^2-Tabelle aufsuchen, müssen wir die Zahl der ______________ bestimmen. Die Regel $(r-1)\times(k-1)$ kann in diesem Fall nicht angewendet werden, da Tabelle 7–9 nur ______________ Zeile(n) enthält. Freiheitsgrade eine

7–74 Liegt dem χ^2-Test nur eine Stichprobe zugrunde, dann enthält die Häufigkeitstabelle nur eine Zeile. Die Regel zur Bestimmung der Freiheitsgrade besagt dann, daß man die Zahl der Kategorien minus eins nimmt. Man bildet also *k–1*. Für Tabelle 7–9 gilt: df = ______________. 3

7–75 Diese Regel steht in Übereinstimmung mit unseren früheren Bemerkungen über Freiheitsgrade. Danach brauchen bei vier Kategorien nur ______ erwartete Häufigkeiten durch Multiplikation der Zahl der Beobachtungen mit dem erwarteten Anteil bestimmt werden. Die letzte Häufigkeit ergibt sich, indem man alle anderen erwarteten Häufigkeiten von der Gesamtzahl der Beobachtungen ______.

drei

subtrahiert

7–76 Wir wollen nun für unser χ^2 den kritischen Wert suchen (Tabelle 7–6), wobei wir die Zeile für $df = 3$ heranziehen. Wie groß ist die Wahrscheinlichkeit, daß wir einen so großen oder einen größeren χ^2-Wert erhalten, wenn die Stichprobe der Schüler des 10. Schuljahres eine Zufallsstichprobe aus einer normalverteilten Gesamtpopulation darstellt? Sie liegt zwischen ______. Behalten Sie unter diesen Umständen die Nullhypothese bei, oder verwerfen Sie sie? Wenn, auf welchem Niveau? ______.

0,01 und 0,001

Sie wird auf dem 1 %-Niveau verworfen

7–77 Wir wollen noch ein weiteres Beispiel dieser Art behandeln. Vergleichen wir die beobachteten Häufigkeiten mit einer „Gleichverteilung", d.h. mit einer Verteilung, in der *alle* Kategorien die gleiche Häufigkeit aufweisen. Stellt man eine solche Verteilung als Häufigkeitspolygon dar, so ergibt sich eine ______ Form.

rechteckige

7–78 Die Tabelle 7–10 enthält fiktive Beobachtungen an Kindern, die von einer Erziehungsberatungsstelle betreut werden. Die vier Kategorien repräsentieren verschiedene Stellungen innerhalb der Familie. Die Nullhypothese lautet, daß sich die beobachtete Verteilung nicht von einer Gleichverteilung unterscheidet. Wir sollen also die Nullhypothese prüfen, daß die Gruppe der beratungsbedürftigen Kinder älteste, jüngste, mittlere und einzige Kinder in ______ Zahl einschließt.

gleicher

Tabelle 7–10: Die Stellung von beratungsbedürftigen Kindern innerhalb der Familie

das älteste Kind	*das jüngste Kind*	*das mittlere Kind*	*das einzige Kind*	*insgesamt*
32 / *30*	29 / *30*	27 / *30*	32 / *30*	120

7–79 Berechnen Sie für dieses Beispiel die Prüfgröße χ^2. Der χ^2-Wert beträgt ungefähr ______. Er ist nach ______ Freiheitsgraden zu beurteilen.

0,6 – 3

7-80 Nach der χ^2-Tabelle ist die Wahrscheinlichkeit, daß man von einer Stichprobe, die aus einer gleichverteilten Population stammt, einen so großen oder einen größeren Wert erhält, ungefähr ______. Die Nullhypothese muß deshalb ______ werden.

0,90
beibehalten

Zusammenfassung

7-81 Um zu prüfen, ob eine einzelne Stichprobe aus einer definierten Population mit einer bestimmten Häufigkeitsverteilung stammt, müssen die erwarteten Häufigkeiten aufgrund der Merkmale der Häufigkeitsverteilung dieser ______ ermittelt werden.

Population

7-82 Eine Häufigkeitstafel für nur eine Stichprobe enthält ______ Zeile(n). Besteht diese Zeile aus k Kategorien, so enthält die Tafel ______ Freiheitsgrade.

eine
k−1

E. Wann darf der Chi-Quadrat-Test nicht angewandt werden?

7-83 Der χ^2-Test kann nur dann angewandt werden, wenn die Beobachtungen in zwei oder mehr Kategorien klassifiziert werden können. Die Daten für den χ^2-Test bestehen somit aus beobachteten ______, die in bestimmte ______ fallen.

Häufigkeiten – Kategorien

7-84 Die wichtigste Voraussetzung für den χ^2-Test besagt, daß die *einzelnen Beobachtungen, die zu den Häufigkeiten führen, voneinander unabhängig sind.* In allen unseren bisher besprochenen Beispielen waren die einzelnen Beobachtungen Punktwerte, wobei jeder Punktwert von einer anderen Person stammte. Deshalb war die Voraussetzung, daß die Beobachtungen voneinander ______ sind, in all diesen Fällen erfüllt.

unabhängig

7-85 Nehmen wir dagegen an, daß 100 Beobachtungen gesammelt wurden, wobei 10 Versuchspersonen je 10 Punktwerte lieferten. Ein solcher Datensatz würde nicht der Erfordernis Rechnung tragen, daß alle Beobachtungen ______ sind.

unabhängig

7-86 Beobachtungen, die von ein und derselben Versuchsperson stammen, würden dann mit ______ Wahrscheinlichkeit in dieselbe Kategorie fallen als Beobachtungen, die von verschiedenen Versuchspersonen stammen. Eine Gruppe voneinander *abhängiger*

größerer

Beobachtungen würde nicht dieselben Verteilungsmerkmale aufweisen wie eine Gruppe unabhängiger Beobachtungen.

7–87 Eine weitere Einschränkung für die Anwendung des χ^2-Tests wurde bereits in Abschnitt D erwähnt. Die Regel lautet, daß nicht mehr als 20% der erwarteten Häufigkeiten Werte unter ________ aufweisen sollten. — 5

7–88 Der Wert 5 stellt eine etwas willkürlich vereinbarte Faustregel dar. Im allgemeinen gilt, daß der χ^2-Test um so genauer arbeitet, je größer die erwarteten Häufigkeiten sind. Nötigenfalls müssen die Beobachtungen so umgruppiert werden, daß auf die einzelnen Kategorien ________ als fünf Beobachtungen fallen. — mehr

7–89 Wenn man eine große Zahl von Kategorien aufstellen will, so ist es wegen der erforderlichen Größe der erwarteten Häufigkeiten zweckmäßig, mit einer relativ großen Zahl von ________ zu arbeiten. — Beobachtungen

7–90 Ist die Zahl der Beobachtungen klein, so muß man sich mit einer relativ ________ Zahl von Kategorien zufrieden geben. — kleinen

7–91 Im Beispiel mit den Intelligenzquotienten aus Abschnitt D waren zwei der sechs erwarteten Häufigkeiten kleiner als 5. Um die erwarteten Häufigkeiten auf mindestens 5 zu erhöhen, haben wir die Beobachtungen umgruppiert. Wir fragen uns nun: wenn alle sechs Kategorien aufrecht erhalten worden wären, wie viele Beobachtungen wären insgesamt notwendig gewesen, um die erwarteten Häufigkeiten auf 5 zu erhöhen? Da 2,3 mit der Zahl ________ multipliziert werden muß, um 5 zu ergeben, wäre die Zahl der Beobachtungen ebenfalls mit ________ zu multiplizieren gewesen. Man hätte demnach insgesamt 217 Beobachtungen gebraucht. — 2,17 — 2,17

Zusammenfassung

7–92 Der χ^2-Test kann nur auf Beobachtungen angewandt werden, die sich in ________ klassifizieren lassen und die voneinander ________ sind. — Kategorien — unabhängig

7–93 Der χ^2-Test darf nicht angewandt werden, wenn mehr als ________ % der ________ Häufigkeiten Werte annehmen, die kleiner als 5 sind. — 20 – erwarteten

7–94 Um diesen Minimalwert zu erreichen, ist es häufig notwendig, die Zahl der Kategorien zu ________ oder die Zahl der Beobachtungen zu ________. — vermindern — erhöhen

---

Aufgaben zu Kapitel 7

7–1 Angenommen, eine Stichprobe von 90 Zoologiestudenten besteht aus 50 weiblichen und 40 männlichen Studenten. Ist die Nullhypothese, daß Studenten und Studentinnen gleich häufig Zoologie studieren, haltbar, wenn die Gesamtpopulation der Studenten 500 weibliche und 1 000 Studierende umfaßt?

7–2 Benutzen Sie den χ^2-Test um zu prüfen, ob die Aussage Ihres Freundes, daß er löslichen von normalem Kaffee unterscheiden kann, richtig ist, wenn er in 8 von 10 Fällen eine richtige Entscheidung trifft. Nehmen Sie an, daß er in 80 von 100 Fällen richtig rät; berechnen Sie das χ^2 für dieses Ergebnis. Was bedeutet die erhöhte Beobachtungszahl für die statistische Entscheidung?

7–3 Eine Universität vermutet, daß die Erhöhung der Studiengebühren die Zusammensetzung der Studenten im Hinblick auf deren sozioökonomischen Status verändert hat. Die Universität vergleicht die Einkommenshäufigkeiten dreier Einkommenskategorien (hoch, mittel, niedrig) von Studenten des Jahres 1963 mit denen des Jahres 1953. Die folgende Tabelle stellt die Ergebnisse dar.

Elterliches Einkommen

	hoch	*mittel*	*niedrig*	*Gesamt*
Jahrgang 1953	450	750	400	1 600
Jahrgang 1963	1 050	1 650	500	3 200
Gesamt	1 500	2 400	900	4 800

Stellen Sie unter Benutzung des χ^2-Tests fest, ob die Nullhypothese, daß diese beiden Gruppen aus der *gleichen* Population stammen, auf der 5%-Stufe zu verwerfen ist.

Kapitel 8: Maße für die zentrale Tendenz

Dieses Kapitel setzt die Betrachtung von Häufigkeitsverteilungen fort. In Kapitel 6 haben wir gesehen, wie man große Zahlen von Beobachtungen dadurch vereinfacht, daß man Tabellen oder graphische Darstellungen bildet. Eine weitere Möglichkeit zur vereinfachten Darstellung von Häufigkeitsverteilungen besteht darin, die wichtigsten Merkmale einer Verteilung zu bestimmen. Für viele Zwecke genügt es, zwei dieser Merkmale zu bestimmen, nämlich die *zentrale Tendenz* und das Ausmaß, in dem die einzelnen Beobachtungen *streuen*. Dieses Kapitel behandelt nun die Methoden, mit denen man die *zentrale Tendenz* einer Häufigkeitsverteilung bestimmen kann. Kapitel 9 wird sich dann mit der *Streuung* befassen. Die Kapitel 8 und 9 setzen lediglich die Kenntnis des 6. Kapitels voraus.

A. Die Modalklasse

8–1 Abbildung 8–1 stellt ein einfaches Säulendiagramm dar, das die Zahl der Autobiographien, die zwischen den Jahren 1950 und 1959 von ehemaligen Patienten einer Nervenheilanstalt geschrieben worden sind, repräsentiert. Die Variable „Krankheit des Autors" kann dabei nur Werte annehmen, die dem Typ der ______________-skala angehören. Nominal

8–2 Da Nominalwerte nicht in eine Rangreihe vom niedrigsten zum höchsten Wert gebracht werden können, ist die Reihenfolge dieser fünf Kategorien in Abbildung 8–1 *willkürlich*. Man kann deshalb nicht von einem Mittelpunkt dieser Verteilung sprechen. Allerdings *konzentriert* sich die Verteilung trotzdem auf bestimmte Säulen, nämlich auf die Säulen mit der größten Häufigkeit. Die Kategorie mit der größten Häufigkeit in Abbildung 8–1 ist die Kategorie ______________. paranoide Schizophrenie

8–3 Eine Kategorie (oder Klasse), deren Häufigkeit von der Häufigkeit keiner anderen Kategorie in der Verteilung übertroffen wird, nennt man eine MODALKLASSE. Die Klasse „paranoide Schizophrenie" ist eine ______________-klasse für die Verteilung in Abbildung 8–1. Modal

Abbildung 8–1: Zahl der Autobiographien von ehemaligen Patienten aus Nervenheilanstalten aus den Jahren 1950–1959 (Daten aus R. Sommer und H. Osmond, Autobiographies of Former Mental Patients, Journal of Mental Science, 106:653, 1960)

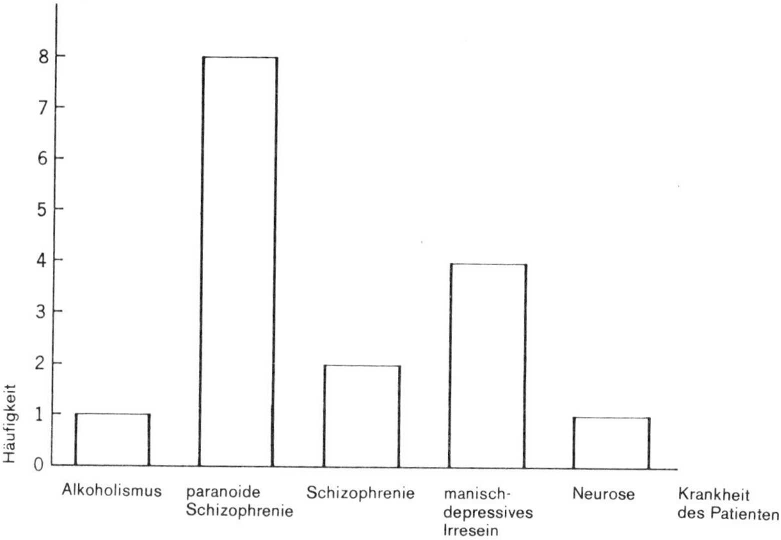

8–4 Abbildung 8–2 zeigt die *Gesamtzahl* solcher Autobiographien bis zum Jahr 1959, wobei die Kategorien dieselben geblieben sind. Die Verteilung der Abbildung 8–1 besitzt nur eine Modalklasse, die Verteilung der Abbildung 8–2 besitzt dagegen ________ Modal- 2
klassen, da sich hier mehr als eine Klasse befindet, deren Häufigkeit von keiner anderen Klasse überschritten wird.

8–5 Eine Verteilung mit zwei Modalklassen bezeichnet man als eine BIMODALE Verteilung. Eine Verteilung mit nur einer Modalklasse bezeichnet man als eine UNIMODALE Verteilung. Die Verteilung in Abbildung 8–1 ist eine ________ Verteilung, während die Verteilung in unimodale
Abbildung 8–2 eine ________ Verteilung ist. bimodale

8–6 Selbst wenn die zwei höchsten Klassen nur *ungefähr* gleich viele Häufigkeiten enthalten, bezeichnet man die entsprechende Verteilung oft als ________ Verteilung, besonders, wenn diese beiden Klassen bimodale
ausgeprägt höhere Häufigkeiten als alle übrigen Klassen besitzen.

8–7 Gelegentlich findet man, daß eine Verteilung *mehr als zwei* Modalklassen besitzt. Solch eine Verteilung nennt man eine MULTIMODALE Verteilung. Das Konzept der Modalklasse verliert jedoch in dem Maße an Bedeutung, in dem die Zahl solcher Klassen steigt.

Abbildung 8–2: Gesamtzahl der Autobiographien von ehemaligen Patienten aus Nervenheilanstalten bis zum Jahr 1959 (Daten aus R. Sommer und H. Osmond, Autobiographies of Former Mental Patients, Journal of Mental Science, 106:653, 1960)

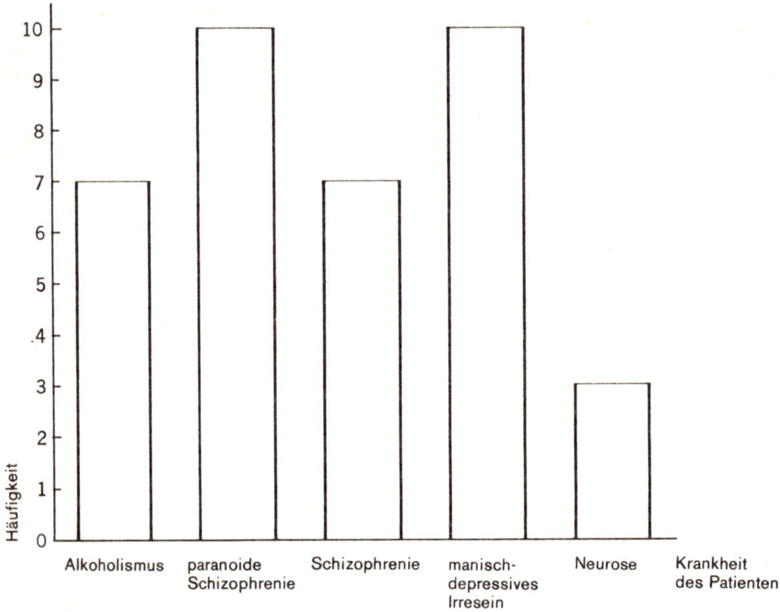

8–8 Abbildung 8–3 zeigt die Prozentsätze von schizophrenen Patienten in den sechs Klassen der Variablen „Grad der Verwandtschaft zu einem schizophrenen Patienten". Die Werte dieser Variablen können nicht entlang einer Intervallskala angeordnet werden, es ist aber möglich, sie in eine Reihenfolge vom entferntesten bis zum nächsten Verwandtschaftsgrad zu bringen. Es handelt sich deshalb um __________-werte einer Variablen. Ordinal

8–9 Die Klasse „eineiige Zwillinge" bezieht sich auf schizophrene Personen, deren eineiige Zwillingsgeschwister ebenfalls schizophren sind. Die Häufigkeit der Schizophrenie bei Personen dieser Gruppe beträgt __________ von 100. Diese Klasse stellt die __________ der Verteilung dar. 86,2 Modalklasse

8–10 Da wir *Ordinalwerte* vor uns haben, ist die Modalklasse in diesem Fall die Klasse mit dem __________ Verwandtschaftsgrad zu Schizophrenen. Im Beispiel der Abbildungen 8–1 und 8–2 konnten wir keine Feststellung über die *Position* der Modalklasse innerhalb der übrigen Klassen machen, da es sich dort um __________ -werte gehandelt hat. höchsten Nominal

Abbildung 8–3: Relative Häufigkeit von Schizophrenie in der Verwandtschaft von schizophrenen Patienten (Daten aus F. J. Kallmann, The Genetic Theory of Schizophrenia, American Journal of Psychiatry, 103: 309–322, 1946, und persönliche Mitteilung)

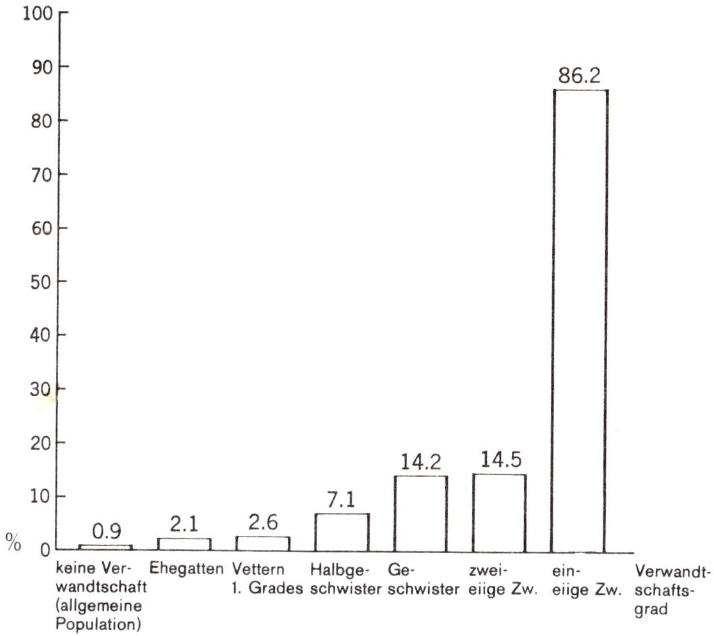

8–11 Das Konzept der Modalklasse läßt sich auch auf *Intervallwerte* ausdehnen. Die Variable der Abbildung 8–4 ist die Konzentration einer bitter schmeckenden Flüssigkeit, die Konzentration von Phenylthiocarbamid, PTC, in mg pro Liter. Die Abbildung zeigt für jede Klasse dieser Variablen die __________ von Personen, die in der Lage sind, den *bitteren Geschmack* dieser Flüssigkeit auf der betreffenden Konzentrationsstufe, nicht aber auf einer niedrigeren, *festzustellen*.

Häufigkeit

8–12 Die Verteilung in Abbildung 8–4 würde man eine „bimodale" nennen. Die Modalklassen befinden sich bei 1 300 mg/l und bei 2,5 und 5 mg/l. Im vorliegenden Fall gibt es __________ Klassen mit der Häufigkeit von 27, die jedoch nur als *eine* Modalklasse behandelt werden, da sie auf der (logarithmischen) Skala unmittelbar benachbart liegen.

zwei

8–13 Obzwar die Häufigkeit der Klasse 1 300 mg/l erheblich __________ ist als die Häufigkeit der Klassen 5 und 2,5 mg/l, wird die Klasse 1 300 mg/l dennoch als __________ bezeichnet,

niedriger
Modalklasse

da sie eine *erheblich* größere Häufigkeit als die ihr unmittelbar benachbarten Klassen aufweist.

Anmerkung: Eine solche bimodale Verteilung der Sensitivität gegenüber der Substanz PTC betrachtet man als Hinweis dafür, daß die Stichprobe der Beobachtungen bezüglich dieser Fähigkeit nicht *homogen* ist. Es scheint, als bestünde die Stichprobe aus *zwei* verschiedenen Gruppen: aus einer Gruppe mit einer relativ niedrigen Sensitivität, für die eine Konzentration von Hunderten von mg PTC pro Liter erforderlich ist, und einer anderen Gruppe mit einer hohen Sensitivität, die nur ungefähr 2–5 mg PTC pro Liter benötigt. Tatsächlich ist die Fähigkeit, PTC zu schmecken, von genetischen Faktoren abhängig, und das Vorliegen einer niedrigen Sensitivität wird als Auswirkung eines rezessiven Gens betrachtet. *Der Befund, daß in bezug auf eine bestimmte Variable eine bimodale Häufigkeitsverteilung vorliegt, kann ein erster Hinweis dafür sein, daß man es mit zwei verschiedenen Gruppen von Individuen zu tun hat.*

Abbildung 8–4: Häufigkeit von Personen, die PTC auf einer bestimmten Konzentrationsstufe zu schmecken imstande sind. (Daten aus N. A. Barnicott, Taste Deficiency for Phenylthiourea in African Negroes and Chinese, Ann. of Eugenics, 15:248–254, 1950)

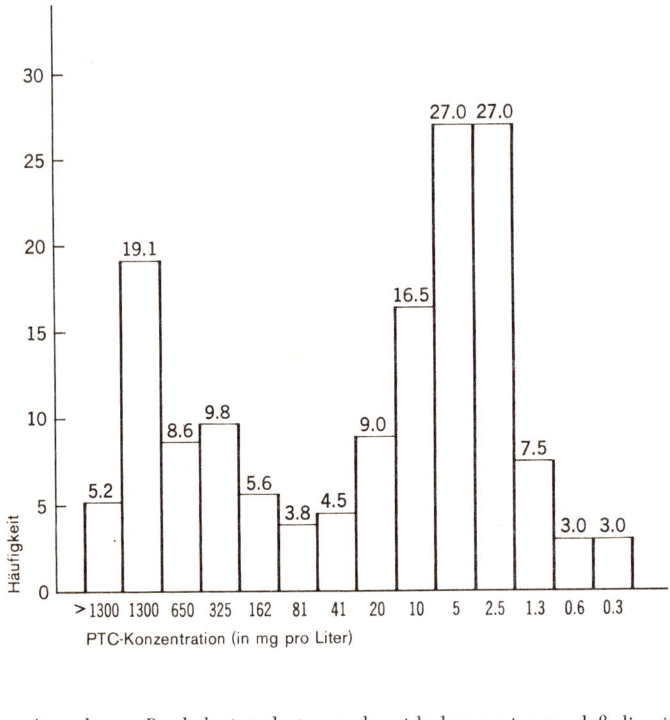

Anmerkung: Psychologiestudenten werden sich daran erinnern, daß die *niedrigste* Konzentration, auf der eine Person eine Substanz zu schmecken vermag, die *Geschmacksschwelle* dieser Person für diese Substanz darstellt. Abbildung 8–4 zeigt demnach die Anzahl der Personen, deren *Schwelle* in jede von 14 Klassen fällt. Da die Schwellen über einen sehr weiten Bereich, von 0,3 bis 1 300 mg/l, streuen, wurde die *X*-Achse im logarithmischen Maßstab unterteilt. D. h., jedes *Klassenintervall ist etwa halb so groß wie das vorhergehende.* Auf diese Weise kann man alle Werte auf eine Skala bringen, ohne das untere Ende der Skala allzusehr zusammendrängen zu müssen.

Zusammenfassung

8–14 Haben wir Nominalwerte vor uns, so kann die Klasse oder können die Klassen, in denen sich die Beobachtungen häufen, als ________________-klassen bezeichnet werden. Haben wir es mit Ordinal- oder Intervallwerten zu tun, so läßt sich darüber hinaus noch die Stellung der ________________ innerhalb der übrigen Klassen angeben.

Modal

Modalklasse(n)

8–15 Eine unimodale Verteilung besitzt ________________ Modalklasse(n). Eine bimodale Verteilung besitzt ________________ Modalklasse(n). Eine multimodale Verteilung besitzt entsprechend ________ Modalklassen.

eine

zwei

mehrere

B. Der Modalwert

8–16 Der MODALWERT ist definiert als der *am häufigsten vorkommende Beobachtungswert* in einer Gruppe von Beobachtungen. Wir wollen den Modalwert (oder *Modus*) nur im Zusammenhang mit Beobachtungen betrachten, die *Intervallskalencharakter* besitzen. Tabelle 8–1 zeigt die Häufigkeit von elf Testpunktwerten.
Da der Punktwert 6 ($X_i = 6$) eine höhere Häufigkeit als alle anderen Punktwerte besitzt, ist 6 der ________________ der Verteilung.

Modalwert

Tabelle 8–1: Häufigkeitsverteilung von Testpunktwerten ($N = 50$)

X_i	f_i
11	1
10	2
9	3
8	6
7	8
6	10
5	8
4	6
3	3
2	2
1	1

8–17 Wenn aber, wie es häufig vorkommt, Intervallwerte in Klassen zusammengefaßt werden, dann ist der Modalwert gleich dem Mittelpunkt der Modalklasse, der Klasse also, die die größte ______________ besitzt. Häufigkeit

8–18 Tabelle 8–2 zeigt die Verteilung der Häufigkeit von „Testpunktwerten". Diese Variable besitzt stetige Werte entlang einer Skala mit gleichen Intervallen. Sie ist in 12 Klassen kategorisiert worden. Da es nur *eine* Klasse gibt, die die größte Häufigkeit besitzt, ist die Verteilung unimodal. Sie besitzt nur eine ______________-klasse. *Als Modalwert gilt bei klassifizierten Intervallwerten immer der Mittelpunkt* der ______________ . Modal Modalklasse

Tabelle 8–2: Häufigkeitsverteilung von Testpunktwerten (N = 110)

Klasse	f_i
159,5–169,49	1
149,5–159,49	2
139,5–149,49	6
129,5–139,49	10
119,5–129,49	16
109,5–119,49	20
99,5–109,49	19
89,5– 99,49	18
79,5– 89,49	12
69,5– 79,49	3
59,5– 69,49	2
49,5– 59,49	1

8–19 Das Klassenintervall in Tabelle 8–2 beträgt 10 Einheiten. Die Modalklasse ist die Klasse von ______________ bis ______________ . 109,5 – 119,49
Der Modalwert ist der ______________ dieser Klasse. Mittelpunkt

8–20 Berechnen Sie den Modalwert für die Verteilung von Tabelle 8–2. Der Modalwert beträgt ______________. Er entspricht dem 114,5
______________ der Klasse mit der größten Häufigkeit. Mittelpunkt

8–21 Wenn man den Modalwert im Zusammenhang mit Intervallwerten benutzt, dann können gewisse Diskrepanzen auftreten. Da man als Modalwert den *Mittelpunkt der Modalklasse* definiert hat, hängt der Modalwert naturgemäß davon ab, *wie* die Intervallwerte klassifiziert worden sind.
Vergleichen Sie z.B. die Verteilungen *A* und *B* in Tabelle 8–3. Beide Verteilungen gehen von den Punktwerten in Tabelle 8–2 aus. Das Klassenintervall für die Verteilung *B* ist ______________ so groß wie das doppelt

Klassenintervall für die Verteilung *A*. Der Modalwert der Verteilung *A* beträgt 114,5. Die Verteilung *B* dagegen hat einen Modalwert von ______________. 99,5

Tabelle 8–3: Zwei Häufigkeitsverteilungen für die Testpunktwerte aus Tabelle 8–2, die nach zwei verschiedenen Intervallgrößen klassifiziert worden sind

A		*B*	
Klasse	f_i	*Klasse*	f_i
159,5–169,49	1	149,5–169,49	3
149,5–159,49	2		
139,5–149,49	6	129,5–149,49	16
129,5–139,49	10		
119,5–129,49	16	109,5–129,49	36
109,5–119,49	20		
99,5–109,49	19	89,5–109,49	37
89,5– 99,49	18		
79,5– 89,49	12	69,5– 89,49	15
69,5– 79,49	3		
59,5– 69,49	2	49,5– 69,49	3
49,5– 59,49	1		

8–22 Diese Diskrepanz von 15 Punkten ist möglich, da wir den Modalwert für in Klassen zusammengefaßte Intervallwerte als ______________, definiert haben. Diskrepanzen dieser Art entstehen nicht, wenn man von einer Gruppierung der Intervallwerte absieht. Man sollte deshalb, wenn möglich, die Bestimmung der *Modalklasse* lediglich auf Variablen mit *Nominalwerten* beschränken. Mittelpunkt der Modalklasse

8–23 Gibt es nur eine einzige Modalklasse, so gibt es auch nur einen *einzigen* Wert für den Modalwert der Verteilung. Dieser Wert zeigt uns jenen Punkt an, um den sich die Beobachtungen häufen. Der Modalwert dient deshalb als Maß für die zentrale Tendenz einer Verteilung.

8–24 Wir haben gesehen, daß es in einer bimodalen Verteilung zwei ______________-klassen gibt und deshalb auch zwei ______________. Abbildung 8–4 (Seite 128) zeigt eine solche bimodale Verteilung. Modal – Modalwerte

8–25 Der Modalwert ist leicht zu bestimmen. In einer unimodalen Verteilung repräsentiert er sozusagen den „typischen" Wert. In multimodalen Verteilungen dagegen ist der Modalwert als Maß für die zentrale

Tendenz ungeeignet. Er zeigt also nicht die ______ einer solchen Verteilung an. Es kann aber auch wichtig sein, lediglich darauf hinzuweisen, daß eine bestimmte Verteilung bi- oder multimodal ist (vgl. Anmerkung zu Rahmen 8–13). zentrale Tendenz

8–26 Es gibt Häufigkeitsverteilungen, die SYMMETRISCH um eine einzige Modalklasse aufgebaut sind. Abbildung 8–5 ist ein Beispiel für eine ______ Verteilung. Beachten Sie, daß die Häufigkeiten in den Klassen rechts und links von der Modalklasse spiegelbildlich angeordnet sind. symmetrische

Abbildung 8–5: Säulendiagramm einer symmetrischen Verteilung mit N = 50 (Daten aus Tabelle 8–1)

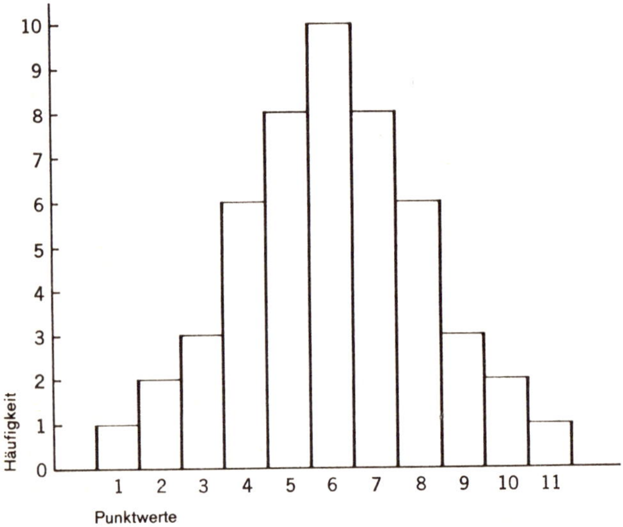

8–27 In der Verteilung der Abbildung 8–5 ist die untere Grenze der Modalklasse gleich ______ und die untere Grenze der nächsthöheren Klasse gleich ______. Beachten Sie, daß die Punktwerte 5 und 7, also die Mittelpunkte der Klassen, die der Modalklasse unmittelbar benachbart sind, beide mit einer Häufigkeit von ______ auftreten. Die Punktwerte 4 und 8 treten ebenfalls mit einer gleichen Häufigkeit von ______ auf. Im allgemeinen gilt, daß die Häufigkeiten von Paaren von Intervallen, die in gleichen Abständen links und rechts von der Modalklasse liegen, identisch sind. Wir bezeichnen eine solche Verteilung als ______.

5,5
6,5
8
6
symmetrisch

8–28 Nicht alle Verteilungen sind symmetrisch. Manche Verteilungen haben eine Modalklasse, die nicht im Zentrum der Verteilung liegt; sie kann nach dem einen oder dem anderen Ende der Verteilung verschoben sein. Solche Verteilungen nennt man *asymmetrische* Verteilungen. Abbildung 8–6 ist ein Beispiel für eine ________________ Verteilung; ihre Modalklasse hat einen Mittelpunkt von ________________. asymmetrische 3

Abbildung 8–6: Säulendiagramm einer asymmetrischen Verteilung mit N = 50

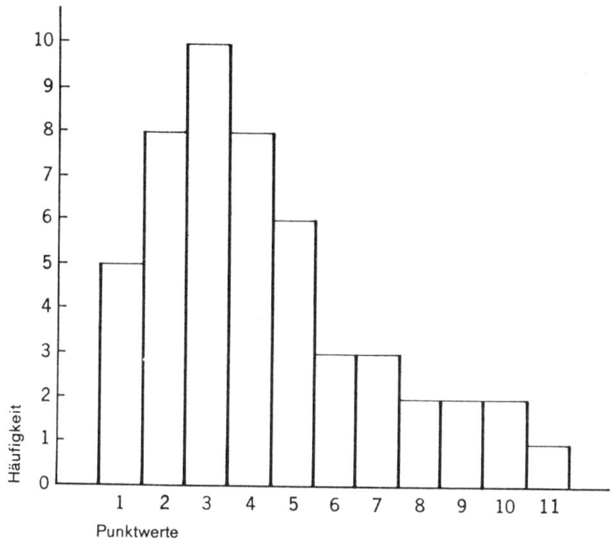

8–29 Die Modalklasse liegt in der Mitte der Verteilung, wenn die Verteilung ________________ ist. Wenn die Modalklasse nach dem einen oder dem anderen Ende der Verteilung verschoben ist, dann ist die Verteilung ________________. symmetrisch asymmetrisch

---

Zusammenfassung

8–30 Die Klasse einer Verteilung mit der größten Häufigkeit nennt man die ________________. Sofern es nur *eine* solche Klasse gibt, beschreibt sie die ________________ dieser Verteilung. Modalklasse zentrale Tendenz

8–31 Bei Variablen, die entlang einer Intervallskala gemessen werden, ist der Modalwert als ________________ der Modalklasse definiert. Der Begriff der ________________ kann für alle drei Arten von Variablen herangezogen werden, nämlich für nominale, für ordinale und für Intervallvariablen. Nur für Intervallvariablen angemessen ist dagegen der Begriff des ________________. Mittelpunkt Modalklasse Modalwertes

8–32 Bei Intervall- und Ordinalwerten kann man von einer symmetrischen oder asymmetrischen Verteilung sprechen. Bei einer asymmetrischen Verteilung fällt die Modalklasse nicht in die ______________ der Verteilung. — Mitte

C. Der Medianwert

8–33 Die Bestimmung der zentralen Tendenz durch die Modalklasse ist besonders dann angemessen, wenn man Variablen mit *Nominalwerten* vor sich hat. Wenn es sich um Variablen mit *Ordinalwerten* handelt, dann benutzt man zweckmäßigerweise den MEDIANWERT. Der *Medianwert* (oder Median) ist der „*mittlere*" Wert einer Stichprobe von Werten, die ihrer Größe nach in eine Rangordnung gebracht worden sind, vom höchsten Wert bis zum niedrigsten. Für solch einen „mittleren" Wert ist die Zahl der Werte, die über ihm liegen, ______________ wie die Zahl der Werte, die unter ihm liegen. — gleich groß

8–34 Das Verfahren, das man zur Bestimmung des „mittleren" Wertes in einer geordneten Reihe von Werten (also zur Bestimmung des Medianwertes) benutzt, hängt davon ab, ob die Reihe eine *ungerade* oder eine *gerade* Zahl von Werten enthält. Enthält die Reihe eine ungerade Zahl von Werten, dann ist der ______________ wörtlich der „mittlere" Wert. So z.B. ist der „mittlere" Wert der Werte 2, 5, 7, 8, 9, 10, 17 gleich ______________, da jeweils drei Werte oberhalb und unterhalb von 8 liegen. — Medianwert; 8

8–35 Enthält die Reihe eine *gerade* Zahl von Werten, dann wird der Medianwert als der Punkt definiert, der auf halbem Wege zwischen den *beiden* „mittleren" Werten liegt. In der Reihe 2, 5, 7, 9, 11, 17, 20, 25 sind die beiden „mittleren" Werte ______________ und ______________. Der Medianwert liegt nun in der Mitte zwischen diesen beiden Werten und ist deshalb gleich ______________. — 9 ↔ 11; 10

8–36 Beachten Sie, daß in diesem Beispiel, das eine gerade Anzahl von Werten enthält, der Medianwert der Wert ist, der die Reihe in zwei Gruppen von gleicher Häufigkeit teilt: Von den acht Werten in dieser Reihe liegen ______________ Werte unterhalb von 10 und ______________ oberhalb von 10. — vier – vier

Anmerkung: Für manche Wertreihen ist eine andere Methode zur Bestimmung des Medianwertes erforderlich. Betrachten wir z.B. die Wertreihe 2, 3, 5, 5, 6, 7, 8. Der „mittlere" Wert ist 5, aber über ihm liegen drei Werte und unter ihm bloß zwei. Das Problem, das bei solchen Wertreihen auftritt, kann dadurch gelöst werden, daß man die Wertreihe so behandelt, als ob sie *gruppierte Werte* enthielte (Vgl. die Rahmen 8–40 bis 8–50).

8–37 Der Median ist für *Ordinalwerte* das geeignete Maß für die zentrale Tendenz. Betrachten wir z.B. die Rangplätze der Schüler hinsichtlich der Schulleistung. Enthält eine Klasse 31 Schüler, die von 1 bis 31 durchnumeriert werden, dann ist 16 der mittlere Rangplatz. 15 Rangplätze liegen darüber und 15 Rangplätze liegen darunter. Bei 30 Schülern würde der Medianwert ____________ betragen. 15,5

8–38 Der Begriff des Medianwertes läßt sich nicht auf ____________-werte anwenden, da keine Möglichkeit besteht, solche Werte in eine auf- oder absteigende Reihenfolge zu bringen. Nominal

8–39 Obwohl der Medianwert besonders für Ordinalwerte geeignet ist, ist er auch für ____________-werte anwendbar, da solche Werte in eine Reihenfolge vom niedrigsten bis zum höchsten Wert gebracht werden können. Intervall

8–40 Sind Intervallwerte in Klassen gruppiert worden, dann ist die Bestimmung des Medianwertes ein wenig umständlicher. Der Medianwert ist weiterhin als jener Wert definiert, unterhalb dessen genau ____________% der Werte und oberhalb dessen ebenfalls genau 50
____________% der Werte liegen. Aber wenn dieser Wert irgendwo 50
innerhalb eines bestimmten Klassenintervalls zu liegen kommt, dann kann man ihn nicht durch einfaches Abzählen bestimmen.

8–41 Wir wollen die in einem solchen Fall erforderliche Methode anhand eines Beispiels illustrieren. Abbildung 8–7 zeigt eine Häufigkeitsverteilung von 100 Punktwerten. Der Medianwert ist durch einen senkrechten Pfeil gekennzeichnet und kann direkt aus der graphischen Darstellung abgelesen werden. Er beträgt ____________. 68

Abbildung 8–7: Häufigkeitspolygon von Testpunktwerten mit Lokalisation des Medianwertes (N = 100)

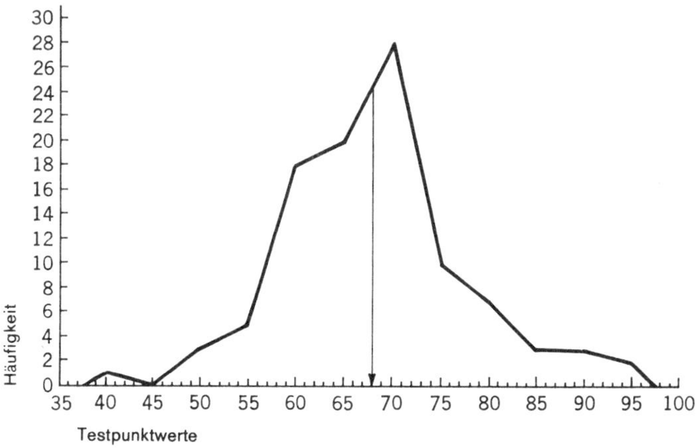

8–42 Da die Verteilung 100 Punktwerte enthält, müssen ________ Punktwerte größer sein als 68 und weitere ________ kleiner als 68. Schauen wir, ob dies tatsächlich der Fall ist, indem wir die Häufigkeiten der Klassen beiderseits von 68 addieren. 50 50

8–43 Man sieht, daß das Klassenintervall in Abbildung 8–7 ________ Einheiten beträgt. Da der *Mittelpunkt* des niedrigsten Klassenintervalls 40 ist, sind die *Grenzen dieser Klasse* ________ und ________. 5 37,5 42,49

8–44 Addieren wir die Häufigkeiten der ersten sechs Klassen. Die Gesamthäufigkeit dieser 6 Klassen beträgt 47.

8–45 Die *untere Grenze* der siebten Klasse beträgt 67,5. Wir wissen deshalb, daß 67,5 jener Punkt ist, unterhalb dessen ________ der 100 Punktwerte liegen. Aber um den Median zu bestimmen, brauchen wir den Punkt, unterhalb dessen 50 der 100 Punktwerte liegen. 47

8–46 Hätten wir die Originalpunktwerte zur Verfügung, so würde es leicht sein, den 50. Punktwert durch Abzählen zu lokalisieren, aber wir haben nur die Häufigkeitsverteilung zur Verfügung. Deshalb wissen wir lediglich, daß der 50. Punktwert in dem Intervall zwischen ________ und ________ gelegen sein muß. In diesem Intervall befinden sich 28 Punktwerte. 67,5 – 72,49

8–47 Das Verfahren zur Bestimmung des Medianwerts setzt nun voraus, daß wir eine etwas unrealistische Annahme machen, die sich lediglich dadurch rechtfertigt, daß wir nicht genügend Informationen über die Originalwerte besitzen. Man nimmt an, *daß die 28 Punktwerte gleichmäßig über die fünf Einheiten des Klassenintervalls verteilt sind.* Wenn wir dies als gegeben annehmen, dann ist der drittniedrigste Wert dieser 28 Werte (er entspricht dem ________ Wert der gesamten Stichprobe) am Punkt von 3/28 der Strecke zwischen 67,5 und 72,5 zu lokalisieren. Drücken wir den Bruch als Dezimalbruch aus, so ergibt sich ein Wert von ungefähr ________. 50. 0,1

8–48 Wenn wir uns also die Punktwerte gleichmäßig über dieses Intervall verteilt denken, dann liegt der 50. Wert am Ende des ersten Zehntels der Strecke zwischen 67,5 und 72,5. Der gesamte Abstand zwischen diesen beiden Grenzen beträgt ________ Einheiten; 1/10 dieses Abstandes ist ________. Wenn wir diesen Abstand zur unteren Grenze addieren, so erhalten wir einen Medianwert von ________. 5 0,5 68

8–49 Wir haben also nachgewiesen, daß 68 jener Punkt der Skala ist, *unterhalb* dessen 50 Punktwerte liegen. Man müßte demnach erwarten, daß es auch jener Punkt ist, *oberhalb* dessen 50 Punktwerte liegen. Ist dies der Fall? Wenn wir die Häufigkeit der oberen 5 Klassen addieren, so erhalten wir eine Gesamthäufigkeit von 25. Der 50. Punktwert von oben muß im Intervall zwischen 72,5 und 67,5 liegen, und er muß, *wenn wir von der oberen Intervallgrenze aus zählen*, der 25. der 28 Werte in der mittleren Klasse sein.

8–50 Der Bruch 25/28 beträgt ungefähr 0,9. Wenn wir 9/10 von 5 (also 4,5) von der oberen Grenze 72,5 *abziehen*, so erhalten wir abermals 68. Deshalb muß 68 der Punkt sein, oberhalb dessen ______ Punktwerte liegen. 50

Anmerkung: Obwohl wir auf die Berechnung von Medianwerten in den folgenden Kapiteln nicht mehr zurückkommen werden, ist es nützlich zu wissen, wie man den Medianwert für klassifizierte Variablen bestimmt.

$$\text{Median} = U + \left[\frac{(N/2) - f_L}{f_c}\right] b$$

Dabei ist U die untere Grenze der Klasse, in der sich der Median befindet. f_c ist die Häufigkeit dieser Klasse. f_L ist die Gesamthäufigkeit aller Klassen *unterhalb* der kritischen Klasse, und b ist die Breite des Klassenintervalls, N ist wie üblich die Gesamtzahl aller Werte. In unserem Beispiel beträgt $U = 67{,}5$; $f_c = 28$; $f_L = 47$ und $b = 5$ und $N = 100$. Greifen wir auf die Meßwertreihe 2, 3, 5, 5, 6, 7, 8 aus Rahmen 8–36 zurück. Behandeln wir die Punktwerte so, als ob sie Klassen mit den unteren Grenzen von 1,5; 2,5 usw. darstellten, so erhalten wir:

$$\text{Median} = 4{,}5 + \left(\frac{3{,}5 - 2}{2}\right) 1 = 5{,}25$$

8–51 Dieses Beispiel sollte lediglich das *Prinzip* illustrieren, nach dem wir den Median für Beobachtungen bestimmen, die in Klassen gruppiert worden sind. Beachten Sie, daß diese Bestimmung des Medianwertes *nichts* mit der Bestimmung des Modalwertes zu tun hat. Der Modalwert ist für gruppierte Werte stets gleich dem ______ jener Klasse, in welcher er liegt. Mittelpunkt

8–52 Der Medianwert dagegen ist *nicht* der Mittelpunkt der Klasse, in welcher der mittlere Punktwert liegt, sofern nicht durch Zufall die Häufigkeiten der Klassen ober- und unterhalb der Medianklasse genau ______ sind. In allen übrigen Fällen ist der Medianwert ein Punkt, der von dem ______ der Klasse, in die er fällt, verschieden ist und der durch lineare Interpolation berechnet wird. gleich Mittelpunkt

Zusammenfassung

8–53 Der Medianwert einer Meßwertreihe ist stets jener Wert, bei dem feststeht, daß ______ % der Werte unter ihm und ______ % der Werte über ihm gelegen sind. Dabei müssen die Werte in der ______ ihrer Größe vorliegen. Daher ist der Medianwert für ______-werte besonders geeignet. 50 – 50 Reihenfolge (oder Rangordnung) Ordinal

8–54 Der Medianwert der Meßwertreihe 1, 3, 7, 8, 9, 10, 13, 15, 20, 27 ist gleich ______________. Für die Meßwertreihe 40, 43, 47, 52, 9,5
58, 65, 90 ist der Medianwert gleich ______________. Sind die Werte 52
in Klassen gruppiert worden, dann wird der Median- im Gegensatz zum Modalwert nur selten durch den ______________ des Klasseninter- Mittelpunkt
valls, in das er fällt, repräsentiert.

D. Das arithmetische Mittel

Wir kommen nun zu einem Maß für die zentrale Tendenz einer Verteilung, das man nur bei *Intervallwerten* bestimmen kann. Es handelt sich um das arithmetische Mittel. Aus den Grundkenntnissen der Arithmetik sind Sie bereits mit dem arithmetischen Mittel vertraut. Es wird gewöhnlich als der „Durchschnitt" bezeichnet. Tatsächlich gibt es jedoch verschiedene Arten von Durchschnitten, da jedes Maß für die zentrale Tendenz eine Art Durchschnitt repräsentiert. Deshalb sprechen wir in diesem Fall vom „arithmetischen Mittel". Es gibt noch andere Arten von „Mitteln", wie z. B. das geometrische Mittel, mit dem wir uns im vorgegebenen Rahmen nicht beschäftigen wollen. Im allgemeinen gilt, daß das Wort „Mittelwert", für sich allein benutzt, das „arithmetische Mittel" bezeichnet.

8–55 Für eine Reihe von 11 Beobachtungen 10, 9, 8, 8, 7, 7, 7, 6, 6, 5, 4 wird das arithmetische Mittel wie folgt berechnet:

$$\frac{10+9+8+8+7+7+7+6+6+5+4}{11} = \_\_\_\_\_\_\_\_\_\_.$$ 7

Schreiben Sie den Mittelwert für diese Reihe in die Leerstelle.

8–56 Die Regel zur Bestimmung des Mittelwerts einer Reihe von
Beobachtungen besagt: „Bilde die ______________ dieser Werte und Summe
dividiere sie durch die ______________ der Beobachtungen." Zahl

8–57 Das Symbol für den Mittelwert ist $\bar{X}$ (X quer). Wenn wir als Symbol für die Zahl der Beobachtungen N benutzen und aus 10 Beobachtungen einen Mittelwert von 24 erhalten, so können wir symbolisch
wie folgt schreiben: ______________ = 10 und ______________ = 24. N – $\bar{X}$

8–58 Wenn es uns darauf ankommt, die *einzelnen Punktwerte* zu bezeichnen, so können wir sie numerieren und mit einem Index zum Buchstaben X kennzeichnen. Wir schreiben X_1 für den ersten Punktwert, X_2 für den zweiten Punktwert, usw. Für die Reihe der Punktwerte von

Rahmen 8–55 ist $X_1 = 10$, $X_2 =$ __________, $X_3 =$ __________, 9 – 8
$X_4 =$ __________, usw. bis X __________ = 4. 8 – 11

8–59 Nun können wir die Regel zur Bestimmung des Mittelwertes symbolisch wie folgt schreiben:

$$\bar{X} = \frac{X_1 + X_2 + X_3 + X_4 + X_5 + X_6 + X_7 + X_8 + X_9 + X_{10} + X_{11}}{N}$$

In dieser Gleichung steht $\bar{X}$ für __________ und N für __________.

den Mittelwert

die Zahl der Punktwerte (auch Beobachtungen)

8–60 Um diese 11 Punktwerte durch ein einziges Symbol zu kennzeichnen, benutzen wir das Symbol X_i, wobei der Index i alle Werte von 1 bis 11 annimmt. Man kann auf diese Weise für jeden der N Punktwerte __________ schreiben, anstatt alle 11 Indizes numerisch zu benennen. Denn der Index __________ bezeichnet alle Werte von __________ bis __________.

X_i

i

1 – N

8–61 Anstatt daß man so viele Pluszeichen wie in der Formel von Rahmen 8–59 schreibt, verwenden wir das griechische *S*, geschrieben Σ, um die Operation des Addierens oder der *Summation* anzuzeigen. Immer, wenn wir dieses Symbol finden, wollen wir es als die Anweisung betrachten, die Summe dessen zu bilden, was hinter diesem Symbol steht. So bedeutet z. B. ΣX_i: „bilde die __________ aller __________ vom ersten bis zum Nten".

Summe – Punktwerte

8–62 Unter Benutzung all dieser Symbole lautet die Definition des arithmetischen Mittels (des Mittelwerts) wie folgt:

$$\bar{X} = \frac{\Sigma X_i}{N},$$

wobei $\bar{X}$ den __________ der Punktwerte, ΣX_i die __________ und N die __________ der Punktwerte bedeutet.

Mittelwert – Summe aller Punktwerte

Zahl

8–63 Weil ein Punktwert einen bestimmten Wert einer Variablen, wie etwa einen Intelligenzquotienten bezeichnet, gilt die Gleichung 8–62 für alle Stichproben von Intervallwerten, gleichgültig, ob es sich um Testpunktwerte oder um Werte einer anderen Intervallskala handelt. Wenn wir mit X die Variable bezeichnen, die untersucht werden soll, dann sind X_1, X_2 usw. spezielle Werte dieser __________ X. X_i bezeichnet alle einzelnen Werte, die diese __________ in unseren Beobachtungen annimmt.

Variablen

Variable

8–64 Beachten Sie, daß die Gleichung $\bar{X} = \Sigma X_i/N$ sowohl eine *Definition* des arithmetischen Mittels als auch eine Formel zur Bestimmung seines Wertes darstellt. Kleidet man die Gleichung in Worte, so liest sie sich wie folgt: „Das ________________ einer Anzahl von Beobachtungen ist gleich der ________________ aller beobachteten Werte der betreffenden Variablen dividiert durch die ________________ der Beobachtungen. — arithmetische Mittel / Summe / Zahl

8–65 Angenommen, man untersucht den Wortschatz von sechs 2 Jahre alten Kindern. Man erhält für die 6 Kinder die folgenden Werte: 105 Wörter, 95 Wörter, 150 Wörter, 90 Wörter, 60 Wörter und 100 Wörter. Die Variable X ist in diesem Fall „Zahl der Wörter im Vokabular der Kinder". Für diese 6 Werte der Variablen X ist $\Sigma X_i =$ ________________, $N =$ ________________ und $\bar{X} =$ ________________. — 600 / 6 – 100

8–66 Gruppiert man Werte in Klassen, dann ändert sich das Verfahren zur Bestimmung des Mittelwertes ein wenig. Tabelle 8–4 zeigt elf Punktwerte aus Rahmen 8–55, und zwar in Form einer Häufigkeitsverteilung. Beachten Sie, daß die zweite Spalte mit f_i bezeichnet wurde. Der Buchstabe f bezeichnet die *Häufigkeit* (Frequenz), und f_i bezieht sich auf die ________________ jeder Klasse i von der ersten bis zur ________________. — Häufigkeit – Nten

Tabelle 8–4: Häufigkeitsverteilung von 11 Punktwerten

X_i	f_i	f_iX_i
10	1	10
9	1	9
8	2	16
7	3	21
6	2	12
5	1	5
4	1	4
	$N = 11$	$\Sigma f_iX_i = 77$

8–67 Das Symbol im Kopf der dritten Spalte, f_iX_i, bezieht sich auf das *Produkt* jedes Wertes X_i mit der ________________ (f_i), mit der der Wert X_i auftritt. In der Verteilung der Tabelle 8–4 hat jedes X_i eine Häufigkeit von 1, mit Ausnahme der Werte 6, 7 und 8, die Häufigkeiten von ________________, ________________ und ________________ besitzen. — Häufigkeit / 2 – 3 – 2

8–68 Bei Häufigkeitsverteilungen, in denen einzelne Werte der Variable X mehr als einmal auftreten, muß man zuerst die Summe *innerhalb* jeder Klasse berechnen. Das bedeutet, daß z. B. der Wert 8, der in Tabelle 8–4 zweimal auftritt, zunächst mit seiner Häufigkeit 2 zu multiplizieren ist. Dies führt zum gleichen Ziel, als wenn der Wert 8 zweimal *addiert* worden wäre. Das heißt, daß die Summation *innerhalb* einer jeden Klasse durch ______________ des Wertes X_i mit seiner ______________ erzielt wird. Multiplikation Häufigkeit

8–69 Erinnern wir uns daran, daß der erste Schritt zur Berechnung des Mittelwertes darin besteht, die Gesamtsumme aller Werte in der Häufigkeitsverteilung zu bilden. Wenn der Wert X_i je Klasse mit seiner Häufigkeit multipliziert wird, so müssen wir die Produkte, die in der ______________ Spalte von Tabelle 8–4 aufscheinen, über alle ______________ summieren. Das Symbol für die einzelnen Produkte ist ______________. dritten (oder rechten) Klassen $f_i X_i$

8–70 Für einen bestimmten Wert der Variablen X, wie z. B. für X_1, der mit einer Häufigkeit von ______________ auftritt, ist das Produkt ______________. Dieses Produkt ist gleich der *Summe* $X_1 + X_1 + X_1 + \ldots + X_1$, wobei X_1 ______________ mal als Summenglied zu nehmen ist. f_1 (oder 1) $f_1 X_1$ (oder 10) f_1 (oder 1)

8–71 Hat man nun den Wert $f_i X_i$ für jede einzelne Klasse berechnet, so gewinnt man die Gesamtsumme der X_i für die Häufigkeitsverteilung dadurch, daß man deren Summe bildet. Diese Summe ist gleich 77. Sie wird durch das Symbol ______________ repräsentiert. $\Sigma f_i X_i$

8–72 Der Wert $\Sigma f_i X_i$ ist die Summe aller ______________ der Verteilung. Diese Summe muß man nun durch ______________ dividieren, damit man das arithmetische Mittel dieser Verteilung erhält. Für Tabelle 8–4 ist $\bar{X}$ = ______________. Werte N 7

8–73 Wir wollen nun sehen, was geschieht, wenn wir den Mittelwert einer großen Zahl von klassifizierten Werten berechnen: In Tabelle 8–4 hatten wir den einfachsten Fall mit einem Klassenintervall von ______________ Einheit(en) vor uns. Die X_i-Werte stellten die Mittelpunkte ihrer zugehörigen Klassenintervalle dar. Der Mittelwert einer Häufigkeitsverteilung mit einem Klassenintervall von 1 entspricht dem Mittelwert, den man aus den Rohwerten berechnet. einer

8–74 Sehen wir uns Tabelle 8–3 an, in der wir 110 Punktwerte in zwei Häufigkeitsverteilungen mit verschiedenem Klassenintervall dargestellt haben. Diese Tafel geben wir im folgenden noch einmal wieder, um zu zeigen, wie man den Mittelwert berechnet, wenn das Klassenintervall größer als 1 ist. Beachten Sie dabei, daß als Punktwert X_i für jede Klasse der *Mittelpunkt des betreffenden Klassenintervalls* genommen wird. Die Summe aller Werte innerhalb einer Klasse ist die Häufigkeit dieser Klasse mal dem ______________ der Klasse, also $f_i X_i$. *Da nicht alle Werte innerhalb einer Klasse gleich ihrem Mittelpunkt sind, ist diese Summe lediglich ein Näherungswert*; d.h., der Mittelwert, den man aus solch einer Häufigkeitstafel erhält, ist kein *exakter* Wert. Mittelpunkt

Tabelle 8–3: (erweitert)

Verteilung A				*Verteilung B*			
Klasse	X_i	f_i	f_iX_i	*Klasse*	X_i	f_i	f_iX_i
159,5–169,49	164,5	1	______	149,5–169,49	159,5	3	______
149,5–159,49	154,5	2	______				
139,5–149,49	144,5	6	______	129,5–149,49	139,5	16	______
129,5–139,49	134,5	10	______				
119,5–129,49	124,5	16	______	109,5–129,49	119,5	36	______
109,5–119,49	114,5	20	______				
99,5–109,49	104,5	19	______	89,5–109,49	99,5	37	______
89,5– 99,49	94,5	18	______				
79,5– 89,49	84,5	12	______	69,5– 89,49	79,5	15	______
69,5– 79,49	74,5	3	______				
59,5– 69,49	64,5	2	______	49,5– 69,49	59,5	3	______
49,5– 59,49	54,5	1	______				

8–75 Berechnen Sie alle oder einige Werte für die Leerstellen in Tabelle 8–3. Wenn Sie alle Leerstellen ausgefüllt haben, dann können Sie $\Sigma f_i X_i$ bilden und dies durch $N = 110$ dividieren, um *für beide Verteilungen den geschätzten Mittelwert zu erhalten.* Sie werden dabei feststellen, daß sich die Mittelwerte der beiden Verteilungen A und B numerisch unterscheiden. Dies ist auch aus der zur Kontrolle ausgefüllten Tabelle 8–3 ersichtlich.

Tabelle 8–3: (vollständig ausgefüllt)

Verteilung A				*Verteilung B*			
Klasse	X_i	f_i	f_iX_i	*Klasse*	X_i	f_i	f_iX_i
159,5–169,49	164,5	1	164,5	149,5–169,49	159,5	3	478,5
149,5–159,49	154,5	2	309,0				
139,5–149,49	144,5	6	867,0	129,5–149,49	139,5	16	2232,0
129,5–139,49	134,5	10	1345,0				
119,5–129,49	124,5	16	1992,0	109,5–129,49	119,5	36	4302,0
109,5–119,49	114,5	20	2290,0				
99,5–109,49	104,5	19	1985,5	89,5–109,49	99,5	37	3681,5
89,5– 99,49	94,5	18	1701,0				
79,5– 89,49	84,5	12	1014,0	69,5– 89,49	79,5	15	1192,5
69,5– 79,49	74,5	3	223,5				
59,5– 69,49	64,5	2	129,0	49,5– 69,49	59,5	3	178,5
49,5– 59,49	54,5	1	54,5				
$\Sigma f_i X_i = 12075{,}0$ $\bar{X} = 109{,}77$				$\Sigma f_i X_i = 12065{,}0$ $\bar{X} = 109{,}68$			

8–76 Wenn wir die beiden Mittelwerte zu ganzen Zahlen aufrunden, dann erhalten wir jeweils ______________. Die Differenz der Mittel- 110 werte ist also klein und unerheblich, so daß die Mittelwertsbildung durch Klassifizierung bei einer großen Zahl von Punktwerten eine gute Annäherung darstellt. Der Vorteil der Klassenbildung liegt in der Arbeitsökonomie. Denn die Summation einer großen Anzahl von Beobachtungen ist sehr mühevoll.

Zusammenfassung

8–77 Das arithmetische Mittel einer Reihe von Werten ist definiert als die ________________ aller dieser Werte, ________________ durch die Zahl der Werte in der Reihe. Summe – dividiert

8–78 Sind die Werte in Klassen gruppiert, dann wird jeder Wert so behandelt, als wäre er gleich dem ________________ dieser Klasse. Das bedeutet, daß der aus klassifizierten Werten ermittelte Mittelwert nur einen Näherungswert darstellt. Mittelpunkt

8–79 Der erste Schritt zur Berechnung des Mittelwertes von gruppierten Werten besteht darin, für jede Klasse das Produkt ________________ zu ermitteln. Die Definition des Mittelwertes für Werte, die in Klassen gruppiert sind, ist ________________ . $f_i X_i$ $\bar{X} = \Sigma f_i X_i / N$

E. Vergleich des arithmetischen Mittels mit dem Medianwert und dem Modalwert

8–80 Vergleichen Sie Tabelle 8–4 mit Tabelle 8–5. Die Tabelle 8–5 zeigt die gleichen Werte wie Tabelle 8–4, mit der einen Ausnahme, daß in Tabelle 8–5 vier weitere Werte von 4 hinzugefügt worden sind, so daß die Häufigkeit des Punktwertes 4 nunmehr gleich ________________ ist. 5

Tabelle 8–4: Häufigkeitsverteilung von 11 Punktwerten

X_i	f_i	$f_i X_i$
10	1	10
9	1	9
8	2	16
7	3	21
6	2	12
5	1	5
4	1	4
	$N = 11$	$\Sigma f_i X_i = 77$

Tabelle 8–5: Häufigkeitsverteilung von 15 Punktwerten

X_i	f_i	$f_i X_i$
10	1	10
9	1	9
8	2	16
7	3	21
6	2	12
5	1	5
4	5	20
	$N = 15$	$\Sigma f_i X_i = 93$

Da in Tabelle 8–5 $N =$ ______________ und $f_i X_i =$ ______________ 15 – 93
ist, ergibt sich für $\bar{X} =$ ______________. Man sieht: die Hinzunahme 6,2
der vier niedrigen Werte hat den Wert des arithmetischen Mittels erheblich verringert (von 7 auf 6,2).

Tabelle 8–6: Häufigkeitsverteilung von 15 Punktwerten

X_i	f_i	$f_i X_i$
10	5	50
9	1	9
8	2	16
7	3	21
6	2	12
5	1	5
4	1	4
	$N = 15$	$\Sigma f_i X_i = 117$

8–81 Nehmen wir nun an, die in Tabelle 8–5 hinzugefügten vier Werte seien nicht Werte von 4, sondern Werte von 10. Dann ergäbe sich die Verteilung der Tabelle 8–6, in der die Häufigkeit des Punktwertes 10 gleich 5 ist, während die Häufigkeit des Punktes 4 wiederum
______________ beträgt. In Tabelle 8–6 beträgt $N =$ ______________, 1 – 15
$\Sigma f_i X_i =$ ______________ und $\bar{X} =$ ______________. Das Hinzufügen 117 – 7,8
von vier hohen Werten hat also den Mittelwert beträchtlich ______________. erhöht

8–82 Hätten wir in Tabelle 8–5 die Häufigkeit des Punktwertes 7 erhöht, so hätte das den Mittelwert nicht verändert. Selbst wenn die Häufigkeit des Punktwertes 7 100 betrüge, erhielte man bei einem $N = 108$ und einem $\Sigma f_i X_i = 756$ einen Mittelwert von $\bar{X} = 756/108$
oder ______________. Das bedeutet: die Erhöhung der Häufigkeit 7
jenes Punktwertes, der gleich dem Mittelwert ist, ändert nicht den Mittelwert selbst.

8–83 Daraus ersehen wir, daß der Mittelwert vom Auftreten von *Extremwerten* stark beeinflußt wird. Steigt die Häufigkeit eines Wertes
oberhalb des Mittelwertes, so wird der Mittelwert ______________. erhöht
Steigt die Häufigkeit eines Wertes *unterhalb* des Mittelwertes, so wird
der Mittelwert ______________. erniedrigt

8–84 Der Mittelwert ändert sich nicht, wenn die Häufigkeit des Wertes
steigt, der ______________. Weiter gilt: wenn man die Häufigkeit gleich dem
jener Werte, die *nahe* beim Mittelwert liegen, erhöht, so ändert sich der Mittelwert ist

Mittelwert *weniger*, als wenn die Häufigkeit der Werte erhöht wird, die ________________ vom Mittelwert entfernt liegen. weit(er)

8–85 Abbildung 8–8 zeigt ein Häufigkeitspolygon jener Verteilung, die wir als Säulendiagramm in Abbildung 8–5 bereits gesehen haben. Beachten Sie, daß der Mittelwert, der durch einen Pfeil angezeigt wird, genau im Mittelpunkt der Modalklasse liegt. Das heißt, der Wert des arithmetischen Mittels entspricht genau dem ________________. Modalwert

Abbildung 8–8: Ein symmetrisches Häufigkeitspolygon von N= 50 Testpunktwerten, mit Lokalisation des Mittelwertes

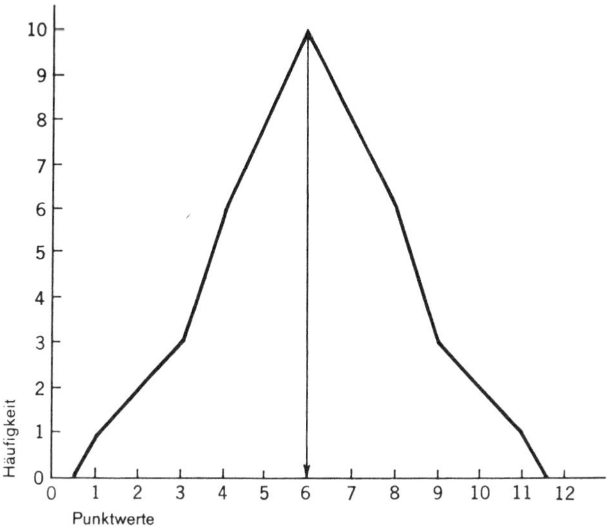

8–86 Da im vorliegenden Fall die Häufigkeiten beiderseits des mittleren Wertes symmetrisch verteilt sind, entspricht der Mittelwert dem ________________ der Verteilung. Es gilt also: in symmetrischen Verteilungen sind der ________________, der ________________ und der ________________ identisch. Medianwert

Mittelwert ⟷ Medianwert ⟷ Modalwert

8–87 Es gibt Verteilungen, deren Beobachtungen sich an einem Ende der Verteilung häufen, mit jeweils wenig Beobachtungen am anderen Ende. Solche Verteilungen nennt man SCHIEFE Verteilungen. In Abbildung 8–9 ist die Verteilung B eine ________________ Verteilung. schiefe

8–88 In der Verteilung B sind die Beobachtungen am *unteren* Ende des Beobachtungsbereichs konzentriert, und der längere Auslauf der Verteilung erstreckt sich nach rechts in Richtung auf höhere Punktwerte. Solch eine Verteilung nennt man eine POSITIV schiefe Verteilung. Wenn sich also der längere Auslauf der Verteilung in Richtung auf höhere Werte erstreckt, dann nennt man die Verteilung eine ______________ schiefe Verteilung. positiv

Abbildung 8–9: Vergleich der relativen Position des Mittelwerts in einer symmetrischen Verteilung (A) und in einer positiv schiefen Verteilung (B)

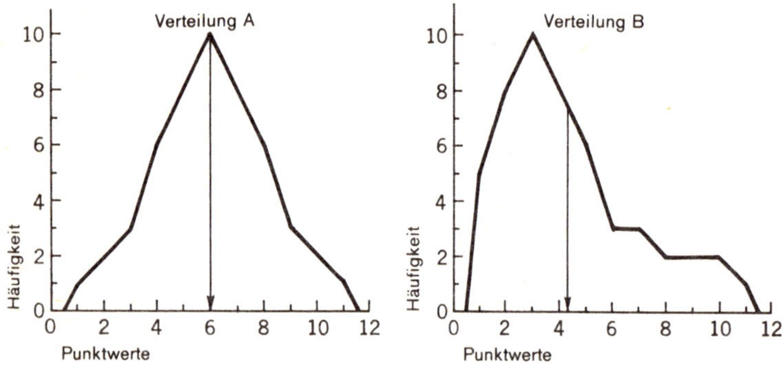

8–89 Eine positiv schiefe Verteilung hat am linken Ende der Verteilung mehr Beobachtungen als am rechten. Man nennt deshalb eine positiv schiefe Verteilung auch eine *linksgipflige* Verteilung. Verteilung B in Abbildung 8–9 kann als ______________ Verteilung bezeichnet werden. linksgipflige

8–90 Wenn die Beobachtungen dagegen am *oberen* Ende des Beobachtungsbereichs konzentriert sind, so daß sich der längere Ast der Verteilung in Richtung auf niedrige Werte erstreckt, dann nennt man eine solche Verteilung eine NEGATIV schiefe Verteilung. Da solche Verteilungen auf der rechten Seite mehr Beobachtungen aufweisen, nennt man negativ schiefe Verteilungen auch ______________ Verteilungen. rechtsgipflige

8–91 Es gibt eine Methode, das Ausmaß der Schiefe einer Verteilung mathematisch zu bestimmen. Wir werden hier jedoch lediglich einige Beziehungen zwischen der *Richtung* der Schiefe und der Lage des Mittelwertes aufzeigen. Betrachten wir zu diesem Zweck nochmals Abbildung 8–9. Der Mittelwert der symmetrischen Verteilung A fällt mit dem Modalwert und dem Medianwert zusammen, hingegen liegt der Mittelwert der schiefen Verteilung B auf der ______________ Seite vom Modalwert. rechten

8–92 Abbildung 8–10 zeigt zwei Häufigkeitspolygone. Das linke ist ______________, das rechte ist ______________. rechtsgipflig – linksgipflig

Abbildung 8–10: Vergleichende Darstellung des Mittelwertes, des Medianwertes und des Modalwertes in zwei schiefen Verteilungen mit je $N = 50$ Beobachtungen

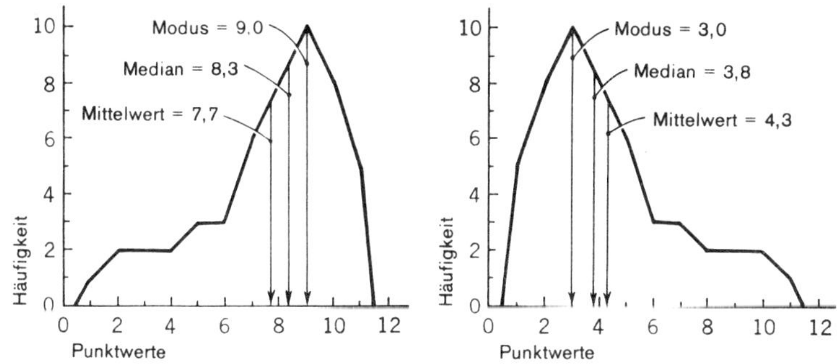

8–93 Die Lage des Mittelwertes, des Medianwertes und des Modalwertes ist für beide Verteilungen eingezeichnet. Der Mittelwert fällt mit dem Modalwert nicht zusammen, sondern liegt in der rechtsgipfligen Verteilung ______ und in der linksgipfligen Verteilung links
______ vom Modalwert. Das heißt, der Mittelwert ist in rechts
jedem Fall *in Richtung der Schiefe* verschoben.

8–94 Der Medianwert ist in beiden Verteilungen ebenfalls vom Modalwert weg verschoben. Die Richtung der Verschiebung des Medianwertes ist ______ wie die des Mittelwertes, aber das Ausmaß der dieselbe
Verschiebung ist ______ als beim Mittelwert. Der Grund geringer
dafür ist, daß der Mittelwert durch das Auftreten extremer Beobachtungen am flachen Auslauf einer schiefen Verteilung ______ stärker
beeinflußt wird als der Medianwert.

8–95 Ist eine Verteilung nicht ausgeprägt schief, so werden die drei Maße der zentralen Tendenz sich nicht wesentlich voneinander unterscheiden. Die Verteilung, für die wir den Medianwert in Abschnitt C dieses Kapitels bestimmt haben, soll dem Leser diese Tatsache veranschaulichen. Abbildung 8–11 zeigt die Lage des Mittelwertes dieser Verteilung. Da $N = 100$ und $\Sigma f_i X_i = 7050$ sind, beträgt $\overline{X} =$ ______, 70,5
wie auch aus der Abbildung zu ersehen ist. Wir wissen aus Abschnitt C, daß der Medianwert 68 beträgt, und sehen aus der Abbildung, daß der Modalwert gleich ______ ist. Diese Werte sind zwar nicht 70
identisch, jedoch liegen sie dicht beieinander.

8–96 Die drei Maße für die zentrale Tendenz, die wir bisher erörtert haben, finden unterschiedliche Verwendung. Im Hinblick auf die *drei Arten von Variablen*, die wir kennengelernt haben, ist die Modalklasse besonders für _______________-werte geeignet, sie kann aber ebensogut für Variablen mit Ordinal- und Intervallwerten herangezogen werden. Der *Medianwert* ist speziell für _______________-werte geeignet, kann aber auch für _______________-werte benutzt werden. Dagegen kann er nicht auf Variablen mit _______________-werten angewandt werden.

Nominal
Ordinal
Intervall
Nominal

Abbildung 8–11: Häufigkeitspolygon von N = 100 Test-Punktwerten mit Lokalisation des Mittelwertes

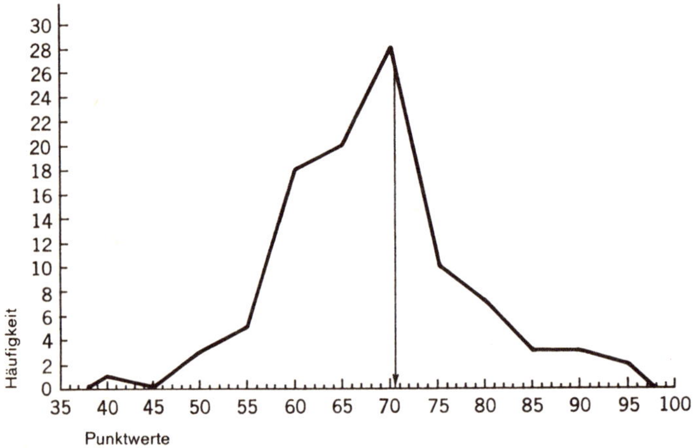

8–97 Das arithmetische Mittel ist nur für Variablen mit _______________-werten angemessen. Es kann weder auf _______________-werte noch auf _______________-werte angewandt werden.

Intervall
Nominal ←→
Ordinal

8–98 Wird eine Variable in Einheiten einer Intervallskala gemessen, dann können wir jedes der drei Maße für die zentrale Tendenz verwenden. Im allgemeinen werden wir uns für den Mittelwert entscheiden, da er sich rechnerisch besser handhaben läßt. Wenn eine Verteilung nicht ausgeprägt schief ist, dann sind die drei Maße ungefähr _______________.

gleich

8–99 Ist eine Verteilung ausgeprägt schief, so werden wir neben dem Mittelwert auch noch den Medianwert und den Modalwert angeben. Der Medianwert und der Modalwert sind insbesondere dann interessant, wenn es um die Beschreibung des „typischen" Verhaltens geht. Abbildung 8–12 veranschaulicht die Häufigkeit des Zuspätkommens einer Stichprobe von Schülern (in Minuten). Um das *typische* Verhalten der Schüler dieser Stichprobe zu kennzeichnen, müßten wir den _______________ als das geeignete Maß für die zentrale Tendenz angeben, obwohl die Variable „Zeit" _______________-werte annimmt.

Modalwert
Intervall

Abbildung 8–12: Verteilung der Zuspätkommenden in einer Stichprobe von Schülern (N = 212)

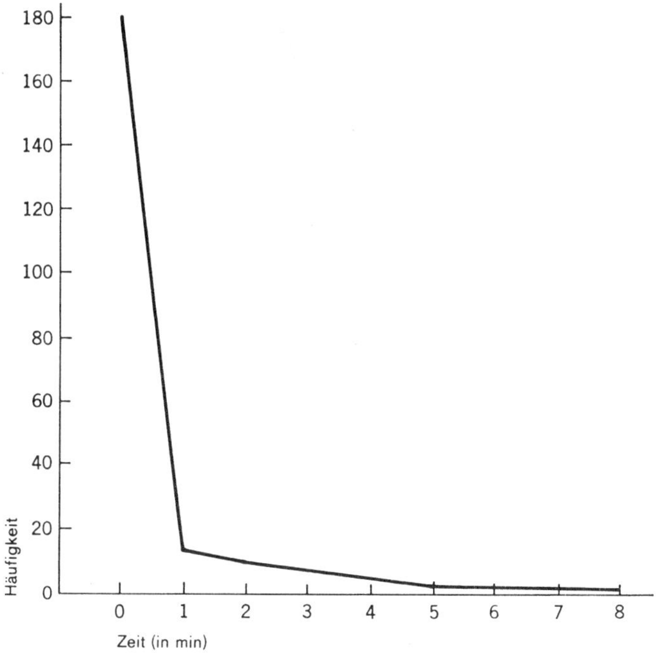

8–100 Die Verteilung des Einkommens in der Bundesrepublik ist eine ausgeprägt schiefe Verteilung, und zwar eine positiv schiefe Verteilung. Die hohen Einkommen erscheinen mit relativ geringer Häufigkeit.
In einer solchen Verteilung nimmt der Medianwert des Einkommens einen niedrigeren Wert an als der ______________. Der Modalwert ist Mittelwert
______________ als Mittelwert und Medianwert. Wegen der Schiefe niedriger
wird der Medianwert als ein besserer Indikator für die zentrale Tendenz („durchschnittliches" Einkommen) als der Mittelwert gehalten.

Zusammenfassung

8–101 Bei *Nominalwerten* kann man als Maß für die zentrale Tendenz nur die ______________ angeben. Bei *Ordinalwerten* kann man Modalklasse
entweder den ______________ oder die ______________ heranziehen. Bei Intervallwerten wird man gewöhnlich den ______________ Medianwert – Modalklasse Mittelwert
als Maß für die zentrale Tendenz angeben, sofern die Verteilung nicht ausgeprägt ______________ ist. Im letzteren Fall wird man den schief
______________ oder den ______________ bevorzugen. Medianwert ↔ Modalwert

---

Aufgaben zu Kapitel 8

8–1 Gibt die Modalklasse bei Werten mit Nominalskalencharakter die relative Position dieser Klasse innerhalb der anderen Klassen der Verteilung an? Warum oder warum nicht? Für welche Werte (nominale, ordinale oder Intervallwerte) läßt sich der Modalwert berechnen?

8–2 Welche Schritte sind erforderlich, um den Modalwert einer Intervallvariablen, die in Klassen aufgeteilt ist, zu bestimmen?

8–3 Wir haben vier Maße für die zentrale Tendenz kennengelernt:
(a) die Modalklasse
(b) den Modalwert
(c) den Medianwert
(d) den Mittelwert.
Welche dieser Maße sind möglich, wenn die Verteilung aus Nominalwerten besteht? Welcher bei Ordinalwerten und welcher bei Intervallwerten?

8–4 Welche der vier Maße für die zentrale Tendenz könnten in jedem der folgenden Fälle herangezogen werden?
(a) Die Häufigkeit des Alkoholismus in verschiedenen Staaten, wie Frankreich, Norwegen, Polen, USA usw.
(b) Die Häufigkeit des Alkoholismus bei verschiedenen Einkommensklassen, und zwar von DM 0,– bis DM 499,–, von DM 500,– bis DM 999,– etc.
(c) Eine Gruppe von Weinbrandfachleuten wird aufgefordert, fünf verschiedenen Sorten Ränge von 1 (als Zeichen höchster Qualität) bis 5 (als Zeichen niedrigster Qualität) zuzuordnen.

8–5 Berechnen Sie für die folgende Häufigkeitsverteilung Mittelwert, Medianwert und Modalwert:

Punktwerte	*Häufigkeiten*
110–119	1
100–109	0
90– 99	2
80– 89	5
70– 79	10
60– 69	13
50– 59	9
40– 49	4
30– 39	5
20– 29	0
10– 19	1

Welches dieser drei Maße wird durch das Auftreten extremer Werte am meisten beeinflußt? Welches Maß wird durch solche Extremwerte am wenigsten beeinflußt?

Kapitel 9: Maße für die Streuung

Nachdem wir uns im letzten Kapitel mit den Maßen für die zentrale Tendenz beschäftigt haben, wollen wir nun sehen, welche Maße es für die *Streuung* (oder Variabilität) der Werte um das Zentrum der Verteilung gibt. Wir werden uns dabei nur mit solchen Variablen beschäftigen, die Intervallwerte annehmen. Nominal- und Ordinalwerte werden wir außer Betracht lassen. Behalten Sie also stets im Auge, daß wir es im folgenden *nur* mit Variablen zu tun haben, die entlang einer Skala mit gleichen Intervallen gemessen werden.

A. Die Spannweite als Maß für die Streuung

9–1 Abbildung 9–1 zeigt zwei Verteilungen, die sich lediglich in der Streuung voneinander unterscheiden. Es handelt sich um zwei Häufigkeitsverteilungen von Intelligenzquotienten bei sechsjährigen Kindern. Beide Verteilungen haben denselben Mittelwert von $\bar{X}$ = __________. Beide sind um diesen Mittelwert *symmetrisch* verteilt. — 100

9–2 Die beiden Gruppen von Kindern sind also hinsichtlich ihres mittleren Intelligenzquotienten gleich, aber sie unterscheiden sich sehr hinsichtlich des Grades ihrer __________. Gruppe B streut sehr viel __________ um den mittleren IQ von 100 als Gruppe A. — Streuung; mehr

9–3 In der Gruppe __________ gibt es einige Kinder mit sehr hohen IQ und zugleich einige mit sehr niedrigen, dagegen ist Gruppe A recht homogen. Ein größerer Grad von *Homogenität* bedeutet einen __________ Grad der Streuung. — B; geringeren

9–4 Der Begriff „Variabilität" wird häufig gleichbedeutend mit dem Begriff „Streuung" benutzt. Man kann also statt von einer geringen Streuung auch von einer geringen __________ sprechen. Auch die adjektivische Form des Wortes Variabilität, *variabel*, wird verschiedentlich benutzt. Da die Gruppe A eine geringere Variabilität besitzt als Gruppe B, sagt man auch, Gruppe A sei weniger __________ als Gruppe B. Man kann auch sagen, Gruppe A sei __________ als Gruppe B. — Variabilität; variabel; homogener

Abbildung 9–1: Symmetrische Verteilung von Intelligenzquotienten mit gleichem Mittelwert und unterschiedlicher Streuung

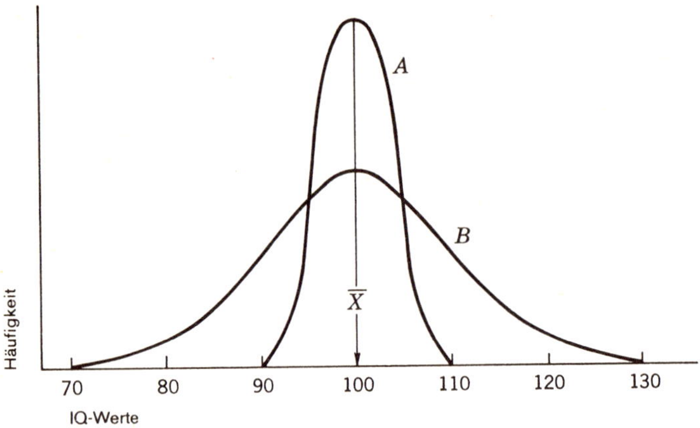

9–5 Unabhängig von der Tatsache, daß beide Gruppen denselben Mittelwert haben, unterscheiden sie sich im Hinblick auf die SPANNWEITE ihrer Punktwerte. Gruppe A enthält keine IQ unterhalb von ________ und oberhalb von ________, während 90 – 110
Gruppe B IQ enthält, die einen Bereich von ________ bis 70
________ umspannen. 130

9–6 Wir wollen nun die *Spannweite* (auch Variationsbreite) einer Verteilung definieren als den Abstand zwischen dem niedrigsten und dem höchsten Wert der Verteilung. Danach besitzt Gruppe A einen Mittelwert von 100 und eine ________ von 20. Entsprechend Spannweite
besitzt Gruppe B bei einem Mittelwert von 100 eine ________ Spannweite
von ________. 60

9–7 Der Abstand zwischen dem höchsten und dem niedrigsten Wert in einer Verteilung wird die ________ genannt. Diesen Abstand Spannweite
kann man dadurch berechnen, daß man den niedrigsten Wert vom ________. höchsten subtrahiert

9–8 Die Spannweite einer Reihe von Werten läßt sich leicht ermitteln. Sie vermittelt eine grobe Vorstellung vom Grad der ________ Streuung (auch Variabilität)
einer Verteilung. Kennen wir den Mittelwert und die Spannweite, dann wissen wir, wo das Zentrum der Verteilung liegt, und wie weit die Verteilung rund um dieses ________ streut. Zentrum

9–9 Bei Kenntnis des Mittelwertes und der Spannweite können wir uns eine gewisse Vorstellung von der Form der Verteilung machen. Wenn die Verteilung annähernd *symmetrisch* ist, dann liegt der Mittelwert ungefähr im ________ der Spannweite. Zentrum (auch Mittelpunkt)

9–10 Liegt der Mittelwert näher am *oberen* Ende der Spannweite, dann können wir vermuten, daß diese Verteilung einigermaßen ________ ist (wovon wir uns durch einen Blick auf Abbildung 8–10 überzeugen können).

rechtsgipflig

9–11 Liegt der Mittelwert näher am *unteren* Ende der Spannweite, dann ist die Verteilung wahrscheinlich ________ .

linksgipflig

9–12 Die Spannweite ist ein bequemes Maß für die Streuung. Es ist jedoch eher grob und wenig genau. Wir wollen im folgenden zwei Tatsachen anführen, die zeigen, warum die Spannweite nur ein ________ Maß für die Streuung ist.

grobes
(auch ungenaues)

9–13 Beachten Sie zunächst, was mit der Spannweite der Gruppe A in Abbildung 9–1 geschehen würde, wenn diese Gruppe nur *ein* Individuum mit einem IQ von 130 enthielte. Statt einer Spannweite von 20 würde sie nunmehr eine Spannweite von ________ haben. Dies widerspricht der intuitiven Einsicht, daß ein einziger Wert eigentlich nicht einen so großen Einfluß haben sollte. Wir folgern also: *die Spannweite ist ein grobes Maß für die Streuung, das uns nichts darüber aussagt, ob viele oder nur ganz wenige Werte in der Nähe der Endpunkte der ________ liegen.*

40

Spannweite
(auch Verteilung)

9–14 Betrachten wir nun, wie sich die Spannweite mit der *Größe der Stichprobe* verändert. Nehmen wir an, die Population enthält nur wenig Extremwerte. Die Wahrscheinlichkeit, einige dieser Extremwerte zu erhalten, ist bei einer *großen* Stichprobe ________ als bei einer *kleinen* Stichprobe. Wir folgern deshalb: *Die Spannweite einer kleinen Stichprobe ist im allgemeinen ________ als die Spannweite einer großen Stichprobe, auch wenn beide aus derselben Population stammen.*

größer

kleiner

9–15 Diese zweite Tatsache sollte uns zur Zurückhaltung veranlassen, wenn wir die Spannweiten zweier Stichproben *vergleichen.* Wir müssen uns dessen bewußt sein, daß die Spannweite als Maß für die Streuung durch die ________ der Stichprobe erheblich beeinflußt wird.

Größe

Zusammenfassung

9–16 Drei Begriffe werden verwendet, um das Ausmaß zu kennzeichnen, in dem Meßwerte rund um ihr Zentrum streuen. Eine Verteilung, die nur wenig streut, besitzt einen geringen Grad von ________ oder einen geringen Grad von ________, es handelt sich in einem solchen Fall um eine relativ ________ Verteilung.

Streuung ⟷
Variabilität
homogene

9–17 Ein bequemes aber grobes Maß für die Streuung ist die ______ der Verteilung. Dieses Maß erhält man, indem man den ______ Wert in der Verteilung vom ______. — Spannweite; niedrigsten – höchsten subtrahiert

B. Der Abweichungswert

Wir wollen uns nun mit dem gebräuchlichsten und zweckmäßigsten Maß für die Streuung, der STANDARDABWEICHUNG beschäftigen. Zuvor müssen wir den ABWEICHUNGSWERT behandeln, da dieser für das Verständnis der Standardabweichung unerläßlich ist.

9–18 Erinnern wir uns an die Symbolik, die wir in Kapitel 8 angewandt haben. Wir haben die Werte einer Variablen X mit X_1, X_2, X_3 usw. bis X_N bezeichnet, wobei N die ______ darstellt. Alle Werte zusammen haben wir mit ______ bezeichnet, wobei der Index i alle Werte von ______ bis ______ annimmt. — Zahl der Beobachtungen; X_i; 1 – N

9–19 Das Symbol für das arithmetische Mittel ist ______. Jeder der durch X_i symbolisierten Werte kann nun größer, gleich oder kleiner sein als der Mittelwert. Mit anderen Worten: jeder Wert *weicht* vom Mittelwert um einen gewissen Betrag *ab*. Der Betrag dieser Abweichung ist gleich 0 für jeden Wert X_i, der gleich ______ ist. — $\bar{X}$; $\bar{X}$

9–20 Wenn wir den Wert $\bar{X}$ von jedem Wert X_i subtrahieren, verwandeln wir jeden Wert in der Verteilung in einen ABWEICHUNGSWERT. Es bezeichnet deshalb die Größe $X_i - \bar{X}$ den ______ für jeden Wert X_i. — Abweichungswert

9–21 Die Größe $X_i - \bar{X}$ ist gleich 0, wenn $X_i =$ ______ ist. Wenn X_i größer als $\bar{X}$ ist, dann ist $X_i - \bar{X}$ ______ als 0, und sein algebraisches Vorzeichen ist ______. Ist dagegen X_i kleiner als $\bar{X}$, dann ist $X_i - \bar{X}$ ______ als 0, und das Vorzeichen ist in diesem Fall ______. — $\bar{X}$; größer; positiv; kleiner; negativ

9–22 Den Abweichungswert des Wertes X_1 findet man durch ______ des Wertes (Achtung!) ______ vom Wert ______. — Subtraktion – $\bar{X}$; X_1

9–23 Üblicherweise bezeichnet man den Abweichungswert mit dem Buchstaben klein-x. Der Abweichungswert x_i ist definiert durch die Gleichung $x_i =$ ______. — $X_i - \bar{X}$

In einer Reihe von Werten ist X_1 der erste Punktwert, und x_1 ist die ______________ dieses Wertes vom Mittelwert. Abweichung

9–24 Entsprechend ist $X_2 - \bar{X}$ gleich ______________ und $X_N - \bar{X}$ gleich ______________. Beide Werte sind ______________-werte. x_2 x_N – Abweichungs

9–25 Tabelle 9–1 zeigt die im Säulendiagramm der Abbildung 8–5 dargestellten Werte. Deren Abweichungswerte erscheinen in der ______________ Spalte. Einer der Abweichungswerte ist gleich 0, fünf haben positive Vorzeichen, die anderen fünf haben ______________ Vorzeichen. vierten negative

Tabelle 9–1: Häufigkeitsverteilung von $N = 50$ Testpunktwerten und den entsprechenden Abweichungswerten

X_i	f_i	f_iX_i	x_i $(X_i - \bar{X})$	f_ix_i
11	1	11	+5	+5
10	2	20	+4	+8
9	3	27	+3	+9
8	6	48	+2	+12
7	8	56	+1	+8
6	10	60	0	0
5	8	40	–1	–8
4	6	24	–2	–12
3	3	9	–3	–9
2	2	4	–4	–8
1	1	1	–5	–5
	$N = \Sigma f_i = 50$	$\Sigma f_iX_i = 300$ $\bar{X} = 6$	$\Sigma x_i = 0$	$\Sigma f_ix_i = 0$

5

9–26 Der Abweichungswert x_1 beträgt +5. Er ist positiv, weil der Rohwert X_1 ______________ ist als ______________. Der Abweichungswert x_{11} beträgt –5. Er ist negativ, weil der Rohwert X_{11} ______________ ist als ______________. größer – $\bar{X}$ kleiner – $\bar{X}$

9–27 Das Symbol Σx_i bedeutet: „bilde die ______________ aller Werte x_i vom ersten bis zum Nten". In der Tabelle 9–1 wurde Σx_i auf dem Wege über Σf_ix_i berechnet; Σx_i ist gleich ______________. Summe 0

9–28 Es läßt sich leicht beweisen, daß die Summe aller Abweichungswerte mit positivem Vorzeichen immer genau ______________ der Summe der Abweichungswerte mit negativem Vorzeichen ist. gleich

9–29 Ist eine Verteilung relativ *homogen*, so ist ihre Variabilität oder Streuung _______________, und die Abweichungswerte sind relativ _______________. klein niedrig

9–30 Vergleichen wir die Verteilungen A und B in Abbildung 9–1. Wir erwarten, daß die Abweichungswerte bei A _______________ sind als bei B, da A weniger stark variiert. kleiner

9–31 Würden wir, um die Streuung der beiden Verteilungen vergleichen zu können, je eine *durchschnittliche* Abweichung berechnen, dann würde das arithmetische Mittel der Abweichungswerte in jedem Fall den Wert _______________ ergeben. 0

9–32 Früher wurde dieses Problem dadurch gelöst, daß man die ABSOLUTBETRÄGE der Abweichungswerte verwendete und deren arithmetisches Mittel berechnete. Der *Absolutbetrag* (oder der Absolutwert) einer Größe ist sein *numerischer* Wert *ohne* Berücksichtigung seines Vorzeichens. So etwa ist der Absolutbetrag von +5 gleich _______________ und der Absolutbetrag von –5 gleich _______________. 5 5

9–33 Da die Abweichungswerte in der Verteilung B größer als jene in der Verteilung A sind, muß das arithmetische Mittel der _______________-beträge der Abweichungswerte für Verteilung _______________ größer sein. Absolut B

9–34 Das arithmetische Mittel der Absolutbeträge der Abweichungswerte nennt man die *mittlere Abweichung*. Die mittlere Abweichung diente früher als Maß für die _______________. Sie wird aber heute kaum mehr benutzt. Deshalb wollen wir sie auch nicht weiter erörtern. Streuung

9–35 Im nächsten Abschnitt wollen wir die *Standardabweichung* besprechen. Sie ist das gebräuchlichste Maß für die Streuung. Wir werden dann auch noch Gelegenheit haben, die *Standardabweichung* mit der *mittleren Abweichung* zu vergleichen. Dabei werden wir sehen, daß beide ein arithmetisches Mittel darstellen, das auf Abweichungswerten basiert. Vorläufig halten wir fest: die *mittlere* Abweichung ist das arithmetische Mittel der _______________-beträge der _______________. Absolut – Abweichungswerte

---

Zusammenfassung

9–36 Wenn wir den Mittelwert $\overline{X}$ von einem bestimmten Rohwert, z. B. X_5, subtrahieren, so erhalten wir einen _______________, den wir mit _______________ symbolisieren. Sofern X_5 größer ist als $\overline{X}$, wird x_5 ein _______________ Vorzeichen haben. Abweichungswert x_5 positives

9–37 Die Größe Σx_i ist für jede Verteilung gleich ______________. 0

9–38 Die *mittlere Abweichung*, die ein Maß für die Streuung darstellt, ist gleich dem ______________ der ______________ der Abweichungswerte. arithm. Mittel – Absolutbeträge

---

C. Die Standardabweichung

9–39 Die *Standardabweichung* ist, wie gesagt, jenes Maß für die Streuung, das am gebräuchlichsten ist. Es besitzt nicht die Nachteile der ______________, die ein eher grobes Maß für die Streuung darstellt. Zum anderen ist die Standardabweichung aus mathematischen Gründen zweckmäßiger als die mittlere ______________. Wir wollen die Standardabweichung mit dem Buchstaben klein-s kennzeichnen. Spannweite Abweichung.

9–40 Um den numerischen Wert von s, der ______________ zu berechnen, wandeln wir die Rohwerte X_i in Abweichungswerte um. Abweichungswerte werden bekanntlich mit ______________ bezeichnet. Standardabweichung x_i

9–41 Die Standardabweichung einer Verteilung ist definiert durch die Gleichung

$$s = \sqrt{\frac{\Sigma x_i^2}{N}}$$

Jeder Wert x_i muß also ______________ werden, ehe die Summation durchgeführt werden kann. Beachten Sie, daß man aus der Größe $\Sigma x_i^2/N$ die *Quadratwurzel* ziehen muß. quadriert

9–42 Die Bedeutung dieser Gleichung versteht man am besten, wenn man sie anhand eines einfachen Beispiels illustriert. Nehmen Sie deshalb ein Blatt Papier und schreiben Sie die Gleichung für s an den oberen Rand des Blattes. Teilen Sie dann das Blatt in drei vertikale Spalten und bezeichnen Sie den linken Spaltenkopf mit X_i. Schreiben Sie dann in die linke Spalte die folgenden Werte untereinander: 10, 9, 8, 6, 5, 4, 3, 2, 2, 1. Bestimmen Sie nun ΣX_i und $\bar{X}$ und schreiben Sie diese Werte an das untere Ende dieser Spalte. $\Sigma X_i = 50$, $\bar{X} = 5$

9–43 In den Kopf der zweiten Spalte schreiben Sie das Symbol x_i. Bestimmen Sie nun x_i für jedes X_i durch ______________ des Wertes ______________ vom Wert X_i. Die zweite Spalte enthält die ______________. Versichern Sie sich der Tatsache, daß in Spalte 2 vor jedem Abweichungswert das richtige *Vorzeichen* steht. Prüfen Sie Ihr Ergebnis dadurch, daß Sie Σx_i bestimmen. Ist diese Summe gleich 0? Subtraktion $\bar{X}$ Abweichungswerte von oben nach unten: +5, +4, +3, +1, 0, –1, –2, –3, –3, –4

9–44 Schreiben Sie in den Kopf der dritten Spalte x_i^2. Beachten Sie dabei, daß alle Vorzeichen in dieser Spalte ______________ sein müssen.

von oben nach unten: 25, 16, 9, 1, 0 1, 4, 9, 9, 16
positiv

9–45 Schreiben Sie den Wert Σx_i^2 an das untere Ende der dritten Spalte. Dividieren Sie dann diese Summe durch ______________ und schreiben Sie das Ergebnis dieser Division an: ______________.

$\Sigma x_i^2 = 90$
N
$\frac{\Sigma x_i^2}{N} = 9$

9–46 Der letzte Schritt zur Berechnung der Standardabweichung besteht nun darin, aus $\Sigma x_i^2/N$ die ______________ zu ziehen. Der Wert von s ist deshalb gleich ______________.

Quadratwurzel
3

9–47 Das Quadrat der Standardabweichung heißt die VARIANZ der Verteilung. Näheres über die Varianz werden wir in den Kapiteln 21 und 22 erfahren. Darin werden wir den Begriff der „Varianzanalyse" einführen.

9–48 Sowohl s als auch s^2 sind Maße für die Streuung einer Verteilung. Die Bezeichnung für s ist ______________; die Bezeichnung für s^2 ist ______________.

Standardabweichung
Varianz

9–49 Wenn wir aus $\Sigma x_i^2/N$ die Quadratwurzel ziehen, dann erhalten wir den Wert für ______________. Wenn wir $\Sigma x_i^2/N$ berechnen, ohne daraus die Quadratwurzel zu ziehen, dann erhalten wir den Wert für ______________. Die ______________ ist daher die Quadratwurzel aus der ______________.

s
s^2–Standard-abweichung
Varianz

9–50 Vergleichen Sie die beiden Gleichungen:

$$\bar{X} = \frac{\Sigma X_i}{N} \qquad (a)$$

$$s^2 = \frac{\Sigma x_i^2}{N} \qquad (b)$$

Gleichung (a) ist die Formel zur Berechnung des ______________ einer Verteilung. Gleichung (b) ist die Formel zur Berechnung der ______________ einer Verteilung. Beide Gleichungen erfordern die Division durch denselben Faktor, nämlich durch ______________.

Mittelwerts
Varianz
N

9–51 Wenn $\Sigma X_i/N$ das arithmetische Mittel einer Reihe von *Punktwerten* ist, dann bezeichnet $\Sigma x_i^2/N$ das arithmetische ______________ einer Reihe von *quadrierten Abweichungswerten. Die Varianz ist also nichts anderes als das arithmetische Mittel der quadrierten Abweichungswerte.*

Mittel

9–52 Wir haben in Abschnitt B festgestellt, daß die „mittlere Abweichung" nichts anderes als das arithmetische Mittel der ______________-

Absolut

beträge der Abweichungswerte darstellt. Die Varianz ist deshalb ähnlich definiert wie die mittlere Abweichung, mit dem Unterschied, daß wir, um die Varianz zu erhalten, die ________________ der Abweichungswerte und nicht deren ________________ nehmen.

Quadrate

Absolutbeträge

9–53 Die Varianz und ihre Quadratwurzel, die Standardabweichung, sind viel gebräuchlicher als die mittlere Abweichung, da ihre mathematischen Eigenschaften mehr Vorteile bieten.
Beachten Sie, daß wir bei allen drei Maßen – dem Mittelwert, der mittleren Abweichung und der Varianz – eine Summe durch die Größe ________________ dividieren, um das arithmetische *Mittel* einer bestimmten Größe zu erhalten.

9–54 Betrachten wir die Gleichung für s noch einmal und fassen wir sie in Worte: Die Standardabweichung ist die ________________ aus dem arithmetischen ________________ der quadrierten ________________.
Beachten Sie die Schlüsselwerte in dieser sprachlichen Definition. Die Varianz als das Quadrat der Standardabweichung bezeichnet man manchmal als das „mittlere Abweichungsquadrat".

Quadratwurzel

Mittel – Abweichungswerte

9–55 Die Bezeichnung „mittleres Abweichungsquadrat" kann als Eselsbrücke dazu dienen, um die Varianz zu bestimmen. Denn die Schritte zur Berechnung der Varianz finden sich in dieser Bezeichnung wieder. Der erste Schritt (die Abweichung), besteht darin, die ________________ eines jeden Punktwertes vom ________________ zu ermitteln.

Abweichung – Mittelwert

9–56 Der zweite Schritt besteht darin, die ________________ zu ________________. Der dritte Schritt besteht darin, die ________________ zu summieren und sie durch ________________ zu dividieren.

Abweichungswerte

quadrieren – quadrierten Abweichungswerte

N

9–57 Will man aus der so errechneten Varianz die Standardabweichung erhalten, so hat man in einem zusätzlichen Schritt die ________________ aus dem ________________ zu ziehen.

Quadratwurzel

mittleren Abweichungsquadrat

Zusammenfassung

9–58 Die Standardabweichung wird symbolisiert durch den Buchstaben ________________ und sie ist definiert als die ________________ aus der ________________ Abweichung.

s – Quadratwurzel

mittleren quadrierten

9–59 Die Größe s^2 heißt die ________________. Sie ist das Quadrat der Standardabweichung und zugleich der ________________ der quadrierten Abweichungswerte.

Varianz

Mittelwert

9–60 Wir haben festgestellt, daß mit dem Anwachsen der Streuung die Abweichungswerte ______________ werden. Die Standardabweichung ist ein Maß für die Streuung. Ihre Größe wächst mit der Größe der Abweichungswerte. größer

D. Die Standardabweichung in der Normalverteilung

9–61 Abbildung 6–5 soll hier nochmals dargestellt werden. In Kapitel 6 sahen wir, daß die Gesamtfläche unter einem Häufigkeitspolygon gleich ist dem Wert von ____________ oder der Gesamt-____________. N – Häufigkeit

Dabei ist es gleich, ob die Verteilung in Abbildung 6–5 als Häufigkeitspolygon oder als Säulendiagramm dargestellt wird. Die Gesamtfläche unter der Verteilung bleibt dieselbe.

Abbildung 6–5: Ein Säulendiagramm ohne vertikale Grenzlinien.

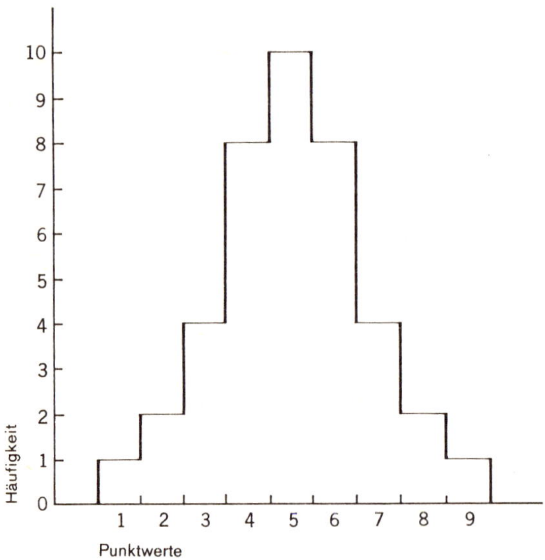

9–62 Erinnern wir uns, daß die Fläche einer Säule in einem Säulendiagramm gleich ist der ______________ in der betreffenden Klasse. Häufigkeit

Deshalb ist die Summe der Flächen mehrerer Säulen, z. B. jener, die die Klassen 4, 5 und 6 (Abbildung 6–5) repräsentieren, gleich der ______________ der Klassen ______________ zusammen. Sie beträgt ______________. Häufigkeit – 4, 5, 6

26

9–63 Die Gesamtfläche des Säulendiagramms ist gleich 40. Die zwischen den Säulen der Klassen 4, 5 und 6 eingeschlossene Fläche ist gleich 26. Teilt man die Fläche der Klassen 4, 5 und 6 durch die Gesamtfläche, so erhält man die Zahl ______________. Diese Zahl stellt den *Anteil* der Klassen 4, 5 und 6 an der Gesamtfläche der Verteilung dar. Man nennt diesen Anteil den HÄUFIGKEITSANTEIL (auch relative Häufigkeit). Der Häufigkeitsanteil ist eine Zahl, die zwischen 1 und 0 variieren kann. 0,65

9–64 Der Häufigkeitsanteil einer bestimmten Gruppe von Klassen ist die Häufigkeit der betreffenden ______________ dividiert durch die ______________. Da die Fläche in allen graphisch dargestellten Häufigkeitsverteilungen stets eine Häufigkeit repräsentiert, ist der *Flächenanteil* einer bestimmten Gruppe von Klassen stets gleich dem ______________ dieser Klassen.

Klassen
Gesamthäufigkeit
Häufigkeitsanteil

9–65 Abbildung 9–2 stellt eine symmetrische Häufigkeitsverteilung mit sehr großem N und einem sehr kleinen Klassenintervall dar. Das Häufigkeitspolygon solch einer Verteilung nähert sich gewöhnlich einer glatten Kurve. Deshalb können wir von einer *Häufigkeitskurve* sprechen. Auch das Säulendiagramm für eine solche Verteilung würde sich einer glatten ______________ nähern. Kurve

Abbildung 9–2: Darstellung einer glatten Häufigkeitskurve, die aus einem Häufigkeitspolygon mit sehr großem N und sehr kleinem Klassenintervall entsteht

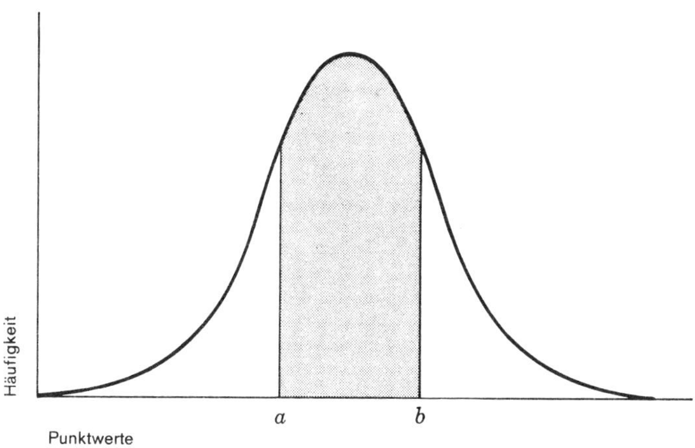

9–66 In Abbildung 9–2 wurden vertikale Linien zu den Punkten a und b gezogen und die Flächen zwischen diesen beiden Linien schraffiert. Stellen wir uns vor, N sei 10 000 und die Summe der Häufigkeiten zwischen a und b sei 5 000. Die 5 000 Beobachtungen in der Fläche

zwischen a und b stellen einen *Häufigkeitsanteil* von ______________ 0,5
dar. Sie stellen einen *Flächenanteil* von ______________ dar, da die 0,5
Fläche mit der Häufigkeit identisch ist.

9–67 Wenn die Fläche unter der Kurve von a bis b 5000 Einheiten und die Gesamtfläche 10000 Einheiten beträgt, dann beträgt die kombinierte nichtschraffierte Fläche ______________ Einheiten. Der Flächenanteil, der dem nichtschraffierten Bereich entspricht, ist dann gleich ______________.

5.000

0,5

9–68 Die Summe der beiden Flächenanteile (0,5 für die schraffierte und 0,5 für die unschraffierte Region) ist gleich ______________. Die Summe aller Flächenanteile unter einer Häufigkeitskurve muß stets gleich ______________ sein.

1,0

1

9–69 Ist die Summe der Häufigkeiten in der nichtschraffierten Region rechts von b gleich 2500, dann muß die Summe *aller* Häufigkeiten rechts von a gleich ______________ sein, da die Summe der Häufigkeiten von a bis b gleich 5000 ist. Der *Häufigkeitsanteil* rechts von a muß also gleich ______________ sein. Der *Flächenanteil* dieser Region ist ebenfalls gleich ______________.

7.500

0,75

0,75

9–70 Wenn wir dieser Verteilung eine Gesamthäufigkeit von $N = 10000$ zugrunde legen, dann muß *jede* Gruppe von Klassen mit einem Häufigkeitsanteil von 0,75 eine Häufigkeit von ______________ besitzen. Sofern wir also den Wert N und den Flächenanteil einer bestimmten Gruppe von Klassen kennen, läßt sich leicht die ______________ für diese Gruppe von Klassen bestimmen.

7.500

Häufigkeit

9–71 Die Gesamtheit aller Flächenanteile unter jeder Häufigkeitskurve muß gleich 1 sein. Wenn wir die Flächen unter einer Häufigkeitskurve als *Flächenanteile* auffassen, dann ist die Gesamtfläche unter solch einer Kurve stets gleich ______________.

1

9–72 Nun können wir wieder zur Standardabweichung zurückkehren. Im Beispiel des Abschnitts C betrug $s = 3$ Skaleneinheiten und $\overline{X} = 5$. Der Abstand zwischen 5 und 8 ist ein *Abstand entlang der X-Achse* und entspricht einer Standardabweichung. Wir sprachen von der schraffierten Fläche in Abbildung 9–2 als jener Fläche unter der Kurve von a bis b, die einem Flächenanteil von 0,5 entspricht. Wir wollen uns nun den Flächenanteil betrachten, der unter dieser anderen Kurve von Punkt 5 bis Punkt 8 geht. Es handelt sich dabei um die Fläche unter der Kurve, die vom *Mittelwert* bis zu einem Punkt geht, der eine ______________ oberhalb des Mittelwertes liegt.

Standardabweichung

9–73 Der Abstand zwischen 5 und 2 beträgt ebenfalls eine Standardabweichung, und zwar nach der anderen Seite der Verteilung hin. Selbstverständlich betrachten wir den Mittelwert als das Zentrum der Verteilung, denn die Standardabweichung basiert auf Abweichungswerten, und diese sind Abweichungen der Rohwerte vom ______________. Die Fläche unter der Kurve von 5 bis 2 ist also definiert als die Fläche unter der Kurve vom ______________ bis zu jenem Punkt, der eine Standardabweichung unterhalb des Mittelwertes liegt.

Mittelwert

Mittelwert

9–74 Betrachten wir ein anderes Beispiel: Die Verteilung der Intelligenzquotienten in der Durchschnittsbevölkerung (gemessen mit dem Binet-Test) besitzt einen Mittelwert von 100 und eine Standardabweichung von 16. Der Abstand von 100 bis 116 entlang der X-Achse entspricht einer Standardabweichung. *Man sagt deshalb, daß der Wert 116 eine Standardabweichung oberhalb des Mittelwerts liegt.* Der Abstand von 100 bis 84 ist ebenfalls gleich s. Der Wert 84 liegt deshalb ______________ unterhalb des Mittelwertes.

eine Standardabweichung

9–75 Alle Werte zwischen 100 und 116 liegen also *innerhalb einer Standardabweichung oberhalb des Mittelwerts*. Entsprechend liegen alle Werte zwischen 100 und 84 ______________.

innerhalb einer Standardabweichung unterhalb des Mittelwertes

9–76 Alle Werte zwischen 84 und 116 liegen *innerhalb ± (plus/minus) einer Standardabweichung vom Mittelwert entfernt.* Diese Feststellung besagt, daß keiner der Werte, die zwischen 84 und 116 liegen, mehr als ______________ vom Mittelwert entfernt liegt.

eine Standardabweichung

9–77 Wir wollen die Fläche unter der Häufigkeitskurve betrachten, die zwischen dem Mittelwert und einer Standardabweichung oberhalb des Mittelwerts liegt. Diese Fläche entspricht der Fläche, die zwischen den Intelligenzquotienten ______________ und ______________ liegt.

100 – 116

9–78 Die Fläche unter der Häufigkeitskurve zwischen 84 und 100 ist die Fläche unter der Kurve zwischen dem ______________ und ______________. Die Fläche unter der Kurve zwischen 84 und 116 ist die Fläche, die innerhalb ______________ und ______________ einer Standardabweichung vom Mittelwert entfernt liegt.

Mittelwert

1s unterhalb d. Mittelwerts

plus – minus

9–79 Für die IQ der Durchschnittspopulation ist der Flächenanteil unter der Häufigkeitskurve zwischen 100 und 116 gleich 0,3413. Da die Verteilung vollständig symmetrisch ist, ist der Flächenanteil zwischen 100 und 84 ebenfalls gleich ______________. Der Flächenanteil zwischen 84 und 116 ist ______________.

0,3413

0,6826

Abbildung 9–3: Eine Normalverteilung mit den Flächenanteilen zwischen dem Mittelwert $\overline{X}$ und ± einer Standardabweichung vom Mittelwert

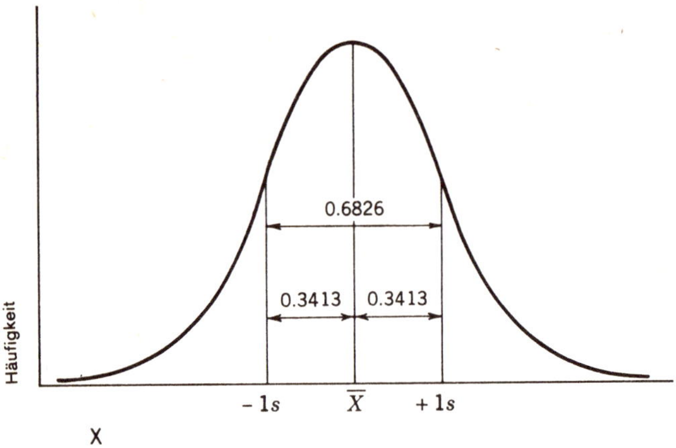

9–80 Die Verteilung der IQs ist ein gutes Beispiel für eine Normalverteilung. Diese symmetrische, glockenförmige, Verteilung ist für die Statistik von großer Bedeutung. Abbildung 9–3 zeigt eine solche Verteilung. Daraus ist zu ersehen, daß der Flächenanteil innerhalb ________________ vom Mittelwert gleich 0,6826 ist.

± 1 Standardabweichung

9–81 Betrachten wir nun andere Abstände entlang der *X*-Achse. Der Abstand zwischen 100 und 132 IQs schließt alle Intelligenzquotienten innerhalb ________________ Standardabweichungen *oberhalb* des Mittelwerts ein. Der entsprechende Abstand zwischen 100 und 68 umschließt alle Werte innerhalb ________________ ein.

2

2 Standardabweichungen unterhalb d. Mittelwertes

Abbildung 9–4: Eine Normalverteilung mit dem Flächenanteil zwischen dem Mittelwert $\overline{X}$ und ± 2 Standardabweichungen vom Mittelwert

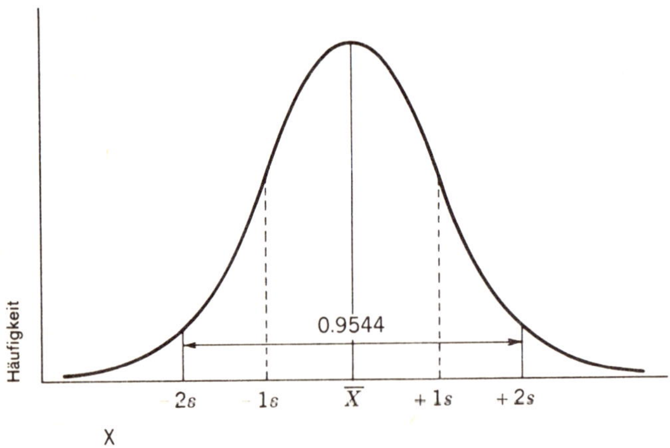

9–82 Der Abstand zwischen 68 und 132 umschließt alle Werte, die innerhalb ______________ liegen. Abbildung 9–4 zeigt, daß der Flächenanteil zwischen diesen Grenzen ______________ beträgt, da es sich bei dieser Verteilung um eine ______________-verteilung handelt.

± 2 Standardabw. vom Mittelwert entfernt
0,9544
Normal

9–83 Da die Kurve symmetrisch ist und wir wissen, daß der Flächenanteil innerhalb ± 2 Standardabweichungen vom Mittelwert 0,9544 beträgt, können wir sagen, daß der Flächenanteil zwischen dem Mittelwert und 2 Standardabweichungen oberhalb des Mittelwerts ______________ beträgt.

0,4772
(0,9544/2)

9–84 Wir können ebenso leicht den Flächenanteil zwischen +1 Standardabweichung (116) und +2 Standardabweichungen (132) bestimmen. Der Flächenanteil zwischen dem Mittelwert und einer Standardabweichung oberhalb des Mittelwertes beträgt 0,3413. Der Flächenanteil zwischen dem Mittelwert und 2 Standardabweichungen oberhalb des Mittelwertes beträgt 0,4772. Daher beträgt der Flächenanteil zwischen +1 und +2 Standardabweichungen ______________ .

0,1359
(0,4772–0,3413)

Abbildung 9–5: Eine Normalverteilung mit dem Flächenanteil zwischen dem Mittelwert $\overline{X}$ und ±3 Standardabweichungen vom Mittelwert

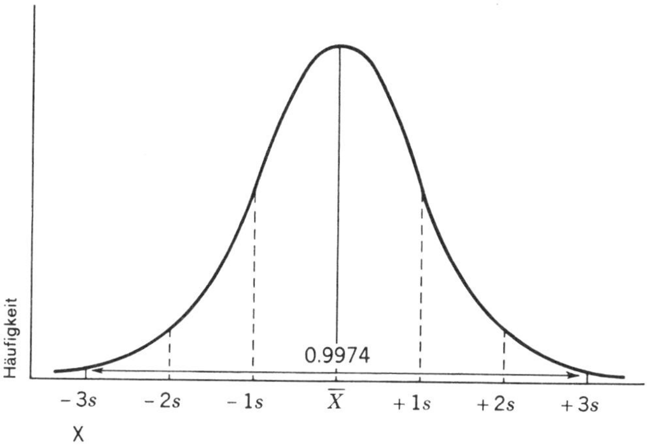

9–85 Abbildung 9–5 zeigt die Fläche unter der Normalkurve, die innerhalb ± ______________ Standardabweichungen vom Mittelwert entfernt liegt. Diese Fläche beträgt ______________ und schließt fast die ganze Fläche unter der Kurve ein. Der Flächenanteil außerhalb dieses Bereiches beträgt lediglich 0,0026.

3
0,9974

9–86 Einer der großen Vorzüge der Normalverteilung ist, daß wir die Flächenanteile, die zu bestimmten Bereichen der *X*-Achse gehören, genau spezifizieren können. Wenn eine beobachtete Verteilung, wie die

Verteilung der IQ in der Gesamtbevölkerung, einer Normalverteilung sehr nahe kommt, dann können wir die Flächenanteile in dieser Verteilung für jeden Bereich von Intelligenzquotienten bestimmen. Wir brauchen dazu nur den Mittelwert und die ________________ der Verteilung zu kennen. Standardabweichung

9–87 Von den Eigenschaften der Normalverteilung haben wir bereits in einem Beispiel in Kapitel 7 D Gebrauch gemacht. Wir werden später in den Kapiteln über Signifikanztests (Kapitel 11 bis 14) noch sehr weitgehenden Gebrauch davon machen. Wir sollten allerdings im Auge behalten, daß nur wenige Variablen in der Psychologie und in den Sozialwissenschaften eine streng normale Verteilung besitzen. Die Variable IQ ist eines der besten Beispiele für eine ________________ verteilte Eigenschaft. normal

9–88 Aber selbst, wenn eine Variable *nicht* normal verteilt ist, können wir von *s* als einem Abstand entlang der ________________ sprechen. X-Achse
Wir können auch von Flächenanteilen unter der Kurve zwischen dem Mittelwert und 1, 2, 3, oder mehr ________________ oberhalb oder unterhalb des Mittelwertes sprechen. Aber diese Flächen werden im allgemeinen nicht genau den Flächen unter der Normalverteilung entsprechen. Standardabweichungen

9–89 Abbildung 9–6 stellt eine Verteilung von 100 Testpunktwerten mit einem *s* von 2,4 dar. Der Mittelwert dieser Verteilung ist durch

Abbildung 9–6: Eine Häufigkeitsverteilung mit N = 100 und s = 2,4

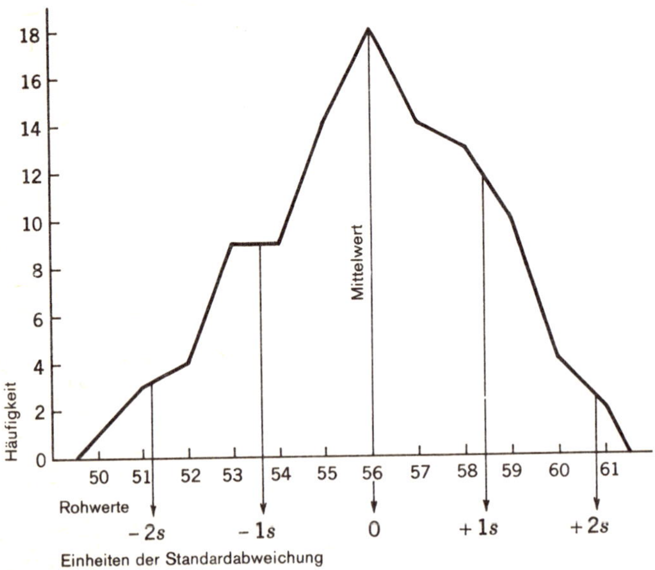

einen vertikalen Pfeil gekennzeichnet. Er ist gleich ______________. 56
Der Punkt auf der *X*-Achse, der 1 *s* über dem Mittelwert liegt, läßt sich ermitteln, indem man ______________ und ______________ addiert. 2,4 ↔ 56
Dieser Punkt hat einen Wert von ______________. 58,4

9–90 Um den Punkt zu bestimmen, der 2 *s* oberhalb des Mittelwertes liegt, müssen wir 2 *s* zum Mittelwert addieren. Dieser Punkt hat einen Wert von ______________. 60,8 Um zu dem Punkt 2 *s* unterhalb des Mittelwertes zu gelangen, müssen wir dieselbe Größe von 56 ______________. subtrahieren
Der Punkt hat einen Wert von ______________. 51,2

9–91 Die Verteilung in Abbildung 9–6 scheint *annähernd* normal zu sein. Prüfen wir hierzu, ob die Flächen unterhalb der Kurve einer Normalverteilung entsprechen. Wenn die Verteilung annähernd normal ist, dann erwarten wir 68% der Werte innerhalb der Grenzen von ______________ Standardabweichung vom Mittelwert entfernt. ± 1 Wir erwarten 95% der Werte innerhalb der Grenzen von ______________ ± 2 Standardabweichungen vom Mittelwert entfernt, und wir erwarten annähernd 100% der Werte innerhalb der Grenzen von ______________ ± 3 Standardabweichungen vom Mittelwert entfernt.

9–92 Die Verteilung in Abbildung 9–6 enthält 100 Werte. Wenn diese Verteilung normal ist, sollten ungefähr ______________ dieser 100 68 Werte innerhalb von ± 1*s* vom Mittelwert entfernt liegen. In Wirklichkeit liegen 67 Werte innerhalb dieser Grenzen. In diesem Bereich kommt die Verteilung einer Normalverteilung also ziemlich nahe.

9–93 Ist die Verteilung normal, so sollten wir ______________ Werte 95 innerhalb ± 2*s* vom Mittelwert entfernt finden. In Wirklichkeit sind es 94. Wir sollten ferner ______________ Werte innerhalb ± 3*s* vom 100 Mittelwert entfernt finden. In Wirklichkeit sind es 100. Die Verteilung ist deshalb annähernd eine ______________, Normalverteilung obwohl sie rein äußerlich von der Glockenform abweicht.

Anmerkung: Bei dieser Feststellung haben wir in Betracht gezogen, daß die Form der Verteilung symmetrisch ist und daß sie keine auffälligen Spitzen und Kerben besitzt. Es gibt Verteilungen, die ähnlich wie Abbildung 9–6 aussehen und dennoch nicht als Normalverteilungen gelten können. Wir haben in Kapitel 7 D einen statistischen Test (den Chi-Quadrat-Test) angewandt, um festzustellen, ob eine Verteilung als normal angesehen werden darf oder nicht.

9–94 Angenommen, wir haben eine linksgipflig schiefe Verteilung vor uns. Zeichnen Sie sich eine solche Verteilung in Anlehnung an Abbildung 8–6. auf. Die Fläche zwischen dem Mittelwert und +1*s* ist in diesem Fall nicht gleich der Fläche zwischen dem Mittelwert und –1*s*. Welche dieser Flächen ist größer? ______________. Die Fläche zwischen d. Mittelwert und – 1 s (Zur Beantwortung dieser Frage brauchen Sie die Größe von *s* nicht zu kennen).

Zusammenfassung

9–95 Von bestimmten Werten einer Verteilung können wir sagen, daß sie zwischen dem Mittelwert und einer Standardabweichung oberhalb des Mittelwerts liegen. Der Häufigkeitsanteil dieser Werte ist gleich dem ______________ im Häufigkeitspolygon zwischen dem Mittelwert und ______________ *s*.

Flächenanteil

+1

9–96 Die Normalverteilung ist durch feste Flächenanteile unter verschiedenen Bereichen der Verteilungskurve gekennzeichnet. Ungefähr 68% ihrer Gesamtfläche liegt zwischen ______________. Fast 100% ihrer Fläche liegt zwischen ______________.

± 1 s vom Mittelw. entfernt

± 3 s vom Mittelw. entfernt

9–97 Die Flächenanteile einer bestimmten Verteilung folgen den Merkmalen einer Normalverteilung *nur* dann, wenn die Verteilung annähernd ______________ ist. Ein Beispiel für eine Variable, die normal verteilt ist, ist die Verteilung der ______________.

normal

Intelligenzquotienten

Aufgaben zu Kapitel 9

9–1 Berechnen Sie Spannweite, mittlere Abweichung und Standardabweichung für die folgende Verteilung.

X_i	f_i	$f_i X_i$
20	1	20
19	4	76
18	6	108
17	9	153
16	10	160
15	16	240
14	10	140
13	8	104
12	5	60
11	4	44
10	2	20
	$N = 75$	$\Sigma = 1125$

9–2 Geben Sie zwei Gründe an, warum die Spannweite nur als ein grobes und wenig genaues Maß für die Streuung einer Verteilung gilt?

9–3 Wie groß ist die Varianz der Verteilung 9–1? Sagen Sie mit wenigen Worten, was die Varianz einer Verteilung ist.

9–4 Die Verteilung der Punktwerte in Aufgabe 9–1 ist annähernd symmetrisch. Unter der Annahme, daß die Verteilung nicht wesentlich von einer Normalverteilung abweicht, können wir fragen, wie viele Punktwerte zwischen den folgenden Grenzen zu erwarten seien:
a) Zwischen $+1\,s$ und $-1\,s$,
b) Zwischen $+2\,s$ und $-2\,s$,
c) Zwischen $+1\,s$ und $+2\,s$.
Und wie viele Punkte fallen *tatsächlich* innerhalb der oben angegebenen Grenzen?

9–5 Eine bestimmte Normalverteilung besitzt einen Mittelwert von 118 und eine Standardabweichung von 11. Beantworten Sie die folgenden Fragen:
a) Welcher Prozentsatz der Punktwerte liegt zwischen den Grenzen 107 und 118?
b) Welcher Prozentsatz liegt unterhalb des Punktwertes 129?
c) Welcher Prozentsatz liegt oberhalb des Punktwertes 140?

Kapitel 10: Kumulative Verteilungen, Perzentile und Standardwerte

Nachdem wir nun die Maße für die zentrale Tendenz und die Streuung erörtert haben, sind wir in der Lage, einige der nützlichsten Begriffe in der empirischen Psychologie und in den Erziehungswissenschaften zu behandeln, nämlich Perzentile, Normen und Standardwerte. Wenn Sie dieses Kapitel gründlich durcharbeiten, werden Sie eine Vorstellung über diese Begriffe bekommen, die gemeinhin dazu dienen, die relative Stellung eines Einzelwertes in einem Kollektiv von Werten (z. B. den Werten eines Tests) zu kennzeichnen. Kapitel 10 ist von großer praktischer Bedeutung. Darüber hinaus ist das Verständnis der Standardwerte auch wichtig für die (in Kapitel 12–14) zu besprechenden Methoden statistischer Schlußfolgerung.

A. Kumulative Häufigkeiten

Tabelle 10–1: Kumulative Häufigkeitsverteilung von $N = 40$ Testpunktwerten

Klasse	f_i	*kumulative Häufigkeiten* ($cum\ f_i$)
33,5–36,49	1	40
30,5–33,49	2	39
27,5–30,49	4	37
24,5–27,49	8	33
21,5–24,49	10	25
18,5–21,49	8	15
15,5–18,49	4	7
12,5–15,49	2	3
9,5–12,49	1	1

10–1 Tabelle 10–1 stellt eine Häufigkeitsverteilung von 40 Testpunktwerten dar. Beachten Sie die dritte Spalte, die mit „kumulative Häufigkeiten" überschrieben ist. Die Werte in dieser Spalte unterscheiden sich von den Häufigkeiten der Spalte f_i. Die Häufigkeiten in der Spalte drei nennt man ______________ Häufigkeiten. Die niedrigsten Werte der kumulative

Spalte befinden sich an ihrem ________________ Ende, und die Werte steigen gleichmäßig bis zu ihrem ________________ Ende an. unteren oberen

10–2 Vergleichen wir die zweite mit der dritten Spalte. Spalte zwei ist mit f_i überschrieben. Die Klasse 9,5–12,49 besitzt eine Häufigkeit von ________________ und eine kumulative Häufigkeit von ________________. 1 – 1
Die Klasse 12,5–15,49 besitzt eine Häufigkeit von ________________ 2
und eine kumulative Häufigkeit von ________________. Wie kommt 3
man zur Zahl 3? Sie ist die *Summe* der *Häufigkeiten* der niedrigsten zwei Klassen.

10–3 Die kumulative Häufigkeit der Klasse 15,5–18,49 ist gleich der Summe der Häufigkeiten in den niedrigsten ________________ Klassen. drei
Sie schließt also die Häufigkeit in der Klasse 15,5–18,49 ebenso ein wie die Häufigkeiten *unterhalb* der Klasse ________________. 15,5 – 18,49

10–4 Die exakte obere Grenze des Klassenintervalls für die Punktwerte 15,5–18,49 ist 18,49. Die Zahl 7 in Spalte drei repräsentiert also die Summe aller Häufigkeiten, die unterhalb dieser Grenze, nämlich unterhalb von ________________ liegen. 18,49

10–5 Entsprechend repräsentiert die kumulative Häufigkeit 15 die Summe aller Häufigkeiten, die unterhalb der Grenze ________________ 21,49
liegen. Denn es befinden sich 15 Punktwerte in den untersten ________________ vier
Klassen.

10–6 Die *kumulative Häufigkeit* für eine beliebige Klasse ist die Summe der ________________ dieser Klasse plus den ________________ aller darunterliegenden Klassen. Häufigkeit – Häufigkeiten

10–7 Die kumulative Häufigkeit der obersten Klasse beträgt 40. Der Wert N für die Gesamtheit aller Punkte ist gleich ________________. Das 40
heißt, daß die kumulative Häufigkeit im höchsten Klassenintervall einer Verteilung stets gleich ________________ sein muß. Dieser Wert schließt N
alle Punktwerte der Verteilung ein.

10–8 Wenn wir die kumulativen Häufigkeiten graphisch darstellen, dann erhalten wir eine KUMULATIVE HÄUFIGKEITSKURVE. Abbildung 10–1 stellt die kumulative Häufigkeitskurve der Tabelle 10–1 dar. Beachten Sie, daß der Wert auf der X-Achse, über dem eine bestimmte kumulative Häufigkeit eingetragen ist, die ________________ des be- obere Grenze
treffenden Klassenintervalls darstellt. In diesem Punkt unterscheidet sich eine kumulative Häufigkeitskurve von einem Häufigkeitspolygon. Im Häufigkeitspolygon haben wir gesehen, daß die Häufigkeiten über dem ________________ des jeweiligen Klassenintervalls eingetragen sind. Mittelpunkt

Abbildung 10–1: Darstellung der kumulativen Häufigkeiten aus Tabelle 10–1

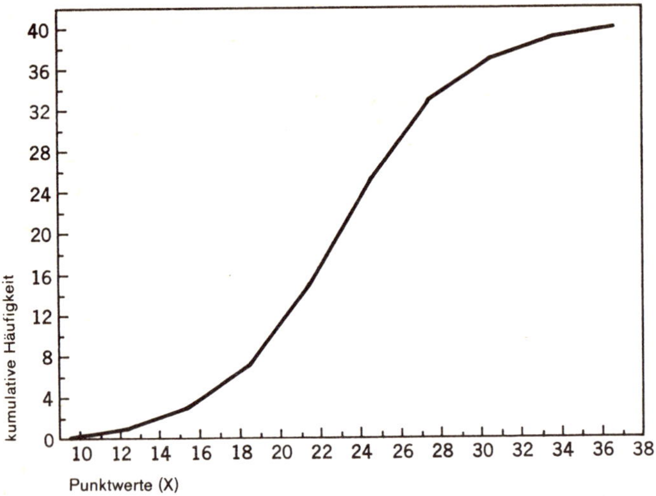

10–9 Um eine ______________ graphisch darzustellen, muß man jeweils die obere Grenze des Klassenintervalls benutzen, weil die kumulative Häufigkeit für eine jede Klasse so definiert ist, daß sie alle Werte ______________ der oberen Grenze dieses Klassenintervalls einschließt.

kumulative Häufigkeitskurve

unterhalb

10–10 Erinnern wir uns, daß wir in Kapitel 8 C bereits einen solchen kumulativen Häufigkeitspunkt bestimmt haben, nämlich den *Medianwert* für eine Verteilung von 100 Punkten (siehe Seite 135 f.). Dabei hatten wir die Gesamthäufigkeit der Punktwerte zu bestimmen, die unterhalb der unteren Grenze desjenigen Klassenintervalls lagen, das den mittleren Punktwert enthielt.

10–11 Wenn wir die Punktwerte der Häufigkeitsverteilung aus Abbildung 8–7 als kumulative Häufigkeiten darstellen, wie dies in Abbildung 10–2 geschehen ist, dann ist die Bestimmung des Medianwerts sehr einfach. Der mittlere Punktwert von 100 Werten muß zwischen dem ______________ sten und dem ______________ sten Wert liegen. Es ist sozusagen der 50,5ste Wert. Wir brauchen nun bloß von Punkt 50,5 auf der *Y*-Achse in Abbildung 10–2 eine horizontale Linie auf die Kurve der ______________ zu ziehen und im Schnittpunkt mit dieser einen vertikalen Pfeil zu errichten. Dessen Fußpunkt bezeichnet auf der ______________ -Achse den mittleren Punktwert. Wie in Kapitel 8 C finden wir auch hier einen Medianwert von 68.

50 – 51

kumulativen Häufigkeiten

X

Abbildung 10–2: Kumulative Häufigkeiten für die Verteilung der Abbildung 8–7

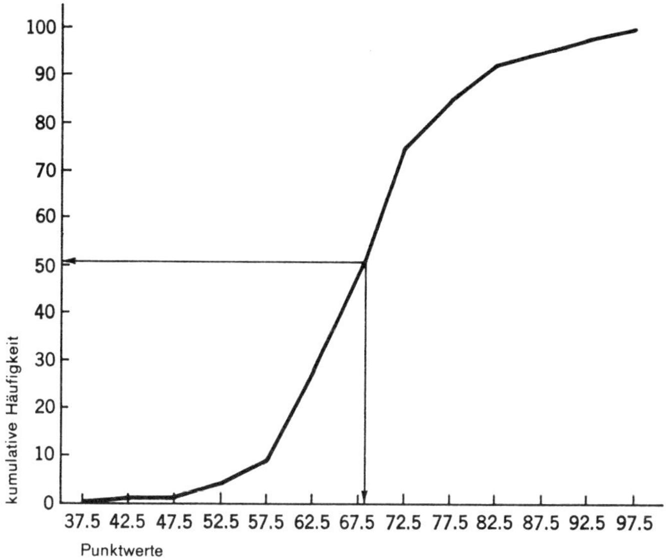

10–12 Die Kurven von kumulativen Häufigkeiten in Abbildung 10–1 und 10–2 haben beide eine Form, die dem Buchstaben ________ ähnlich ist. Diese Form der kumulativen Häufigkeitsverteilung entsteht immer dann, wenn die *Häufigkeitsverteilung* selbst annähernd *normal* ist. Die kumulative Häufigkeitskurve einer Normalverteilung ist immer *S*-förmig. Man nennt sie eine OGIVE. Die Kurven in Abbildung 10–1 und 10–2 nennt man ________.

S

Ogiven

Zusammenfassung

10–13 Kumulative Häufigkeiten erhält man durch fortlaufende Addition der Häufigkeiten, beginnend mit der ________ Klasse in der Verteilung. Das heißt, die kumulative Häufigkeit einer bestimmten Klasse ist die Summe aus der ________ dieser Klasse und der ________ der ________.
Die höchste kumulative Häufigkeit einer Verteilung ist gleich ________.

niedrigsten

Häufigkeit

kumulativen Häufigkeit – nächstniedrigen Klasse

N

10–14 Eine kumulative Häufigkeitskurve stellt man in der Weise dar, daß man die ________ eines jeden Klassenintervalls aufsucht und über diesem Punkt die ________ einträgt. Ist die Häufigkeitsverteilung annähernd normal, so ist die kumulative Häufigkeitskurve annähernd ________-förmig. Man nennt sie dann eine ________.

obere Grenze

kumulative Häufigkeit

S

Ogive

B. Kumulative Anteile und Perzentile

10–15 Wir wiederholen in Tabelle 10–2 die Verteilung aus Tabelle 10–1 mit einer neuen Spalte, der Spalte der sogenannten KUMULATIVEN ANTEILE. Wir wissen bereits, daß man eine Häufigkeit in einen Häufigkeitsanteil umwandeln kann, wenn man sie durch die Gesamthäufigkeit N dividiert. In ähnlicher Weise kann man auch eine *kumulative Häufigkeit* in einen *kumulativen Häufigkeitsanteil* umwandeln, indem man sie ebenfalls durch ______________ dividiert. N

Tabelle 10–2: Kumulative Häufigkeiten und kumulative Anteile für eine Verteilung von $N = 40$ Testpunktwerten

Klasse	f_i	*cum* f_i	*kumulative Anteile*
33,5–36,49	1	40	1,000
30,5–33,49	2	39	0,975
27,5–30,49	4	37	0,925
24,5–27,49	8	33	0,825
21,5–24,49	10	25	0,625
18,5–21,49	8	15	0,375
15,5–18,49	4	7	0,175
12,5–15,49	2	3	0,075
9,5–12,49	1	1	0,025

10–16 Wir wollen im folgenden statt kumulative Häufigkeitsanteile einfach „kumulative Anteile“ sagen. So ist z. B. für die Klasse 9,5–12,49 der kumulative Anteil gleich ______________. Diese Zahl erhalten wir 0,025
dadurch, daß wir ______________ durch ______________ dividieren. 1 – 40

10–17 Die höchste kumulative Häufigkeit in Spalte vier ist gleich der Gesamthäufigkeit 40. Deshalb ist der höchste kumulative Anteil gleich ______________. Wir wissen bereits, daß die Summe *aller* Anteile gleich 1,000 ist. 1,000

10–18 Abbildung 10–3 stellt die kumulativen Anteile aus Tabelle 10–2 graphisch dar. Die Y-Achse besitzt zwei Skalen. Die eine Skala, jene von 0 bis 40, ist die Skala der kumulativen ______________. Die Häufigkeiten
andere Skala, jene von 0 bis 1,000, ist die Skala der kumulativen ______________. Wie man sieht, gilt ein und dieselbe Kurve für beide Anteile
Skalen, da der Übergang von kumulativen Häufigkeiten zu kumulativen Anteilen nur in *einem Wechsel der Einheiten, in denen sie gemessen werden*, besteht.

Abbildung 10–3: Kumulative Häufigkeiten und kumulative Anteile aus Tabelle 10–2

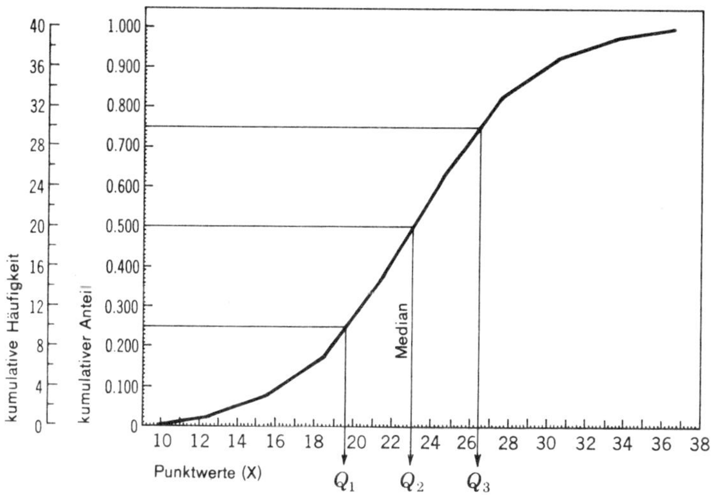

10–19 Für die Bestimmung sogenannter *Perzentile* ist die Skala der kumulativen Anteile besser geeignet als die Skala der kumulativen Häufigkeiten. Die Bestimmung eines Perzentils ist der Bestimmung des Medianwerts sehr ähnlich. Deshalb wollen wir für Abbildung 10–3 zunächst den *Medianwert* bestimmen. Da die Hälfte der Punktwerte unterhalb des Medians liegen muß, ist der *Anteil* der Punktwerte unterhalb des Medians gleich ________________. 0,5

10–20 Wir suchen nun den Punkt 0,5 auf der *Y*-Achse der Anteile auf. Eine horizontale Linie von diesem Punkt schneidet die Kurve an jenem Punkt, an dem der ________________ liegt. Der vertikale Pfeil zeigt, daß Medianwert
der Medianwert auf der *X*-Achse bei ________________ gelegen ist. 23

10–21 Die Kurve der kumulativen Anteile macht es uns deshalb so leicht, den Median zu bestimmen, weil die *Y*-Achse in Anteilen von 1 unterteilt ist. Der Medianwert teilt die oberen ________________% der 50
Punktwerte von den unteren ________________%. Jedes Individuum, das 50
einen Punktwert erreicht hat, der größer als der Median ist, gehört den oberen ________________% der Gruppe an. 50

10–22 Angenommen, wir möchten nun jenen Punktwert kennenlernen, der die *unteren* 25% vom Rest der Gruppe trennt. Welchen Punkt der *Y*-Achse (kumulative Anteile) würden wir hierzu als Ausgangspunkt wählen? Den Punkt ________________. Welcher *X*-Wert entspricht die- 0,25
sem *Y*-Wert? Es ist der Wert ________________. 19,6

10–23 Bestimmen Sie, welcher Punktwert die *oberen* 25% vom Rest der Gruppe trennt. Als Ausgangspunkt müssen Sie den Punkt ______________ der *Y*-Achse wählen. Der entsprechende *X*-Wert ist ______________. 0,75 26,4

10–24 Diejenigen Punktwerte, die die Verteilung in vier *Viertel* teilen, nennt man QUARTILE. Man numeriert sie, beginnend am unteren Ende der Skala, von 1 bis 3. Man symbolisiert sie, wie dies in Abbildung 10–3 geschehen ist, mit Q_1, Q_2 und Q_3. Jener Punktwert also, unterhalb dessen sich 25% der Werte befinden, ist das ______________ Quartil. erste
Der Punktwert, der die nächsten 25% mit einschließt, ist das ______________. zweite Quartil
Der Punktwert, der die unteren 75% von den oberen 25% trennt, ist das ______________. Welches dieser Quartile ist mit dem *Median* identisch? Es ist das ______________ Quartil. dritte Quartil zweite

10–25 Wir haben gesehen, daß in Abbildung 10–3 der Punktwert 19,6 das ______________ Quartil ist. Jedes Individuum in der Gruppe von 40 Individuen, das einen niedrigeren Punktwert als 19,6 besitzt, gehört den unteren ______________% der Gruppe an. Der Punktwert 26,4 ist das ______________ Quartil. Punktwerte oberhalb von 26,4 gehören den ______________% der Gruppe an. erste 25 dritte oberen 25

10–26 Wenn wir nun einen Schritt weitergehen und die Verteilung in zehn *Zehntel* aufteilen, dann erhalten wir das erste, das zweite, dritte usw. bis zum neunten DEZIL. Das erste *Dezil* ist deshalb derjenige Punktwert, der die untersten ______________% der Punktwerte von den oberen ______________% trennt. Die Abbildung 10–2 ist im folgenden nochmals wiedergegeben. Entlang der *Y*-Achse sind nunmehr aber kumulative *Anteile* (und nicht kumulative *Häufigkeiten*) abgetragen. Wie wir aus der Abbildung entnehmen, liegt das erste Dezil nahe bei dem Punktwert ______________. 10 90 58

10–27 Wir haben festgestellt, daß der Median auch als das zweite Quartil bezeichnet werden kann. Ebensogut kann man den Median als das ______________ Dezil bezeichnen. fünfte

10–28 Quartile und Dezile werden in der Praxis seltener benutzt als PERZENTILE. *Perzentile* teilen eine Verteilung in *Hundertstel*. Das bedeutet, daß das erste Quartil gleichzeitig das ______________ste Perzentil darstellt und daß der Median mit dem ______________sten Perzentil identisch ist. 25 50

10–29 Der Punktwert, unterhalb dessen 76% der Werte einer Verteilung liegen, ist das 76ste ______________. Dieser Punktwert *ist gleich oder größer als* 76% aller Punktwerte in der Verteilung. Perzentil

Abbildung 10–2: Kumulative Häufigkeiten für die Verteilung der Abbildung 8–7

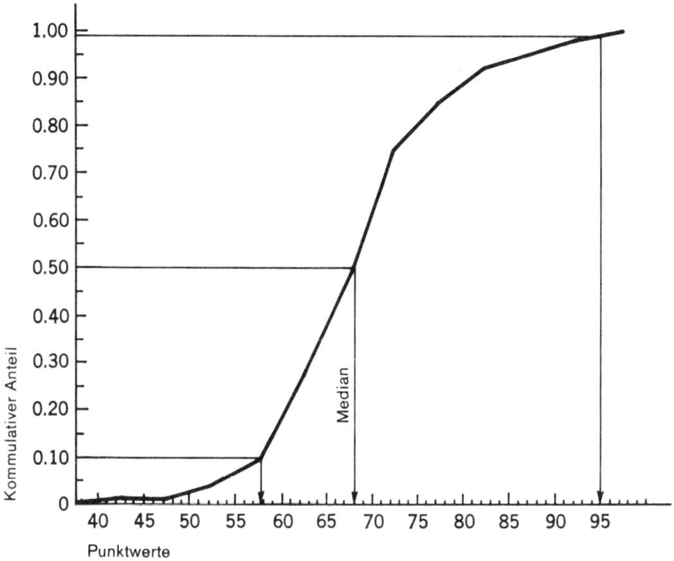

10–30 Der Punktwert, der 99% der Punktwerte in einer Verteilung erreicht oder überschreitet, ist das ____________. In Abbildung 10–2 ist dieser Punktwert gleich ____________.

99ste Perzentil
95

10–31 Wir sehen also, daß jeder Punktwert als Perzentil einer Häufigkeitsverteilung ausgedrückt werden kann. Für die Verteilung in Abbildung 10–2 entspricht der Punktwert 75 dem 80sten Perzentil. Sie können sich davon überzeugen, indem Sie am Punktwert 75 eine vertikale Linie bis zur Kurve der kumulativen Anteile errichten und beim Schnittpunkt horizontal zur *Y*-Achse gehen. Wie man sich ebenfalls überzeugen kann, entspricht der Punktwert 72,5 dem ____________ sten Perzentil.

75

10–32 Perzentile werden häufig dazu benutzt, NORMEN aufzustellen, mit deren Hilfe man Punktwerte einzelner Individuen mit denen einer großen Gruppe von Personen vergleichen kann. Der Hamburg-Wechsler-Intelligenztest z.B. ist ein Test, der an einer großen Zahl von repräsentativen Bewohnern der Bundesrepublik durchgeführt worden ist. Die Punktwerte aller getesteten Bundesbürger bilden eine Häufigkeitsverteilung, die in eine kumulative Verteilung umgewandelt werden kann. Aus dieser können dann Perzentile berechnet werden. Die Tabelle der Perzentile ist nichts anderes als die sogenannte *Normentabelle*. Kennen wir z.B. den Punktwert einer bestimmten Versuchsperson und wollen die relative Stellung dieser Versuchsperson in der Gesamtgruppe aller getesteten Bundesbürger angeben, dann benutzen wir die ____________.

Normentabelle

10–33 Dasselbe gilt auch für alle anderen Tests. Wenn Sie wissen, daß ein Schüler 39 Punkte in einem Test für Geschichte, 76 Punkte in einem Test für Rechnen und 135 Punkte in einem Test für Englisch erhalten hat, so sind Sie nicht in der Lage zu sagen, ob dieser Schüler im jeweiligen Fach gut oder schlecht abgeschnitten hat. Sie müssen dazu die ______________ für diese drei Tests kennen. Normen

10–34 Wissen Sie, daß der Punktwert 39 in Geschichte dem 48sten Perzentil, der Punktwert 76 in Rechnen dem 29sten Perzentil und der Punktwert 135 in Englisch dem 97sten Perzentil einer großen Gruppe von Schülern entspricht, so können Sie sagen, daß der betreffende Schüler relativ *sehr gut* in ______________, daß er knapp neben dem Median in ______________ und daß er relativ *schlecht* in ______________ liegt. Englisch Geschichte – Rechnen

10–35 Beachten Sie, daß der Perzentilwert eines bestimmten Rohwertes *nicht* dasselbe ist wie der Prozentsatz der gelösten Aufgaben in dem betreffenden Test. Wären z. B. in einem Wortschatztest insgesamt 150 Punkte möglich, und würde ein Student 135 Punkte erhalten, so hätte er 90 % aller möglichen Punkte erhalten. *Aber dies bedeutet keineswegs, daß 135 dem 90sten Perzentil entspricht.*
Man kann das Perzentil für einen bestimmten Rohwert nicht ermitteln, ohne daß man die ______________ für den betreffenden Test kennt, die auf der Verteilung der Punktwerte einer großen Gruppe basieren. Normen

Zusammenfassung

10–36 Das 50ste Perzentil einer Verteilung entspricht dem ________ ten Quartil. Es entspricht außerdem auch dem ______________ ten Dezil und dem ______________. Es handelt sich um den Punktwert, unterhalb dessen ______________ % der Punktwerte einer Häufigkeitsverteilung liegen. 2 5 Medianwert 50

10–37 Eine Tabelle der Perzentile für einen bestimmten Test, die auf den Punktwerten einer großen Gruppe von Personen basiert, nennt man eine ______________-tabelle. Normen

10–38 Wenn Sie erfahren, daß eine Versuchsperson 95 % der Aufgaben eines bestimmten Tests gelöst hat, so wissen Sie nur, daß sie fast die Höchstzahl aller möglichen Punktwerte erreicht hat. Wenn fast alle anderen Versuchspersonen in diesem Test nur niedrige Werte erzielt haben, so mag die betreffende Versuchsperon sogar ein noch ________ als das 95ste Perzentil erreichen. Wenn aber alle anderen ebenfalls sehr hohe Punktwerte erzielt haben, dann kann sein Perzentilwert relativ höheres

____________ liegen. Ohne eine ____________-tabelle kann man einem Testwert nicht ansehen, ob er hoch oder niedrig ist. — niedrig – Normen

C. Standardwerte

10–39 Wir sind bereits mit der Gleichung $x_i = X_i - \bar{X}$ vertraut. Sie definiert den ____________-wert. In dieser Definition steht das Symbol X_i für einen speziellen Rohwert und das Symbol $\bar{X}$ für den ____________ der Verteilung. — Abweichungs — Mittelwert

10–40 Wir wollen nun den Kleinbuchstaben z benutzen, um damit einen STANDARDWERT zu kennzeichnen. Ebenso, wie wir für jeden Rohwert X_i einen Abweichungswert x_i ermitteln können, so können wir für jeden Rohwert X_i auch einen Standardwert z_i berechnen.

10–41 Der *Standardwert* (oder der *z-Wert*) ist definiert durch die folgende Gleichung:

$$z_i = \frac{x_i}{s}.$$

Um also einen Abweichungswert in einen Standardwert zu verwandeln, müssen wir den ____________-wert durch die ____________ der Verteilung dividieren. — Abweichungs- – Standardabweichung

10–42 Um für ein X_i den Standardwert zu ermitteln, müssen wir zunächst X_i in einen Abweichungswert umwandeln und diesen dann durch s dividieren. Es ist also erforderlich, daß wir zwei Merkmale der Häufigkeitsverteilung, aus welcher die Punktwerte stammen, kennen: Wir müssen, um X_i in einen Abweichungswert überführen zu können, den ____________ kennen, und wir müssen, um den Abweichungswert x_i in einen Standardwert umwandeln zu können, die ____________ kennen. — Mittelwert — Standardabweichung

10–43 Angenommen, $\bar{X}$ ist 100 und s ist 10. Für ein $X_i = 120$ ergibt sich dann für x_i ein Wert von ____________ und für z_i ein Wert von ____________. — 20 — 2

10–44 Beachten Sie im nächsten Beispiel das *Vorzeichen:* $\bar{X}$ soll wiederum gleich 100 und s gleich 10 sein. Für ein $X_i = 90$ ist dann $x_i =$ ____________ und $z_i =$ ____________. — −10 – −1

10–45 Wenn der Abweichungswert ein positives Vorzeichen besitzt, dann besitzt auch der Standardwert ein ____________ Vorzeichen. — positives

Wenn der Abweichungswert negativ ist, dann ist der Standardwert ______________. negativ

10–46 Der Abweichungswert und der Standardwert (*z*-Wert) sind negativ, wenn ______________ kleiner ist als ______________. Der Abweichungswert ist 0, wenn ______________. Und, da 0 dividiert durch eine beliebige Zahl gleich 0 ist, wird in einem solchen Fall der *z*-Wert ebenfalls gleich ______________. X_i - $\bar{X}$ $X_i = \bar{X}$ 0

10–47 Alle negativen *z*-Werte fallen unterhalb des ______________, und alle positiven *z*-Werte oberhalb des ______________. Ein *z*-Wert von 0 fällt mit dem ______________ zusammen. Mittelwertes Mittelwertes Mittelwert

10–48 Der *z*-Wert für $\bar{X}$ ist gleich ______________. Wenn X_j *eine Standardabweichung oberhalb des Mittelwerts* liegt, dann muß z_j gleich ______________ sein. 0 +1

10–49 Entsprechend muß, wenn X_k *zwei Standardabweichungen unterhalb des Mittelwerts* liegt, z_k gleich ______________ sein. –2

10–50 Der *x*-Wert drückt den *Rohwert* als ______________ vom Mittelwert aus. *Der z-Wert drückt den Abweichungswert in Einheiten von s* aus. Deshalb ist ein *z*-Wert ein in *Einheiten* von ______________ ausgedrückter ______________-wert. Abweichung s Abweichungs

---

Zusammenfassung

10–51 Ein Abweichungswert ist definiert durch die Gleichung ______________. Ein Standardwert ist definiert durch die Gleichung ______________. $x_i = X_i - \bar{X}$ $z_i = x_i/s$

10–52 Ein Standardwert drückt einen Rohwert als ______________ vom ______________ einer Verteilung in Einheiten von ______________ aus. Abweichung Mittelwert – s

10–53 Angenommen, $\bar{X}$ ist 16 und *s* ist 2,4. Für $X_j = 10$ gilt dann: $x_j =$ ______________ und $z_j =$ ______________. Für $z_k = +1$ gilt entsprechend: $x_k =$ ______________ und $X_k =$ ______________. –6 – –2,5 +2,4 – 18,4

D. Die z-Wert-Verteilung

10–54 Abbildung 10–4 besitzt für die *X*-Achse *zwei* Skalen. Die obere Skala besitzt Einheiten von ________________-werten, die untere Skala Roh
besitzt Einheiten von ________________-werten. z (auch Standard)

Abbildung 10–4: Verteilung von N = 100 Testpunktwerten aus Abbildung 9–6 unter Hinzunahme der z-Wert-Skala

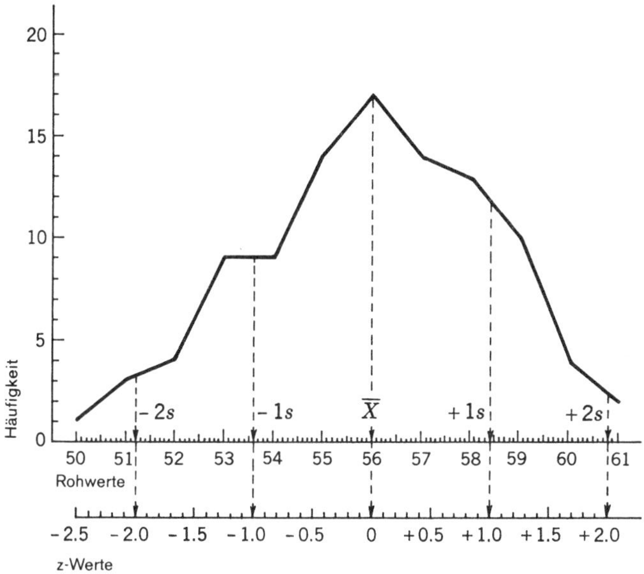

10–55 Wenn wir beim Ablesen nur die Rohwertskala berücksichtigen, dann handelt es sich um eine Häufigkeitsverteilung von Rohwerten. Wenn wir dagegen die *z*-Wert-Skala benutzen, dann handelt es sich um eine Verteilung von Standardwerten. Die Rohwertverteilung besitzt ein $\overline{X}$ von ________________ und ein *s* von ________________. Die *z*-Wert- 56 – 2,4
Verteilung besitzt dagegen einen Mittelwert von ________________ und 0
eine Standardabweichung von ________________. 1

10–56 Benutzen wir die *z*-Wert-Skala, so gibt Abbildung 10–4 die Häufigkeitsverteilung an, die wir erhalten, wenn wir jedes X_i in einen
________________ transformieren. Beachten Sie dabei, daß sich die z-Wert
Form der Häufigkeitsverteilung durch diese *Transformation* nicht ändert. Für ein $X_j = 56$ erhält man ein $z_j = 0$. Die Häufigkeit von X_j ist 17 und die Häufigkeit von z_j ist ebenfalls ________________. Das gilt 17
für alle anderen X_i und die ihnen entsprechenden z_i-Werte.

10–57 *Jede* Rohwertverteilung läßt sich in eine Verteilung von *z*-Werten transformieren. Der Mittelwert einer jeden *z*-Wert-Verteilung ist stets gleich ______________. Die Form der *z*-Verteilung entspricht stets der Form der zugehörigen ______________-verteilung, von der sie stammt. 0 1 Rohwert

10–58 Die *z-Wert-Transformation* von normal verteilten Rohwerten, wie z. B. der Verteilung der Intelligenzquotienten in der Population führt ebenfalls zu einer ______________-verteilung. Normal

10–59 Die Normalverteilung, deren *X*-Achse in *z*-Werteinheiten ausgedrückt ist, nennt man die STANDARDNORMALVERTEILUNG. Die graphische Darstellung dieser Verteilung nennt man die NORMALKURVE. Die Normalkurve besitzt die charakteristische Glockenform aller Normalverteilungen. Sie ist symmetrisch um ihren Mittelwert von ________ 0
und besitzt eine Standardabweichung von ______________. Diese 1
Verteilung ist wegen ihrer mathematischen Eigenschaften sehr wichtig. Deshalb wird sie in den Kapiteln 11 bis 14 ausführlicher behandelt werden.

Anmerkung: Die Standardnormalverteilung nennt man nach dem Mathematiker GAUSS auch die GAUSSsche Verteilung. Sie läßt sich als Gleichung mit den Variablen *y* (der Distanz entlang der *Y*-Achse) und *z* darstellen:

$$y = \frac{1}{\sqrt{2\pi}} e^{-z^2/2}$$

In dieser Gleichung ist e (die Basis des natürlichen Logarithmus) gleich 2,7183.

10–60 Da wir bereits einiges über die Flächen zwischen bestimmten Grenzen einer normalen Häufigkeitsverteilung wissen, können wir diese Kenntnis auch auf die Standard-Normalverteilung übertragen. Abbildung 10–5 läßt sich mit den Abbildungen 9–3, 9–4 und 9–5 direkt vergleichen. Wenn der Flächenanteil in einer Normalverteilung, der zwischen dem Mittelwert und 1 *s* oberhalb des Mittelwertes liegt, 0,3413 beträgt, dann beträgt auch der Flächenanteil zwischen $z = 0$ und $z = +1$ in einer Standard-Normalverteilung ______________. 0,3413

10–61 Die Fläche zwischen $z = -1$ und $z = +1$ entspricht der Fläche innerhalb von ______________ vom Mittelwert entfernt. Diese Fläche ± 1 Standardabw.
hat einen Anteil an der Gesamtfläche von ______________. 0,6826

10–62 Wir können die in Abbildung 10–5 bezeichneten Flächenanteile auch miteinander *kombinieren.* Beantworten Sie folgende Fragen: Welcher Anteil der Gesamtfläche der Verteilung liegt zwischen $z = 0$ und $z = +2$? ______________. Welcher Anteil liegt zwischen $z = 0$ und 0,4772
$z = +3$? ______________. 0,4987

Abbildung 10–5: Eine Normalverteilung mit einer Skala von z-Werten und einer Skala in Einheiten der Standardabweichung

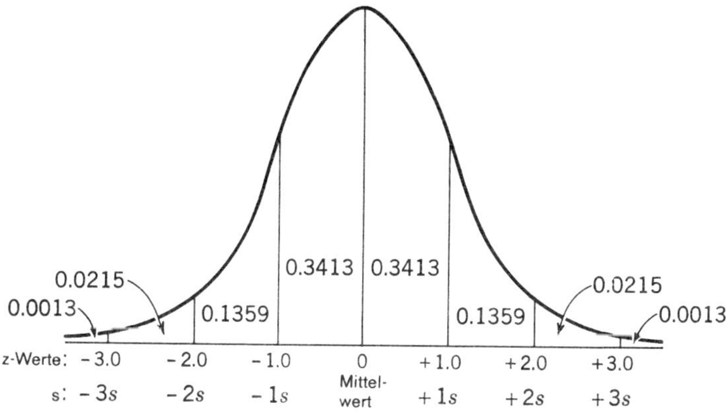

10–63 Welcher Anteil der Gesamtfläche liegt *jenseits* von $z = +3$? ____________. Wie groß ist die Gesamtfläche oberhalb des Mittelwerts? ____________.

0,0013
0,5

Zusammenfassung

10–64 In einer Normalverteilung von 10000 IQ-Werten mit einem Mittelwert von 100 und einem s von 16 entspricht ein z-Wert von +3 einem IQ-Wert von ____________. Ein z-Wert von -3 entspricht einem IQ-Wert von ____________.

148
52

10–65 Jenseits von $z = +3$ liegen nur 0,0013 (oder 13/10000) der Gesamtfläche. Wie viele der 10000 IQ-Werte sind deshalb voraussichtlich größer oder gleich 148? ____________.

13

E. Vergleich der Perzentile mit Standardwerten

10–66 Da in diesem Kapitel Perzentile und Standardwerte behandelt wurden, ist es angebracht, den Zusammenhang zwischen diesen beiden Arten von Werten näher zu erörtern. Wenn wir den Rohwert X_j einer bestimmten Versuchsperson kennen, dann können wir ihren *Perzentilwert* nur dann bestimmen, wenn wir Informationen über die ____________ dieses Tests besitzen.

Normen

10–67 Diese Normen können in Form einer graphischen Darstellung der kumulativen Anteile (wie in Abbildung 10–3) oder als Tabelle der Perzentile vorliegen. Benutzt man die graphische Darstellung, so bestimmt man den Perzentilwert einer Versuchsperson dadurch, daß man ihren Rohwert auf der ______________-Achse aufsucht, sich eine vertikale Linie zur Kurve der kumulativen Anteile hin zieht, um jenen Punkt abzulesen, der auf der ______________-Achse diesem Schnittpunkt entspricht.

X
Y

10–68 Auf diese Weise erfahren wir, wieviel ______________ der Punktwerte einer bestimmten Gruppe von Personen ______________ des Wertes dieser Versuchsperson liegen.

Prozent
unterhalb

10–69 Um aus dem Rohwert X_j den *Standardwert* (oder z-Wert) z_j zu bestimmen, müssen wir die Werte für __________ und __________ der Verteilung einer Gruppe von Personen kennen. Auch in diesem Fall muß man also bestimmte *Normen* kennen, nur liegen diese Normen in Form des ______________ und der ______________ der betreffenden Verteilung vor.

$\bar{X}$ s

Mittelwerts – Standardabweichung

10–70 Mittelwert und Standardabweichung lassen sich auch aus der graphischen Darstellung der kumulativen Anteile bestimmen. In einem solchen Fall geht man von der Y-Achse aus und zieht eine horizontale Linie zur Kurve hin. Wenn man den Mittelwert bestimmen will, dann wählt man auf der Y-Achse den Punkt ______________. Man geht also den umgekehrten Weg wie bei der Bestimmung von Flächenanteilen. Dieses Verfahren ist in der Praxis allerdings wenig gebräuchlich.

0,5

10–71 Andererseits lassen sich auch bei Kenntnis des Mittelwertes und der Standardabweichung einer Verteilung die perzentilen Normen ermitteln, allerdings *nur dann, wenn man annehmen darf, daß die Form der Verteilung* ______________ *ist.* Denn nur in diesem Fall kennen wir die Flächenanteile (und damit die Häufigkeitsanteile), die zwischen bestimmten Grenzen der Verteilung liegen.

normal

10–72 Wissen wir, daß es sich um eine Normalverteilung handelt, dann können wir sagen, daß das 50ste Perzentil dort liegt, wo X_i = ______________ ist. Denn die Hälfte der Punktwerte in einer Normalverteilung liegt unterhalb des ______________, und der Median fällt mit dem ______________ zusammen.

$\bar{X}$
Mittelwertes
Mittelwert

10–73 Da wir ferner wissen, daß bei der Normalverteilung zwischen $z = 0$ und $z = +1$ ein Anteil von ungefähr 0,34 liegt, können wir leicht feststellen, daß 84% der Punktwerte einer Normalverteilung *unterhalb* jenes Punktes liegen, der ______________ oberhalb des Mittelwerts

1 Standardabweichung

gelegen ist. Wenn $\bar{X} = 100$ und $s = 16$, dann muß der IQ-Wert, der dem 84sten Perzentil entspricht, gleich ________________ sein. 116

10–74 Sind wir jedoch *nicht* berechtigt anzunehmen, daß die Verteilung normal ist, dann lassen sich Perzentilnormen nicht aus Mittelwert und Standardabweichung ermitteln. Wir können dann zwar für den Wert X_j einen z-Wert berechnen, aber wir sind nicht in der Lage, für jene Versuchsperson den ________________ und damit ihre Stellung in der Population anzugeben. Perzentilwert

10–75 Wir halten fest: Der Perzentilwert ist eine Verallgemeinerung des *Medianwertes*. Der Medianwert und der Perzentilwert sind *ordinale* (Rang-) Werte. Der Perzentilwert gibt Auskunft über die relative Stellung eines Wertes innerhalb einer Gruppe von Werten. Wenn wir wissen wollen, „der wievielte" ein bestimmter Wert ist, d.h., wieviel Prozent aller Werte darunter liegen, dann berechnen wir den ________________. Perzentilwert

10–76 Perzentile eignen sich besser als Standardwerte (die Intervallcharakter besitzen) zur Kennzeichnung der relativen Position einer Versuchsperson. Zur Bestimmung des Perzentilwertes einer Versuchsperson ist *entweder* eine Kurve von kumulativen Anteilen notwendig *oder* eine ________________-Tabelle. Normen

10–77 In einer Verteilung aber, von der man weiß, daß sie *normal* ist, reduziert sich diese Normentabelle auf zwei Maßzahlen, nämlich auf ________________ und auf ________________. Wenn man diese beiden Maßzahlen kennt, dann kann man für jeden Wert X_i den zugehörigen Perzentilwert bestimmen. $\bar{X}$ – s

---

Zusammenfassung

10–78 Um in einem bestimmten Test die relative Position einer Versuchsperson zu bestimmen, genügt es nicht, wenn man nur ihren Rohwert in dem Test kennt. Wir müssen darüber hinaus die ________________ dieses Tests zur Verfügung haben. Ist die Verteilung normal, dann genügt es, ________________ zu kennen. Ist die Verteilung dagegen nicht normal, dann benötigen wir eine ________________ oder eine ________________. Normen – $\bar{X}$ und s – Normentabelle – Kurve von kumulativen Anteilen

10–79 Die relative Position einer Versuchsperson läßt sich nur dann in Standardwerten beschreiben, wenn die Verteilung ________________ ist. normal

---

Aufgaben zu Kapitel 10

10–1 Die folgenden Werte verteilen sich gleich wie die Werte in Aufgabe 1 aus Kapitel 9. Berechnen Sie für diese Verteilung die kumulativen Häufigkeiten und die kumulativen Anteile und setzen Sie die entsprechenden Werte in die nachstehende Tabelle ein:

X_i	f_i	*cum* f_i	*kumulative Anteile*
20	1	________	________
19	4	________	________
18	6	________	________
17	9	________	________
16	10	________	________
15	16	________	________
14	10	________	________
13	8	________	________
12	5	________	________
11	4	________	________
10	2	________	________

10–2 (a) Welchem Perzentil entspricht in der obigen Verteilung der Wert 15.5?

(b) Welcher Punktwert fällt ungefähr auf das erste Quartil?

(c) Nehmen Sie ein kariertes Papier und zeichnen Sie die Kurve der kumulativen Anteile dieser Verteilung auf. Bestimmen Sie graphisch die Skalenwerte, die dem ersten, zweiten usw. bis zum neunten Dezil entsprechen.

10–3 Wenn eine Verteilung einen Mittelwert von 118 und eine Standardabweichung von 11 besitzt, welcher z-Wert entspricht dann einem Rohwert von 115, einem von 134 und einem von 99?

10–4 Für eine normalverteilte Anzahl von Testwerten liegen folgende Informationen vor:

(a) 16% der Werte liegen unterhalb von 57 und (b) der z-Wert +0.5 entspricht einem Rohwert von 69. Welches ist der Mittelwert der Verteilung? Wie groß ist die Standardabweichung der Verteilung? Und welcher Rohwert entspricht dem 98. Perzentil?

10–5 Welcher z-Wert entspricht in einer Normalverteilung dem 50. Perzentil? Welcher dem 84. Perzentil? Welcher Perzentilwert entspricht einem z-Wert von +2.0?

Kapitel 11: Normalkurve und Wahrscheinlichkeit

Wir sind nun an einem Punkt angelangt, an dem wir die beiden Aspekte der statistischen Methodenlehre, die wir bislang unabhängig voneinander entwickelt haben, nämlich den Wahrscheinlichkeitsbegriff bei der Signifikanzprüfung (Kapitel 1 bis 5) und die Beschreibung von Häufigkeitsverteilungen (Kapitel 6, 8, 9 und 10), miteinander verknüpfen können. In den nächsten sechs Kapiteln (Kapitel 11 bis 16) wollen wir die Signifikanzprüfung im Zusammenhang mit Häufigkeitsverteilungen behandeln.

Kehren wir zu diesem Zweck zu dem Alternationsexperiment aus Kapitel 2 zurück, in dem jede Beobachtung eine Wiederholung oder eine Alternation sein kann. Die Nullhypothese besagte, daß $p_W = p_A = 1/2$. Am Ende des 5. Kapitels hatten wir von der Dreieckstafel Gebrauch gemacht, um die Wahrscheinlichkeiten zu bestimmen, die für die verschiedenen möglichen Ergebnisse eines solchen Experimentes erwartet werden. Der Gebrauch dieser Tafel war allerdings auf 10 Beobachtungen beschränkt. Wir wollen nunmehr ein Verfahren einführen, das bei einer großen Anzahl von Beobachtungen ökonomischer und wirksamer arbeitet. Dieses Verfahren beruht auf der *Standard-Normalverteilung*. (Vgl. Kapitel 10)

A. Das Säulendiagramm für Gruppen von 10 Beobachtungen

11-1 Abbildung 11-1 stellt eine Verteilung von *erwarteten Häufigkeiten* graphisch dar. Eine solche Darstellung wird als ______________ bezeichnet. Bei gewöhnlichen Häufigkeitsverteilungen wie in Kapitel 6 sind wir gewohnt, entlang der *X*-Achse Werte der Variablen *X* (meistens „Testpunktwerte") abzutragen. In Abbildung 11–1 zeigt die *X*-Achse jedoch die Ergebnisse, die in einem Alternationsexperiment mit ______________ Beobachtungen zustande kommen können.

Säulendiagramm

10

11-2 Da es sich dabei um 10 Beobachtungen handelt, wissen wir aus dem Pascalschen Dreieck, daß die Gesamtzahl der möglichen Kombinationen $2^{10} = 1\,024$ beträgt. Das bedeutet, daß auch die Fläche dieses

Diagramms ______________ Flächeneinheiten umfaßt. Die Zahl der erwarteten Häufigkeiten muß sich zu dieser Zahl aufaddieren lassen. 1024

Abbildung 11–1: Säulendiagramm von erwarteten Häufigkeiten für die Zahl der Alternationen in einem Experiment mit 10 Beobachtungen, wobei $p_A = p_W = 1/2$ *ist*

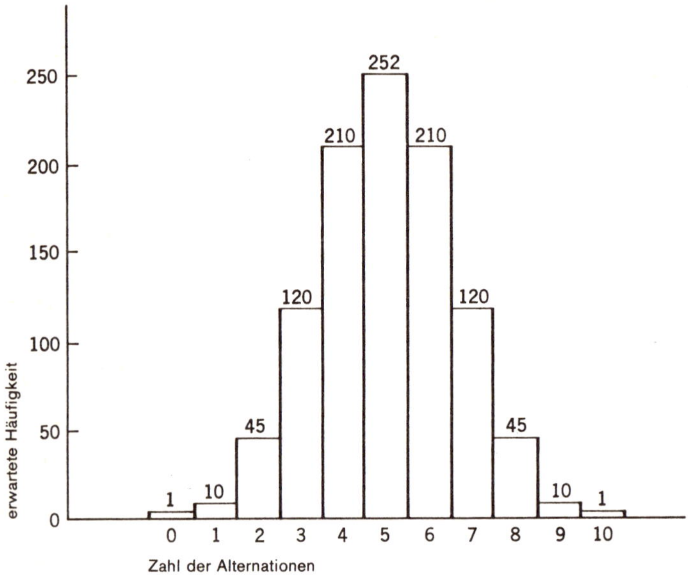

11–3 Abbildung 11–2 hat die gleiche Form wie Abbildung 11–1. Der Unterschied besteht darin, daß die Bezeichnung der *Y*-Achse geändert wurde. Sie repräsentiert nun nicht mehr ______________, sondern ______________. erwartete Häufigkeiten / Wahrscheinlichkeiten

11–4 Nun erinnern wir uns, daß diese Umwandlung von erwarteten Häufigkeiten in Wahrscheinlichkeiten genau der Umwandlung von *Häufigkeiten* in *Häufigkeitsanteile*, wie wir sie bereits im vorigen Kapitel kennengelernt haben, entspricht. Um einen Häufigkeitsanteil zu erhalten, müssen wir die Häufigkeit durch die Gesamt-______________ dividieren. Entsprechend müssen wir, um eine Wahrscheinlichkeit zu erhalten, die erwartete Häufigkeit durch die ______________ dividieren. Häufigkeit / Gesamthäufigkeit

11–5 Die Zahl an den oberen Enden der Säulen in Abbildung 11–1 stellen ______________ dar. Die Zahlen an den oberen Säulenenden in Abbildung 11–2 stellen die gleichen Zahlen dar, allerdings *dividiert durch 1024*. Das heißt, sie wurden in ______________ umgewandelt. erwartete Häufigkeiten / Wahrscheinlichkeiten

Abbildung 11–2: Säulendiagramm von Wahrscheinlichkeiten für die Zahl der Alternationen in einem Experiment mit 10 Beobachtungen, wobei $p_A = p_W = 1/2$ ist

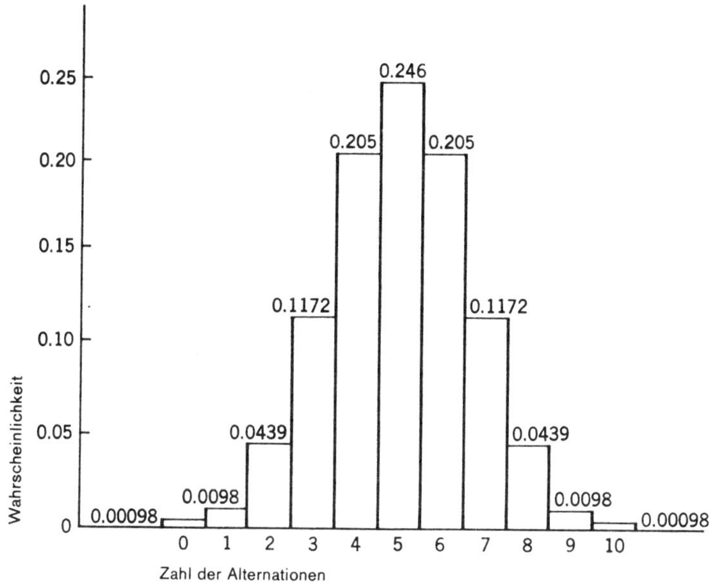

11–6 Die Modalklasse im Säulendiagramm der Abbildung 11–1 und 11–2 ist jenes Ergebnis, das aus ________________ Alternationen und ________________ Wiederholungen besteht. Die Wahrscheinlichkeit dieses Ergebnisses beträgt 252/1 024 oder ________________.

fünf
fünf
0,246

11–7 Die Gesamtfläche des Säulendiagramms in Abbildung 11–2 muß gleich ________________ sein. Die Gesamtfläche repräsentiert die Summe der ________________ aller möglichen Kombinationen von 10 Beobachtungen. Die Summe dieser Wahrscheinlichkeiten ist stets gleich ________________.

1
Wahrscheinlichkeiten
1

11–8 Die Wahrscheinlichkeit eines Ergebnisses oder einer Gruppe von Ergebnissen entspricht also jener ________________, die den entsprechenden Teil der Gesamtfläche des Säulendiagramms ausmacht.

Fläche

11–9 Die Fläche der Säule für 8 Alternationen beträgt 45/1 024 oder 0,0439. Die Fläche der Säule für 9 Alternationen beträgt 10/1 024 oder 0,0098. Und die Fläche der Säule für 10 Alternationen beträgt 1/1 024 oder 0,00098. Nach diesen Informationen stellt sich die Frage: Wie groß ist die Gesamtfläche, die der Wahrscheinlichkeit entspricht, 8, 9 *oder* 10 Alternationen in einem Experiment mit 10 Beobachtungen zu erhalten? Die Antwort ist: ________________.

0,055

11-10 Aus dieser Parallelität zwischen Wahrscheinlichkeiten und erwarteten Häufigkeitsanteilen läßt sich die Wahrscheinlichkeit auch als *Flächenanteil* verstehen. Eine Verteilung von Häufigkeitsanteilen verhält sich zu einer Verteilung von Häufigkeiten gleich wie eine Verteilung von Wahrscheinlichkeiten zu einer Verteilung von ______________ Häufigkeiten. erwarteten

11-11 Wenn man die erwarteten Häufigkeiten in *erwartete Häufigkeitsanteile* umwandelt (indem man sie durch N dividiert), erhält man eine ______________-Verteilung. Wahrscheinlichkeits

---

Zusammenfassung

11-12 Bei einem Säulendiagramm zur Darstellung einer Häufigkeitsverteilung entspricht die Höhe einer Säule der ______________ der Werte in einer bestimmten Klasse. Die Gesamtfläche eines Säulendiagramms ist gleich der ______________-Häufigkeit. Sie wird durch das Symbol ______________ bezeichnet. Häufigkeit Gesamt N

11-13 Säulendiagramme können auch Wahrscheinlichkeitsverteilungen darstellen. Die Höhe einer Säule entspricht dann der ______________ einer bestimmten Art von Ergebnis. Die Säulen spiegeln in diesem Fall gleichzeitig die erwarteten ______________ dieser Ergebnisse wider. Die Gesamtfläche in einem Säulendiagramm dieser Art ist gleich ______________. Wahrscheinlichkeit Häufigkeitsanteile 1

B. Das Säulendiagramm für Gruppen von 100 Beobachtungen

11-14 Das Säulendiagramm in Abbildung 11–3 zeigt die Wahrscheinlichkeiten, verschiedene Alternationshäufigkeiten in einem Experiment mit 100 Ratten zu erhalten unter der Annahme, daß die Nullhypothese $p_A = p_W = 1/2$ gilt. Aus diesem Säulendiagramm läßt sich beispielsweise entnehmen, daß die Wahrscheinlichkeit, *genau 50 Alternationen* zu erhalten, 0,08 beträgt. In 100 Experimenten ist die erwartete Häufigkeit eines Ergebnisses von 50 Alternationen und 50 Wiederholungen gleich ______________. 8

Abbildung 11–3: Säulendiagramm von Wahrscheinlichkeiten für die Zahl der Alternationen in einem Experiment mit 100 Beobachtungen, wobei $p_A = p_W = 1/2$ ist

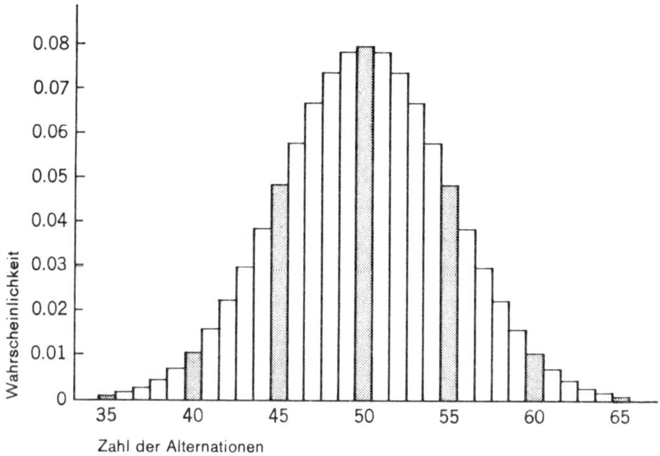

In 200 Experimenten würde ein solches Ergebnis ungefähr ________- 16
mal auftreten.

11–15 Es mag verwundern, daß die Wahrscheinlichkeit, genau 50 Alternationen zu erhalten, so klein ist, obwohl dieses Ergebnis die ____________-Klasse der Wahrscheinlichkeitsverteilung bildet und Modal
deshalb ____________ auftritt als jede andere Art von Ergebnis. häufiger
Daß diese Wahrscheinlichkeit dennoch so niedrig ist, spiegelt die Tatsache wider, daß bei $N = 100$ viele verschiedene (2^{100}) Ergebnisse möglich sind. Kein *einzelnes* dieser Ergebnisse kann deshalb sehr häufig auftreten.

11–16 Aus Abbildung 11–3 entnehmen wir, daß *zwei* Arten von Ergebnissen eine erwartete Häufigkeit von 3 haben: das Ergebnis „43 Alternationen" und das Ergebnis „____________ Alter- 57
nationen".

11–17 Die Wahrscheinlichkeit, mehr als 65 Alternationen zu erhalten, ist so niedrig, daß sie in der graphischen Darstellung gar nicht mehr in Erscheinung tritt. Dasselbe gilt für die Wahrscheinlichkeit, weniger als
____________ Alternationen zu erhalten. Die Tatsache, daß diese 35
extremen Ergebnisse in Abbildung 11–3 nicht mehr eingezeichnet worden sind, bedeutet keinesfalls, daß sie niemals zustandekommen können, sondern lediglich, daß ihre erwartete Häufigkeit so ____________ niedrig
ist, daß man *einige tausend* Experimente mit je 100 Ratten durchführen müßte, ehe eines dieser extremen Ergebnisse zu beobachten wäre.

11–18 Um jede der Wahrscheinlichkeiten des Säulendiagramms in Abbildung 11–3 zu bestimmen, könnten wir das Pascalsche Dreieck bis zur hundertsten Zeile weiter fortführen. Die Gesamtzahl der Kombinationen in einem 10-Ratten-Experiment beträgt 1 024. Die Gesamtzahl der Kombinationen in einem 100-Ratten-Experiment wäre entsprechend 2 zur ______________ Potenz. Das ergibt eine astronomische, etwa 30stellige Zahl. 100.

11–19 Wir sehen daraus, daß wir das Verfahren, das wir bei 10 Beobachtungen benutzt haben, niemals anwenden können, wenn es um 100 Beobachtungen geht. Selbst die Bestimmung einer Einzelwahrscheinlichkeit wäre kaum zu bewältigen: Um beispielsweise die Wahrscheinlichkeit des Auftretens von 60 Alternationen zu ermitteln, müßten wir 1/2 zur hundertsten Potenz nehmen. Dies ist die Wahrscheinlichkeit, *eine* beliebige der 2^{100} ______________ zu erhalten. Wir würden dann diese unendlich kleine Wahrscheinlichkeit mit der Zahl der Kombinationen multiplizieren, die zu 60 Alternationen und 40 Wiederholungen führen. Die Zahl der Kombinationen, die zu 60 Alternationen und 40 Wiederholungen führen, wird durch einen Bruch ermittelt, in dessen Zähler 100 ! und in dessen Nenner ______________ steht. Kombinationen; 60! 40!

11–20 Um diese Fakultäten auszurechnen, würden wir sehr viel Mühe aufwenden müssen. Aber noch mehr Mühe würde uns die Beantwortung der Frage kosten, ob es ein seltenes Ereignis sei, *mindestens* 60 Alternationen in einem 100-Ratten-Experiment zu erhalten, wenn die Nullhypothese gilt. Um diese Frage zu beantworten, müßten wir nicht nur die Wahrscheinlichkeit, 60 Alternationen zu erhalten, berechnen, sondern auch die Wahrscheinlichkeiten aller möglichen Alternationszahlen von mehr als 60 bis hinauf zu 100 Alternationen.

11–21 Aus dem Säulendiagramm der Abbildung 11–3 läßt sich die Wahrscheinlichkeit von 60 oder mehr Alternationen leicht abschätzen. Denn wir wissen, daß diese Wahrscheinlichkeit repräsentiert wird durch die Gesamtfläche auf der ______________ Seite von der Säule mit ______________ Alternationen, einschließlich dieser Säule selbst. rechten; 60

11–22 Die Fläche der Säule für 60 Alternationen ist ungefähr 0,01. Die Flächen der Säulen rechts von dieser Säule sind sämtlich __________ als 0,01. kleiner

11–23 Wenn wir die Alternativhypothese aufstellen, daß die Ratten Alternationsverhalten zeigen, dann würde ein Ergebnis von 60 Alternationen in einem 100-Ratten-Experiment auf der 5%-Stufe signifikant sein, da die Wahrscheinlichkeit, mindestens 60 Alternationen unter der Nullhypothese zu erhalten, offensichtlich ______________ als 0,05 ist. kleiner

Zusammenfassung

11–24 Wir haben festgestellt, daß die erwartete Häufigkeit von Alternationen in einem 100-Ratten-Experiment ________ beträgt, wenn die Population der Ratten unsystematisch reagiert. Aber selbst diese erwartete Häufigkeit kann nur ungefähr ________ mal in 100 Wiederholungen eines solchen 100-Ratten-Experimentes erwartet werden. | 50 | acht

11–25 Wenn wir sagen, die erwartete Häufigkeit von Alternationen in einem 100-Ratten-Experiment sei 50, so meinen wir damit nicht, daß jedesmal oder fast jedesmal 50 Alternationen und 50 Wiederholungen auftreten sollten. Wir meinen damit nur, daß das Ergebnis 50 Alternationen ________ ist als jedes andere Ergebnis und daß die tatsächliche Zahl der Alternationen nahe bei ________ liegt. | häufiger | 50

C. Die Normalkurve für große Werte von *N*

11–26 Abbildung 11–4 zeigt das Säulendiagramm der Abbildung 11–3, mit dem Unterschied, daß die Mittelpunkte der Säulenenden durch eine Linie verbunden sind. Diese Kurve ist symmetrisch und hat eine glockenförmige Gestalt, die charakteristisch für eine ________-Verteilung ist. | Normal

Abbildung 11–4: Säulendiagramm von Wahrscheinlichkeiten für die Zahl der Alternationen in einem Experiment mit 100 Beobachtungen

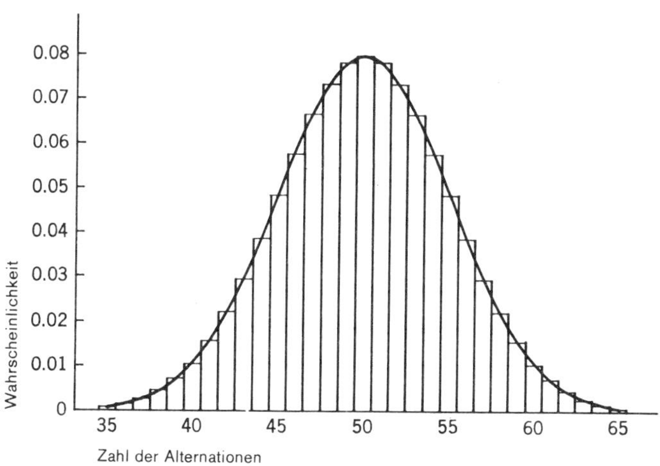

11–27 Werfen Sie einen Blick zurück auf Abbildung 11–2 (Seite 189) und 11–3 (Seite 191)! Abbildung 11–2 gilt für Experimente mit ________ Beobachtungen und Abbildung 11–3 für Experi- 10
mente mit ________ Beobachtungen. Beide Säulendiagramme 100
haben dieselbe allgemeine Form mit dem einen Unterschied, daß das Säulendiagramm der Abbildung ________ sich mehr einer 11–3
glatten Kurve annähert.

11–28 Die Glätte eines solchen Säulendiagramms von Wahrscheinlichkeiten nimmt mit der Zahl der ________ zu, die zu diesem Beobachtungen
Experiment herangezogen werden.

11–29 Das Säulendiagramm für 100 Beobachtungen ist glatter als das für 10 Beobachtungen, und ein Säulendiagramm für 1000 Beobachtungen würde noch ________ sein. glatter
Mit einer noch viel größeren Zahl als 1000 Beobachtungen würde das Säulendiagramm von einer glatten Kurve, wie sie in Abbildung 11–5 gezeichnet ist, nicht mehr zu unterscheiden sein. Tatsächlich ist die in Abbildung 11–5 dargestellte glatte Kurve nichts anderes als die bereits in Kapitel 10 D erörterte *Normalkurve* (Darstellung der Standard-Normalverteilung).

11–30 Das Säulendiagramm der Wahrscheinlichkeiten nähert sich um so mehr einer Normalkurve, je größer die Zahl der ________ Beobachtungen
in einem Experiment wird. Deshalb können wir unser bisheriges Wissen über die Form und die Flächenanteile einer Normalkurve dazu benützen, um Wahrscheinlichkeiten für große Werte von ________ zu N
berechnen. D.h., wir brauchen nicht auf die Dreieckstafel zurückzugreifen.

Abbildung 11–5: Die Normalkurve

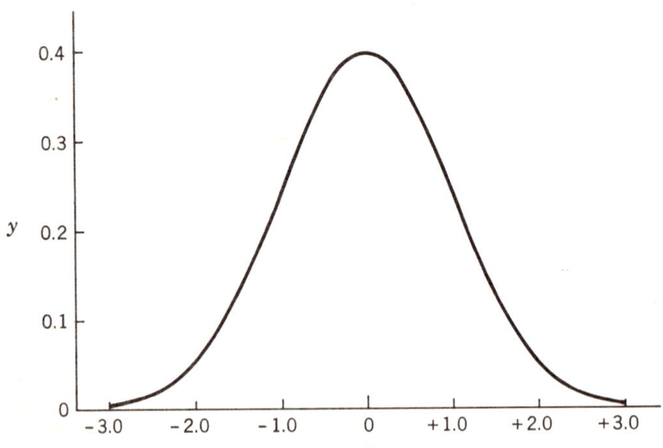

11-31 Beachten Sie, daß die *X*-Achse der Normalkurve in Abbildung 11–5 in Einheiten von *z* ausgedrückt ist. Aus Kapitel 10 wissen wir, daß die Standard-Normalverteilung eine Normalverteilung ist, deren *X*-Achse in ________________-Einheiten unterteilt ist. — z-Wert

11-32 Der *z*-Wert (oder Standardwert) des Mittelwertes einer Verteilung ist stets gleich ________________. Der *z*-Wert eines eine Standardabweichung oberhalb des Mittelwertes gelegenen Punktes ist stets gleich ________________. Der *z*-Wert eines eine Standardabweichung unterhalb des Mittelwertes gelegenen Punktes ist stets gleich ________________. — 0 — +1 — −1

11-33 Die *Y*-Achse in Abbildung 11–5 ist einfach mit ____________ bezeichnet, während die *Y*-Achse im Diagramm der Abbildung 11–4 mit „Wahrscheinlichkeit" bezeichnet war. — y

11-34 Dies ist nun der wesentliche Unterschied zwischen einem *Säulendiagramm von Wahrscheinlichkeiten* und einer *Normalkurve:* Im Säulendiagramm repräsentiert die Höhe einer Säule die tatsächliche ________________ des betreffenden Ergebnisses. *Dies gilt nicht mehr für die Normalkurve.* Hier wird die Wahrscheinlichkeit durch die ________________ dargestellt. — Wahrscheinlichkeit — Fläche

11-35 Die Bedeutung von *y* in der Normalkurve ergibt sich aus der Gleichung für diese Kurve, die in Kapitel 10 D wie folgt angegeben war:

$$y = \frac{1}{\sqrt{2\pi}} e^{-z^2/2}$$

Dabei sind π und *e*-Konstanten, nicht Variablen. Wir brauchen uns mit dieser Gleichung nicht weiter zu beschäftigen. Alles was wir über sie wissen müssen, ist die Tatsache, daß ein Säulendiagramm von Wahrscheinlichkeiten *sich solch einer Kurve mehr und mehr annähert,* je größer ________________ wird. — N

Zusammenfassung

11-36 Eine Wahrscheinlichkeitsverteilung ist eine Verteilung von erwarteten (Achtung!) ________________. In dem Maß, in dem die Zahl der Beobachtungen in einem Experiment wächst, nimmt die ________________-Verteilung mehr und mehr die Form einer ____________-Kurve an. — Häufigkeitsanteilen — Wahrscheinlichkeits – Normal

11-37 Die Normalkurve ist keine Häufigkeitsverteilung irgendeiner Art. Sie ist eine Kurve, die durch eine bestimmte Gleichung beschrieben wird. Die Y-Achse der Normalverteilung repräsentiert nicht ________ wie die Y-Achse einer Wahrscheinlichkeitsverteilung. Auch die X-Achse besitzt eine andere Skaleneinteilung; sie ist nach Einheiten unterteilt, die mit dem Kleinbuchstaben ________ bezeichnet werden. Jede Einheit entspricht einer ________.

Wahrscheinlichkeiten

z

Standardabweichung

D. Die Bestimmung von Wahrscheinlichkeiten mit Hilfe der Normalverteilung

11–38 In Abschnitt B dieses Kapitels haben wir die Wahrscheinlichkeit von 60 oder mehr Alternationen aus dem Säulendiagramm der Wahrscheinlichkeiten geschätzt. Da ein N von 100 genügend groß ist, um die Wahrscheinlichkeitsverteilung einer ________ anzunähern, wollen wir nunmehr diese zuerst geschätzte Wahrscheinlichkeit genauer berechnen.

Normalkurve

11–39 Die Wahrscheinlichkeit, an der wir interessiert sind, besteht in jener ________ unter der Normalkurve, die rechts von einem bestimmten Punkt, nämlich dem Punkt „60 Alternationen", liegt. Ehe wir diese Wahrscheinlichkeit bestimmen können, müssen wir wissen, welcher Punkt auf der X-Achse ________ entspricht.

Fläche

60 Alternationen

11–40 Die X-Achse der Normalkurve ist in z-Wert-Einheiten unterteilt. Wir müssen also das Ergebnis „60 Alternationen" in einen ________ umwandeln. Dazu müssen wir zwei Werte unserer Wahrscheinlichkeitsverteilung kennen, nämlich den ________ und die ________.

z-Wert

Mittelwert – Standardabweichung

11–41 Der *Mittelwert* einer Wahrscheinlichkeitsverteilung dieser Art ist stets die *erwartete Häufigkeit* – in unserem Fall also die erwartete Häufigkeit von Alternationen. Deshalb ist der Mittelwert unserer Wahrscheinlichkeitsverteilung gleich ________.

50

11–42 Wie sind wir zu dieser erwarteten Häufigkeit von 50 gekommen? Wir haben die Wahrscheinlichkeit einer Alternation, p_A, mit N multipliziert. Die allgemeine Definition des Mittelwertes einer Wahrscheinlichkeitsverteilung ist gegeben durch

$$\bar{X} = Np$$

wobei p die Wahrscheinlichkeit eines bestimmten Ergebnisses, in unserem Fall einer Alternation, bedeutet.

11–43 Wie groß ist nun die Standardabweichung? In einer Wahrscheinlichkeitsverteilung, die wie hier aus Kombinationen von dichotomen Ereignissen gebildet wird, ist die *Standardabweichung* definiert als

$$s = \sqrt{Npq}$$

wobei q die Wahrscheinlichkeit des *komplementären* Ereignisses, in unserem Fall einer Wiederholung, bezeichnet. In unserem Beispiel können wir deshalb für die Symbole p und q die Symbole p_A und ______ einsetzen. Unter Verwendung dieser Symbole gilt — p_W

$$s = \_\_\_\_\_\_$$ — $\sqrt{N p_A p_W}$

11–44 Da $N = 100$ und $p_A = p_W = 1/2$, beträgt die Standardabweichung unserer Wahrscheinlichkeitsverteilung ______. — 5

11–45 Nachdem wir nun Mittelwert ($\bar{X} - 50$) und Standardabweichung ($s = 5$) unserer Wahrscheinlichkeitsverteilung kennen, ergibt sich für das Ergebnis 60 Alternationen ein z-Wert von ______. Er besagt, daß dieses Ergebnis in der Wahrscheinlichkeitsverteilung zwei Standardabweichungen *oberhalb* des Mittelwertes liegt. — +2

11–46 Erinnern wir uns nun daran, daß wir an jener Fläche unter der Normalverteilung interessiert sind, die *jenseits* (rechts) von 60 Alternationen liegt. An der Fläche links von diesem Punkt sind wir ebensowenig interessiert wie an der Fläche links von 60 Wiederholungen, da unsere ______-Hypothese besagt, daß Ratten *Alternationsverhalten* zeigen. — Alternativ

11–47 Wir können nun aus Abbildung 11–6 die Wahrscheinlichkeit für 60 oder mehr Alternationen ablesen: Diese Abbildung zeigt, daß der Anteil der Fläche unter der Normalkurve jenseits von $z = +2$, ______ beträgt. Wir haben also vorhin nicht falsch geschätzt, als wir meinten, daß diese Wahrscheinlichkeit kleiner als 0,05 sei. — 0,0228

Abbildung 11–6: Flächen unter der Normalkurve

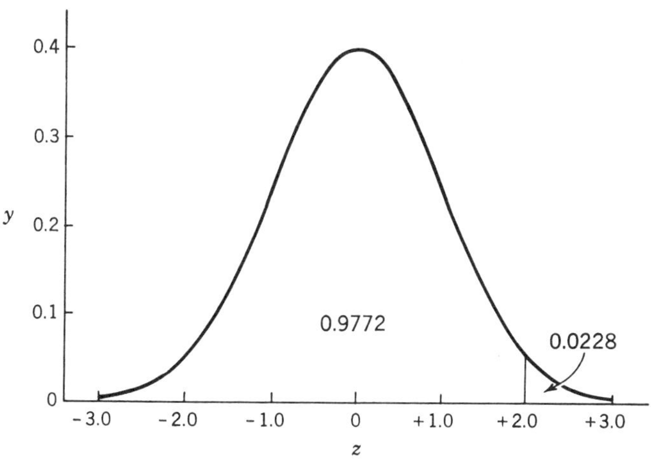

11-48 Wir wollen das beschriebene Vorgehen noch an einem anderen Beispiel klarmachen: Betrachten wir ein Experiment mit 900 Ratten. Der Wert von N für solch ein Experiment ist ________. Der Mittelwert der Wahrscheinlichkeitsverteilung ist ________. 900 450

11-49 Die Standardabweichung der Wahrscheinlichkeitsverteilung ($s = \sqrt{Npq}$) ist die Quadratwurzel aus 900 x ________. Und das ergibt ________. 0,5 · 0,5 15

11-50 Mit einem Mittelwert von 450 und einem s von 15 ist der z-Wert für das Ergebnis 465 Alternationen gleich ________. Der z-Wert für das Ergebnis 426 Alternationen beträgt (Achtung!) ________. +1 − 1.6

Zusammenfassung

11-51 Da die Form der Wahrscheinlichkeitsverteilung für große Werte von N der Form einer Normalkurve gleicht, können wir das Wissen um die Flächen unter der Normalkurve dazu benutzen, die ________ von bestimmen Ergebnissen zu ermitteln. Wahrscheinlichkeiten

11-52 Um die Wahrscheinlichkeit eines Ergebnisses bestimmen zu können, müssen wir das Ergebnis als ________ angeben, und dies erfordert, daß wir ________ und ________ der ________ kennen. z-Wert $\bar{X}$ ↔ s Wahrscheinlichkeitsverteilung

11-53 Der Mittelwert einer Wahrscheinlichkeitsverteilung dieser Art ist definiert als $\bar{X}$ = ________. Die Standardabweichung ist definiert als s = ________. Np $\sqrt{Npq}$

E. Beispiele zur Bestimmung von Wahrscheinlichkeiten als Flächenanteile

11-54 Die Gesamtfläche in einer Wahrscheinlichkeitsverteilung ist stets gleich ________. Die Fläche oberhalb des Mittelwertes ist gleich ________ und die Fläche unterhalb des Mittelwertes ist gleich ________. 1 0.5 0.5

11-55 Da die Form einer Wahrscheinlichkeitsverteilung bei großem N einer Normalkurve entspricht, können wir das Wissen um die Flächenanteile unter der Normalkurve auf die Wahrscheinlichkeitsverteilung anwenden. Denn Wahrscheinlichkeiten können auch als ______________ aufgefaßt werden. — Flächenanteile

11-56 In Abschnitt D haben wir die Wahrscheinlichkeit von 60 oder mehr Alternationen zu 0,0228 bestimmt. Wären unter 100 Beobachtungen 60 Alternationen vorgekommen, so hätten wir die Nullhypothese, nämlich die Hypothese, daß die Population unsystematisch reagiert, ______________. — verworfen

11-57 Erinnern wir uns, daß unsere Alternativhypothese lautete, „Ratten zeigen Alternationsverhalten". Nehmen wir an, wir hätten in 100 Experimenten nur 45 Alternationen beobachtet. Wir fragen uns, wie groß unter diesen Umständen die Wahrscheinlichkeit ist, 45 *oder mehr* Alternationen zu beobachten. Da der Mittelwert = 50 und $s = 5$ ist, beträgt der z-Wert für 45 Alternationen ______________. — −1

11-58 Zur Berechnung der Wahrscheinlichkeit, 45 Alternationen oder mehr zu erhalten, müssen wir wissen, welche Fläche ______________ von $z = -1$ liegt. — oberhalb (auch rechts)

11-59 Die Fläche oberhalb (oder rechts) von $z = 0$ ist ______________ der Gesamtfläche. Aus Abbildung 11–7 entnehmen wir, daß die Fläche zwischen dem Mittelwert und 1 s unterhalb des Mittelwertes ______________ beträgt. Deshalb ist die Gesamtfläche oberhalb von $z = -1$ = ______________. — 0,5 — 0,3413 — 0,8413

11-60 Die Wahrscheinlichkeit, 45 *oder mehr Alternationen* von einer unsystematisch reagierenden Rattenpopulation zu erhalten, beträgt deshalb ______________. Wir dürfen also erwarten, daß wir *mindestens 45 Alternationen*, d.h. 45 oder mehr Alternationen in ______________ von 100 Wiederholungen des 100-Ratten-Experiments erhalten. — 0,8413 — 84

11-61 Hätten wir die gegenteilige Alternativhypothese aufgestellt, nämlich, daß Ratten Wiederholungsverhalten zeigen, so hätten wir die Wahrscheinlichkeit, 45 oder ______________ Alternationen zu erhalten, bestimmen müssen. Diese Wahrscheinlichkeit ergibt sich als Fläche unter der Normalkurve, die ______________ von $z = -1$ gelegen ist. — weniger — unterhalb

11-62 Wenn die Fläche oberhalb von $z = -1$ 0,8413 beträgt, dann beträgt die Fläche unterhalb dieses Punktes ______________. Die Wahrscheinlichkeit, 45 oder weniger Alternationen zu erhalten, ist deshalb ______________. — 0,1587 — 0,1587

11-63 Der z-Wert für das Ergebnis „55 Alternationen" beträgt ______________. Die Wahrscheinlichkeit, 55 oder mehr Alternationen zu erhalten, entspricht dem Flächenanteil unter der Normalkurve, der ______________ liegt. — +1 — oberhalb von $z = +1$

Abbildung 11–7: Flächen unter der Normalkurve

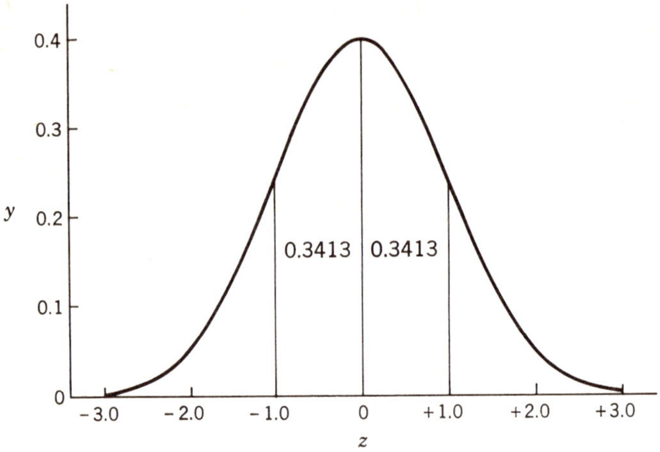

11–64 Da der Flächenanteil oberhalb von $z = 0$ __________ beträgt und die Fläche zwischen $z = 0$ und $z = +1$ __________ beträgt, ist die Wahrscheinlichkeit, 55 oder mehr Alternationen zu erhalten, gleich __________.

0,5

0,3413

0,1587

Aufgaben zu Kapitel 11

11-1 Bestimmen Sie Mittelwert und Standardabweichung für die Wahrscheinlichkeitsverteilung von 900 Würfen mit einer unverfälschten Münze. Wie groß ist die Wahrscheinlichkeit, unter 900 Würfen zwischen 435 und 465 Kopfwürfe zu erhalten? Wie groß ist die Wahrscheinlichkeit, zwischen 465 und 480 Kopfwürfe zu erhalten, und wie groß ist die Wahrscheinlichkeit, mehr als 495 Kopfwürfe zu erhalten?

11-2 In einer Landtagswahl hoffen SPD und CDU gleichermaßen, 50% der Wählerstimmen zu erhalten. Eine Zufallsstichprobe von 400 Wählern ergibt 220 für die SPD und 180 für die CDU. Wie groß ist die Wahrscheinlichkeit, 220 SPD-Wähler in der Stichprobe zu finden, unter der Nullhypothese, daß deren Anteil in der Population 0,5 beträgt?

11-3 Verwandeln Sie die folgenden Ergebnisse von 3 Stichproben mit je 400 Beobachtungen in z-Werte. Die Wahrscheinlichkeitsverteilung ist dabei so definiert, daß die X-Achse die Zahl der SPD-Wähler repräsentiert. Welches sind die z-Werte für
a) 215 SPD-Wähler und 185 CDU-Wähler,
b) 150 SPD-Wähler und 250 CDU-Wähler,
c) 190 SPD-Wähler und 210 CDU-Wähler?

Kapitel 12: Signifikanzprüfungen über die Normalverteilung – I: Das Prüfen dichotomisierter Daten

In Kapitel 11 haben wir gesehen, daß Flächen unter der Normalkurve als Wahrscheinlichkeiten aufgefaßt werden können. Vielleicht haben Sie noch einige Flächenanteile unter der Normalkurve im Kopf, jene vielleicht, die den Abständen von 1 oder 2 Standardabweichungen vom Mittelwert entsprechen. Wir haben gesehen, daß 0,6826 oder 68% der Gesamtfläche unter der Normalkurve zwischen ±1 Standardabweichungen vom Mittelwert entfernt liegen und daß 0,9544 oder 95% der Gesamtfläche zwischen ±2 Standardabweichungen vom Mittelwert entfernt liegen.

Für den praktischen Gebrauch gibt es Tabellen, die für alle möglichen z-Werte die entsprechenden Flächen unter der Normalkurve enthalten, auch für z-Werte, die nicht ganze Zahlen wie 1 oder 2 darstellen. In diesem Kapitel wollen wir nun den Gebrauch dieser Tabelle näher erörtern. Eine solche Tabelle finden Sie auf Seite 378.

Aus der Überschrift des Kapitels entnehmen wir, daß es sich um das erste von zwei Kapiteln handelt, in welchen die Normalverteilungstabelle auf Probleme der Signifikanzprüfung angewendet wird. In diesem ersten Kapitel wollen wir uns *nur* mit jenen Anwendungen beschäftigen, in denen beobachtete Häufigkeiten in zwei Klassen unterteilt werden können, wo es sich also, wie man sagt, um *dichotomisierte* Daten handelt*). Das Alternationsexperiment ist ein Beispiel solch eines Experimentes mit dichotomisierten Häufigkeiten; denn alle Beobachtungen ließen sich in zwei Klassen unterteilen, in „Alternationen" und in „Wiederholungen". In Kapitel 14 werden wir dann die Normalverteilungstabelle auch zur Signifikanzprüfung von anderen Arten experimenteller Beobachtungen heranziehen.

*) *Anmerkung des Bearbeiters:* Der Begriff „dichotomisierte Daten" wird im allgemeinen auf Variablen angewendet, die in der Population zwar stetig verteilt sind, die jedoch wegen der Unzulänglichkeit des Meßinstruments etwa nur in zwei Klassen gemessen werden können, wie z.B. überdurchschnittlich, unterdurchschnittlich ausgeprägtes Merkmal; geeignete, ungeeignete Bewerber; erfolgreiche, erfolglose Teilnehmer. *Hier* wird der Begriff auf *jede* Art von zweigeteilten Klassen angewendet, also nicht nur auf solche, die entlang einer Ordinal- oder Invervallskala gemessen werden können, sondern auch auf solche, die entlang einer Zwei-Punkte-Nominalskala (z.B. männlich-weiblich) gemessen werden.

A. Benutzung der z-Tabelle

Auf Seite 378 finden Sie die z-Tabelle.
Im folgenden werden wir immer von der z-Tabelle sprechen. Es handelt sich dabei um die Tabelle, die für sämtliche z-Werte angibt, welcher Flächenanteil unter der Normalkurve (siehe Kapitel 11) einem bestimmten z-Wert entspricht. Andere Bezeichnungen für die z-Tabelle sind „Normalverteilungstabelle" oder „Tabelle der Flächen unter der Normalkurve". Der Test der Nullhypothese, der die z-Tabelle benutzt, wird als „z-Test" bezeichnet.

12-1 In der z-Tabelle sind die mit z gekennzeichneten Spalten auch mit x/σ bezeichnet. Dies heißt nichts anderes, als daß z als x/s definiert ist, wobei für s der griechische Kleinbuchstabe σ steht.
Das Symbol σ bezeichnet in der Statistik die Standardabweichung einer *Population*. Im Gegensatz dazu bezeichnet s die __________ einer Stichprobe. Standardabweichung

12-2 Der Buchstabe x im Ausdruck x/σ bezeichnet den __________, den wir über die Formel x_i = __________ bestimmen. Wenn nun die Tabelle besagt, daß $z = x/\sigma$ ist, dann stimmt dies mit unserer früheren Feststellung überein, daß z_i = __________ ist.

Abweichungswert

$X_i - \bar{X}$

$\frac{x_i}{s}$ $\left(\text{oder } \frac{X_i - \bar{X}}{s}\right)$

12-3 Für jeden Wert z_i finden wir daneben die entsprechende Fläche vom __________ bis zu __________. Der Mittelwert der z-Verteilung ist stets gleich __________.

Mittelwert – z_i

0

12-4 Betrachten wir die ersten zwei Spalten der Tafel. Wie groß ist die Fläche vom Mittelwert bis z, wenn $z = +1$ ist? Wir entnehmen der Tafel, daß diese Fläche __________ beträgt. Diese Zahl ist uns bereits bekannt. 0,3413

12-5 Für den Punkt $z = 2$ zeigt die Tafel eine uns ebenfalls bekannte Zahl; die Fläche vom Mittelwert bis $z = 2$ ist __________. Und wenn wir diesen Wert mit 2 multiplizieren, dann erhalten wir 0,9544, jene Fläche also, die innerhalb von __________ Standardabweichung(en) vom Mittelwert entfernt liegt.

0,4772

± 2

12-6 Die in der Tafel angegebenen Flächen sind Flächen zwischen z und dem __________. Deshalb beziehen sich alle Flächenanteile nur auf *eine Hälfte* der Normalkurve. Ist z negativ, so liegt die Fläche __________ vom Mittelwert, ist z positiv, dann liegt die Fläche __________ vom Mittelwert.

Mittelwert

links

rechts

12-7 Der höchste Wert, den wir in der Tafel rechts unten finden, beträgt fast __________. Da sich die Tafel nur auf die eine Hälfte 0,5 der Fläche unter der Normalkurve bezieht und nicht auf die Gesamtfläche, kann der maximale Flächenanteil vom Mittelwert bis z nur die Hälfte von ________________ betragen. 1

12–8 Wie man sieht, sind in der Tabelle nicht nur die Wahrscheinlichkeiten für ganzzahlige z-Werte aufgeführt, sondern auch für viele dazwischenliegenden Dezimalzahlen. Kehren wir zum 100-Ratten-Experiment zurück, für das wir eine Wahrscheinlichkeitsverteilung mit einem Mittelwert von 50 und einer Standardabweichung von 5 berechnet haben. Der z-Wert für ein Ergebnis „58 Alternationen" beträgt ________. + 1,6

12–9 Die Wahrscheinlichkeit, *zwischen* 50 *und* 58 Alternationen zu erhalten, ist gleich der Fläche zwischen dem Mittelwert und dem z-Wert 1,6. Diese Fläche finden wir in der z-Tabelle neben dem Wert $z = 1{,}6$; sie beträgt ________________. 0,4452

12–10 Die Wahrscheinlichkeit, 58 *oder mehr Alternationen* zu erhalten, ist also gleich der Gesamtfläche unter der rechten Hälfte der Normalkurve minus 0,4452. Diese Wahrscheinlichkeit beträgt ________________. Wir würden also 58 oder mehr Alternationen in ungefähr ________________ von 100 Wiederholungen des 100-Ratten-Experiments erhalten. 0,0548 5 (oder 6)

Zusammenfassung

12–11 Die z-Tabelle enthält die ________________ für alle Werte von z. Um die Wahrscheinlichkeit eines Ergebnisses nach dieser Tafel zu beurteilen, müssen wir den ________________ bestimmen, der diesem Ergebnis entspricht. Diesen z-Wert finden wir, wenn wir den Mittelwert und die ________________ der Wahrscheinlichkeitsverteilung kennen. Flächen vom Mittelwert bis z; z-Wert; Standardabweichung

12–12 Die Flächenanteile in der Tabelle beziehen sich nur auf die eine ________________ der Fläche unter der Kurve, nämlich auf die Fläche vom Mittelwert bis z. Um die Fläche unter der Normalkurve zu finden, die *jenseits* eines bestimmten z-Wertes liegt, müssen wir die abgelesene Fläche von ________________ subtrahieren. Hälfte; 0,5

B. Ein- und zweiseitige Tests

12–13 Wenn wir die Ergebnisse des Alternationsexperimentes auf Signifikanz prüfen wollen, dann gehen wir von der Nullhypothese aus. Wir entschließen uns dann für eine Alternativhypothese, d. h. für eine

Hypothese, die wir *anzunehmen* bereit sind, wenn wir die __________-Hypothese __________ müssen.

Null
verwerfen

12-14 Die Alternativhypothese kann nun, wie wir bereits in Kapitel 5 gesehen haben, verschiedener Art sein. Die Hypothese, daß Ratten mehr Alternationsverhalten zeigen oder daß sie mehr Wiederholungsverhalten zeigen, bestimmt eindeutig die __________, in der wir die Abweichung von der Nullhypothese erwarten.

Richtung

12-15 Bei der anderen Art der Alternativhypothese sagen wir, „die Ratten zeigen systematisches Verhalten in die eine oder in die andere Richtung, ohne daß wir angeben, in welche Richtung“. Diese Hypothese läßt die Richtung der erwarteten Abweichung von der Nullhypothese __________.

offen (unbestimmt)

12-16 Nehmen wir an, das Ergebnis eines 100-Ratten-Experiments ist 59 Alternationen. Wenn unsere Alternativhypothese lautet, daß Ratten alternieren, dann brauchen wir nur die Wahrscheinlichkeit zu berechnen (Achtung!), __________ unter der Nullhypothese zu erhalten.

59 oder mehr Alternationen

12-17 Da der *z*-Wert für 59 Alternationen in einem 100-Ratten-Experiment __________ beträgt, ist die Wahrscheinlichkeit, 59 oder mehr Alternationen zu beobachten, __________. Diese Wahrscheinlichkeit ist __________ als 0,05 und das Ergebnis ist deshalb auf der 5%-Stufe __________.

+1,8
0,0359
kleiner
signifikant

12-18 Angenommen, wir hätten die Alternativhypothese aufgestellt, *ohne* die Richtung der erwarteten Abweichung zu spezifizieren. Hätten wir dasselbe Ergebnis, nämlich 59 Alternationen, erhalten, so müßten wir zur Wahrscheinlichkeit, 59 oder mehr Alternationen zu erhalten, noch die Wahrscheinlichkeit, __________ zu erhalten, hinzuzählen.

59 oder mehr Wiederholungen

12-19 In diesem Fall wäre die Wahrscheinlichkeit genau __________ so groß wie die Wahrscheinlichkeit unter der anderen Alternativhypothese. Sie beträgt __________ und ist damit auf der 5%-Stufe __________.

doppelt
0,0718
nicht signifikant

12-20 Die beidseitigen Ausläufer der Wahrscheinlichkeitsverteilung nennt man *Äste*, da sie sich wie schmale Äste nach beiden Seiten hin erstrecken. Die Alternativhypothese, die die Richtung der Abweichung von der Nullhypothese nicht spezifiziert, erfordert die Berücksichtigung beider Seiten oder __________ der Wahrscheinlichkeitsverteilung. Wir stellen fest: *Ein Test (eine Prüfung) der Nullhypothese muß ein*

Äste

ZWEISEITIGER TEST sein, wenn die Alternativhypothese die Richtung des erwarteten Unterschiedes nicht spezifiziert.

12-21 Die ursprüngliche Alternativhypothese „Ratten zeigen mehr Alternationen als Wiederholungen" erfordert lediglich die Berücksichtigung eines Astes der Wahrscheinlichkeitsverteilung, und entsprechend nennt man den betreffenden Test einen ________ Test. einseitigen

12-22 Wir wiederholen: Eine Alternativhypothese, die die Richtung des erwarteten Unterschiedes spezifiziert, erfordert zur Signifikanzprüfung der beobachteten Ergebnisse einen ________. Wird in der Alternativhypothese die Richtung der Abweichung nicht spezifiziert, so muß ein ________ angewendet werden. einseitigen Test zweiseitiger Test

Zusammenfassung

12-23 Die Seite, auf die sich ein einseitiger Test bezieht, ist einer der beiden Äste der Wahrscheinlichkeitsverteilung. Die Wahrscheinlichkeit, die in einem solchen Test ermittelt wird, entspricht der ________, die auf der betreffenden Seite jenseits von ________ liegt. Fläche z

12-24 Die Wahrscheinlichkeit, die in einem zweiseitigen Test berechnet wird, schließt die Fläche jenseits von z in ________ der Wahrscheinlichkeitsverteilung ein. Diese Wahrscheinlichkeit ist genau ________ so groß wie die Wahrscheinlichkeit für denselben Wert von z bei einem einseitigen Test. *Die Signifikanzprüfung, die mit Hilfe der z-Tabelle durchgeführt wird, nennt man auch einen z-Test.* beiden Ästen doppelt

C. Beispiele für ein- und zweiseitige Tests

12-25 Betrachten wir die Problematik von ein- und zweiseitigen Tests anhand des Münzenwurfbeispiels aus Kapitel 2. Wenn wir feststellen wollen, ob eine Münze unverfälscht ist, dann verfahren wir so, daß wir jene Nullhypothese prüfen, die besagt, daß sich die Ergebnisse, die wir beim Werfen dieser Münze erhalten, *nicht* von jenen Ergebnissen *unterscheiden*, die wir von einer ________ erwarten. unverfälschten Münze

12-26 Die Alternativhypothese „die Münze liefert mehr *Köpfe* als eine unverfälschte Münze" ist eine der beiden möglichen ________-Hypothesen. Ein Test der Nullhypothese müßte dann ein ________ Alternativ einseitiger

Test sein, da die Wahrscheinlichkeit, eine große Anzahl von „Zahl"-Würfen zu erhalten, ________________ (relevant, nicht relevant) ist. nicht relevant

12-27 Hätten wir die Hypothese aufgestellt, daß die Münze verfälscht ist (in die eine *oder* in die andere Richtung), dann würde ein ________-seitiger Test angemessen sein, und die zu bestimmende Wahrscheinlichkeit wäre die Wahrscheinlichkeit, die beobachtete Abweichung von der erwarteten Häufigkeit in ________________ Richtung(en) zu erhalten. zwei beide

12-28 Die Wahrscheinlichkeit, die beobachtete Zahl oder eine größere Zahl von „Kopf" zu erhalten, ist ________________ als die Wahrscheinlichkeit, die beobachtete oder eine größere Zahl von *Köpfen oder Zahlen* zu erhalten. Da die Nullhypothese eher zurückgewiesen werden kann, wenn die Wahrscheinlichkeit relativ ________________ ist, kann man sie bei einem ________________-seitigen Test eher zurückweisen. kleiner klein ein

12-29 Nehmen wir an, ein Freund bietet Ihnen eine Münze zum Kauf an, mit der Bemerkung, daß es sich um eine *verfälschte* Münze handelt, mit der man leicht Geld machen kann. Sie möchten sich nun davon überzeugen, daß es sich tatsächlich um eine ________________ Münze handelt und erhalten bei 10 Würfen neunmal Zahl. verfälschte

12-30 Da Ihr Freund Ihnen nicht gesagt hat, ob die Münze in Richtung Kopf oder Zahl verfälscht ist, müssen Sie die Wahrscheinlichkeit, mindestens neun Zahlen zu werfen, und die Wahrscheinlichkeit, mindestens neun Köpfe zu erhalten, bestimmen. Denn beide Ergebnisse unterstützen die Hypothese, „die Münze ist verfälscht", vorausgesetzt, die ermittelte Wahrscheinlichkeit ist genügend ________________ . klein

12-31 Hätte Ihr Freund Ihnen gesagt, daß die Münze in Richtung Zahl verfälscht sei, und Sie hätten bei zehn Würfen tatsächlich neunmal Zahl erhalten, dann würden sie nur die Wahrscheinlichkeit berechnen, (Achtung!) ________________ zu erhalten. Die Wahrscheinlichkeit, ________________ zu erhalten, wäre irrelevant. mindestens neunmal Zahl mindestens neunmal Kopf

12-32 Die Wahrscheinlichkeit, mindestens neunmal Zahl zu erhalten, ist ________________ als die Wahrscheinlichkeit, mindestens neunmal Zahl *oder* mindestens neunmal Kopf zu erhalten. Wenn Ihnen ihr Freund gesagt hätte, daß die Münze in Richtung Zahl verfälscht sei, dann würden Sie bei dem Ergebnis neunmal Zahl der Behauptung des Freundes ________________ Glauben schenken, als wenn er bloß gesagt hätte, die Münze sei verfälscht, wenn er also keine Richtung angegeben hätte. kleiner eher

12-33 Besteht für Ihren Freund Anlaß zu glauben, daß die Münze *in Richtung Zahl* verfälscht ist, dann bringt es ihm ________________ Vorteil, dies auch zu sagen, als wenn er bloß behauptet, die Münze sei verfälscht. mehr

12–34 Hat er jedoch keinen Grund für eine solche Behauptung, so ist es ______________ für ihn, einfach zu sagen, die Münze sei verfälscht. Denn eine *unverfälschte* Münze kann ein Überwiegen sowohl von Kopf- als auch von Zahlwürfen zeigen. Hätte er dagegen behauptet, die Münze sei in Richtung Zahl verfälscht, so könnte ihn die (in Wirklichkeit unverfälschte) Münze leicht dadurch überführen, daß sie eine große Zahl von *Kopfwürfen* ergäbe.

besser (vorteilhafter)

Zusammenfassung

12–35 Für jedes beobachtete Ergebnis ist die Wahrscheinlichkeit eines zweiseitigen Tests stets ______________ als die Wahrscheinlichkeit eines einseitigen Tests. Die Wahrscheinlichkeit, die wir bei einem einseitigen Test erhalten, ist stets genau ______________ so groß wie die Wahrscheinlichkeit, die wir bei einem zweiseitigen Test erhalten.

größer
halb

12–36 Das beobachtete Ergebnis hat, wie immer es ausfallen mag, mehr Chancen, signifikant zu sein, wenn seine Wahrscheinlichkeit ______________ ist, als wenn sie groß ist. Das Ergebnis wird daher eher signifikant sein, wenn man einen ______________-seitigen Test durchführt.

klein
ein

D. Der Vorzeichentest

12–37 Das Alternationsexperiment und das Münzenwurfbeispiel haben gewisse Ähnlichkeiten mit einer großen Anzahl anderer experimenteller Situationen. In beiden Fällen lassen sich die Beobachtungen in genau ______________ Kategorien fassen. Bei einer solchen Anordnung in zwei Klassen spricht man von DICHOTOMISIERTEN Beobachtungen. Alternationsverhalten und Münzenwurf sind Beispiele von Beobachtungen, die ______________ Natur sind.

zwei
dichotomisierter

12–38 Verschiedene Arten experimenteller Beobachtungen lassen sich nach zwei Kategorien klassifizieren. Wenn z. B. die Wirkung der *Änderung* einer Variablen geprüft werden soll, dann können die Beobachtungen, die nach der Änderung erhoben wurden, wie folgt ______________ werden: in Beobachtungen, die eine *positive* Änderung anzeigen und in solche, die eine *negative* Änderung anzeigen.

dichotomisiert (klassifiziert)

12–39 Das Alternationsexperiment und das Münzenwurfbeispiel sind sich noch in einer anderen Hinsicht ähnlich: Die Nullhypothese ist in beiden Fällen formal die gleiche; denn sie besagt, daß die Häufigkeiten in den beiden Kategorien ______________ sind. Das gleiche gilt für Beobachtungen, die nach der Änderung einer Variablen erhoben wurden: hier lautet die Nullhypothese, daß die Änderung ______________ Einfluß auf die Beobachtungen habe und daß positive Änderungen ______________ häufig auftreten wie negative Änderungen.

gleich

keinen

gleich

12-40 Betrachten wir zum Beispiel den Einfluß des „Wissens über die Entstehung des Lungenkrebses" auf die Einstellung gegenüber dem Rauchen. Diese Einstellung kann durch Punktwerte in einem Fragebogen, der vor und nach Vermittlung des Wissens gegeben wird, gemessen werden. Hat die vermittelte Information keine Wirkung, dann werden die Punktwerte „nachher" manchmal höher und manchmal niedriger sein als die Punktwerte „vorher". Die *Differenzen* der Punktwerte („vorher" minus „nachher") lassen sich in *positive* und *negative* Differenzen dichotomisieren und die Nullhypothese besagt in diesem Fall, daß die ______________ in den beiden Gruppen gleich sind.

Häufigkeiten

12-41 Wenden wir uns einem anderen Beispiel zu: Wollte man die Wirkung von starkem Lärm auf die Zahl der pro Stunde gelesenen Seiten feststellen, so könnte es vorkommen, daß einige Versuchspersonen unter Lärm mehr und andere weniger Seiten lesen als unter Normalbedingungen. Die *Differenz* in der Zahl der Seiten, die unter Lärm und ohne Lärm gelesen wurden, könnte also entweder ______________ oder ______________ sein. Die Nullhypothese würde lauten, daß die Häufigkeiten in diesen beiden Kategorien ungefähr gleich sind, d.h., daß der Lärm keinen Einfluß ausübt.

positiv ↔

negativ

12-42 Wenn eine Stichprobe von Beobachtungen nach ihrem algebraischen ______________ klassifiziert und ein Signifikanztest durchgeführt wird, dann nennt man diesen Test einen VORZEICHENTEST. Die Nullhypothese lautet, daß die Population ______________ Beobachtungen mit positivem Vorzeichen enthält wie Beobachtungen mit negativem Vorzeichen. Diese Nullhypothese läßt sich auf verschiedene Weise testen.

Vorzeichen

gleich viel

12-43 Erstens: Die Beobachtungen lassen sich in eine 2×2-Tafel eintragen und mittels des Chi-Quadrat-Tests prüfen. Eine andere Möglichkeit besteht darin, den in Abschnitt A und B dieses Kapitels beschriebenen *z*-Test anzuwenden, d.h., über die Normalverteilung zu prüfen. So wäre bei 64 Versuchspersonen im Lärmexperiment N gleich ______________. Die Nullhypothese lautet, daß die Häufigkeiten mit positiven und negativen Differenzen ______________ sind.

64

gleich

12-44 Erhalten wir 39 Beobachtungen in der Kategorie der positiven Differenzen, so beträgt der *z*-Wert für dieses Ergebnis ______________, da der Mittelwert ______________ und die Standardabweichung

1,75

32

____________ betragen. Die Wahrscheinlichkeit eines solchen Ergebnisses unter der Nullhypothese und bei Benutzung eines zweiseitigen Tests ist, wie man aus der Normalverteilungstabelle entnehmen kann, 0,08. Die Nullhypothese läßt sich also auf der 5 %-Stufe *nicht* verwerfen. 4

12–45 Die Alternativhypothese, die diesem zweiseitigen Test zugrunde liegt, lautet, daß ____________. Will man einen einseitigen Test durchführen, so kann man *zwei* Alternativhypothesen formulieren. Wie heißen sie? ____________.

Lärm eine Differenz verursacht, die entweder in Richtung eines Ansteigens oder eines Absinkens der pro Stunde gelesenen Seiten geht

1. Lärm erhöht die Zahl der pro Stunde gelesenen Seiten
2. Lärm vermindert die Zahl der pro Stunde gelesenen Seiten

12–46 Die Wahrscheinlichkeit, daß 39 der 64 Beobachtungen in die Kategorie der positiven Differenzen fallen, d.h., daß 39 der 64 Versuchspersonen unter Lärm mehr Seiten lesen als ohne Lärm, beträgt bei einem zweiseitigen Test 0,08. Die Alternativhypothese: „Lärm erhöht die Zahl der pro Stunde gelesenen Seiten", erfordert einen ____________-seitigen Test. Die Wahrscheinlichkeit desselben Ergebnisses ist in diesem Fall gleich ____________. Kann man unter diesen Bedingungen die Nullhypothese auf dem 5 %-Niveau verwerfen? ____________.

ein

0,04

ja

Zusammenfassung

12–47 Jeden Test, der auf Beobachtungen angewendet wird, die nach ihrem Vorzeichen in zwei Kategorien klassifiziert werden, nennt man einen ____________. Es gibt mehrere Möglichkeiten, einen solchen Test durchzuführen. Eine Möglichkeit ist der ____________-Test und eine andere der *z*-Test, der auf der ____________-Tabelle beruht.

Vorzeichentest

Chi-Quadrat

z

12–48 Sofern die Alternativhypothese festlegt, *welches* Vorzeichen in der Population häufiger erwartet wird, kann ein ____________ Test angewandt werden. Impliziert die Alternativhypothese dagegen lediglich, daß die Häufigkeiten in der positiven und in der negativen Kategorie ungleich sind, dann muß ein ____________ Test durchgeführt werden.

einseitiger

zweiseitiger

E. Das Prüfen von Hypothesen mit Wahrscheinlichkeiten ungleich 1/2

12–49 Nehmen wir an, man führt ein Alternationsexperiment mit einem *Vierfachwahl-Labyrinth* durch und nicht mit einem *T*-Labyrinth. Anstelle von zwei möglichen Wahlen gibt es nunmehr vier. Es wäre unangemessen, unter der Nullhypothese $p_A = 1/2$ und $p_W = 1/2$ anzunehmen; denn wenn das Tier beim ersten Durchlauf einen der vier Wege gewählt hat, so zeigt es Alternationsverhalten immer dann, wenn es beim zweiten Durchlauf *einen* der übrigen ______________ Wege wählt. drei

12-50 Unter der Nullhypothese, daß das Verhalten der Ratten unsystematisch ist, müssen alle vier Wege die gleiche Wahrscheinlichkeit besitzen, beim zweiten Durchlauf gewählt zu werden. Da nunmehr die Alternation auch unter der Nullhypothese viel häufiger vorkommt, muß p_A ______________ mal so groß sein wie p_W. In unserem Fall ist p_A gleich ______________ und p_W gleich ______________. drei

3/4 (0,75) – 1/4 (0,25)

12-51 Glücklicherweise ist das Verfahren, das man für dichotomisierte Beobachtungen benutzt, nicht auf den Fall $p_A = p_W = 1/2$ beschränkt. Wir erinnern uns aus Kapitel 11 D, daß der Mittelwert der Wahrscheinlichkeitsverteilung für ein Alternationsexperiment gleich Np ist. *Diese Feststellung gilt für alle Wahrscheinlichkeitsverteilungen, vorausgesetzt, daß es sich um dichotomisierte Beobachtungen handelt.* Da in unserem Fall $p_A = 3/4$ ist, beträgt der Mittelwert der Wahrscheinlichkeitsverteilung für $N = 100$ ______________. 75

12-52 Für die Standardabweichung gilt $s = \sqrt{Npq} =$ ______________. $\sqrt{18{,}75} = 4{,}3$

12-53 Die Wahrscheinlichkeitsverteilung für $p_A = 1/2$ und $N = 100$ ist ungefähr normal verteilt. Sie besitzt einen Mittelwert von ______________ 50 und eine Standardabweichung von 5. Die Wahrscheinlichkeitsverteilung für $p_A = 3/4$ und $N = 100$ ist ebenfalls annähernd normal verteilt mit einem Mittelwert von ______________ und einer Standardabweichung von ______________. Solange p nicht allzu sehr von $1/2$ abweicht und N groß ist, ist die Wahrscheinlichkeitsverteilung ungefähr normal verteilt. 75 4,3

12-54 Wenn eine Verteilung von Werten ungefähr dieselbe Form hat wie eine theoretische Verteilung mit einer bestimmten mathematischen Gleichung, dann sagen wir, daß sich die Werte durch diese Gleichung ANPASSEN lassen. Die Normalkurve ist die graphische Darstellung einer bestimmten mathematischen Gleichung, der Gleichung für die Standard-Normalverteilung. *Und jede Wahrscheinlichkeitsverteilung für dichotomisierte Daten läßt sich durch eine Normalkurve* ______________, *vorausgesetzt, daß der Wert von N genügend groß ist und p nicht allzu sehr von $1/2$ abweicht.* anpassen

12-55 Der Mittelwert und die Standardabweichung jeder *speziellen* Wahrscheinlichkeitsverteilung, die sich einer Normalkurve anpassen läßt, hängt von zwei Größen ab. Diese Größen sind ______________ und ______________. (Der Wert q wird durch den Wert ______________ festgelegt, denn $q = 1 - p$). N

p – p

12–56 Sind der ______________ und die ______________ der betreffenden Wahrscheinlichkeitsverteilung bekannt, dann kann jedes beobachtete Ergebnis eines Alternationsexperiments in einem ________ ausgedrückt, und die Wahrscheinlichkeit dieses Ergebnisses über die *Standard-Normalverteilung* bestimmt werden. Der Mittelwert dieser Verteilung beträgt stets ______________ und die Standardabweichung stets ______________.

Mittelwert – Standardabweichung
z-Wert
0
1

12–57 Wenn $N = 100$ und $p_A = 1/2$ ist, dann liegt ein Ergebnis von 60 Alternationen 2 Standardabweichungen oberhalb des Mittelwertes. Welches Ergebnis liegt 2 Standardabweichungen oberhalb des Mittelwertes, wenn $p_A = 3/4$ ist? (rechnen!) ______________ Alternationen.

83,6

12–58 Die Wahrscheinlichkeit, ein Ergebnis zu erhalten, das mindestens 2 Standardabweichungen oberhalb des Mittelwertes liegt, beträgt 0,0228. Wenn $N = 100$ und $p_A = 3/4$ ist, dann ist die Wahrscheinlichkeit, wenigstens 83,6 Alternationen zu erhalten, = ______________. Diese Wahrscheinlichkeit entspricht der Wahrscheinlichkeit, mindestens 60 Alternationen zu erhalten, wenn p_A gleich ______________ ist.

0,0228
1/2

Zusammenfassung

12–59 Das in diesem Kapitel beschriebene Verfahren zur Signifikanzprüfung eignet sich für alle Fälle, in denen Beobachtungen in ______________ Kategorien klassifiziert werden können. Solche Beobachtungen nennt man ______________ Beobachtungen.

zwei
dichotomisierte

12–60 In vielen solchen Fällen besteht die Nullhypothese darin, daß man $p = 1/2$ annimmt. Das Alternationsexperiment im *T*-Labyrinth ist ein solcher Fall. Der gleiche Fall liegt vor, wenn die Beobachtungen nach ihrem algebraischen ______________ in zwei Kategorien geteilt werden können.

Vorzeichen

12–61 Abgesehen von der Größe des Wertes p läßt sich eine Wahrscheinlichkeitsverteilung immer dann einer Normalkurve __________, wenn dichotomisierte Beobachtungen vorliegen und der Wert für ______________ groß genug ist. Mittelwert und Standardabweichung der Wahrscheinlichkeitsverteilung lassen sich auf Grund der Werte von ______________ und ______________ bestimmen.

anpassen
N
N ↔ p

12–62 Um nach diesem Verfahren eine Signifikanzprüfung durchzuführen, muß man zunächst den Wert p bestimmen. Dieser Wert ergibt sich aus der ______________-Hypothese. Im Falle eines Vorzeichentests ist er stets gleich ______________.

Null
1/2

12–63 Der Wert von p muß dann zusammen mit dem Wert von N zur Ermittlung von ______ und ______ der Wahrscheinlichkeitsverteilung herangezogen werden, die (bei großem N und p etwa gleich 1/2) der Normalkurve entspricht. Dann muß man das beobachtete Ergebnis in einen ______-Wert umwandeln und diesen Wert nach der ______-Tabelle beurteilen.

$\bar{X}$ – s

z

z

12–64 Ob man einen einseitigen oder einen zweiseitigen Test durchführt, hängt von der ______ ab. Ein einseitiger Test darf nur dann durchgeführt werden, wenn ______.

Alternativhypothese

die Alternativhypothese die Richtung der erwarteten Differenz spezifiziert

Aufgaben zu Kapitel 12

12–1 Eine Münze wird 900mal geworfen. Der Besitzer dieser Münze behauptet, daß sie verfälscht sei. Wie viele Würfe unter den 900 Würfen müßten Kopf ergeben, um die Nullhypothese auf der 5 %-Stufe zurückzuweisen?

12–2 Welche der folgenden Hypothesen erfordern einen zweiseitigen Test?

a) Daß die Zahl der Männer in einer Imbißstube signifikant verschieden ist von der Zahl der Frauen.

b) Daß Studenten mit Noten unter 2 signifikant weniger Stunden pro Tag arbeiten als Studenten mit Noten über 2.

c) Daß die Zahl der Worte, aus denen richtige Alternativantworten eines Tests bestehen, signifikant verschieden ist von der Zahl der Worte, aus denen falsche Alternativantworten bestehen.

d) Daß Lehrer für lange Aufsätze signifikant bessere Noten geben als für kurze Aufsätze.

12–3 Von 57 männlichen Teilnehmern einer wöchentlich veranstalteten Tanzparty waren 36 auch in der vergangenen Woche anwesend. Von diesen 36 haben 23 dieselbe Partnerin zu beiden Parties mitgebracht, während 13 eine jeweils andere Partnerin mitbrachten oder alleine kamen. Prüfen Sie, ob die Zahl der Herren, die zu beiden Tanzstunden mit derselben Dame erschienen sind, sich signifikant von der Zahl der Herren unterscheidet, die *nicht* mit derselben Dame erschienen sind.

12–4 Von 64 Absolventen des zweiten Statistikkurses erhielten 35 *bessere* Zensuren als beim ersten. 29 erhielten beim zweiten Kurs *schlechtere* Zensuren als beim ersten. Wenden Sie den Vorzeichentest an, um unter Benutzung der Standard-Normalverteilung zu prüfen, ob die Zahl der Studenten, deren Zensuren gestiegen sind, sich signifikant von der Zahl der Studenten unterscheidet, deren Zensuren gesunken sind.

12–5 Von den 1 000 Studenten einer medizinischen Akademie kommen 400 aus großen Oberschulen und 600 aus kleinen Oberschulen. Von den 50 Doktoranden eines bestimmten Studienjahres, die mit der Note eins abgeschnitten haben, stammen 25 aus großen Oberschulen. Benützen Sie den z-Test um festzustellen, ob die Zahl der guten Studenten, die aus großen Oberschulen kommen, signifikant *größer* ist als die Zahl der guten Studenten, die aus kleinen Oberschulen kommen.
Worin würde sich das Ergebnis unterscheiden, wenn folgende Hypothese zu prüfen wäre: Die Zahl der guten Studenten, die aus großen Oberschulen kommen, *unterscheidet* sich signifikant von der Zahl der guten Studenten, die aus kleinen Oberschulen kommen? Da diese Hypothese einen zweiseitigen Test voraussetzt, läßt sie sich auch mittels Chi-Quadrat überprüfen. Führen Sie die χ^2-Prüfung durch und vergleichen Sie die Schlußfolgerung mit der Schlußfolgerung auf Grund des z-Tests.

Kapitel 13: Das Abschätzen des Populationsmittelwertes aus einem Stichprobenmittelwert

Die Kennwerte einer *Stichprobe*, wie den Mittelwert und die Standardabweichung, nennt man die STATISTIKEN der Stichprobe. Dieser Gebrauch des Wortes „*Statistik*" wurde bereits in Kapitel 1 C erwähnt. Die Kennwerte einer *Population*, aus der die Stichprobe stammt, nennt man die PARAMETER der Population. Trotz zufälliger Stichprobenentnahme können wir nicht damit rechnen, daß die Statistiken von Stichproben mit den Parameterwerten der Population genau übereinstimmen. Im besten Fall repräsentieren die Statistiken *Näherungswerte* für die entsprechenden Populationsparameter. Das Kapitel 13 beschreibt nun am Beispiel des Mittelwertes, wie Statistiken dazu benutzt werden können, Schätzungen für Parameter zu erhalten. Wir werden dabei auch etwas über den Fehler erfahren, mit dem solche Schätzungen behaftet sind.

Es gibt viele Gelegenheiten, in denen einem Untersucher daran gelegen ist, die Parameter einer bestimmten Population zu erfahren. So versucht z.B. der Sozialpsychologe, auf der Grundlage einer begrenzten Zahl von Personen Auskunft über Meinungen und Einstellungen einer ganzen Population zu erhalten. Oder man stellt die Intelligenzquotienten von zwei Stichproben (z.B. Männern und Frauen) fest, um zu erfahren, welche Mittelwerte die den beiden Stichproben zugrundeliegenden Populationen besitzen.

Die Methoden der Parameterschätzung sind neben ihrer praktischen Bedeutung wichtig für das Verständnis der Signifikanzprüfung von Unterschieden (bei Werten, denen eine Intervallskala zugrunde liegt). Darauf wird in den Kapiteln 15 und 16 zurückzukommen sein.

A. Die Stichprobenverteilung von Mittelwerten

13-1 Die Stichprobenstatistiken repräsentieren nur Näherungswerte für die Populations-____________. Dies ist deshalb der Fall, weil sehr viele verschiedene aus derselben Population entnommene Stichproben nicht alle den gleichen Mittelwert und die gleiche Standardabweichung aufweisen. Die Variation zwischen den Stichproben, die nach Zufall aus der gleichen Population entnommen werden, ist der Stichprobenvariabilität zuzuschreiben. Parameter

13–2 Der einzige Fall, in dem zwischen Statistiken und Parametern kein Unterschied besteht, ist der Fall der sog. „erschöpfenden Stichprobe". Dabei wird die gesamte Population der Beobachtungen in die Stichprobe aufgenommen. Abbildung 13–1 stellt ein Säulendiagramm von Punktwerten eines Aufnahmetests bei allen 228 Erstsemestern dar. Im Hinblick auf die Population der Erstsemester dieser Universität zu jenem Zeitpunkt stellt diese Verteilung von Punktwerten die gesamte Population und somit eine ________________ Stichprobe dar. erschöpfende

Abbildung 13–1: Häufigkeitsverteilung der Punktwerte eines Aufnahmetests aller 228 Erstsemester einer Universität

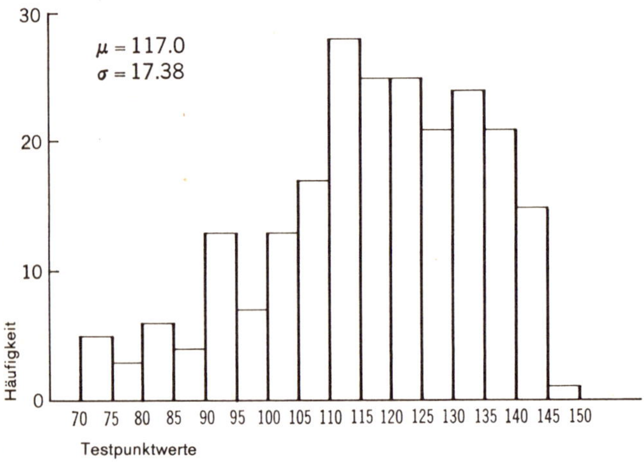

13–3 Wenn man aus dieser Population von 228 Punktwerten 20 Punktwerte nach Zufall ziehen würde, dann wäre dies eine ________________. Stichprobe
Zwei solcher Stichproben von 20 Punktwerten würden nicht genau gleiche Mittelwerte ergeben, da wir ja mit der Stichprobenvariabilität rechnen müssen. Keiner der beiden Mittelwerte dürfte außerdem genau mit dem ________________ identisch sein. Populationsmittelwert

13–4 In Abbildung 13–2 sind die Mittelwerte von 50 Stichproben zu je 20 Werten als Häufigkeitsverteilung dargestellt. Jede Stichprobe wurde nach Zufall aus der Population der 228 Werte gezogen, und zwar unter Benutzung einer *Tabelle von Zufallszahlen.* Beachten Sie, daß die Beobachtungen dieser Häufigkeitsverteilung nicht mehr Punktwerte sind, sondern ________________ von Stichproben. Der Umfang N der Häufigkeitsverteilung beträgt ________________. Mittelwerte 50

Abbildung 13–2: Stichprobenverteilung der Mittelwerte von 50 Stichproben zu je 20 Punktwerten, die nach Zufall aus einer Population von 228 Punktwerten entnommen wurden

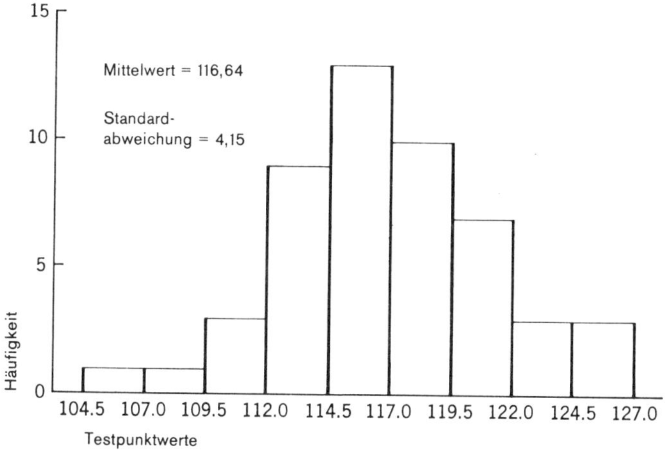

Anmerkung: Eine Tabelle von Zufallszahlen sind Zahlen in zufälliger Reihenfolge. Man erhält sie durch ein Zufallsverfahren, wie es z. B. das Ziehen von Zahlen aus einem Behälter ist.
Um die 50 Stichproben zu gewinnen, deren Mittelwerte die Beobachtungen der Abbildung 13–2 bilden, wurde jeder der 228 Punktwerte mit einer Nummer von 1 bis 228 versehen, wobei die niedrigste Nummer dem niedrigsten Punktwert entsprach. Dann wurden aufeinanderfolgende Tripel von Zahlen der Zufallstabelle entnommen, wobei jedes Tripel, das eine Zahl zwischen 001 und 228 ergab, veranlaßte, daß der betreffende Punktwert in die Stichprobe aufgenommen wurde. Jedes Zahlentripel, das außerhalb von 001 und 228 lag, wurde außer acht gelassen. Diese aufeinanderfolgenden Tripel wurden solange entnommen, bis jeweils 20 verschiedene Punktwerte zusammenkamen, womit die erste Stichprobe bestimmt war. Die zweite Stichprobe und alle folgenden ergaben sich in derselben Weise. In jedem Fall wurden die Tripel dadurch gebildet, daß man auf dem rechten oberen Ende einer Seite von Zufallszahlen begann und dann zur nächsten Spalte – von rechts gesehen – überwechselte.
Tabellen von Zufallszahlen können in jeder Richtung und von jedem Startpunkt aus benutzt werden, vorausgesetzt, daß das Verfahren einheitlich und sorgfältig gehandhabt wird. Man beachte, daß bei 50 Stichproben mit je 20 Werten 50 mal 20 = 1 000 Punktwerte erforderlich sind. Das bedeutet aber, daß einige Werte in mehreren Stichproben auftreten müssen, da die Population nur aus 228 Werten besteht. Eine empfehlenswerte Abhandlung über die Verfahren zur Entnahme von Zufallsstichproben enthält das Kapitel 6 der *Introduction to statistical reasoning* von Philip J. McCarthy.

13–5 Die Klassen der Häufigkeitsverteilung in Abbildung 13–2 werden durch ihre Mittelpunkte bezeichnet. Die Stichprobenmittelwerte variieren zwischen der Klasse, deren Mittelpunkt ____________ und 105,75
der Klasse, deren Mittelpunkt ____________ beträgt. Die Spann- 125,75
weite erhalten wir, indem wir den untersten Mittelpunkt vom obersten subtrahieren, wobei sich ein Wert von ____________ ergibt. Die 20
Spannweite beträgt also 20 Punkte.

13–6 Die Rohwerte aus Tabelle 13–1 dagegen variieren zwischen der Klasse mit einem Mittelpunkt von ____________ und der Klasse 72,5 mit einem Mittelpunkt von 147,5, so daß die gesamte Spannweite der Rohwerte ________________ beträgt. 75

13–7 Die Mittelwerte der Stichproben unterscheiden sich voneinander in erheblichem Maße, jedoch variieren sie ________________ als die entsprechenden Rohwerte der Population. weniger

13–8 Der Mittelwert der Verteilung der Stichprobenmittelwerte ist in Abbildung 13–2 mit ________________ angegeben. Der Mittelwert der Rohwerte in Tabelle 13–1 beträgt 117,0! Daraus ersehen wir: *Der Mittelwert der Verteilung der Stichprobenmittelwerte ist annähernd gleich dem Mittelwert der Population.* Hätten wir eine noch größere Zahl von Stichproben – sagen wir 100 statt 50 – erhoben, so würde der Mittelwert der Verteilung der Stichprobenmittelwerte noch näher bei 117 liegen. 116,64

13–9 Die Häufigkeitsverteilung der Abbildung 13–2 ist, wie schon vorweggenommen, eine STICHPROBENVERTEILUNG VON MITTELWERTEN. Wird eine große Zahl von Stichproben aus einer Population entnommen, so läßt sich der *Mittelwert* der Verteilung der Mittelwerte dieser Stichproben berechnen. Dieser Mittelwert ist der Mittelwert der ________________. Er ist annähernd gleich dem Mittelwert der Population. Stichprobenverteilung von Mittelwerten

13–10 In gleicher Weise kann man eine *Standardabweichung* der Stichprobenverteilung der Mittelwerte berechnen. Ist diese Standardabweichung *klein*, dann ist auch der Grad der Streuung der Stichprobenmittelwerte ________________. Dies bedeutet, daß die Differenz zwischen dem Populationsmittelwert und einem beliebigen Stichprobenmittelwert relativ ________________ ist. klein – klein

---

Zusammenfassung

13–11 Die Stichprobenverteilung von Mittelwerten ist eine Häufigkeitsverteilung der ________________ von ________________ eines bestimmten Umfanges, wobei all diese Stichproben nach Zufall aus der gleichen ________________ entnommen worden sind. Mittelwerte – Stichproben – Population

13–12 Der Mittelwert der Stichprobenverteilung von Mittelwerten liegt nahe beim ________________, obgleich die einzelnen Stichprobenmittelwerte erheblich um diesen Wert streuen können. Allerdings ist die Streuung dieser Mittelwerte, wie sie sich in der Spannweite erfassen läßt, im allgemeinen viel ________________ als die Streuung der Beobachtungen in der Population. Populationsmittelwert – kleiner

---

B. Die Standardabweichung der Stichprobenverteilung von Mittelwerten

13–13 Die Standardabweichung der Stichprobenverteilung von Mittelwerten in Abbildung 13–2 wurde bereits berechnet. Sie hat einen Wert von ______________. Die Standardabweichung der Rohwerte in der Population beträgt nach Abbildung 13–1 17,38, ist also, grob gesprochen, ______________ mal so groß wie die Standardabweichung der Stichprobenverteilung von Mittelwerten. 4,15 vier

13–14 Nun, da wir uns mit *drei* verschiedenen Standardabweichungen befassen müssen, ist es zweckmäßig, diese auch durch ein unterschiedliches Symbol zu charakterisieren. Die Standardabweichung, die wir ausgiebig in den Kapiteln 9 und 10 erörtert haben, ist die Standardabweichung einer *einzelnen Stichprobe*. Für sie wollen wir wie bisher das Symbol ______________ benutzen. Die Standardabweichung einer ganzen Population, wie die der Abbildung 13–1, wollen wir von nun an durch den griechischen Kleinbuchstaben für *s*, sigma, geschrieben σ, kennzeichnen. s

13–15 Die dritte Standardabweichung, die wir nunmehr kennengelernt haben, nämlich die Standardabweichung der Stichprobenverteilung von Mittelwerten, wollen wir schließlich mit $\sigma_{\bar{X}}$ kennzeichnen. Diese Bezeichnung ist logisch richtig, da $\bar{X}$ den ______________ einer Stichprobe bezeichnet. Mittelwert

Wir wollen noch eine weitere Unterscheidung einführen. Wenn wir von der Zahl der Beobachtungen innerhalb einer *Stichprobe* sprechen, wollen wir diese mit dem Kleinbuchstaben n bezeichnen, um sie vom Umfang der Population N abzuheben.

13–16 Das Symbol $\sigma_{\bar{X}}$ bezeichnet die ______________ der ______________. Man nennt diese Größe gewöhnlich den STANDARDFEHLER DES MITTELWERTES. Den Grund für diese Bezeichnung werden wir später noch kennenlernen. Standardabweichung Stichprobenverteilung von Mittelwerten

13–17 Mathematisch läßt sich beweisen, daß sich der Wert von $\sigma_{\bar{X}}$ rasch dem Wert $\sigma/\sqrt{n}$ nähert, wenn die Zahl der Stichproben *sehr groß* wird. Mit anderen Worten: für eine sehr große Anzahl von Stichproben ist der Standard-______________ des Mittelwertes gleich der Standardabweichung der ______________, dividiert durch die Quadratwurzel aus der Zahl der Beobachtungen in jeder einzelnen ______________. Fehler Population Stichprobe

Anmerkung: Für endliche Populationen wie die in Abbildung 13–1 ist der Wert von $\sigma_{\bar{X}}$ nur *annähernd* gleich $\sigma/\sqrt{n}$. Denn für *endliche* Populationen gilt, daß sich $\sigma_{\bar{X}}$ dem Wert $(\sigma/\sqrt{n})\sqrt{(N-n)/(N-1)}$ nähert, sofern die Zahl der Stichproben sehr groß wird. Wir wollen uns mit diesem Korrekturfaktor für endliche Populationen nicht beschäftigen, da er zu kompliziert und für die folgenden Überlegungen entbehrlich ist.

13–18 Für unser Beispiel in Abbildung 13–2 erhalten wir den Wert von $\sigma_{\bar{X}}$ dadurch, daß wir die Populationsstandardabweichung σ, die ______________ beträgt, durch 4,47, also durch die Quadratwurzel von 20, dividieren. Das Resultat ist ______________. | 17,38 | 3,89

Anmerkung: Wenden wir den Korrekturfaktor für endliche Populationen an, so erhalten wir statt dessen einen Wert von 3,72.

13–19 Die tatsächliche Standardabweichung unserer Stichprobenverteilung ist ein wenig ______________ als der Wert, den wir aus der Kenntnis von σ ermittelt haben. Woraus ergibt sich diese Differenz? Nun, wir haben in unserer Stichprobenverteilung statt einer *sehr großen* Anzahl von Stichproben nur ______________. Hätten wir eine größere Zahl von Stichproben genommen, so würde sich der Wert der Standardabweichung unserer Stichprobenverteilung mehr dem Wert 3,89 nähern. | größer | 50

13–20 Beachten Sie, daß der Wert von $\sigma_{\bar{X}}$ zum Teil von der Größe von σ abhängt. Ein Anwachsen des Wertes von σ führt zu einem ______________ des Wertes von $\sigma_{\bar{X}}$. | Anwachsen

13–21 Andererseits hängt der Wert von $\sigma_{\bar{X}}$ auch von der Größe der Stichproben ab. Vergrößern wir den Wert von n, so ______________ sich der Wert von $\sigma_{\bar{X}}$. | verringert

13–22 Wünschen wir uns eine kleine Standardabweichung für unsere Stichprobenverteilung der Mittelwerte, so müßten wir Stichproben erheben, deren n ______________ als 20 ist. Wäre z. B. $n = 100$, dann betrüge der Wert von $\sigma_{\bar{X}}$ ______________. | größer | 1,74

13–23 Diese Beziehung zwischen Stichprobengröße und der Streuung der Stichprobenmittelwerte ist verständlich. Sind die Stichproben klein, dann erwarten wir intuitiv, daß die Streuung zwischen den Stichprobenmittelwerten ______________ ist als bei großen Stichproben. Große Stichproben sind sich hinsichtlich ihrer Verteilungsform ______________ als kleine Stichproben. | größer | ähnlicher

13–24 Ebenso verständlich ist es, daß eine größere Streuung innerhalb der Population auch eine ______________ Streuung zwischen den Stichproben bedingt. Ist die Population sehr homogen, dann können sich die Stichproben nur wenig voneinander unterscheiden. | größere

---

Zusammenfassung

13–25 Das Symbol $\sigma_{\bar{X}}$ nennt man den ______________ des ______________. Es ist jener Wert, dem sich die Standardabweichung | Standardfehler | Mittelwertes der ________________ nähert, wenn die Zahl der Stichproben sehr groß wird. — Stichprobenverteilung der Mittelwerte

13–26 Der Wert von $\sigma_{\bar{X}}$ wächst mit der Größe von ________________ — σ
und verringert sich mit dem Anwachsen von ________________. $\sigma_{\bar{X}}$ — n
wird bestimmt nach der Formel $\sigma_{\bar{X}}$ = ________________. — $\sigma/\sqrt{n}$

C. Die Schätzung des Standardfehlers des Mittelwertes aus einer Stichprobe

13–27 Ehe wir weitergehen, wollen wir uns nochmal das Ziel dieses Kapitels vor Augen führen: Wir haben es mit Situationen zu tun, in denen wir den Mittelwert einer Stichprobe, also $\bar{X}$, kennen und etwas über den Mittelwert der ________________, aus der die Stichprobe stammt, wissen möchten. — Population

13–28 Wir benutzen den griechischen Buchstaben *mü*, geschrieben μ, um den *Populationsmittelwert* zu bezeichnen. Wollen wir μ kennenlernen, wobei wir nur den Wert ________________ unserer Stichprobe zur Verfügung haben, dann müssen wir wissen, wie die Mittelwerte von Stichproben um den Wert ________________ *streuen.* — $\bar{X}$ — μ

13–29 Wir haben gesagt, daß der Mittelwert der Stichprobenverteilung von Mittelwerten gleich μ ist, wenn die Zahl der Stichproben sehr groß ist. Deshalb gilt: Wenn wir wissen, wie sehr die Stichprobenmittelwerte um den Mittelwert der Stichprobenverteilung von Mittelwerten streuen, dann wissen wir auch, wie sehr sie um den Wert ________________ streuen. — μ

13–30 Aus diesem Grunde sind wir bestrebt, den Wert von $\sigma_{\bar{X}}$ zu ermitteln und wir beginnen zu verstehen, warum wir diese Größe den *Standard*-________________ *des Mittelwertes* genannt haben. Es handelt sich um die Größe, die uns hilft zu beurteilen, *wie sehr wir fehlgehen können*, wenn wir behaupten, daß unser Stichprobenmittelwert dem Populationsmittelwert entspricht. — Fehler

13–31 Wir sehen, wie wichtig es ist, den Wert von $\sigma_{\bar{X}}$ zu kennen. Seine exakte Berechnung erfordert allerdings, daß wir auch den Wert von σ kennen. Leider kennen wir *diesen* Wert nur sehr selten. Denn um σ, die Standardabweichung der ________________ bestimmen zu können, müssen wir den Wert von μ kennen. Und das würde bedeuten, daß wir keine Veranlassung hätten, μ aus dem Stichprobenmittelwert $\bar{X}$ überhaupt erst zu schätzen. — Population

13–32 Der einzige Weg, um $\sigma_{\bar{X}}$ *genau* zu bestimmen, ist der, eine sehr große Zahl von Stichproben zu erheben und die tatsächliche Standardabweichung ihrer _______________ zu bestimmen. Aber dieses Verfahren wäre nur realisierbar, wenn wir mehr als eine Stichprobe zur Verfügung hätten. Im gewöhnlichen Fall haben wir es leider nur mit einer Stichprobe zu tun, das heißt mit den Kennwerten n, $\bar{X}$ und s. — Mittelwerte

13–33 Um zu einer Lösung für dieses Problem zu gelangen, müssen wir aufgrund unserer Stichprobenstatistiken eine Schätzung von σ vornehmen. Wir gelangen zu solch einer Schätzung, wenn wir zu der Größe Σx_i^2 zurückkehren, zur Summe der quadrierten _______________ der Punktwerte von ihrem _______________. Dividieren wir diese Größe durch n, dann erhalten wir die _______________ der Stichprobe. Dividieren wir sie durch n und ziehen dann die Quadratwurzel daraus, dann erhalten wir die _______________ der Stichprobe. — Abweichungen; Mittelwert; Varianz; Standardabweichung

13–34 Wir wollen aber zu einer Standardabweichung der *Population* gelangen. Zu diesem Zweck dividieren wir Σx_i^2 nicht durch n, sondern durch $n–1$. Auf diesem Wege erhalten wir, wie sich mathematisch zeigen läßt, eine *Schätzung der Populationsvarianz* σ^2. Und die Quadratwurzel aus $\Sigma x_i^2/(n–1)$ liefert eine *Schätzung* der Populations-_______________. Diese Schätzung können wir nun zur Bestimmung des Standardfehlers des Mittelwertes benutzen. — Standardabweichung

13–35 Wir wollen die beiden Größen $\sqrt{\Sigma x_i^2/n}$ und $\sqrt{\Sigma x_i^2/(n–1)}$ miteinander vergleichen. Die erste Größe ist die Standardabweichung der _______________, die wir mit _______________ bezeichnet haben. Die zweite Größe ist die geschätzte _______________ der _______________, für die wir noch kein entsprechendes Symbol zur Verfügung haben. Denn *wir dürfen den Buchstaben σ für diese Größe nicht verwenden*, da σ das Symbol für den *echten* Wert des Parameters ist, während unsere Gleichung nur einen _______________ für diesen Parameter liefert. — Stichprobe – s; Standardabweichung – Population; Schätzwert

13–36 Wie wir sehen, unterscheidet sich die Standardabweichung der Stichprobe von der geschätzten Standardabweichung der Population nur im *Nenner*. Der Nenner der Formel für die Standardabweichung der Stichprobe ist _______________ als der Nenner für die geschätzte Standardabweichung der Population. Deshalb muß der Wert der geschätzten Populationsstandardabweichung ein klein wenig _______________ sein als der Wert der Stichprobenstandardabweichung. — größer; größer

13–37 Aufgrund der Stichprobenvariabilität ist die Standardabweichung einer Stichprobe im größten Teil der Fälle ein wenig kleiner als die Standardabweichung der Population. Indem wir nun Σx_i^2 durch $n–1$ dividieren, erhalten wir einen Schätzwert für die Populationsstandardabweichung. Dieser Wert ist ein wenig ______________ als der Wert von s. — größer

Anmerkung: Die Differenz im Nenner wirkt sich so aus, daß der Unterschied zwischen s und σ einigermaßen korrigiert wird, obgleich sie natürlich die Wirkung der Stichprobenvariabilität nicht vollständig ausschalten kann. Wenn wir mit dieser Schätzung für σ arbeiten, so stellt sie dennoch lediglich einen *Näherungswert* für den Wert von σ dar. Dieser Näherungswert wird manchmal ein wenig zu groß sein und etwa gleich oft ein wenig zu klein. Die Division durch $n-1$ korrigiert also eine *Verzerrung*, die in der Beziehung zwischen σ und s besteht und derart ist, daß s *häufiger* eine zu kleine als eine zu große Schätzung von σ darstellt. Aus diesem Grunde bezeichnen manche Autoren den Ausdruck $\sqrt{\Sigma x_i^2/(n-1)}$ als eine „erwartungstreue" Schätzung der Populationsstandardabweichung, während $s = \sqrt{\Sigma x_i^2/n}$ auch eine Schätzung, aber eine „verzerrte" Schätzung, darstellt.

13–38 Wie wir gesehen haben, hängt die Streuung der Stichprobenmittelwerte vom Umfang der Stichprobe ab. Die Stichprobenvariabilität wirkt sich bei großen Stichproben im allgemeinen ______________ aus als bei kleinen Stichproben. Die Differenz zwischen $n-1$ und n spiegelt diesen Umstand wider. n und $n-1$ unterscheiden sich weniger für Stichproben von ______________ Umfang als für Stichproben von ______________ Umfang. — weniger; großem; kleinem

13–39 Die Differenz zwischen $\sqrt{\Sigma x_i^2/n}$ und $\sqrt{\Sigma x_i^2/(n-1)}$ wird daher für große Stichproben ______________ sein als für kleine. — kleiner

13–40 Betrachten wir nun den Ausdruck $\sqrt{\Sigma x_i^2/(n-1)}$ als *geschätzte* Standardabweichung der Population und benutzen ihn immer dann, wenn wir σ einsetzen müssen. Auf diese Weise können wir den *geschätzten* Standardfehler des Mittelwertes berechnen. Für das tatsächliche $\sigma_{\bar{X}}$ dividieren wir ______________ durch $\sqrt{n}$. Für den *geschätzten* Standardfehler, den wir mit $s_{\bar{X}}$ bezeichnen, dividieren wir die geschätzte Standardabweichung der Population durch $\sqrt{n}$ und erhalten so den Ausdruck $s_{\bar{X}} =$ ______________. — σ; $\dfrac{\sqrt{\sum x_i^2/(n-1)}}{\sqrt{n}}$

13–41 Der Ausdruck $\sqrt{\Sigma x_i^2/(n-1)}$ läßt sich dadurch vereinfachen, daß wir $\sqrt{\Sigma x_i^2/(n-1)}$ mit $\sqrt{1/n}$ (oder $1/\sqrt{n}$) multiplizieren. Wir erhalten dann den geschätzten Standardfehler des Mittelwertes zu

$$s_{\bar{X}} = \sqrt{\frac{\sum x_i^2}{n(n-1)}}$$

Das Symbol $s_{\bar{X}}$ bezeichnet den ______________ Standardfehler des ______________. — geschätzten; Mittelwertes

---

Zusammenfassung

13–42 Die Größe $\sqrt{\Sigma x_i^2/(n-1)}$ wird als Schätzwert für die ______________ benutzt. Wenn n sehr groß ist, dann unterscheidet sich diese Größe nicht sehr von der ______________ der Stichprobe. — Standardabweichung der Population; Standardabweichung

13–43 Ist σ bekannt, dann erhalten wir den Standardfehler des Mittelwerts durch die Formel $\sigma_{\bar{X}}$ = ______________. Ist σ nicht bekannt, dann müssen wir den Standardfehler des Mittelwertes schätzen. Diesen Schätzwert, der mit ______________ symbolisiert wird, berechnet man nach der Formel ______________. $\frac{\sigma}{\sqrt{n}}$ $s_{\bar{X}}$ $s_{\bar{X}} = \sqrt{\frac{\sum x_i^2}{n(n-1)}}$

D. Intervallschätzung und Vertrauensgrenzen

13–44 Wir sind nun in der Lage, uns eine Stichprobenverteilung von Mittelwerten vorzustellen; wir wissen, wie wir eine Schätzung der Standardabweichung dieser Verteilung auch in jenen Fällen gewinnen, in denen wir die Standardabweichung von nur ______________ Stichprobe kennen. Nun ist folgende Tatsache für die Schätzung des Populationsmittelwertes von großer Bedeutung: *Wenn wir viele große Stichproben aus der gleichen Population entnehmen, dann nimmt die Verteilung der Mittelwerte dieser Stichproben annähernd die Form einer Normalverteilung an.* einer

13–45 Solange der Stichprobenumfang jeweils sehr klein ist, ist die Annäherung dieser Verteilung an eine Normalverteilung nicht sehr gut. Die Verteilung in Abbildung 13–2 ist nicht ausgesprochen normalverteilt, da weder der ______________ noch die ______________ der Stichproben sehr groß ist. Umfang – Zahl

Anmerkung: Selbst bei relativ kleinen Stichproben von 20 Beobachtungen hätten wir eine sehr viel besser normalverteilte Stichprobenverteilung erhalten, wenn die Verteilung der *Populationspunktwerte* selbst normal verteilt wäre. Wir können also sagen, daß die Stichprobenverteilung der Mittelwerte annähernd normal sein wird, wenn entweder (1) die Variable X selbst in der Population normal verteilt ist, *oder* wenn (2) der Stichprobenumfang genügend groß ist. Da nun die Stichprobenverteilung der Testpunktwerte der Erstsemester deutlich linksschief ist, ist für unser Beispiel keine der beiden Bedingungen erfüllt.

13–46 Die Annäherung der Stichprobenverteilung von Mittelwerten an eine Normalverteilung ist von großer Bedeutung. Wir haben von der Normalkurve und ihren Merkmalen bereits in Kapitel 12 Gebrauch gemacht, um bestimmte Signifikanztests durchzuführen. Die Zweckmäßigkeit einer Normalverteilung liegt im vorliegenden Falle ebenfalls darin, daß wir wissen, welche ______________-anteile sich zwischen bestimmten Paaren von z-Werten befinden. Flächen

13–47 Da wir wissen, daß die Form der Stichprobenverteilung von Mittelwerten bei *großen* Stichproben annähernd normal ist, sind wir in der Lage, zu bestimmen, welcher Anteil von Mittelwerten solcher Stichproben innerhalb ±1 Standardabweichung (Standardfehler) vom ______________ dieser Stichprobenverteilung entfernt liegt, ferner, welcher Anteil innerhalb ±2 Standardabweichungen liegt, usw. Mittelwert

Abbildung 13–3: Flächen unter der Normalkurve

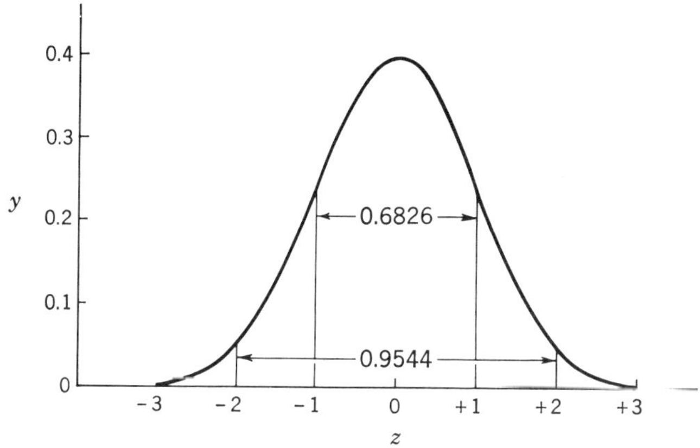

13–48 Abbildung 13–3 zeigt Ihnen nochmals, welche Anteile zwischen bestimmten *z*-Werten liegen. Sofern die Stichprobenverteilung der Mittelwerte annähernd normal ist, können wir annehmen, daß ungefähr ________ % aller Stichprobenmittelwerte innerhalb ±1 Standardfehler vom Populationsmittelwert entfernt zu finden sind, und ferner, 68
daß ungefähr 95% aller Stichprobenmittelwerte innerhalb ________ ±2
Standardfehler vom Populationsmittelwert (= Mittelwert der Stichprobenverteilung von Mittelwerten) entfernt zu finden sind.

13–49 Wir können diese letzte Feststellung umkehren und sagen, daß die Wahrscheinlichkeit, eine Stichprobe zu erhalten, deren Mittelwert *mehr* als 2 Standardfehler vom Populationsmittelwert entfernt liegt, nur ungefähr (Achtung!) ________ beträgt. Beachten Sie, daß wir 0,05
die Bezeichnung „Standardfehler" statt „Standardabweichung" verwenden, da die Standardabweichung, mit der wir es hier zu tun haben, die Standardabweichung der ________ ist. Wir haben sie als Stichprobenverteilg. von Mittelwerten
den ________ des Mittelwertes bezeichnet. Standardfehler

13–50 Da nur ungefähr 5% aller möglichen Stichprobenmittelwerte außerhalb von ________ Standardfehlern zu finden sind, ±2
dürfen wir erwarten, daß wir in 95% aller Stichproben einen Stichprobenmittelwert erhalten, der innerhalb von ________ Standardfehlern vom Populationsmittelwert entfernt liegt. ±2

13–51 Und nun zur Frage: Welches ist der Populationsmittelwert μ, wenn wir nur einen Stichprobenmittelwert $\overline{X}$ zur Verfügung haben? Wir wissen, daß dieser Stichprobenmittelwert $\overline{X}$ (z.B. der Mittelwert 112,75 aus Abbildung 13–2) mit einer Wahrscheinlichkeit von 0,95 in einem Bereich liegt, der nicht mehr als $\pm 2\sigma_{\overline{X}}$ (also ±2 Standardfehler) vom Populationsmittelwert entfernt ist. In 95% aller Fälle wird daher der Populationsmittelwert irgendwo zwischen $\overline{X} + 2\sigma_{\overline{X}}$ (Beispiel: $112{,}75 + 2 \cdot 3{,}89 = 120{,}53$) und $\overline{X} - 2\sigma_{\overline{X}}$ (Beispiel: $112{,}75 - 2 \cdot 3{,}89 = 104{,}97$) liegen.

13–52 Achten Sie dabei auf das Vorgehen: Wenn wir μ schätzen, so legen wir uns auf keine genaue *Zahl* fest. Wir sagen also nicht, der Populationsmittelwert *ist* 112,75, sondern wir geben eine *Spannweite von Werten* an, innerhalb derer mit einer bestimmten Wahrscheinlichkeit μ liegt. Diese Spannweite nennen wir den VERTRAUENSBEREICH. Wir sagen dann z. B., daß die Wahrscheinlichkeit, mit der der Populationsmittelwert innerhalb dieses ______________ liegt, 0,95 beträgt. Vertrauensbereichs

13–53 Natürlich können wir jede beliebige Wahrscheinlichkeitsstufe wählen – man nennt sie die VERTRAUENSSTUFE oder das Vertrauensniveau – die wir der Bestimmung der Grenzen unseres ______________-bereichs zugrunde legen. Wir können diese Wahrscheinlichkeit mit 0,90, mit 0,95 oder mit 0,99 annehmen. In jedem Fall wird damit die Wahrscheinlichkeit festgelegt, mit der unsere Aussage über die Lage von μ richtig ist. Wenn wir, wie oben, eine Wahrscheinlichkeit von 0,95 wählen, so machen wir unsere Aussage auf einer Vertrauensstufe von *95 Prozent* und meinen damit, daß unsere Aussage mit einer Wahrscheinlichkeit von 0,95 ______________ ist.

Vertrauens

richtig

13–54 Die Grenzen des Vertrauensbereiches heißen VERTRAUENSGRENZEN. Um eine höhere Vertrauensstufe zu erhalten, müssen wir unseren Vertrauensbereich so wählen, daß die Wahrscheinlichkeit einer *richtigen* Aussage über die Lage des Populationsmittelwertes ______________ ist als zuvor. Dies hat zur Folge, daß der Abstand zwischen den Vertrauens-______________ größer ist.

größer

grenzen

13–55 Sollte es erforderlich sein, als Schätzwert eine *genaue* Zahl anzugeben, dann sprechen wir von einer „Punktschätzung". Dagegen ist das vorhin besprochene Verfahren eine „Intervallschätzung". Diese ist eine *weniger genaue* Schätzung, da wir aussagen, daß der Populationsmittelwert *jeden Wert innerhalb eines bestimmten Bereichs* annehmen kann. Je breiter dieser Bereich (der Vertrauensbereich) ist, desto weniger *genau* ist die Schätzung. Wir vermindern also die ______________ der Schätzung. Gleichzeitig erhöhen wir aber die Sicherheit, d. h. die Wahrscheinlichkeit, mit der der Populationsmittelwert tatsächlich in den Vertrauensbereich fällt.

Genauigkeit

13–56 Erinnern wir uns des Beispiels in 13–51, in dem wir den Wert von $\sigma_{\overline{X}}$ genau bestimmt haben, da wir die Populationsstandardabweichung σ kannten. Kennen wir dagen den Wert von σ nicht, wie dies üblicherweise der Fall ist, dann müssen wir uns einer Schätzung, nämlich des Wertes ______________ anstelle von $\sigma_{\overline{X}}$ bedienen.

$s_{\overline{X}}$

13-57 Der Wert für $s_{\overline{X}}$ mag eine relativ gute oder auch eine relativ schlechte Schätzung sein. Ist er eine sehr gute Schätzung, dann ist er zur Aufstellung von Vertrauensgrenzen nahezu ebensogut geeignet wie $\sigma_{\overline{X}}$ selbst. Unterscheidet er sich dagegen von $\sigma_{\overline{X}}$ einigermaßen, dann ist unsere Feststellung, daß der Populationsmittelwert mit vorgegebener Wahrscheinlichkeit innerhalb bestimmter Grenzen liegt, nur eine *annähernd* richtige Aussage.

13-58 Bei der Aufstellung von Vertrauensgrenzen wird gewöhnlich $s_{\overline{X}}$ anstelle von $\sigma_{\overline{X}}$ benutzt. Aber diese Vertrauensgrenzen sind nur dann gültig, wenn unsere Schätzung von $\sigma_{\overline{X}}$ eine gute ist. Dies ist einer der Gründe, warum ein Untersucher seine Stichprobe *stets* so ________ wie möglich halten soll. Denn große Stichproben ermöglichen eine ________ Schätzung von $\sigma_{\overline{X}}$ als kleine Stichproben.

groß

bessere

Zusammenfassung

13-59 Um eine Schätzung des Populationsmittelwertes auf der Basis eines Stichprobenmittelwertes vorzunehmen, müssen wir zunächst den Wert des ________ des Mittelwertes bestimmen (oder schätzen).

Standardfehlers

13-60 Danach müssen wir entscheiden, welche Vertrauensstufe wir für unsere Aussage fordern. Diese Entscheidung ermöglicht uns, die ________ zu bestimmen, innerhalb derer der Populationsmittelwert liegen soll.

Vertrauensgrenzen

13-61 Um eine hohe Vertrauensstufe zu erreichen, müssen wir einen relativ ________ Vertrauensbereich in Kauf nehmen. *Ein hoher Grad von Sicherheit bedingt also einen niedrigen Grad von Genauigkeit der Schätzung.*

breiten

E. Ermittlung von Multiplikatoren aus der Normalverteilungstabelle

13-62 Zur Ermittlung der unteren Vertrauensgrenze auf einer 95%-Stufe haben wir den Standardfehler mit dem Faktor ________ multipliziert und das Produkt vom Stichprobenmittelwert $\overline{X}$ subtrahiert. Die obere Grenze haben wir entsprechend durch ________ desselben Produktes zu $\overline{X}$ erhalten.

2

Addition

13-63 Den Faktor, mit dem der Standardfehler $\sigma_{\overline{X}}$ oder seine Schätzung $s_{\overline{X}}$ *multipliziert* werden muß, damit man bestimmte Vertrauens-

grenzen ermitteln kann, nennt man den MULTIPLIKATOR. Für das 95%ige Vertrauensniveau beträgt der ________ ungefähr 2, Multiplikator
genauer 1,96.

13–64 Für die 68%ige Vertrauensstufe beträgt der Multiplikator ________. Die Vertrauensgrenzen kann man dann durch 1
Addition und Subtraktion von (wieviel?) ________ Standard- einem
fehler(n) zu und von dem Wert von ________ erhalten. $\overline{X}$

13–65 Beachten Sie in Abbildung 13–3, daß die 68%ige Vertrauensstufe einem Flächenanteil von 0,6826 unter der Normalkurve entspricht und daß dieser Flächenanteil genau *doppelt* so groß ist wie die Fläche zwischen z = ________ und z = +1. 0
Doppelt so groß ist sie deswegen, weil 0,6826 die Fläche innerhalb der Grenzen von ±1 Standardfehler vom Mittelwert entfernt einschließt, d.h. die Fläche von z = ________ bis z = +1. – 1

Abbildung 13–3: Wiederholung

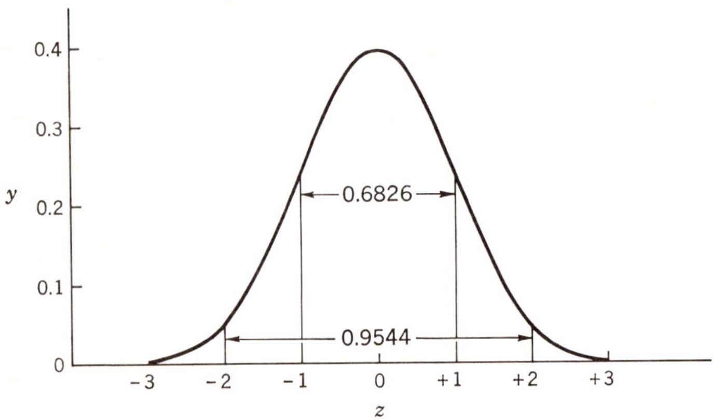

13–66 Die z-Tabelle gibt die Flächen an, die zwischen dem ________ Mittelwert
(oder $z = 0$) und jedem speziellen Wert von z gelegen sind. Der Wert 0,3413 findet sich in der Tabelle neben einem z-Wert von ________. 1

13–67 Die Vertrauensstufe von 95,44% entspricht einem Flächenanteil von ________, der zwischen den Grenzen z = ________ 0,9544 – – 2
und z = +2 liegt. Die Fläche zwischen z = 0 und z = +2 beträgt ________ und ist damit *halb* so groß wie ________. 0 4772 – 0,9544

13–68 In der z-Tabelle steht eine Wahrscheinlichkeit von 0,4750 neben einem z-Wert von ________. Der *genaue* Multiplikator für die 1,96
95%ige Vertrauensstufe ist deshalb ________. 1,96

13–69 Aus dem Vorstehenden ersehen wir, daß wir den Multiplikator für jede beliebige Vertrauensstufe dadurch finden können, daß wir zunächst die als Flächenanteil ausgedrückte Vertrauensstufe durch ______ dividieren und diesen Wert *in der mit „Fläche vom Mittelwert bis z" überschriebenen Spalte* der z-Tabelle aufsuchen. Der Multiplikator ist der zu dieser Fläche gehörige ______.

2

z-Wert

13–70 Als wir in Kapitel 12 die z-Tabelle benutzt haben, gingen wir stets von einem bestimmten z-Wert aus. Um aber den Multiplikator zu finden, gehen wir in umgekehrter Richtung vor. Wir gehen von einem bestimmten ______-anteil aus und erfahren aus der Tabelle, welcher Wert von ______ diesem Flächenanteil entspricht.

Flächen

z

13–71 Die Fläche, die wir in der Tabelle aufsuchen, ist immer genau die *Hälfte* des Flächenanteils innerhalb der Vertrauensgrenzen, die wir zu ermitteln suchen. Sie ist deshalb nur die *Hälfte*, weil die Tabelle nur Flächen von ______ bis z enthält.

$\overline{X}$ (auch O)

13–72 Angenommen, wir wollen die Vertrauensgrenzen auf der 98%-Stufe erstellen und den entsprechenden Multiplikator bestimmen. Unser erster Schritt besteht darin, 98% durch 100 zu dividieren, um den Flächenanteil (bzw. die Wahrscheinlichkeit) zu erhalten. Dann würden wir diese Zahl durch ______ dividieren und den Wert ______ erhalten.

2

0,49

13–73 Der Wert 0,49 entspricht dem halben Flächenanteil zwischen unseren Vertrauensgrenzen. Mit anderen Worten: es ist der Flächenanteil zwischen dem Mittelwert und der gesuchten oberen (oder der gesuchten unteren) Vertrauensgrenze.

13–74 Um den Multiplikator zu finden, schlagen wir in der z-Tabelle den ______-Wert nach, der diesem Flächenanteil entspricht. Er beträgt ______.

2,32

13–75 Um die obere Grenze des 98%igen Vertrauensbereiches zu bestimmen, müssen wir ______ mit 2,32 multiplizieren und dieses Produkt zum ______ unserer Stichprobe addieren. Wenn wir das Produkt vom Stichprobenmittelwert subtrahieren, dann erhalten wir die ______ Vertrauensgrenze.

$s_{\overline{X}}$ (oder $\sigma_{\overline{X}}$)

Mittelwert

untere

Zusammenfassung

13–76 Wenn wir aus einem Stichprobenmittelwert Schlußfolgerungen über einen Populationsmittelwert ziehen, dann bestimmen wir den Populationsmittelwert in der Regel nicht als eine genaue Zahl, sondern geben an, daß der Mittelwert innerhalb eines bestimmten ______ liegt. — Vertrauensbereiches

13–77 Die Höhe der Vertrauensstufe gibt die Wahrscheinlichkeit an, mit der unsere Feststellung ______ ist. — richtig

13–78 Solche Vertrauensgrenzen zu bestimmen sind wir deshalb in der Lage, weil die Form der (Achtung!) ______ bei einer großen Zahl von Stichproben ungefähr ______ verteilt ist. Der Mittelwert dieser Stichprobenverteilung ist gleich dem ______. Die Standardabweichung der Stichprobenverteilung nennt man den ______ des Mittelwertes. — Stichprobenverteilung der Mittelwerte; normal; Populationsmittelwert; Standardfehler

13–79 Der Standardfehler des Mittelwertes $\sigma_{\bar{X}}$ läßt sich nur dann genau bestimmen, wenn σ bekannt ist. Dann gilt für $\sigma_{\bar{X}}$ die Gleichung ______. Anderenfalls müssen wir den Standardfehler des Mittelwertes über die Gleichung $s_{\bar{X}}$ = ______ schätzen. — $\sigma / \sqrt{n}$; $\sqrt{\frac{\sum x_i^2}{n(n-1)}}$

13–80 Eine bestimmte Vertrauensstufe entspricht einem bestimmten Flächenanteil unter der Normalkurve beiderseits des ______ der Verteilung. Um die Vertrauensgrenzen zu ermitteln, muß der geschätzte Standardfehler mit einem Faktor multipliziert werden, den man als ______ bezeichnet. Dieser Faktor kann aus der *z*-Tabelle als ______ abgelesen werden. — Mittelwertes; Multiplikator; z-Wert

13–81 Da die *z*-Tabelle nur Flächen vom ______ enthält, muß man, ehe man in die Tabelle geht, den gewünschten Flächenanteil durch ______. — Mittelwert bis z; 2 dividieren

13–82 Die Zahl, die wir bei diesem Vorgehen in der Tabelle aufsuchen, ist der ______ zwischen dem ______ und *einer* der beiden Vertrauensgrenzen. Den gesuchten Multiplikator finden wir als den zu diesem Flächenanteil gehörigen ______. — Flächenanteil; Mittelwert; z-Wert

13–83 Wir wählen einen relativ *breiten* Vertrauensbereich, wenn wir eine ______ Vertrauensstufe wünschen, und wir wählen einen relativ *engen* Vertrauensbereich, wenn wir eine relativ ______ Aussage über die Lage des Populationsmittelwertes machen wollen. — hohe; genaue

Aufgaben zu Kapitel 13

13-1 Die Standardabweichung der Population der Hamburg-Wechsler-Intelligenzquotienten beträgt, an einer großen Stichprobe von Deutschen erhoben, 16. Wie groß ist der Standardfehler des Mittelwertes für eine Stichprobe von $n = 144$?

13-2 Angenommen, wir haben an einer Zufallsstichprobe von 100 Studenten die durchschnittliche (mittlere) Schlafzeit innerhalb einer bestimmten 3-Tages-Periode erhoben. Der Mittelwert beträgt 7.15 Stunden und die Standardabweichung 1.10 Stunden. Wie groß ist der Wert von Σx_i^2? Wie groß ist $s_{\overline{X}}$? Welches sind die 95%igen Vertrauensgrenzen für die Lage von μ? Welches sind die 99%igen Vertrauensgrenzen?

13-3 Wird der Standardfehler mit 2 multipliziert, so entspricht dieser Multiplikator einem bestimmten Vertrauensniveau. Wie hoch ist dieses Vertrauensniveau? Wie hoch ist das Vertrauensniveau, wenn die Vertrauensgrenzen bei $\overline{X} \pm 2{,}5\ \sigma_{\overline{X}}$ liegen?

13-4 Welchen Multiplikator muß man für $\sigma_{\overline{X}}$ benutzen, um a) auf dem 90%igen und b) auf dem 98%igen Vertrauensniveau zu operieren?

13-5 Das folgende Problem erfordert die Benutzung des „Korrekturfaktors für endliche Populationen". Ein bestimmter Student hat am 18., 19. und 20. März 6,6; 7,2 und 6,9 Stunden geschlafen. Nehmen Sie an, $s_{\overline{X}}$ sei 0.17 und wenden Sie den Korrekturfaktor für endliche Populationen $\sqrt{(N-n)/(N-1)}$ an, um die 95%igen Vertrauensgrenzen für die folgenden drei Schätzwerte zu ermitteln:

(a) Die durchschnittliche Zahl der Schlafstunden dieses Studenten während der letzten Märzwoche, von welcher die drei Tage als Stichprobe gelten sollen.
(b) Die durchschnittliche Zahl der Schlafstunden dieses Studenten während der 31 Tage des März.
(c) Die durchschnittliche Zahl der Schlafstunden dieses Studenten während der ersten 120 Tage des Jahres.

Wie beeinflußt der Korrekturfaktor für endliche Populationen die Vertrauensgrenze für diese Schätzwerte? Wie ändert sich die Größe dieses Einflusses, der sich aus der Differenz zwischen n und N ergibt?
Natürlich ist die gewählte 3-Tage-Periode für *keine* der drei Populationen von Tagen eine echte Zufallsstichprobe. Warum nicht?

Kapitel 14: Signifikanzprüfungen über die Normalverteilung
II: Das Prüfen von Hypothesen über Mittelwerte großer Stichproben

In Kapitel 13 haben wir gesehen, wie man einen Populationsmittelwert schätzt, wenn man nur einen Stichprobenmittelwert zur Verfügung hat. Häufig jedoch ist es weniger wichtig zu wissen, welchen Wert der Populationsmittelwert hat, als zu wissen mit welcher *Wahrscheinlichkeit* ein bestimmter Stichprobenmittelwert nach Zufall aus einer Population mit bekanntem Mittelwert stammt. Weicht unser Stichprobenmittelwert von dem bekannten oder einem aufgrund einer bestimmten Hypothese erwarteten Populationsmittelwert erheblich ab, so müssen wir uns fragen, ob der *Unterschied groß genug* ist, um die Annahme zweier verschiedener Populationen zu rechtfertigen.

Diese Fragestellung kennen wir bereits aus den Kapiteln 5, 7 und 12, wo wir Möglichkeiten zur Prüfung der Nullhypothese bei Beobachtungen, die sich in Kategorien klassifizieren und als *Häufigkeiten* behandeln lassen, also bei nominalen Werten, erörtert haben. Wir wollen in diesem Kapitel die dortigen Grundgedanken wieder aufnehmen.

Es geht hier aber um Signifikanzprüfungen bezüglich der *Mittelwerte* von Häufigkeitsverteilungen. Voraussetzung sind also Werte mit *Intervallskalen*qualität. Dabei werden wir uns des Begriffs der Stichprobenverteilung von Mittelwerten bedienen, den wir in Kapitel 13 kennengelernt haben. Sofern die Stichproben genügend groß sind, läßt sich zu diesem Zweck die Normalverteilungstabelle (z-Tabelle) benutzen. Dagegen muß für kleinere Stichproben eine andere Art von Tabelle herangezogen werden. In den Kapiteln 15 und 16 werden wir dann Verfahren kennenlernen, die sowohl für kleine Stichproben als auch für große geeignet sind.

A. Weicht ein bestimmter Mittelwert vom Populationsmittelwert signifikant ab?

14–1 Das Symbol $\overline{X}$ bezeichnet den Mittelwert einer ________________. Das Symbol μ dagegen bezeichnet den Mittelwert der ________________, aus der die Stichprobe stammt.

Stichprobe
Population.

14–2 μ_0 ist nun der Mittelwert einer anderen, *definierten*, Population. Diese Population kann z. B. so definiert werden, daß sie einen mittleren

Intelligenzquotienten (IQ) von 100 besitzt. Wir vergleichen nun die Population, aus der unsere Stichprobe stammt, mit dieser definierten Population. Wir sind daran interessiert, ob der Mittelwert der Population, aus der unsere Stichprobe stammt, signifikant verschieden ist von einer Population mit dem Mittelwert 100. Haben wir aus einer bestimmten Stadt eine große Stichprobe von IQs erhoben, so würde $\bar{X}$ den Stichprobenmittelwert und μ den Populationsmittelwert dieser Stadt bezeichnen. Wir möchten wissen ob es richtig ist, daß diese Stadt durchschnittlich intelligent ist, d.h., daß der Mittelwert der Stadt (μ) gleich 100 (μ_0) ist. Unsere Nullhypothese besagt, daß ______________ ist. $\mu = \mu_0$

14–3 In diesem Beispiel lautet die Nullhypothese, daß ______________ $\mu \leftrightarrow$
nicht signifikant verschieden ist von ______________. Um diese Hypo- 100 (auch μ_0)
these zu prüfen, müssen wir feststellen, mit welcher Wahrscheinlichkeit eine Stichprobe der gegebenen Größe und einem beobachteten Wert von $\bar{X}$ *als Zufallsstichprobe* aus einer Population angesehen werden kann, deren ______________ gleich ______________ ist. μ - 100

14–4 Um diesen Test durchzuführen, müssen wir uns zuerst auf ein angemessenes Signifikanzniveau einigen. Wenn wir dann finden, daß die Wahrscheinlichkeit, mit der ein beobachteter Wert ______________ aus $\bar{X}$
einer Population mit $\mu = 100$ stammt, *größer* ist als das gewählte Signifikanzniveau, dann müssen wir die Nullhypothese *annehmen*. Dagegen müssen wir die Nullhypothese *zurückweisen*, wenn die Wahrscheinlichkeit, daß ______________ aus einer Population mit $\bar{X}$
______________ stammt, *kleiner oder gleich* ist dem gewählten Signi- $\mu = 100$
fikanzniveau.

14–5 Wenn wir das übliche 0,05-______________ wählen, so müssen Niveau
wir die Nullhypothese dann zurückweisen, wenn bei $\mu = 100$ die Wahrscheinlichkeit, ein $\bar{X}$ zu erhalten, (Achtung!) ______________ ist. 0,05 oder kleiner

14–6 Um diese Wahrscheinlichkeit zu bestimmen, müssen wir eine Stichprobenverteilung von Mittelwerten *annehmen*. Es handelt sich dabei um die Verteilung all jener Mittelwerte, die aus Stichproben stammen, die die gleiche Größe wie die beobachtete Stichprobe besitzen, und die in gleicher Weise aus der gleichen Population (in unserem Falle aus der Population der Intelligenzquotienten aller Bewohner der betreffenden Stadt) gezogen worden sind. Um zu prüfen, ob unsere Stichprobe aus einer Population mit $\mu = 100$ stammt, müssen wir annehmen, daß der Mittelwert dieser Stichprobenverteilung von Mittelwerten gleich ______________ ist. 100

14–7 Da wir aber lediglich *eine Stichprobe* von Intelligenzquotienten aus dieser Stadt besitzen, wissen wir nichts über den Wert von σ. Deshalb können wir auch den exakten Wert der Standardabweichung der

Stichprobenverteilung von Mittelwerten nicht ermitteln. Das bedeutet, daß wir anstelle von $\sigma_{\bar{X}}$ die Schätzung __________ benutzen müssen, die sich aus der Formel __________ berechnen läßt.

$s_{\bar{X}}$
$\sqrt{\frac{\Sigma x_i^2}{n(n-1)}}$

14-8 Der Wert $s_{\bar{X}}$ ist der __________ Standardfehler des __________, das heißt, die Standardabweichung der __________.

geschätzte
Mittelwerts – Stichprobenverteilung von Mittelwerten

14-9 Die Stichprobenverteilung von Mittelwerten aus Stichproben wie der unsrigen besitzt einen Mittelwert von μ und eine Standardabweichung von ungefähr __________. Da wir uns nun eine seht große Zahl von großen Stichproben vorstellen, wird die Stichprobenverteilung dieser Mittelwerte die Form einer __________ haben.

$s_{\bar{X}}$
Normalverteilung

14-10 Wenn μ *nicht* signifikant von 100 verschieden ist, dann muß der Mittelwert der Stichprobenverteilung nahe bei 100 liegen, und 68% aller Stichprobenmittelwerte sollten innerhalb ±1 __________ um diesen Wert gelegen sein.

$s_{\bar{X}}$

14-11 Wenn μ nicht signifikant von 100 abweicht, dann beträgt die Wahrscheinlichkeit 0,68, daß wir eine Stichprobe erhalten, deren Mittelwert nicht mehr als __________ Standardfehler von 100 entfernt ist.

einen

Zusammenfassung

14-12 Um zu prüfen, ob der Mittelwert einer Population, aus der wir eine Stichprobe entnommen haben, einen bestimmten Wert μ_0 hat, gehen wir von der Nullhypothese aus, daß __________ ist.

$\mu = \mu_0$

14-13 Entsprechend dieser Nullhypothese muß die Stichprobenverteilung der Mittelwerte solcher Stichproben einen Mittelwert von __________ haben und eine geschätzte Standardabweichung von __________. Bei einer großen Zahl großer Stichproben wird die Form der Stichprobenverteilung der Mittelwerte annähernd __________ sein.

μ_0
$s_{\bar{X}}$
normal

B. Ablehnungsbereiche für ein- und zweiseitige Tests

14-14 Wenn wir eine Nullhypothese aufstellen, dann müssen wir auch eine *Alternativhypothese* aufstellen. Wir haben dabei drei Möglich-

keiten: 1. ____________,
2. ____________,
und 3. ____________.

μ ist größer als μ_0 ↔
μ ist kleiner als μ_0 ↔
μ ist verschieden von μ_0

14-15 Betrachten wir zunächst die erste Alternativhypothese, nämlich, daß μ größer als μ_0 ist. Zugunsten *dieser* Alternativhypothese würde sprechen, wenn der Stichprobenmittelwert $\bar{X}$ um einen solchen Betrag ____________ als μ_0 wäre, daß die Alternativhypothese 1 wahrscheinlicher wäre.

größer

14-16 Wenn wir uns dazu entschließen, die Nullhypothese auf dem 5%-Niveau zugunsten der Alternativhypothese 1 zu verwerfen, so muß die Wahrscheinlichkeit, ein $\bar{X}$ aus einer Population mit dem Mittelwert von μ_0 zu erhalten, kleiner oder gleich ____________ sein.

0,05

14-17 Wenn die Wahrscheinlichkeit kleiner oder gleich 0,05 ist, dann können wir sagen, daß nicht mehr als ____________ % der Mittelwerte aller Stichproben aus einer Population mit dem Mittelwert μ_0 von diesem Wert μ_0 so weit entfernt liegen, wie es bei $\bar{X}$ der Fall ist.

5

14-18 Diese Aussage können wir machen, wenn unser $\bar{X}$ *so weit* am oberen Ast der Stichprobenverteilung liegt, daß nicht mehr als 5% der Gesamtfläche der Stichprobenverteilung von Mittelwerten mit $\mu_0 = 100$ ____________ von $\bar{X}$ liegen.

oberhalb (rechts)

14-19 Damit sind wir bei der Tatsache angelangt, daß *es einen bestimmten Bereich der Stichprobenverteilung gibt*, den wir als ABLEHNUNGSBEREICH bezeichnen. Er ist stets gleich dem gewählten Signifikanzniveau und komplementär zum Vertrauensbereich. Finden wir, daß $\bar{X}$ innerhalb dieser Region liegt, so können wir die Nullhypothese auf der 5%-Stufe ____________. Wählen wir ein anderes Signifikanzniveau, dann ergibt sich auch ein anderer ____________.

verwerfen (ablehnen)
Ablehnungsbereich

14-20 Der Ablehnungsbereich für die Alternativhypothese (1) besteht, wenn wir das 5%-Niveau zugrunde legen, aus den ____________ der Fläche der Stichprobenverteilung. Für das 10%-Niveau schließt der Ablehnungsbereich die oberen 10% der Fläche ein. Für das 1%-Niveau schließt der Ablehnungsbereich die oberen ____________ der Fläche ein.

oberen 5 %
1 %

14-21 Würden wir die Alternativhypothese 2 aufstellen (daß μ kleiner als μ_0 ist), dann würde der Ablehnungsbereich auf dem ____________ Ende der Stichprobenverteilung liegen. Für das 5%-Niveau würde er die ____________ der Fläche der Stichprobenverteilung einschließen.

unteren
unteren 5 %

14-22 Die Alternativhypothesen 1 und 2 erfordern, wie wir in Kapitel 12 gesehen haben, einen ______________-seitigen Signifikanztest. Beide spezifizieren nämlich die ______________ des erwarteten Unterschieds. ein Richtung

14-23 Wenn eine Alternativhypothese einen einseitigen Test erfordert, dann liegt ihr Ablehnungsbereich stets an nur ______________ Ende der Verteilung, und zwar entweder am ______________ oder am ______________ Ende. einem unteren ↔ oberen

14-24 Die Alternativhypothese 3 lautete: „μ unterscheidet sich von μ_0". Diese Hypothese spezifiziert nicht die ______________ des erwarteten ______________. Sie erfordert einen ______________-seitigen Signifikanztest. Richtung Unterschieds – zwei

14-25 Da diese Alternativhypothese einen zweiseitigen Test erfordert, besteht der *Ablehnungsbereich* aus zwei Teilbereichen, und zwar aus je einem an beiden ______________ der Stichprobenverteilung. Enden

14-26 Prüft man die Alternativhypothese 3 auf dem 5%-Niveau, dann muß der Ablehnungsbereich die ______________ 2,5% der Fläche und die ______________ 2,5% der Fläche der Stichprobenverteilung einschließen. Liegt $\bar{X}$ in *einem der beiden* Teilbereiche, dann gehört es den *extremsten 5% der Stichprobenverteilung von Mittelwerten* an. unteren ↔ oberen

---

Zusammenfassung

14-27 Die Hypothese, daß sich μ von μ_0 nicht unterscheidet, wird verworfen, wenn wir ein $\bar{X}$ erhalten, das wir wahrscheinlich nicht erhalten hätten, wenn ______________ = ______________ wäre. $\mu \leftrightarrow \mu_0$

14-28 Um die Hypothese, daß μ gleich μ_0 ist, zu prüfen, stellen wir uns zunächst eine Stichprobenverteilung von Mittelwerten um den angenommenen Mittelwert μ_0 vor. Dann entscheiden wir uns für ein Vertrauensniveau. Schließlich bilden wir auf der Grundlage unserer ______________-hypothese einen ______________-bereich für die Stichprobenverteilung. Liegt $\bar{X}$ in diesem Bereich, dann müssen wir die Nullhypothese ______________. Alternativ – Ablehnungs verwerfen

14-29 Spezifiziert die aufgestellte Alternativhypothese die Richtung des erwarteten Unterschieds, so ist ein ______________-seitiger Signifikanztest angemessen. In diesem Fall liegt der gesamte Ablehnungsbereich an ______________ Ende der Stichprobenverteilung. Spezifiziert die aufgestellte Alternativhypothese die Richtung des erwarteten ein einem

Unterschieds *nicht*, so ist ein ________________-seitiger Signifikanztest angemessen. In diesem Fall verteilt sich der Ablehnungsbereich auf ________________ Enden der Stichprobenverteilung. — zwei / beide

14-30 Der Flächenbetrag, den der Ablehnungsbereich einschließt, ist stets gleich dem gewählten ________________. Liegt der Ablehnungsbereich an beiden Enden, so verteilt sich die Fläche je zur ________________ auf den unteren und auf den oberen Ast der Stichprobenverteilung. — Signifikanzniveau / Hälfte

---

C. Der Bruch $\frac{(\overline{X} - \mu)}{\sigma_{\overline{X}}}$ als z-Wert

14-31 Erinnern wir uns, daß wir bei der Benutzung der *z*-Tabelle zwei verschiedene Wege gehen können. In Kapitel 12 sind wir so vorgegangen, daß wir unser Ergebnis, d.h., eine bestimmte Häufigkeit von *Alternationen*, in einen *z*-Wert umgewandelt haben und dann die *Wahrscheinlichkeit*, einen *z*-Wert von *mindestens dieser Größe* zu erhalten, bestimmt haben. Dies geschah dadurch, daß wir die ________________ unter der Normalkurve jenseits von *z* aufgesucht haben. Kurz gesagt, wir sind mit einem ________________-Wert in die Tabelle eingegangen und haben die *Wahrscheinlichkeit* des Ergebnisses bestimmt, indem wir die entsprechende ________________ unter der Normalkurve abgelesen haben. — Fläche / z / Fläche

14-32 In Kapitel 13 sind wir umgekehrt vorgegangen: Wir sind mit einer Wahrscheinlichkeit in Form einer ________________ in die Tabelle eingegangen und haben daraus den entsprechenden Wert von ________________ abgelesen, den wir als *Multiplikator* verwendet haben. — Fläche / z

14-33 Um die Grenzen des *Ablehnungsbereiches* zu bestimmen, verfahren wir in ähnlicher Weise wie bei der Bestimmung des ________________-intervalls für die Schätzung von μ. — Vertrauens

14-34 Wir wollen nun zeigen, daß die *beiden Wege*, eine *z*-Tabelle zu benutzen, *äquivalent* sind und daß jedes Problem auf *beide* Arten behandelt werden kann. Wir können nämlich die Frage, ob $\mu = \mu_0$ ist, auch auf dem anderen Wege beantworten: Drücken wir zuerst unser $\overline{X}$ als einen *Abweichungswert* aus, und zwar als Abweichung vom Mittelwert der Stichprobenverteilung. Da der Mittelwert der Stichprobenverteilung gleich μ_0 ist, beträgt der Abweichungswert daher $\overline{X}$ minus ________________. — μ_0

14-35 Wird ein Abweichungswert durch die ______________ der Verteilung dividiert, so ergibt sich ein z-Wert. Nach dieser Regel können wir unseren Abweichungswert in einen z-Wert umwandeln, indem wir ihn durch ______________ dividieren.

Standardabweichung

$\sigma_{\overline{X}}$

14-36 Wenn wir $\overline{X} - \mu_0$ nicht durch $\sigma_{\overline{X}}$, sondern durch $s_{\overline{X}}$ dividieren, dann erhalten wir einen brauchbaren z-Wert nur dann, wenn $s_{\overline{X}}$ eine gute ______________ von $\sigma_{\overline{X}}$ darstellt. Dies wird im allgemeinen dann der Fall sein, wenn die Stichprobe, aus der wir $\overline{X}$ gewonnen haben, sehr ______________ ist.

Schätzung

groß

14-37 Die Größe $(\overline{X} - \mu_0)/\sigma_{\overline{X}}$ verhält sich wie andere z-Werte auch, d. h., sie ist normal verteilt, besitzt einen Mittelwert von 0 und eine Standardabweichung von 1. Sie ist jedoch *nur dann normal verteilt*, wenn die Stichprobenverteilung der Mittelwerte normal ist.
Die Größe s ist die Standardabweichung einer Verteilung von Rohwerten (X_i). Die Größe $\sigma_{\overline{X}}$ ist die Standardabweichung einer Verteilung von ______________.

Mittelwerten

14-38 Der Mittelwert einer Verteilung von X_i ist ______________. Der Mittelwert einer Verteilung von Stichprobenmittelwerten wird mit ______________ bezeichnet.

$\overline{X}$

μ_0

14-39 Die Größe $X_i - \overline{X}$ ist ein ______________-wert. Sie entspricht der Abweichung eines Rohwertes von seinem ______________. Die Größe $\overline{X} - \mu_0$ ist die Abweichung eines ______________ vom ______________ der Stichprobenverteilung.

Abweichungs-
Mittelwert
Stichprobenmittelwerts
Mittelwert

14-40 Der z-Wert $(X_i - \overline{X})/s$ gehört zu einer z-Wertverteilung mit einem Mittelwert von 0 und einer Standardabweichung von 1. Analog ist der Mittelwert der Verteilung $(\overline{X} - \mu_0)/\sigma_{\overline{X}}$ gleich ______________ und die Standardabweichung gleich ______________.

0

1

14-41 Die Verteilung der $(X_i - \overline{X})/s$ ist eine Verteilung der *Abweichungswerte* vom Mittelwert, ausgedrückt in Einheiten der Standardabweichung. Die Verteilung $(\overline{X} - \mu_0)/\sigma_{\overline{X}}$ ist ebenfalls eine Verteilung der Abweichungswerte, aber die Werte, die an erster Stelle stehen, sind in diesem Fall nicht Rohwerte, sondern Mittelwerte, und der Wert von welchem diese abweichen, ist der Mittelwert einer ______________. Diese Abweichungswerte sind auch in Einheiten der Standardabweichung ausgedrückt, wobei in diesem Falle die Standardabweichung gleich dem ______________ des Mittelwertes ist.

Stichprobenverteilung von Mittelwerten

Standardfehler

14-42 Es ist klar, daß der Mittelwert der Verteilung $(\overline{X} - \mu_0)/\sigma_{\overline{X}}$ Null sein muß; denn einige der Stichprobenmittelwerte werden *oberhalb* von μ_0 liegen und dadurch positive Abweichungswerte erhalten, und andere werden *unterhalb* von μ_0 liegen und dadurch ________ Abweichungswerte erhalten. Viele der Werte werden sich nahe am Mittelwert befinden. Deren Abweichungswerte werden deshalb ihrem Betrag nach ________ sein. negative

klein

14–43 Da wir also von den Werten $(\bar{X} - \mu_0)/\sigma_{\bar{X}}$ erwarten, daß sie sich wie *z*-Werte verhalten, können wir unsere Frage nach der Signifikanz eines $\bar{X}$ in derselben Weise behandeln wie die Frage nach der Signifikanz in dem Alternationsexperiment in Kapitel 12 A. Das Ergebnis $\bar{X}$ kann man wie ein Ergebnis im Alternationsexperiment betrachten. Jedes Ergebnis läßt sich in einen ________-Wert umwandeln. z

14–44 Bei der Umwandlung eines Alternationsergebnisses in einen *z*-Wert haben wir unter der Nullhypothese angenommen, daß das Ergebnis zu einer Normalverteilung von Ergebnissen mit einem Mittelwert von *Np* und einer Standardabweichung von $\sqrt{Npq}$ gehört. In ähnlicher Weise nehmen wir bei der Umwandlung eines $\bar{X}$ in einen *z*-Wert unter der Nullhypothese an, daß $\bar{X}$ zu einer Normalverteilung von $\bar{X}$-Werten mit einem Mittelwert von ________ und einer Standardabweichung von ________. μ_0

$\sigma_{\bar{X}}$

14–45 Haben wir einmal den *z*-Wert gefunden, so ist es ein leichtes, die Wahrscheinlichkeit eines *mindestens so extremen* *z*-Wertes zu bestimmen. Wir schlagen in der *z*-Tabelle nach, wie groß die ________ ist, die jenseits des betreffenden Wertes von ________ liegt. Fläche

z

Zusammenfassung

14–46 Die Nullhypothese, daß $\mu = \mu_0$ ist, kann *in zweifacher Weise* geprüft werden, wobei sich beide Methoden der Normalverteilungstabelle bedienen. Man kann sagen; „Wenn $\mu = \mu_0$ ist, dann muß unser beobachteter Wert von ________ ein Mitglied der ________-verteilung der $\bar{X}$-Werte mit einem Mittelwert von ________ und einer Standardabweichung von ________ sein. Sofern diese Stichprobenverteilung normal ist, ergibt sich ein *z*-Wert durch die Formel ________. Die Wahrscheinlichkeit, mit der man einen ebenso extremen oder noch extremeren als den beobachteten *z*-Wert erhält, kann man dann aus der Normalverteilungstabelle ablesen.“

$\bar{X}$ – Stichproben

μ_0

$\sigma_{\bar{X}}$

$\frac{\bar{X} - \mu_0}{\sigma_{\bar{X}}}$

14–47 Man kann zum anderen wie in Abschnitt B argumentieren: „Wenn $\mu = \mu_0$ ist, dann muß unser beobachteter Wert von $\bar{X}$ zu einer Stichprobenverteilung mit einem Mittelwert von μ_0 und einer Standardabweichung von $\sigma_{\bar{X}}$ gehören. Ist diese Verteilung normal, dann müssen 95% der Mittelwerte innerhalb eines Bereichs liegen, der nicht mehr als

2 ________ von μ_0 entfernt ist. Wenn unser $\bar{X}$ *außerhalb* dieses Abschnittes liegt, dann gehört es zum ________-bereich eines zweiseitigen Tests, und wir können die Hypothese, daß $\mu = \mu_0$ ist, ________."

$\sigma_{\bar{X}}$
Ablehnungs
verwerfen

14–48 Bei der ersten Möglichkeit bestimmt man aufgrund des Ergebnisses $\bar{X}$ und der Normalverteilungstabelle eine ________, mit der dieses Ergebnis unter der Nullhypothese auftritt. Die zweite Möglichkeit geht von einer annehmbaren ________ aus, die als Signifikanzniveau festgelegt wurde, und bestimmt die *Grenzen*, innerhalb derer $\bar{X}$ liegen muß, damit die ________ angenommen werden kann.

Wahrscheinlichkeit
Wahrscheinlichkeit
Nullhypothese

D. Ein Beispiel

Wir wollen nun an einem Beispiel die *beiden* in Abschnitt C beschriebenen Möglichkeiten der Signifikanzprüfung verdeutlichen. Angenommen, wir haben eine Stichprobe von 100 Intelligenzquotienten aus der Population einer bestimmten Großstadt vor uns. Wir wollen nun feststellen, ob die Verteilung der IQ-Werte in dieser Stadt für die Verteilung der IQ-Werte in der Gesamtpopulation typisch ist. Wenn die Verteilung nicht signifikant von der der Gesamtpopulation verschieden ist, dann heißt das, daß unsere Stichprobe einen ähnlichen Mittelwert hat wie die Mittelwerte anderer Stichproben, die aus einer Population mit einem Mittelwert von 100 und einer Standardabweichung von 16 entnommen worden sind.

14–49 Bei Geltung der Nullhypothese (daß μ sich nicht signifikant von 100 unterscheidet, dürfen wir erwarten, daß sich unsere Stichprobe gut in eine Stichprobenverteilung von Mittelwerten fügt, deren Mittelwert ________ beträgt.

100

14–50 Da wir in unserem Fall den Wert σ kennen, brauchen wir ihn nicht zu schätzen. Wir können den Wert von $\sigma_{\bar{X}}$ genau berechnen, und zwar dadurch, daß wir ________ durch ________ dividieren. Wir erhalten ein $\sigma_{\bar{X}}$ von ________.

σ – $\sqrt{n}$
1,6

14–51 Unsere Nullhypothese lautet, daß das μ der Population, aus dem unsere Stichprobe entnommen wurde (d.h., aller IQ-Werte dieser Stadt), nicht signifikant von 100 verschieden ist. Welches ist nun unsere Alternativhypothese? Wir müssen diese Alternativhypothese formulieren, *ehe wir unsere Stichprobe erheben*, damit sie durch deren Ergebnisse nicht beeinflußt werden kann. Angenommen, wir haben keinen

Grund zur Annahme, daß diese Stadt besonders hohe oder besonders niedrige IQ-Werte liefert. Wir werden dann als Alternativhypothese formulieren: μ ist ________________ μ_0. verschieden von

14-52 Diese Alternativhypothese besitzt ihren Ablehnungsbereich am ________________ Ende der Stichprobenverteilung. Wählen wir das 5%ige Signifikanzniveau, so wird der Ablehnungsbereich die ________________ der Normalverteilung einschließen. unteren und oberen | unteren 2,5 % und die oberen 2,5 %

14-53 Wir werden die Nullhypothese *annehmen*, wenn wir feststellen, daß unser $\overline{X}$ innerhalb der mittleren ________________ % der Stichprobenverteilung liegt. Damit ist einsichtig, daß die Bestimmung des ________________ -bereiches bei einem zweiseitigen Test *genau dasselbe Verfahren* erfordert wie die Festlegung der Vertrauensgrenzen für eine Schätzung des Populationsmittelwertes. In beiden Fällen geht es uns darum, den *mittleren Bereich* der Stichprobenverteilung abzugrenzen. 95 | Ablehnungs

14-54 Um die Grenzen unseres 95%igen Vertrauensintervalls zu finden, haben wir zunächst die 95% in eine Dezimalzahl, 0,95, umgewandelt. Dann haben wir diese Dezimalzahl durch ________________ dividiert, um jenen Teil der Fläche zu erhalten, der zwischen dem ________________ und einer Vertrauensgrenze liegt. Für diese Fläche suchen wir dann in der z-Tabelle den zugehörigen ________________ . 2 | Mittelwert | z-Wert

14-55 Die Grenzen für die 95%ige Vertrauensstufe trennen den Vertrauensbereich (die inneren 95% der Fläche) vom Ablehnungsbereich (die äußeren 5% der Fläche). Innerhalb der Vertrauensgrenzen liegt also der ________________ und außerhalb dieser Grenzen liegt der ________________. Wenn der Vertrauensbereich kleiner wird, wird der Ablehnungsbereich ________________. Vertrauensbereich | Ablehnungsbereich | größer

14-56 Die Hälfte von 0,95 ist 0,475. Aus der z-Tabelle ersehen wir, daß diese Fläche einem z von ________________ entspricht. Dieser z-Wert ist unser *Multiplikator*, mit dem wir den Wert von ________________ multiplizieren müssen, um die ________________ des Ablehnungsbereiches zu erhalten. 1,96 | $\sigma_{\overline{X}}$ | Grenzen

14-57 Wenn wir nun unser $\sigma_{\overline{X}}$ (1,6) mit dem Multiplikator (1,96) multiplizieren, so erhalten wir ________________. Da der Mittelwert der Stichprobenverteilung gleich 100 ist, liegen die Grenzen unseres Ablehnungsbereiches bei 100 + ________________ oder ________________, und bei 100 – ________________ oder ________________. 3,1 | 3,1 – 103,1 | 3,1 – 96,9

14-58 Da wir wissen, daß der obere Teil des Ablehnungsbereiches ________________ % der Fläche enthält und daß 50% der Gesamtfläche in der oberen Hälfte liegen, schließen wir, daß zwischen dem 2,5

Mittelwert und der oberen Grenze des Ablehnungsbereiches __________ % der Fläche liegen müssen. Daher müssen wir in der Tabelle die Fläche __________ ablesen.

47,5
0,475

14–59 Finden wir nun in unserer Stichprobe einen Mittelwert von 104 vor, so können wir sehen, daß die Differenz zum Populationsmittelwert auf dem __________ ist. Obgleich 4 IQ-Punkte nicht allzuviel erscheinen, wissen wir doch aus unseren Berechnungen, daß nur 5 % aller Stichproben von je 100 IQ-Werten, die aus einer Population mit einem Mittelwert von 100 und einer Standardabweichung von 16 entnommen werden, Mittelwerte von mehr als __________ oder weniger als __________ besitzen. Daher haben wir die Nullhypothese zu verwerfen.

5%-Niveau signifikant
103,1
96,9

14–60 Nehmen wir nun an, wir haben vor der Stichprobenentnahme den *Verdacht*, daß die Population (μ) dieser Stadt durchschnittlich intelligenter ist als die Gesamtpopulation ($\mu_0 = 100$). Wir stellen dann die Alternativhypothese auf, daß __________ ist. Diese Hypothese erfordert einen __________-seitigen Test. Der Ablehnungsbereich liegt ausschließlich an dem __________ Ende der Stichprobenverteilung von Mittelwerten.

μ größer als μ_0
ein
oberen

14–61 Um die *Grenzen* dieses Ablehnungsbereiches zu finden, gehen wir ähnlich wie in Rahmen 14–58 vor. „50 % der Gesamtfläche dieser Verteilung liegt in der oberen Hälfte. Wenn die obersten 5 % den Ablehnungsbereich bilden, dann müssen zwischen dem Mittelwert und der Grenze zum Ablehnungsbereich __________ % verbleiben.“ Deshalb suchen wir in der Tabelle die Fläche __________ auf.

45
0,45

14–62 Die Fläche 0,45 entspricht einem z-Wert von __________. Dieser z-Wert ist unser __________. Die Grenze des Ablehnungsbereichs ist 100 + __________, demnach __________.

1,6
Multiplikator
2,6 (oder 1,6 x 1,6) – 102,6

14–63 Mit einem Stichprobenmittelwert von 104 können wir die Nullhypothese wiederum zurückweisen. Beachten Sie, daß die Grenze für den Ablehnungsbereich auf dem 5 %-Niveau *näher* am Mittelwert liegt, wenn der Ablehnungsbereich nur an __________ Ende der Verteilung liegt. Wir erinnern uns in diesem Zusammenhang an die Bemerkung in Kapitel 12, daß das geforderte Signifikanzniveau bei einem einseitigen Test __________ erreicht wird als bei einem zweiseitigen Test. Dies finden wir auch in diesem Beispiel bestätigt.

einem
eher

14–64 Wenden wir uns nun der zweiten Möglichkeit zu. Wenn wir diesen Weg gehen, dann müssen wir die Wahrscheinlichkeit berechnen, mit der wir einen Stichprobenmittelwert erhalten, der bei Geltung der __________ mindestens so groß wie $\overline{X}$ ist.

Nullhypothese

14–65 Wenn wir ein $\overline{X}$ von 104 erhalten, errechnet man den z-Wert $(\overline{X}-\mu_0)/\sigma_{\overline{X}}$ durch Bezugnahme auf die hypothetische Stichprobenverteilung, die ein μ_0 von ____________ und ein $\sigma_{\overline{X}}$ von 1,6 besitzt. Der Wert $\overline{X} = 104$ liegt in diesem Fall bei $z =$ ____________.

100
2,5

14–66 Wir haben somit ein Ergebnis erhalten, das 2,5 Standardfehler oberhalb des Mittelwertes unserer Stichprobenverteilung liegt. Die Wahrscheinlichkeit, solch einen z-Wert bei einseitigem Test zu erhalten, finden wir in der Tabelle der Normalverteilung. Wir suchen dazu die ____________ zwischen dem Mittelwert und $z = 2{,}5$ auf. Diese Fläche subtrahieren wir von ____________, und erhalten dann eine Wahrscheinlichkeit von ____________.

Fläche
0,5
0,0062

14–67 Die Wahrscheinlichkeit eines solchen Ergebnisses bei einem *zweiseitigen* Test ist gleich der Wahrscheinlichkeit, einen z-Wert zu erhalten, der mindestens 2,5 z-Werte rechts vom Mittelwert *oder* mindestens ____________ z-Werte ____________ vom Mittelwert liegt. Diese Wahrscheinlichkeit ist genau ____________ so groß wie 0,0062 und daher gleich ____________.

2,5 – links
doppelt
0,0124

Zusammenfassung

14–68 Gehen Sie das obige Beispiel ($\overline{X} = 104$) nochmals durch, diesmal unter der Annahme, daß ein 1%iges Signifikanzniveau gefordert ist. Mit der Alternativhypothese, daß sich μ von 100 unterscheidet, müssen Sie die Nullhypothese verwerfen, wenn $\overline{X}$ außerhalb der mittleren ____________% der Stichprobenverteilung liegt. Der Ablehnungsbereich wird in diesem Fall von je einem ____________% der Fläche an *beiden* Enden der Verteilung gebildet. In Dezimalform geschrieben, beträgt dieser Wert ____________. Die Fläche in *einer Hälfte* der Stichprobenverteilung, die zwischen dem Mittelwert und der Grenze zu diesem Ablehnungsbereich liegt, beträgt ____________. Der Multiplikator für $\sigma_{\overline{X}}$ ist ____________. Die untere und die obere Grenze des Ablehnungsbereiches liegen an den Stellen ____________ und ____________. Können wir die Nullhypothese auch auf dieser Signifikanzstufe verwerfen? ____________.

99
halben (0,5)
0,005
0,495
2,6
95,8
104,2
Nein

14–69 Bleiben wir bei der 1%igen Signifikanzstufe und ändern wir die Alternativhypothese wie folgt: „μ ist größer als 100". In diesem Falle besteht der Ablehnungsbereich aus den ____________ der Fläche der Stichprobenverteilung. Die Fläche, die in der Normalverteilungstabelle nachzulesen ist, beträgt 0,490 und der zugehörige Multiplikator ist ____________, so daß sich die Grenze des Ablehnungsbereiches zu ____________ ergibt. Können wir die Nullhypothese unter Zugrundelegung dieser Alternativhypothese zurückweisen? ____________.

oberen 1 %
2,3
103,7
Ja

14–70 Vergleicht man nun die Ergebnisse aus den Rahmen 14–68 und 14–69 mit denen aus den Rahmen 14–64 bis 14–67, so ergibt sich: Die Wahrscheinlichkeit, mit der wir bei Geltung der Nullhypothese einen Stichprobenmittelwert erhalten, der größer als 104 ist, beträgt 0,0062 bei einseitigem Test und 0,0124 bei zweiseitigem Test. Dies Ergebnis erhielten wir durch die *erste* Methode. Bei der *zweiten* Methode haben wir festgestellt, daß bei einseitigem Test und 1 %iger Signifikanzstufe die Nullhypothese ________________ und daß sie bei zweiseitigem Test ________________ werden mußte. Die zwei Möglichkeiten der statistischen Schlußfolgerung führen also zu gleichen Ergebnissen.

verworfen
angenommen

E. Zusammenfassung: Vergleich der zwei Möglichkeiten, über die Normalverteilung zu testen

Dieser Abschnitt enthält keinen neuen Lernstoff. Er ist als Zusammenfassung und Überblick zu betrachten. Es werden die Signifikanzteste aus Kapitel 12 mit denen aus Kapitel 14 verglichen.

14–71 Sowohl in Kapitel 12 als auch in Kapitel 14 haben wir uns mit der Prüfung der Nullhypothese beschäftigt. Dabei haben wir die ________________-Tabelle benutzt, um unter der Annahme, daß die Nullhypothese gilt, die Wahrscheinlichkeit eines bestimmten Ergebnisses zu bestimmen.

z

14–72 In Kapitel 12 bestanden die Beobachtungen aus Nominalwerten, die in genau ________________ Kategorien klassifiziert werden konnten. In Kapitel 14 dagegen bestanden die Beobachtungen aus *Intervallwerten*, für die wir einen ________________ und eine ________________ berechnen können.

zwei

Mittelwert – Standardabweichung

14–73 In beiden Kapiteln haben wir eine Verteilung betrachtet, die annähernd die Form einer Normalverteilung besaß. In Kapitel 12 war dies die ________________-Verteilung, die von annähernd normaler Form ist, sofern die ________________ im Experiment sehr groß ist.

Wahrscheinlichkeits
Zahl der Beobachtungen

14–74 In Kapitel 14 war es die ________________-Verteilung von ________________. Diese Verteilung ist annähernd normal, wenn die Zahl der Stichproben und wenn die Zahl der Beobachtungen in den Stichproben ________________ sind.

Stichproben
Mittelwerten
groß

14–75 In beiden Fällen war es erforderlich, Mittelwert und Standardabweichung der Verteilung zu berechnen oder zu schätzen. Der Mittelwert der Wahrscheinlichkeitsverteilung betrug ______________ und ihre Standardabweichung ______________.

Np
$\sqrt{Npq}$

14–76 Der Mittelwert der Stichprobenverteilung der Mittelwerte entspricht dem Mittelwert der ______________, aus der die Stichproben stammen. Die Standardabweichung, die man auch den ______________ nennt, wird definiert durch $\sigma_{\bar{X}}$ = ______________.

Population
Standardfehler d. Mittelwertes
$\sigma / \sqrt{n}$

14–77 Der Wert $\sigma_{\bar{X}}$ läßt sich exakt nur dann bestimmen, wenn der Wert von ______________ bekannt ist. Ist σ nicht bekannt, dann muß $\sigma_{\bar{X}}$ mit der Formel $s_{\bar{X}}$ = ______________ geschätzt werden.

σ
$\sqrt{\frac{\sum x_i^2}{n(n-1)}}$

14–78 Sobald Mittelwert und Standardabweichung der Normalverteilung bekannt sind, ist das Verfahren der Hypothesenprüfung in beiden Fällen dasselbe. Um festzulegen, ob ein ein- oder ein zwei-______________ Test durchgeführt werden soll, muß die Formulierung einer ______________-hypothese vorausgegangen sein.

seitiger
Alternativ

14–79 In Kapitel 14 haben wir gesehen, daß ein einseitiger Test darin besteht, daß der Ablehnungsbereich *an nur einem Ende* der Normalverteilung liegt.

14–80 Bei einem zweiseitigen Test müssen wir uns den Ablehnungsbereich in ______________ Teile geteilt denken, wobei je einer an jedem ______________ der Verteilung liegt.

zwei
Ende

14–81 Ein einseitiger Test mit einem Ablehnungsbereich wird dann vorgenommen, wenn die Alternativhypothese ______________. Ein zweiseitiger Test mit zweiseitigem Ablehnungsbereich wird dann vorgenommen, wenn die Alternativhypothese ______________.

die Richtung des erwarteten Unterschieds angibt
die Richtung des erwarteten Unterschieds nicht angibt

14–82 Wir können nun nach zwei Methoden vorgehen. Wir können entweder die *Wahrscheinlichkeit* berechnen, unter der Nullhypothese ein so extremes oder ein noch extremeres Ergebnis als das unsrige zu erhalten. Zu diesem Zweck wandeln wir das beobachtete Ergebnis in einen ______________-Wert um, wobei wir Mittelwert und Standardabweichung jener Normalverteilung heranziehen, von der wir annehmen, daß sie die Population unserer Stichprobe darstellt.

z

14–83 Mit dem z-Wert gehen wir dann in die Normalverteilungstabelle ein und lesen die ______________ ab, die unter der Normalkurve zwischen dem ______________ und dem ______________-Wert liegt. Von dieser Fläche ausgehend, bestimmen wir die ______________, die jenseits dieses ______________-Wertes an einem Ende (bei einseitigem Test) oder an beiden Enden (bei zweiseitigem Test) gelegen ist.

Fläche
Mittelwert – z
Fläche
z

14–84 Oder wir legen zunächst die Grenzen des *Ablehnungsbereichs* fest. Die *Größe* des Ablehnungsbereiches wird bestimmt durch das ________________. Derjenige Anteil der Verteilung, der in *einem Teil* eines zweiseitigen Ablehnungsbereiches liegt, ist genau ________________ so groß wie das ________________.

Signifikanzniveau
halb
Signifikanzniveau

14–85 Bei der Benutzung der z-Tabelle müssen wir uns deshalb stets fragen, wie groß der Ablehnungsbereich ist, der an einem ________________ der Verteilung liegt, denn die z-Tabelle liefert stets nur Flächen für eine ________________ der Verteilung, d.h. den Flächenanteil vom Mittelwert bis z.

Ende
Hälfte

14–86 Die Normalverteilungstabelle kann aber auch dazu herangezogen werden, die Zahl zu ermitteln, mit der die Standardabweichung der Wahrscheinlichkeits- oder Stichprobenverteilung ________________ werden muß, um die Grenzen des ________________ Bereiches zu bestimmen.

multipliziert
Ablehnungs

14–87 Die beiden Verfahren – die Ermittlung der Wahrscheinlichkeit eines Ergebnisses und die Bestimmung der Vertrauensgrenzen – führen zu ________________ Schlußfolgerungen.

gleichen

14–88 Wir müssen uns stets *bewußt* sein, daß das Verfahren in jedem Falle auf das Vorhandensein einer Verteilung – entweder der Wahrscheinlichkeitsverteilung oder der Stichprobenverteilung von Mittelwerten – angewiesen ist, die als ________________ betrachtet werden kann.

normal

Aufgaben zu Kapitel 14

14-1 Eine Stichprobe von 100 Studenten aus verschiedenen Universitäten hat während einer 3-Tages-Periode im März eine mittlere Schlafdauer von 7.15 Stunden erzielt. Eine vorausgegangene Untersuchung an 5000 Nichtstudenten gleichen Alters zeigte eine mittlere Schlafdauer von 7.90 Stunden während einer vergleichbaren 3-Tages-Periode; das σ dieser Population betrug 1,35. Prüfen Sie, ob der Mittelwert der studentischen Stichprobe sich signifikant vom Mittelwert der nichtstudentischen Population unterscheidet.

14-2 Den Mathematikstudenten einer Universität wird von ihrem Professor empfohlen, für jede Vorlesungsstunde zwei Stunden Hausarbeit aufzuwenden. Der Professor möchte erfahren, ob die Studenten seinen Empfehlungen folgen und tatsächlich soviel Arbeitszeit aufwenden. Er bittet eine zufallsmäßig ausgewählte Gruppe von 100 Studenten, die Zahl ihrer Arbeitsstunden während zwei Wochen zu notieren. Von jedem Studenten soll dann die durchschnittlich pro Vorlesungsstunde geleistete Hausarbeit (in Stunden) ermittelt werden.

(a) Der Professor schätzt, daß die Standardabweichung relativ groß sein wird, etwa in der Nähe von 1. Nehmen wir an, sie ist tatsächlich $\sigma = 1$, dann können wir fragen, innerhalb welcher Grenzen die durchschnittliche Zahl der Hausarbeitsstunden liegen muß, damit der Professor auf dem 95%igen Vertrauensniveau damit rechnen kann, daß der wahre Mittelwert, wie empfohlen, 2 ist?

(b) Die Auswertung der Befragung ergibt einen Mittelwert von 1,83 mit $s = 0{,}92$. Wie groß ist die Wahrscheinlichkeit, diesen oder einen extremeren Mittelwert unter der Hypothese, daß die Studenten tatsächlich zwei Stunden für jede Vorlesungsstunde arbeiten, zu erhalten? Beachten Sie, daß die Alternativhypothese die Richtung der möglichen Abweichung nicht spezifiziert.

(c) Da das Ergebnis nahe beim 5%igen Signifikanzniveau liegt, neigt der Professor zu der Annahme, daß diese Differenz zwar klein, aber nicht zufällig ist. Diese Annahme hofft er durch Vergrößerung der Stichprobe bestätigen zu können. Nehmen Sie an, der Mittelwert und die Standardabweichung bleiben dieselben. Ist das Ergebnis bei einer Stichprobe von $n = 200$ auf der 5%-Stufe signifikant?

Kapitel 15: Die *t*-Verteilung

Bislang haben wir uns, wenn es um das Prüfen von Stichprobenmittelwerten ging, auf die Betrachtung *großer* Stichproben beschränkt. Diese Einschränkung erweist sich sehr oft als hinderlich, da die Untersuchungen an großen Stichproben nicht nur sehr kostspielig und zeitraubend, sondern häufig auch gar nicht möglich sind. Wir wollen uns deshalb der Betrachtung von Methoden zuwenden, die sowohl auf kleine als auch auf große Stichproben angewendet werden können.

Kapitel 15 behandelt die *t*-Verteilung, eine neue Verteilung, die in verschiedener Hinsicht der Normalverteilung entspricht. Den Grundgedanken dieser Verteilung wollen wir anhand des in Kapitel 14 behandelten Problems, nämlich ob $\mu = \mu_0$ ist, darlegen. Das nächste Kapitel, Kapitel 16, wird sich dann einem ähnlichen Problem zuwenden, nämlich der Signifikanzprüfung von Unterschieden zwischen den Mittelwerten *zweier Stichproben.* Wir wollen in Zukunft jede Signifikanzprüfung, die mit der *t*-Verteilung arbeitet, *t*-Test nennen. Die Kapitel 15 und 16 werden sich also mit dem *t*-Test als einer Möglichkeit zur Signifikanzprüfung auseinandersetzen, die dann angemessen ist, wenn die zur Verfügung stehende Stichprobe *klein* ist.

Erinnern wir uns an dieser Stelle, daß unsere gesamte Diskussion von Kapitel 13 bis Kapitel 16 auf der Annahme basiert, daß die untersuchte Variable *X* annähernd normalverteilt ist. Weicht die Verteilung *X* erheblich von der Normalverteilung ab, dann ist auch die Stichprobenverteilung der Mittelwerte nicht mehr hinreichend normalverteilt, und die gesamte Argumentation, auf die wir unsere statistische Entscheidung aufgebaut haben, bricht zusammen. Dazu muß allerdings gesagt werden, daß die Abweichung der *X*-Verteilung von der Normalverteilung schon sehr erheblich sein muß, ehe die auf der Normalkurve basierenden Tests nicht mehr gültig sind. Treten solche Fälle von starker Abweichung dennoch auf, dann ist es zweckmäßig, von Tests Gebrauch zu machen, die nicht die Voraussetzung machen, daß *X* normalverteilt ist. Diese Tests nennt man „verteilungsfreie (nichtparametrische) Tests“. Wir haben bisher nur einen verteilungsfreien Test, den *Chi-Quadrat-Test,* erörtert. Es gibt deren mehrere, aber wir können sie im Rahmen dieses Buches nicht behandeln. Auf Seite 368 finden Sie eine kurze Literaturliste, die Ihnen einige Hinweise auf entsprechende Literatur gibt.

A. Der z-Test bei kleinen Stichproben

15–1 In Kapitel 14 haben wir die Größe $(\bar{X}-\mu_0)/\sigma_{\bar{X}}$ benutzt, um zu testen, ob $\mu = \mu_0$ ist. Diese Größe ist ein z-Wert, und die Verteilung der z-Werte hat die Form einer ________________-Verteilung. — Normal

15–2 Die Größe $(\bar{X}-\mu_0)/\sigma_{\bar{X}}$ läßt sich nur dann exakt berechnen, wenn der Wert σ bekannt ist. Ist σ unbekannt, muß statt dessen der Wert ________________ eingesetzt werden. — $s_{\bar{X}}$

15–3 Dieser neue Bruch kann nur dann als eine gute Annäherung an einen z-Wert betrachtet werden, wenn ________________ eine gute Schätzung von ____________ ist. — $s_{\bar{X}}$ — $\sigma_{\bar{X}}$

15–4 Im allgemeinen ist $s_{\bar{X}}$ nur dann eine gute Schätzung von $\sigma_{\bar{X}}$, wenn die Stichproben groß sind, nicht dagegen, wenn sie klein sind. Nur wenn die Stichprobe groß genug ist, darf $(\bar{X}-\mu_0)/s_{\bar{X}}$ als ____________-Wert aufgefaßt und die z-Tabelle benützt werden. — z

15–5 Je kleiner die Stichprobe, um so schlechter wird die Schätzung von $s_{\bar{X}}$ für $\sigma_{\bar{X}}$. Für Stichproben vom Umfang n gleich oder kleiner als 30 besitzt die Größe $(\bar{X}-\mu_0)/s_{\bar{X}}$ *nicht* mehr die Form einer Normalverteilung. Wächst jedoch der Stichprobenumfang über 30, so nähert sich die Verteilung immer mehr einer ________________-Verteilung. — Normal

15–6 Die Größe $(\bar{X}-\mu_0)/\sigma_{\bar{X}}$ ist sowohl für kleine als auch für große Stichproben exakt normalverteilt. Die Größe $(\bar{X}-\mu_0)/s_{\bar{X}}$ jedoch ist nur dann normalverteilt, wenn es sich um ________________ Stichproben handelt. — große

15–7 Führen wir mit Hilfe der Größe $(\bar{X}-\mu_0)/s_{\bar{X}}$ einen Signifikanztest durch, so können wir diese Größe nur dann wie einen z-Wert behandeln, wenn n ________________ ist. Ist n dagegen ________________, so entspricht diese Größe keinem z-Wert, da sie nicht ________________-verteilt ist. — größer als 30 – kleiner als 30 normal

15–8 Die Größe $(X-\mu_0)/s_{\bar{X}}$ nennt man den *t-Wert* oder häufiger ganz einfach „t". Die Verteilung von ________________ ist also tatsächlich keine Normalverteilung, sondern nähert sich einer solchen lediglich bei n größer als 30 an. — t

---

Zusammenfassung

15–9 Der Unterschied zwischen t und der Größe $(\bar{X}-\mu_0)/\sigma_{\bar{X}}$, also einem z-Wert, besteht im Nenner. Für t steht im Nenner ________________. — $s_{\bar{X}}$

15–10 Wann immer $s_{\bar{X}}$ anstelle von $\sigma_{\bar{X}}$ benutzt werden muß, gilt es zu bedenken, ob die Stichprobe ein ________ besitzt, das groß genug ist, um die Annahme, daß ________ normalverteilt ist, zu rechtfertigen. Ist dies nicht der Fall, dann darf zur Signifikanzprüfung keine ________ benutzt werden.

n

t

z-Tabelle

B. Die t-Verteilung

15–11 Der *t*-Wert besitzt für jedes mögliche *n* eine *unterschiedliche* Verteilung, bis *n* so groß wird, daß die Verteilung in eine ________-Verteilung übergeht. Die *t*-Verteilung ist daher keine einzelne Verteilung, sondern eine ganze *Familie* von Verteilungen, d.h. es gibt für jeden Wert von ________ eine eigene Verteilung bis hinauf zu $n = 30$.

Normal

n

15–12 Jede dieser verschiedenen *t*-Verteilungen muß getrennt berechnet werden. Die Verteilungen wurden ursprünglich von einem englischen Mathematiker mit dem Pseudonym „Student" berechnet. Heutzutage sind Tabellen der *t*-Verteilung allgemein gebräuchlich; sie müssen immer dann benutzt werden, wenn *n* ________ ist.

kleiner als 30

15–13 Jede einzelne *t*-Verteilung wurde für eine bestimmte Anzahl von sog. *Freiheitsgraden – df –* berechnet. Eine Stichprobe von $n = 10$ besitzt $n - 1 = 9$ Freiheitsgrade. Eine Stichprobe von $n = 30$ besitzt $n - 1 = 29$ ________. *Für eine beliebige Stichprobe ist die Zahl der* ________ *stets gleich n–1*.

Freiheitsgrade

Freiheitsgrade

Anmerkung: Wir haben uns mit dem Begriff der Freiheitsgrade bereits in Kapitel 7 im Zusammenhang mit dem Chi-Quadrat-Test beschäftigt. Wir können diesen Begriff in diesem Zusammenhang in ganz ähnlicher Weise verwenden: Wenn wir *n* Beobachtungen einer Stichprobe haben und die Summe aller Beobachtungen ergibt einen bestimmten Wert, dann können nur *n*–1 dieser Beobachtungen frei gewählt werden; denn die letzte, die *n*-te Beobachtung, muß jenen Wert annehmen, der sich durch die Summe zwangsläufig als Restbetrag ergibt.

15–14 Die Wahl der geeigneten *t*-Verteilung hängt vom Umfang ________ der Stichprobe ab. Die *t*-Verteilung, die man zu wählen hat, besitzt ________ Freiheitsgrade.

n

n – 1

15–15 Abbildung 15–1 zeigt die *t*-Verteilung für 4 verschiedene Freiheitsgrade. Die gestrichelte Kurve entspricht der *t*-Verteilung für $df = 1$ und die ausgezogene Kurve der *t*-Verteilung für eine sehr große Anzahl von Freiheitsgraden, für *df* = unendlich. Wir sehen: unter der Kurve für $df = 1$ ist die Fläche innerhalb von ±1 Standardabweichung vom Mittelwert ________ als die Fläche unter der entsprechenden Kurve für *df* = unendlich.

kleiner

Abbildung 15–1: Die t-Verteilung für verschiedene Freiheitsgrade (aus D. Lewis, Quantitative Methods in Psychology, Iowa City, Selbstverlag 1948)

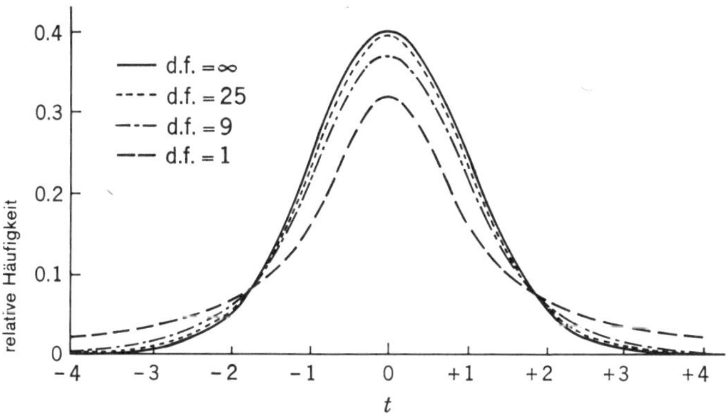

15–16 Wir sehen ferner: Die Fläche *jenseits* von $z = +2$ für $df = 1$ ist ____________ als für $df =$ unendlich. größer

15–17 Vergleicht man die Verteilung für $df = 1$ mit der Verteilung für $df =$ unendlich, dann findet man, daß die Verteilung für $df =$ unendlich mehr zur Mitte hin zentriert ist und daß die Verteilung für $df =$ ________ einen größeren Flächenanteil an ihren Enden besitzt. 1

15–18 Wie wir sehen, liegt die t-Verteilung für $df = 9$ und $df = 25$ *zwischen* den beiden Verteilungen, die wir eben besprochen haben. Das bedeutet: mit dem Anwachsen der Freiheitsgrade wird der Flächenanteil an den ____________ kleiner, und der Flächenanteil nahe dem ____________ wächst an. Enden Mittelwert

15–19 *Die t-Verteilung für df = unendlich ist mit der z-Verteilung identisch.* Das gilt für $df =$ unendlich bis $df = 30$, aber für df kleiner als 30 macht sich der größere Flächenanteil ____________ der t-Verteilung bemerkbar. an den Enden

15–20 Wenn wir also den Fehler begehen, bei weniger als 30 Freiheitsgraden die z-Verteilung zu benutzen, dann werden wir die Wahrscheinlichkeit eines bestimmten Ergebnisses erheblich ____________. Die Wahrscheinlichkeit eines bestimmten Ergebnisses ist für kleine Stichproben ____________ als für große. unterschätzen größer

---

Zusammenfassung

15–21 Es gibt verschiedene t-Verteilungen, und zwar eine für jede Anzahl von Freiheitsgraden; Die t-Verteilungen für mehr als 30 Freiheitsgrade sind sich so ähnlich, daß sie als eine Verteilung betrachtet werden können. Diese Verteilung ist identisch mit der ______________- Verteilung, so daß man für Stichproben mit einem *n* von größer als 30 die *z*-Verteilung verwenden kann. Für kleinere Stichproben muß man die entsprechende *t*-Verteilung mit ______________ Freiheitsgraden zugrunde legen.

z

n - 1

15–22 Ist der Stichprobenumfang klein, so ist der Flächenanteil an den Enden der *t*-Verteilung ______________ als der Flächenanteil an den Enden der *z*-Verteilung. Deshalb erscheinen extreme Werte von *t*, wie z. B. $t = 3$, in kleinen Stichproben ______________ als in großen.

größer

häufiger

C. Die t-Tabelle

Auf Seite 379 finden Sie die Tabelle der kritischen Werte von t.

15–23 In der *t*-Tabelle finden wir 31 Zeilen, von denen jede für eine bestimmte *t*-Verteilung gilt. Diese Verteilungen unterscheiden sich deshalb voneinander, weil für jede Zahl von ______________ eine eigene *t*-Verteilung existiert.

df

15–24 In der ersten Spalte sind die Zahlen der Freiheitsgrade für eine bestimmte Zeile angegeben. Die übrigen Spalten der Tabelle sind mit 6 verschiedenen Wahrscheinlichkeitswerten überschrieben. Die Zahlen in den darunterliegenden Spalten sind die Werte von ______________. Der Wert für *t* berechnet sich aus der Formel $(X - \mu_0)/s_{\bar{X}}$.

t

15–25 Wir benutzen die *t*-Tabelle folgendermaßen: wir suchen die Zeile mit der entsprechenden Anzahl von Freiheitsgraden auf. Für eine Stichprobe der Größe *n* beträgt die Zahl der Freiheitsgrade = ______________. Für eine Stichprobe von $n = 11$ würden wir die Zeile mit $df =$ ______________ aufsuchen. Andererseits würden wir in die Zeile mit 1 *df* eingehen, wenn der Stichprobenumfang $n =$ ______________ beträge.

n - 1

10

2

15–26 Betrachten wir die erste Zeile mit $df = 1$. Um das 5 %ige Signifikanzniveau ($p = 0{,}05$) zu erreichen, müßte der *t*-Wert mindestens 12,706 betragen. Das bedeutet, daß der Unterschied zwischen $\bar{X}$ und dem Mittelwert der Stichprobenverteilung mindestens ______________ mal so groß wie $s_{\bar{X}}$, sein müßte, damit man sagen kann, daß dieses $\bar{X}$ vom Mittelwert der Stichprobenverteilung signifikant abweicht.

12,706

15–27 Um das 1 %ige Signifikanzniveau zu erreichen, muß der *t*-Wert für 1 *df* mindestens ______________ betragen.

63,657

15-28 Die t-Tabelle ist für einen zweiseitigen Test konstruiert. Das bedeutet, daß die jede Spalte bezeichnenden Wahrscheinlichkeiten einen Ablehnungsbereich bilden, dessen Fläche ________ Teile besitzt, je einen an jedem Ende der Verteilung. zwei

15-29 Wenn wir aus der Tabelle ersehen, daß der t-Quotient $(\bar{X}-\mu_0)/s_{\bar{X}}$ für einen Freiheitsgrad mindestens 63,657 betragen muß, *um auf der 1%-Stufe signifikant zu sein*, wissen wir zugleich, daß 99% der Fläche dieser t-Verteilung innerhalb der Grenzen von $t = -63{,}657$ und $t = +63{,}657$ liegen. Das bedeutet aber, daß der Prozentanteil der Gesamtfläche, der *jenseits* von +63,657 liegt, nur ________ % betragen kann. 1/2

15-30 Wenn wir in diesem Fall einen *einseitigen* Test anwenden wollen, dann müssen wir den t-Wert aufsuchen, *jenseits dessen* ________ % der Fläche liegt. Wenn wir aber den t-Wert in der Spalte 0,01 aufsuchen, dann liegt jenseits dieses Wertes nur 1/2% der Fläche, da das andere halbe Prozent am anderen Ende der Verteilung liegt. Wir müssen deshalb in eine andere Spalte gehen, nämlich in die Spalte, deren Ablehnungsbereich doppelt so groß ist. Dann haben wir nur die Hälfte dieses Ablehnungsbereichs an einem Ende der Verteilung. Wenn wir also einseitig testen und ein Signifikanzniveau von 1% (eine Wahrscheinlichkeit von 0,01) fordern, dann müssen wir den t-Wert nachsehen, der sich in der mit ________ überschriebenen Spalte befindet. 1 – 0,02

15-31 Angenommen, wir haben eine Stichprobe von $n = 21$. Dazu müssen wir den t-Wert in der Zeile mit ________ *df* aufsuchen. Auf dem 1%-Signifikanzniveau gibt die Tafel für einen zweiseitigen Test unter der Wahrscheinlichkeit $p =$ ________ einen t-Wert von ________ an. 20 – 0,01 – 2,845

15-32 Der t-Wert für einen *einseitigen* Test auf dem gleichen 1%igen Signifikanzniveau mit ebenfalls 21 *df* befindet sich in der Spalte mit $p =$ ________. Der t-Wert beträgt ________ und ist damit ________ als der t-Wert für einen zweiseitigen Test. 0,02 – 2,528 – kleiner

15-33 Soll also ein zweiseitiger Test angewendet werden, dann sucht man den t-Wert in jener Spalte, deren Wahrscheinlichkeit dem ________-Niveau *entspricht*. Soll dagegen ein einseitiger Test angewendet werden, dann sucht man den t-Wert in jener Spalte, deren Wahrscheinlichkeit ________ so groß ist wie das gewünschte ________. Der Grund dafür besteht darin, daß die t-Tabelle für ________ Tests konstruiert ist. Signifikanz – doppelt – Signifikanzniveau – zweiseitige

Zusammenfassung

15–34 Die *t*-Tabelle enthält je *eine Zeile* für jeden ____________ und je eine Spalte für sechs verschiedene ____________. Die in den Spalten und Zeilen eingetragenen Werte von ____________ sind jene Werte, *jenseits derer* sich der ____________-Bereich befindet. Freiheitsgrad Signifikanzniveaus t Ablehnungs

15–35 Der Ablehnungsbereich, für den die Tafel konstruiert ist, ist ein ____________-seitiger Ablehnungsbereich. Deshalb sind die *t*-Werte in jeder Spalte lediglich für einen *zweiseitigen Signifikanztest* angemessen. Die *t*-Werte eignen sich auch zur Beurteilung nach einem *einseitigen Test*, jedoch mit dem Unterschied, daß die Signifikanzstufe dem ____________ Wert der Wahrscheinlichkeit entspricht, mit der die Spalte überschrieben ist. zwei halben

D. Vergleich der t-Tabelle mit der Normalverteilungstabelle

15–36 Betrachten wir in der *t*-Tabelle die Spalte mit $p = 0{,}05$. Der *t*-Wert für diese Signifikanzstufe beträgt bei 1 *df* ____________. Bei 2 *df* verringert sich *t* bereits auf einen Wert von ____________, und bei 3 *df* ist *t* schließlich = ____________. 12,706 4,303 3,182

15–37 Den kleinsten *t*-Wert, den wir in der Spalte mit $p = 0{,}05$ erreichen, finden wir bei *df* = unendlich. Dieser Wert beträgt ____________. Bei 30 *df* beträgt der *t*-Wert der gleichen Spalte bereits ____________. 1,960 2,042

15–38 Wir sehen: Mit dem Anwachsen von *n* ____________ der *t*-Wert. Dies ist auf jeder beliebigen Signifikanzstufe der Fall. Die *t*-Werte sinken bei großen Werten für *df* ____________ ab als bei kleinen. sinkt langsamer

15–39 Wir haben gesehen, daß der kleinste *t*-Wert auf dem 5 %-Niveau 1,960 beträgt. Betrachten wir die *z*-Tabelle, so sehen wir, daß die Fläche unter der Normalkurve, die einem *z-Wert* von 1,960 entspricht, ____________ beträgt. Dies ist die Fläche vom Mittelwert bis ____________. Das bedeutet, daß die Fläche *jenseits* von *z* ____________ beträgt. 0,4750 1,96 – 0,0250

15–40 Davon ausgehend können wir sagen, daß die Wahrscheinlichkeit, einen *z*-Wert zu erhalten, der 1,960 oder größer ist, ____________ beträgt, wenn man einen *einseitigen Test* unterstellt. Denn die *z*-Tabelle betrachtet lediglich Werte vom Mittelwert bis *z* unter einer Seite der 0,025

Kurve. Dagegen enthält die *t*-Tabelle die Werte jenseits von *t* auf beiden Seiten der Kurve.

15-41 Wollen wir einen zweiseitigen Test anwenden, dann müssen wir immer die Fläche auf der einen *und* auf der anderen Hälfte der Kurve betrachten, d. h. wir müssen beim *z*-Test die erhaltene Wahrscheinlichkeit mit ________________ multiplizieren. Die Wahrscheinlichkeit eines *z*-Wertes von größer oder gleich 1,960 beträgt deshalb, wenn ein zweiseitiger Test angewandt wird, ________________.

2

0,05

15-42 Wir haben gesehen, daß *t* gleich 1,960 ist, wenn $df =$ ________ und $p =$ ________________ sind. Deshalb ist die Wahrscheinlichkeit, einen *t*-Wert von 1,96 oder größer zu erhalten, bei einem *zweiseitigen* Test gleich ________________.

unendlich

0,05

0,05

15-43 Die Größen *t* und *z* sind *stets* gleich, wenn $n =$ ________________ ist. Die *t*-Verteilung ist in diesem Falle mit der ________________-Verteilung identisch.

unendlich

z-

15-44 Vergleichen wir ein weiteres Paar von Werten. Suchen wir z. B. bei *einseitigem Test* und 5 %igem Signifikanzniveau den *t*-Wert für $df =$ unendlich. Dieser *t*-Wert befindet sich in der Spalte unter $p =$ ________________ und beträgt ________________.

0,10

1,645

15-45 Betrachten wir den Wert 1,645 in der *z*-Tabelle. Die Fläche vom Mittelwert bis $z = 1{,}645$ beträgt ungefähr ________________. Die Fläche *jenseits* von $z = 1{,}645$ ist dementsprechend = ________________. Die Wahrscheinlichkeit, bei einseitigem Test ein *z* von 1,645 zu erhalten, ist also = ________________. Dieser Wert ist somit auf dem ________________-Niveau signifikant.

0,4500

0,0500

0,05 – 5 %

15-46 Aus diesen beiden Vergleichen ersehen wir, daß die Werte aus der *z*-Tabelle den Werten aus der ________________ Zeile der *t*-Tabelle entsprechen, denn die *t*-Verteilung ist mit der *z*-Verteilung identisch, wenn $n =$ ________________ ist.

letzten

unendlich

15-47 Die Werte in der letzten Zeile der *t*-Tabelle sind identisch mit den entsprechenden Werten in der ________________. Alle anderen Zeilen enthalten Werte, die verschiedenen Verteilungen angehören. Alle diese Verteilungen sind *t*-Verteilungen. Es gibt so viele *t*-Verteilungen, wie es ________________ gibt.

z-Tabelle

Freiheitsgrade

15-48 Die *t*-Verteilung enthält Werte für nur einige wenige Signifikanzstufen, da sie Auskunft über 31 verschiedene Verteilungen gibt. Die *z*-Tabelle gibt dagegen Auskunft über nur ________________ Vertei-

eine

lung(en) und kann daher Werte für viele Wahrscheinlichkeiten (als Flächen unter der Normalkurve vom Mittelwert bis *z*) angeben.

15-49 Die Flächen unter der Normalkurve stellen *Wahrscheinlichkeiten* dar. Diese Wahrscheinlichkeiten erscheinen in der *z*-Tabelle in den Spalten neben den entsprechenden *z*-Werten. Dagegen erscheinen die Wahrscheinlichkeiten in der *t*-Tabelle in der ersten ____________ der Tafel als Bezeichnungen für die verschiedenen Spalten. — Zeile

15-50 Die Wahrscheinlichkeiten in der *t*-Tabelle beziehen sich auf Flächen in beiden Hälften der Verteilung. Die Wahrscheinlichkeiten in der *z*-Tabelle beziehen sich auf Flächen in ____________ der Verteilung. — einer Hälfte

15-51 Die Wahrscheinlichkeiten in der *t*-Tabelle geben an, ob sich ein bestimmter *t*-Wert im Ablehnungsbereich befindet. Sie beziehen sich auf die Fläche *jenseits* eines bestimmten *t*-Wertes. Die Wahrscheinlichkeiten in der *z*-Tabelle hingegen beziehen sich auf die Fläche ____________ eines bestimmten *z*-Wertes, nämlich auf die Fläche zwischen ____________. — diesseits; dem Mittelwert und z

15-52 Der einzige wesentliche Unterschied zwischen den Tabellen ist die Tatsache, daß sich die *z*-Tabelle nur auf *eine Hälfte* der Normalverteilung bezieht und Werte liefert, die nur für einen ____________-seitigen Test zutreffen. Die *t*-Tabelle dagegen enthält Werte, die sich auf einen ____________-seitigen Test beziehen. Der Ablehnungsbereich in der *t*-Tabelle besteht aus ____________ Teilen, während der Ablehnungsbereich der Normalverteilungstabelle ____________-teilig ist. — ein; zwei; zwei; ein

Zusammenfassung

15-53 Bei einem Vergleich unserer *z*-Tabelle und unserer *t*-Tabelle haben wir folgende Unterschiede festgestellt: Die *z*-Tabelle enthält die Flächenanteile für nur eine Verteilung; die *t*-Tabelle dagegen enthält die Flächenanteile für mehrere verschiedene Verteilungen. Jede bezieht sich auf einen anderen Wert von ____________. — df

15-54 Die *t*-Tabelle gibt die Wahrscheinlichkeiten jenseits eines bestimmten *t*-Wertes an. Wenn man diese Wahrscheinlichkeit aus der *z*-Tabelle erhalten will, dann muß man die entsprechende Fläche vom Mittelwert bis *z* von ____________ subtrahieren. — 0,5

15-55 Wollen wir über die *Normalverteilung* einseitig testen, dann brauchen wir den in der *z*-Tabelle angegebenen Wert lediglich von 0,5

zu ________________. Wollen wir dagegen über die *t-Verteilung* (einseitig) testen, dann müssen wir den *t*-Wert in jener Spalte aufsuchen, deren Wahrscheinlichkeit ________________ so groß ist wie das gewünschte Signifikanzniveau.

subtrahieren

doppelt

15-56 Die *t*-Tabelle darf für jede Stichprobengröße benutzt werden, vorausgesetzt, daß die Zahl von ________________ genau bestimmt wird. Die *z*-Tabelle darf dagegen *nur* dann benutzt werden, wenn ________________ sehr groß ist oder wenn ________________ bekannt ist, da der Quotient ________________ nur für ________________ Stichproben normalverteilt ist.

Freiheitsgraden

n – σ

$\frac{\bar{X} - \mu_0}{s_{\bar{X}}}$ – große

Aufgaben zu Kapitel 15

15-1 Wie groß ist der Wert von t, wenn $n = 10$, $\bar{X} = 50$, $\mu_0 = 47$ und $s_{\bar{X}} = 1{,}05$ sind? Zwischen welchen Tabellenwerten liegt die Wahrscheinlichkeit dieses t-Wertes bei zweiseitigem und bei einseitigem Test?

15-2 Wie groß muß t bei einem 5%igen Signifikanzniveau und zweiseitigem Test sein, wenn $n = 10$ ist? Wie groß muß t sein, wenn $n = 20$, und wie groß, wenn $n = 31$ ist?

15-3 Wie groß muß t bei einem 1%igen Signifikanzniveau und einseitigem Test sein, wenn $n = 12$ ist? Wie groß bei zweiseitigem Test?

15-4 Wie groß muß t bei einem 2%igen Signifikanzniveau und zweiseitigem Test sein, wenn $n = 18$ ist? Wie groß muß t sein, wenn ein 1%iges Signifikanzniveau angenommen wird?

Kapitel 16: Anwendungen des t-Tests

In Kapitel 1 haben wir uns zunächst mit der Frage beschäftigt, ob ein Unterschied „signifikant" ist oder nicht. Wir haben diese Frage im Zusammenhang mit einem Unterschied von 1 cm in der durchschnittlichen Körpergröße zwischen zwei fiktiven Stichproben von Universitätsstudenten gestellt. Damals konnten wir lediglich hervorheben, daß sich diese Frage stellt. Wir konnten noch nicht zeigen, wie man entscheidet, ob solch ein Unterschied signifikant ist, da wir keine Möglichkeit hatten, abzuschätzen, ein wie großer Unterschied zwischen zwei Stichproben, die aus derselben Population stammen, erwartet werden kann.

Inzwischen sind wir in der Lage, dieses Problem zu lösen. Es geht also um die *Signifikanz von Unterschieden zwischen zwei Stichprobenmittelwerten.* Die Nullhypothese besagt, daß sich die beiden den Stichproben zugrundeliegenden Populationen nicht unterschieden ($\mu_1 = \mu_2$). Die am häufigsten angewandte Methode ist dabei der t-Test. Ganz allgemein kann man wohl sagen, daß die Frage nach der Signifikanz von Unterschieden zwischen zwei Mittelwerten in der Psychologie, den Erziehungs- und Sozialwissenschaften außerordentlich häufig auftaucht. Wir vervollständigen deshalb unsere Erörterungen über statistische Schlußfolgerungen mit dem t-Test.

Wir knüpfen an Kapitel 14 an, in dem es darum ging, ob die Population (μ), aus der ein Stichprobenmittelwert stammt, sich von einer definierten Population (μ_0) unterscheidet. Im vorliegenden Fall haben wir es aber mit zwei Stichproben zu tun.

A. Prüfung, ob das μ einer kleinen Stichprobe gleich μ_0 ist

16–1 Man kann die z-Tabelle benutzen, wenn der Quotient $(\bar{X} - \mu_0)/\sigma_{\bar{X}}$ vorliegt. Hingegen ist die t-Tabelle zu benutzen, wenn der Quotient ____________ vorliegt, *und* wenn der Stichprobenumfang kleiner als ungefähr 30 ist. $(\bar{X} - \mu_0) / s_{\bar{X}}$

16–2 Das heißt, der Wert des Quotienten ist ein t-Wert, wenn __________ unbekannt ist. Für n kleiner als 30 sind die t-Werte nicht normalverteilt. Für jede Zahl von Freiheitsgraden gibt es eine eigene Verteilung. σ

16–3 Im Beispiel von Kapitel 14 haben wir uns gefragt, ob ein Mittelwert von 104, der auf einer Stichprobe von $n = 100$ basiert, aus einer Population von IQ-Werten mit einem Mittelwert von 100 und einem σ von 16 stammen kann. Wir haben dazu den z-Test benutzt. Hätten wir diesen z-Test auch dann anwenden können, wenn unsere Stichprobe sehr viel kleiner gewesen wäre, z.B. $n = 20$? ______________; denn der Wert von ______________ ist bekannt, und deshalb kann trotz der kleinen Stichprobe die ______________ herangezogen werden.

Ja
σ
z-Tabelle

16–4 Das Ergebnis unseres Tests würde bei einem n von 20 etwas anders ausfallen; denn der Standardfehler des Mittelwertes ist bei einer kleinen Stichprobe viel größer als bei einer großen. Da $\sigma_{\bar{X}}$ gleich $\sigma / \sqrt{n}$ ist, beträgt $\sigma_{\bar{X}}$ ______________.

3,6

16–5 Die Differenz zwischen $\bar{X} = 104$ und $\mu_0 = 100$ beträgt __________. Und der z-Wert ist gleich ______________. Selbst bei einseitigem Test wäre die zu einem solchen z-Wert gehörige Wahrscheinlichkeit von ______________ zu groß, um die Nullhypothese zu verwerfen. Bei zweiseitigem Test würde diese Wahrscheinlichkeit noch größer, nämlich ______________ sein.

4
1,1
0,14
0,28

16–6 Eine Verringerung des Stichprobenumfanges bedeutet also, daß ein bestimmter Wert von $\bar{X}$ ______________ Chancen hat, die Signifikanzgrenze zu erreichen. In jedem Falle gilt die Regel, daß, solange σ bekannt ist, der ______________-Test unbedenklich angewendet werden kann.

weniger
z

16–7 Nehmen wir nun an, wir kennen den Wert von σ *nicht* und haben eine Stichprobe von $n = 20$. Nehmen wir weiterhin an, der Wert $\bar{X}$ ist 104 und Σx_i^2 ist 1829,2. Unter diesen Umständen wird $\sigma_{\bar{X}}$ dadurch geschätzt, daß wir ______________ durch ______________ dividieren und daraus die Quadratwurzel ziehen.

1 839,2 – 380
(d.h. 20 x 19)

16–8 Der Wert für $s_{\bar{X}}$ ist demnach 2,2, also erheblich größer als der Wert für $\sigma_{\bar{X}}$ (1,6) aus Kapitel 14. Wenn $\bar{X}$ gleich 104 und μ_0 gleich 100 sind, dann beträgt der t-Wert ______________.

1,8

16–9 Wir wollen nun die Wahrscheinlichkeit eines solchen t-Wertes nachschlagen. Dazu suchen wir die t-Verteilung mit df = ______________ auf, und suchen nach dem ersten Wert, der *größer* ist als 1,8. Dieser Wert liegt in der mit p = ______________ überschriebenen Spalte.

19
0,05

16–10 Da die Wahrscheinlichkeiten der t-Tabelle für einen zweiseitigen Test gelten, wissen wir nun, daß unser t-Wert nicht ______________ genug ist, um bei einem zweiseitigen Test die 5 %ige Signifikanzstufe zu

groß

erreichen. Der t-Wert müßte dazu mindestens ______________ betragen. 2,093

16–11 Die t-Werte in der mit $p = 0{,}10$ überschriebenen Spalte sind bei einseitigem Test auf der ______________%-Stufe signifikant. Da unser 5
t-Wert größer als der Wert von 1,729 ist, schließen wir, daß unser Ergebnis bei einseitigem Test mindestens auf der ______________%-Stufe 5
signifikant ist.

Zusammenfassung

16–12 Der z-Test kann in zwei Fällen nicht zur Prüfung der Nullhypothese, daß μ gleich μ_0 ist, benutzt werden: erstens, wenn ________, n kleiner als 30 ist ↔
und zweitens, wenn ______________. σ unbekannt ist

16–13 Statt dessen wird in diesen Fällen der t-Test angewendet. Jeder t-Wert wird mit Hilfe einer Formel errechnet, die bis auf einen Unterschied gleich der Formel ist, die zur Bestimmung der z-Werte herangezogen wird. Dieser Unterschied besteht darin, daß der Nenner in einem Fall aus der Größe ______________ und im anderen Fall aus $s_{\bar{X}}$ ↔
der Größe ______________ besteht. $\sigma_{\bar{X}}$

B. Das Prüfen des Unterschieds zwischen Mittelwerten zweier korrelierter Stichproben

Nehmen wir an, wir haben zwei Stichproben von Beobachtungen und wir möchten prüfen, ob sie aus derselben Population stammen. Häufig bestehen beide Stichproben aus Beobachtungen, die an der gleichen Gruppe von Personen zu verschiedenen Zeitpunkten durchgeführt worden sind. Solch ein Fall tritt beispielsweise dann ein, wenn ein Untersucher seine Beobachtungen *vor und nach* einer Behandlung erhebt um zu erfahren, ob diese Behandlung einen Einfluß auf das Ergebnis hat. So könnte man beispielsweise untersuchen, ob Studenten nach einem Geschichtsseminar mehr Wissen zeigen als zuvor.
Sobald also beide Stichproben an ein und derselben Gruppe von Versuchspersonen oder an zwei Gruppen von Versuchspersonen, die einander paarweise zugeordnet („gematcht") sind, erhoben werden, sprechen wir von *korrelierten* oder abhängigen Stichproben. Im Abschnitt B werden wir nun Methoden vorstellen, die die Signifikanz des Unterschiedes zwischen Mittelwerten solcher *korrelierter* Stichproben prüfen.

16-14 Betrachten wir zwei Reihen von Testpunktwerten über Geschichtswissen, die beide an derselben Gruppe von Studenten erhoben worden sind. Bezeichnen wir mit $\overline{X}_1$ den Mittelwert dieser Meßreihen beim ersten Test, bevor die Studenten an einem Seminar teilgenommen haben, und bezeichnen wir mit $\overline{X}_2$ den Mittelwert der Testpunktwerte, die nach dem Seminar erhoben worden sind. Uns interessiert nun die Frage, ob ______________ signifikant von ______________ verschieden ist. $\overline{X}_1 \leftrightarrow \overline{X}_2$

16-15 Unsere Nullhypothese lautet, daß sich $\overline{X}_1$ und $\overline{X}_2$ nicht signifikant unterscheiden, oder, daß der Unterschied $\overline{X}_2 - \overline{X}_1$ nicht signifikant von ______________ verschieden ist. 0

16-16 Die Alternativhypothese in diesem Falle ist wohl die, daß das Seminar dazu führt, daß $\overline{X}_2$ ______________ ist als $\overline{X}_1$ und damit, daß $\overline{X}_2 - \overline{X}_1$ ein ______________ Vorzeichen besitzt. Es handelt sich also um eine Alternativhypothese, die die Richtung des erwarteten Unterschieds angibt. größer positives

16-17 Jeder der untersuchten Studenten besitzt zwei Punktwerte. Subtrahieren wir seinen ersten Punktwert von seinem zweiten, so erhalten wir seinen *Differenz*punktwert, d.h. einen neuen Punktwert, der die ______________ zwischen seiner Leistung in dem Test vor und der Leistung nach dem Seminar angibt. Differenz

16-18 Wenn wir den Differenzpunktwert für jeden Studenten bestimmen, so reduzieren wir unsere *beiden* Messungen auf ______________ Reihe von Differenzen. Wir können nun von diesen ______________ eine Häufigkeitsverteilung bilden, deren Mittelwert und deren Standardabweichung bestimmen. eine Differenzen

16-19 Wir bezeichnen den Mittelwert einer Stichprobe von Differenzpunktwerten mit $\overline{D}$. Stellen wir uns vor, wir haben eine große Zahl solcher Mittelwerte vor uns. Jeder Mittelwert ist in der gleichen Weise ermittelt worden, nämlich dadurch, daß wir jeweils eine Gruppe von Personen zweimal testen und das arithmetische Mittel der Differenzwerte bilden. Die Verteilung der Werte von $\overline{D}$ aus all diesen Stichproben bildet nun ihrerseits eine neue Art ______________-Verteilung von Mittelwerten, *nämlich eine Stichprobenverteilung von Mittelwerten aus Differenzwerten* (statt aus Rohwerten, wie in Kapitel 15). Stichproben

16-20 Auf dem beschriebenen Wege haben wir nun unser Problem so umgestaltet, daß wir den Mittelwert einer einzelnen Stichprobe daraufhin prüfen, ob er signifikant von einem bestimmten, unter der Nullhypothese erwarteten Wert μ_0 abweicht. Wir verfügen über einen Mittelwert $\overline{D}$ aus einer einzelnen Stichprobe von ______________-Werten. Wir können Differenz diesen Mittelwert mit der Stichprobenverteilung von ______________ vergleichen. | Mittelwerten aus Differenzwerten

16-21 Die Nullhypothese besagt, daß $\overline{D}$ nicht signifikant verschieden von 0 ist. Entsprechend dieser Nullhypothese erwarten wir, daß der Mittelwert μ_0 der Stichprobenverteilung von $\overline{D}$ gleich ______________ ist. | 0

16-22 Die Nullhypothese gibt uns eine anschauliche Vorstellung davon, wie die Stichprobenverteilung von $\overline{D}$ aussehen sollte. In dieser Verteilung mit einem Mittelwert von 0 haben einige Werte von $\overline{D}$ ein ______________ Vorzeichen und andere ein ______________ Vorzeichen. Einige wenige Werte werden relativ weit von 0 entfernt liegen, die meisten werden sich aber relativ eng um 0 scharen. | positives ↔ negatives

16-23 Um nun die Wahrscheinlichkeit, unter der Nullhypothese ($\mu_0 = 0$) einen bestimmten beobachteten Wert von $\overline{D}$ zu erhalten, zu bestimmen, müssen wir auch die ______________ der Stichprobenverteilung von Mittelwerten aus Differenzwerten kennen. Wir wollen diese Größe mit σ_{D} bezeichnen. | Standardabweichung

16-24 Leider gibt es im allgemeinen keine Möglichkeit, $\sigma_{\overline{\mathrm{D}}}$ exakt zu bestimmen. Wir werden uns deswegen auch hier mit einer Schätzung zufriedengeben müssen, die wir mit $s_{\overline{\mathrm{D}}}$ bezeichnen wollen. Wir können deshalb jetzt schon vorwegnehmen, daß es selten möglich sein wird, über die ______________-Tabelle zu testen. Wir werden dagegen viel öfter die ______________ benutzen müssen. | z- | t-Tabelle

16-25 Eine Schätzung von $\sigma_{\overline{\mathrm{D}}}$ ergibt sich aus der Formel

$$s_{\overline{\mathrm{D}}} = \sqrt{\frac{\sum x_{\mathrm{D}}^2}{n(n-1)}}$$

worin der Ausdruck $\sum x_{\mathrm{D}}^2$ die Summe der quadrierten Abweichungen der Differenzwerte von ihrem Mittelwert $\overline{D}$ bezeichnet. Diese Gleichung ist ähnlich der Definition von $s_{\overline{\mathrm{X}}} = \sqrt{\sum x_{\mathrm{i}}^2/[n(n-1)]}$, wobei wir hier nicht mit Differenzen, sondern mit Rohwerten arbeiten und wobei der Ausdruck $\sum x_{\mathrm{i}}^2$ die Summe der quadrierten ______________ der ______________-Werte von ihrem Mittelwert bezeichnet. | Abweichungen – Roh

16-26 Der *t*-Wert ist ein Abweichungswert dividiert durch die geschätzte Standardabweichung der Stichprobenverteilung. Der Abweichungswert ist in diesem Fall die Abweichung des Mittelwertes $\overline{D}$ vom Mittelwert der ______________. Unter der Nullhypothese besitzt er den Wert ______________. | Stichprobenverteilung von Mittelwerten aus Differenzen | 0

16–27 Der t-Wert ergibt sich aus $\overline{D}-0$, oder einfach $\overline{D}$, dividiert durch ________________. $s_{\overline{D}}$

16–28 Dieser t-Wert ist nach ________________ Freiheitsgraden zu beurteilen. n - 1

Zusammenfassung

16–29 Angenommen, wir verfügen über 15 Differenzwerte, die wir dadurch erhalten, daß wir 15 Studenten zweimal testen. Wenn $\overline{D} = 50$ und $s_{\overline{D}} = 20$ betragen, dann ist der t-Wert gleich ________________. Er 2,5
ist nach ________________ Freiheitsgraden zu beurteilen. 14

16–30 Für 14 df ist ein t von 2,5 bei zweiseitigem Test auf der ________________%-Stufe signifikant und bei einseitigem Test auf der 5
________________%-Stufe. 2,5

C. Das Prüfen des Unterschieds zwischen Mittelwerten aus unkorrelierten Stichproben

16–31 Kehren wir nun zu dem Problem zurück, bei dem die Körpergröße von zwei verschiedenen und einander nicht paarweise zugeordneten Gruppen von Versuchspersonen gemessen wurden. Unter der Nullhypothese nehmen wir an, daß es sich um Stichproben handelt, die aus derselben Population stammen. Bezeichnen wir den Mittelwert der Körpergrößen aus der Stichprobe der Universität A mit $\overline{X}_A$ und den Mittelwert der Stichprobe aus der Universität B mit $\overline{X}_B$. Unter der Nullhypothese erwarten wir, daß die Differenz $\overline{X}_A - \overline{X}_B$ nicht signifikant von ________________ abweicht. 0

16–32 Unter der Annahme, daß beide Stichproben aus derselben Population stammen, gehören deren Mittelwerte zur gleichen Stichprobenverteilung von ________________. Mittelwerten

16–33 Stellen wir uns nun vor, daß wir nach Zufall *Paare von Mittelwerten* dieser Stichprobenverteilung bilden und jeweils die *Differenzen* zwischen den Mitgliedern eines Paares bilden. Wie sieht die Verteilung dieser *Differenzen* aus? Da die größte Zahl der Mittelwerte in der Mitte der Verteilung liegt, gibt es viele Paare, die eng beieinander liegen. Wenn $\overline{X}_1$ den zuerst und $\overline{X}_2$ den darauf gezogenen Mittelwert bezeichnet, dann ist die Differenz $\overline{X}_1 - \overline{X}_2$ häufig von relativ ________________ Größe. — geringer

16-34 Manchmal würden wir ein Paar ziehen, in dem $\overline{X}_1$ größer ist als X_2, so daß die Differenz $\overline{X}_1 - \overline{X}_2$ ein ________________ Vorzeichen annimmt. In anderen Fällen wird $\overline{X}_2$ größer sein als $\overline{X}_1$, so daß die Differenz $\overline{X}_1 - \overline{X}_2$ negativ ist. — positives

16-35 Die Verteilung einer großen Zahl von Differenzen $\overline{X}_1 - \overline{X}_2$ bildet die ________________-Verteilung von *Differenzen zwischen Mittelwerten.* Der Mittelwert dieser Stichprobenverteilung sollte ________________ sein, da die Zufallsauswahl von Paaren dazu führen sollte, daß Paare mit negativem Vorzeichen gleich oft auftreten wie Paare mit positivem Vorzeichen. — Stichproben; 0

16-36 Nun sind wir bereits wieder bei unserem bekannten Problem: Wir haben einen beobachteten Wert einer Differenz und eine Stichprobenverteilung solcher Differenzen. In unserem Falle ist der beobachtete Wert eine Differenz zwischen Mittelwerten, nämlich $\overline{X}_A - \overline{X}_B$. Die Stichprobenverteilung ist dann eine Stichprobenverteilung von ________________. — Differenzen zwischen Mittelwerten

16-37 Wir können nun den Wert von $\overline{X}_A - \overline{X}_B$ als *Abweichung* vom Mittelwert der zugehörigen Stichprobenverteilung betrachten. Dieser Mittelwert ist gleich ________________. Wenn wir nun in der Lage sind, eine geschätzte Standardabweichung dieser Stichprobenverteilung zu ermitteln, nämlich $s_{\overline{X}_1 - \overline{X}_2}$, dann sind wir in der Lage, einen ________________-Quotienten $(\overline{X}_A - \overline{X}_B)/s_{\overline{X}_1 - \overline{X}_2}$ zu berechnen. — 0; t

16-38 Die Schätzung der Standardabweichung der Stichprobenverteilung erfordert nun zwei Schritte. Zuerst müssen wir den Wert σ, nämlich die Standardabweichung der ________________, schätzen, zu der die beiden Stichproben gehören. Dann müssen wir diese Schätzung dazu benutzen, um zu einer Schätzung für $s_{\overline{X}_1 - \overline{X}_2}$ zu gelangen. — Population

16-39 Wir könnten σ aus *jeder* der beiden Stichproben schätzen. Aber da wir annehmen, daß beide derselben Population entstammen, können wir sie zusammenwerfen („poolen") und als eine kombinierte Stichprobe behandeln. Wir schätzen damit σ aus der Kombination beider Stichproben. Da die beiden Stichproben zusammengenommen ein größeres n ergeben, so wird die Schätzung aus dieser Kombination von ________________ Genauigkeit sein als die Schätzung aus den einzelnen Stichproben. — größerer

16-40 Bezeichnen wir mit Σx_A^2 die Summe der quadrierten Abweichungen vom Mittelwert der A-Stichprobe und mit Σx_B^2 die Summe der quadrierten Abweichungen vom Mittelwert der B-Stichprobe. Unter diesen Bedingungen ist die Schätzung von σ aus der kombinierten Stichprobe S_P gegeben durch

$$S_P = \sqrt{\frac{\sum x_A^2 + \sum x_B^2}{n_A + n_B - 2}}$$

Der Nenner des Ausdruckes unter der Wurzel ist um zwei Einheiten kleiner als das n der ______________ Stichproben. *Der Nenner repräsentiert die Zahl der Freiheitsgrade* für diesen Signifikanztest. kombinierten (beiden)

Anmerkung: Die Zahl der Freiheitsgrade einer einzelnen Stichprobe, deren Abweichungen von einem Mittelwert betrachtet werden, ist $n-1$. Kombiniert man zwei Stichproben, wobei die Abweichungen um jede der *beiden* Mittelwerte betrachtet werden, so verliert man einen Freiheitsgrad, und die Gesamtzahl der Freiheitsgrade für die kombinierte Stichprobe beträgt $N-2$, wobei $N = n_A + n_B$ ist.

16–41 Die geschätzte *Populationsvarianz* S_P^2 erhält man dadurch, daß man die zwei ______________ für die beiden Stichproben addiert und die Gesamtsumme durch die Zahl der ______________ dividiert. Summen der quadrierten Abweichungen Freiheitsgrade

16–42 Wir benützen nun den Wert S_P^2, also die geschätzte ______________, um eine Schätzung für die Standardabweichung der Stichprobenverteilung von Differenzen zwischen Mittelwerten zu erhalten. Diese Schätzung ist gegeben durch Populationsvarianz

$$s_{\bar{X}_1 - \bar{X}_2} = \sqrt{\frac{s_P^2}{n_A} + \frac{s_P^2}{n_B}}$$

(Beachten Sie, daß die zwei Größen unter der Wurzel addiert werden müssen, *bevor* die Quadratwurzel gezogen wird.)

16–43 Mit dieser geschätzten Standardabweichung der Stichprobenverteilung können wir einen *t*-Wert für die beobachtete Differenz $\bar{X}_A - \bar{X}_B$ bilden. Wir müssen diese Differenz nur durch den Wert ______________ dividieren, um t zu erhalten. Dieser *t*-Wert kann dann nach der *t*-Verteilung für ______________ *df* beurteilt werden. $s_{\bar{X}_1 - \bar{X}_2}$ $n_A + n_B - 2$

Anmerkung: Die meisten Studenten können die Formeln 16–40 und 16–42 nicht behalten, solange sie nicht selbst damit gerechnet haben. Natürlich kann man diese Formeln jederzeit nachschlagen, wenn man sie braucht. Wesentlich ist nur der Gedankengang, der zu diesen Formeln führt – und diesen Gedankengang sollte man begriffen haben, ehe man mit dem Stoff vorangeht.

Zusammenfassung

16–44 Wenn wir die Signifikanz der Differenz zwischen den Mittelwerten zweier Stichproben prüfen wollen, müssen wir zunächst feststellen, ob die beiden Stichproben *korreliert* sind oder nicht. Bestehen die beiden Stichproben von Beobachtungen aus ______________ oder von ______________, dann handelt es sich um korrelierte Stichproben. derselben Gruppe von Individuen – verschiedenen, aber einander paarweise zugeordneten Individuen

16–45 Bei korrelierten Stichproben können wir unmittelbar die __________-Punktwerte bestimmen und von einer angenommenen Stichprobenverteilung von __________ ausgehen. Unter der Nullhypothese hat eine solche Stichprobenverteilung einen Mittelwert von __________. Den t-Wert erhält man dadurch, daß man $\bar{D}$, den Mittelwert der __________-Werte, durch __________, die __________ dividiert. Der t-Wert ist nach __________ df zu beurteilen.

Differenz

Mittelwerten der Differenzen

0

Differenz – $s_{\bar{D}}$

Standardabweichung der Stichprobenverteilung der Mittelwerte von Differenzen – $n - 1$

16–46 Sind die beiden Stichproben nicht korreliert, dann können wir sie zu einer einzigen Stichprobe zusammenwerfen und daraus __________ schätzen. Diese Schätzung s_P wird nun dazu benützt, um eine Schätzung der Standardabweichung der Stichprobenverteilung der Differenzen zwischen den Mittelwerten zu finden. Auch hier ist der t-Wert wieder die beobachtete Differenz zwischen den Stichprobenmittelwerten $\bar{X}_A - \bar{X}_B$ dividiert durch die Standardabweichung der Stichprobenverteilung. Dieser t-Wert ist nach __________ Freiheitsgraden zu beurteilen.

σ

$n_A + n_B - 2$

D. Anwendung des t-Tests auf Unterschiede zwischen Mittelwerten

Angenommen, ein Untersucher möchte den Einfluß des Alters auf die Reaktionsschnelligkeit untersuchen. Seine Versuchspersonen müssen auf einen Lichtblitz möglichst schnell eine Taste drücken; der Untersucher registriert das Zeitintervall zwischen dem Aufleuchten des Blitzes und dem Tastendruck. Er bildet eine Gruppe von 12 Versuchspersonen im Alter zwischen achtzehn und einundzwanzig Jahren und eine zweite Gruppe von 10 Versuchspersonen im Alter zwischen sechzig und fünfundsechzig Jahren. Dabei ergaben sich folgende statistische Kennwerte:

Gruppe 1	*Gruppe 2*
$n_1 = 12$	$n_2 = 10$
$\bar{X}_1 = 230$ *msec*	$\bar{X}_2 = 240$ *msec*
$\Sigma x_1^2 = 440$	$\Sigma x_2^2 = 460$

16–47 Die Nullhypothese lautet, daß die Differenz $\bar{X}_1 - \bar{X}_2$ nicht signifikant von __________ abweicht.

0

16–48 Ohne diese Ergebnisse des Experiments zu kennen, würden wir eine Alternativhypothese von der Art „$\bar{X}_1 - \bar{X}_2$ *unterscheidet sich* von 0“ formulieren. Diese These erfordert einen __________ Test. Da wir bei jungen Versuchspersonen eine schnellere Reaktion erwarten,

zweiseitigen

könnten wir auch eine einseitige Alternativhypothese formulieren, nämlich „$\bar{X}_1 - \bar{X}_2$ ist ______________ als 0". kleiner

16–49 Wir betrachten die beiden Stichproben als aus einer einzigen Population stammend und schätzen σ durch die Formel

$$s_P = \sqrt{\frac{\sum x_1^2 + \sum x_2^2}{n_1 + n_2 - 2}}$$

Da wir den Wert s_P^2 benötigen, müssen wir den erhaltenen Wert quadrieren, d.h. wir brauchen die Wurzel gar nicht erst zu ziehen. Für den Wert s_P^2 ergibt sich ______________. 45

16–50 Mit einem s_P^2 von 45 können wir nun den Wert von $s_{\bar{X}_1 - \bar{X}_2}$, die Standardabweichung der Stichprobenverteilung der Differenzen von Mittelwerten, schätzen. Wir benutzen dazu die Gleichung

$$s_{\bar{X}_1 - \bar{X}_2} = \sqrt{\frac{s_P^2}{n_1} + \frac{s_P^2}{n_2}}$$

und finden, daß das *quadrierte* $s_{\bar{X}_1 - \bar{X}_2}$ gleich ______________ ist. 8,25

16–51 Die Quadratwurzel von 8,25 beträgt 2,87. Deshalb ist der *t*-Wert für die beobachtete Differenz $\bar{X}_1 - \bar{X}_2$ gleich ______________. −3,483

16–52 Der *t*-Wert hat in diesem Fall ein negatives Vorzeichen, da $\bar{X}_1$ kleiner ist als $\bar{X}_2$. Wenn wir in die *t*-Tabelle gehen, dann können wir das Vorzeichen außer acht lassen, da eine Abweichung vom erwarteten Mittelwert 0 die gleiche ______________ besitzt, gleichgültig, ob sie sich in positive oder negative Richtung erstreckt. Wahrscheinlichkeit

16–53 Die Zeile, nach der wir den *t*-Wert beurteilen, ist die Zeile mit *df* = ______________. Bei einem zweiseitigen Test ist der erhaltene Wert von 3,483 auf dem ______________-Niveau signifikant. 20 0,01

16–54 Selbst wenn in unserem Beispiel ein einseitiger Test angewendet wird, so ist die erhaltene Differenz doch eindeutig auch schon bei zweiseitigem Test signifikant. Hätten wir einen einseitigen Test angewendet, so würde das Ergebnis auf dem ______________-Niveau signifikant sein. 0,005

Zusammenfassung

16–55 Als abschließendes Beispiel wollen wir prüfen, ob sich die Körpergrößen der Studenten der A- und der B-Universität signifikant unterscheiden, wenn dieser Unterschied 1 cm beträgt. Nehmen wir an, n_A ist 101 und n_B ist 101, Σx_A^2 ist 4900 und Σx_B^2 ist 5200.

Die geschätzte Populationsvarianz beträgt ________.	50,5
Der geschätzte Wert von $s_{\bar{X}_1 - \bar{X}_2}$ beträgt ________.	1,0
Die beobachtete Differenz $\bar{X}_A - \bar{X}_B$ beträgt ________.	1 cm
Der t-Wert beträgt ________.	1,0
Zu beurteilen ist t nach df = ________.	unendlich
Die Nullhypothese muß ________.	beibehalten werden

Aufgaben zu Kapitel 16

16–1 Im folgenden werden 5 Fälle angeführt, die die Verwendung eines statistischen Tests erfordern. Beantworten Sie im Hinblick auf diese 5 Fälle jede der folgenden 3 Fragen:

(1) In welchem der 5 Fälle ist es zulässig, einen *z-Test* durchzuführen? Könnte ebensogut ein *t*-Test angewandt werden? (2) In welchem der fünf Fälle handelt es sich um die Frage nach der *Signifikanz einer Differenz zwischen Mittelwerten zweier Stichproben?* (3) Welche Fälle, die Sie in Frage 2 mit ja beantwortet haben, behandeln *korrelierte* Stichproben? Und welche Fälle behandeln *unkorrelierte* Stichproben?

(a) Die Frage, ob eine Gruppe von 20 Studenten ihre Durchschnittszensuren zwischen dem ersten und dem dritten Semester verbessert hat.

(b) Die Frage, ob die Durchschnittszensur von 20 erstsemestrigen sich signifikant von der Durchschnittszensur aller 1 352 Studenten der höheren Semester unterscheidet, wenn die Standardabweichungen beider Gruppen bekannt sind.

(c) Die Frage, ob die Durchschnittszensur aller 405 Erstsemestrigen sich signifikant von der Durchschnittszensur aller 1 352 Studenten der höheren Semester unterscheidet, wenn die Standardabweichungen beider Gruppen bekannt sind.

(d) Die Frage, ob die Durchschnittszensur aller 405 Erstsemestrigen sich signifikant von der für die Prüfung erforderlichen Durchschnittszensur unterscheidet, wenn nur die Standardabweichung der Erstsemestrigen bekannt ist.

(e) Die Frage, ob die Durchschnittszensur von 25 Studenten, die nach eigener Aussage weniger als 3 Stunden pro Tag arbeiten, sich signifikant von der Durchschnittszensur von 20 Studenten unterscheidet, die mehr als 4 Stunden pro Tag arbeiten.

16–2 Bestimmen Sie, ob sich die durchschnittliche Zahl der Arbeitsstunden pro Tag bei den zwei nachstehenden Stichproben signifikant unterscheidet:

	Studenten mit Durchschnittszensuren von 2+ und besser	*Studenten mit Durchschnittszensuren von 2– und schlechter*
n	27	25
$\bar{X}$	4,15	4,38
s	0,95	1,30

16–3 21 Studenten aus einer Gruppe von 32 Studenten erzielten bei der zweiten von zwei Prüfungen höhere Zensuren als bei der ersten. Alle 32 Studenten hatten an zwei Zeitpunkten einen Einstellungstest erhalten, der die Einstellung zu ihrem Professor messen sollte: Das erste Mal zwischen den beiden Prüfungen und das zweite Mal nach der zweiten Prüfung. Für jeden Studenten wurde ein Differenzpunktwert $d = X_1 - X_2$ berechnet als Ausdruck seiner Einstellungsänderung; ein positives d bedeutet dabei eine günstigere Einstellung beim zweiten Test.

Die durchschnittliche Differenz der Punktwerte der 21 Studenten, die ihre Zensuren verbessert haben, betrug 1,57. Die Standardabweichung der Differenzen war 2,7. Ist die Einstellungsänderung dieser Gruppe als signifikant zu bezeichnen? Wenn ja, könnten Sie daraus schließen, daß Studenten ihre Einstellung gegenüber dem Professor im günstigen Sinne ändern, wenn ihre Zensuren besser werden?

Kapitel 17: Lineare Funktionen

Das 17. Kapitel behandelt einige Grundbegriffe, die für die folgenden Kapitel über Korrelationsstatistik benötigt werden. Wenn Ihre Kenntnisse über einfache Funktionen ausreichen, dann können Sie dieses Kapitel überspringen. Ob dies der Fall ist, können Sie dadurch feststellen, daß Sie die zusammenfassenden Rahmen am Ende eines jeden Abschnittes lesen. Wenn Sie diese Rahmen bewältigen, dann gehen Sie zum nächsten Abschnitt über. Ist dies nicht der Fall, dann sollten Sie den betreffenden Abschnitt durcharbeiten.

A. Funktionen und funktionale Beziehungen

17-1 Eine *Variable* ist eine Größe, die verschiedene Werte annehmen kann. Wir wollen uns in diesem Kapitel nicht Variablen mit Nominalskalencharakter betrachten, sondern Variablen mit *Ordinal-* oder *Intervall*skalencharakter. Im Gegensatz zu einer Variablen ist eine *Konstante* eine Größe, die stets den *gleichen* Wert annimmt.

17-2 Eine Gruppe von Ratten lernt, einen bestimmten Weg durch das Labyrinth bis zum Futter zu verfolgen. Alle Ratten sind gleich hungrig, ehe eine Trainingssitzung beginnt. Einige wurden aber 5mal, andere 10mal trainiert. Die Zahl der Trainingssitzungen ist eine ____________, während das Ausmaß des Hungers eine ____________ ist.

Variable
Konstante

17-3 Der Begriff der FUNKTION wird formal wie folgt definiert: Wenn ein Wert einer Variablen Y von dem Wert einer anderen Variablen X *abhängt*, so daß für jeden Wert von X einer und nur ein Wert von Y existiert, dann sagt man, Y ist eine Funktion von X. Mit anderen Worten, wenn sich der Wert von Y mit dem Wert von X ändert, dann ist Y eine ____________ von X.

Funktion

17-4 Nehmen wir an, Y sei die Lebenserwartung einer Person und X das Alter dieser Person. Mit dem Alter sinkt naturgemäß die Lebenserwartung einer Person. Lebenserwartung und Alter sind in diesem Falle ____________ und keine Konstanten. Die ____________ ist eine Funktion des ____________.

Variablen –
Lebenserwartung –
Alters

17-5 Wenn Y eine Funktion von X ist, dann besteht eine FUNKTIONALE BEZIEHUNG zwischen X und Y. Diese Beziehung wird durch die Gleichung $Y = f(X)$ symbolisiert, die wir wie folgt lesen: „Y ist eine ______________". — Funktion von X

17-6 In der Gleichung $Y = f(X)$ steht der Buchstabe f für den Ausdruck ______________. Es handelt sich dabei um eine allgemeine Gleichung, die *nicht* angibt, *welcher Art* diese funktionale Beziehung zwischen Y und X ist. — eine Funktion von

17-7 Wenn wir dagegen schreiben $Y = 2X$, so *spezifizieren* wir die funktionale Beziehung zwischen Y und X; denn wenn $Y = 2X$, dann existiert für jeden Wert von X ein Wert von Y, der genau ______________ so groß ist wie der Wert von X. — doppelt

17-8 Wenn $Y = 2X$ und $X = 1$, dann ist $Y =$ ______________. Die Gleichung $Y = 2X$ gibt an, welcher Art die funktionale Beziehung zwischen ______________ und ______________ ist. — 2; X ↔ Y

17-9 Wenn $Y = 0{,}5X$, dann ist die ______________ zwischen Y und X der Art, daß für jeden Wert von X ein Wert von Y existiert, der genau die ______________ des Wertes von X beträgt. — funktionale Beziehung; Hälfte

17-10 „Y ist irgend eine Funktion von X". Diese Feststellung kann geschrieben werden als $Y = f(X)$. „Für jeden Wert von X gibt es einen Wert von Y, der zehnmal so groß ist wie der Wert von X". Diese Feststellung kann auch wie folgt geschrieben werden: ______________. — $Y = 10X$

17-11 In der Gleichung $Y = 0{,}5X$ ist der Wert 0,5 eine ______________, da er für alle Y und X gleich bleibt. X und Y sind ______________, da sie unterschiedliche Werte annehmen können. Allerdings muß Y stets einen Wert annehmen, der genau ______________ des Wertes von X beträgt. — Konstante; Variablen; die Hälfte

17-12 Wenn wir sagen, $Y = f(X)$, so ist der Wert von Y in dem Moment *determiniert*, in dem X einen bestimmten Wert annimmt. Jeder Wert von X determiniert den Wert von Y. Y ist eine Funktion von X.

Zusammenfassung

17-13 Den Ausdruck $Y = f(X)$ liest man „______________". Das bedeutet, daß der Wert von X den Wert von Y ______________. — Y ist eine Funktion von X; determiniert

17-14 Angenommen $X = 0{,}5$, $Y = 2$ und $Y = mX$. Der Wert für m beträgt in diesem Fall ______________ und die Gleichung, die diese — 4

funktionale Beziehung beschreibt, ist ______ . X und Y sind ______ , m ist eine ______ . Y = 4 X
Variablen – Konstante

B. Graphische Darstellung linearer Funktionen

17–15 Das *rechtwinklige Koordinatensystem* besteht aus einem Paar von Geraden, die im rechten Winkel zueinander stehen: die horizontale Gerade bezeichnen wir als die X-Achse und die vertikale Gerade als Y-Achse. Um in diesem Koordinatensystem einen Punkt zu lokalisieren, benötigen wir zwei *Werte,* nämlich einen Wert von ______ X ↔
und einen Wert von ______ . Y

17–16 Zwei Werte, die zur Lokalisation eines Punktes führen, nennt man die *Koordinaten* dieses Punktes; die X-Koordinate (d.h. der Wert der X-Variablen) wird stets als erste und die Y-Koordinate stets als zweite genannt. Die Koordinaten eines Punktes bilden ein *geordnetes Zahlenpaar.* Der Punkt mit den Koordinaten (2, 3) besitzt die X-Koordinate ______ und die Y-Koordinate ______ . 2 – 3
Der Punkt mit $X = -1$ und $Y = 4$ ist der Punkt ______ , (– 1,
______ . 4)

17–17 Die nachstehende Tabelle gibt für 5 Punkte (A bis E) die X-Koordinaten an.

	A	*B*	*C*	*D*	*E*
X	–2	–1	0	1	2
Y	______	______	______	______	______

Wenn $Y = 2X$, dann ergeben sich für die Y-Koordinaten der Punkte die Werte: ______ , ______ , ______ , ______ –4, –2, 0, 2
und ______ . Der Punkt A läßt sich als Punkt mit den Koordinaten ______ beschreiben. 4
(–2, –4)

17–18 Abbildung 17–1 ist die graphische Darstellung der Funktion $Y = 2X$. Sie zeigt die Position von drei der fünf in Rahmen 17–17 angegebenen Punkte in einem rechtwinkligen Koordinatensystem. Diese Punkte sind durch eine *gerade Linie* miteinander verbunden.
Alle übrigen Punkte der Gleichung $Y = 2X$ fallen auf dieselbe Linie. Funktionen, die sich graphisch als eine *gerade Linie* darstellen lassen, nennt man LINEARE FUNKTIONEN. Die Funktion $Y = 2X$ ist eine ______ . lineare Funktion

Abbildung 17–1: Graphische Darstellung der Funktion $Y = 2X$

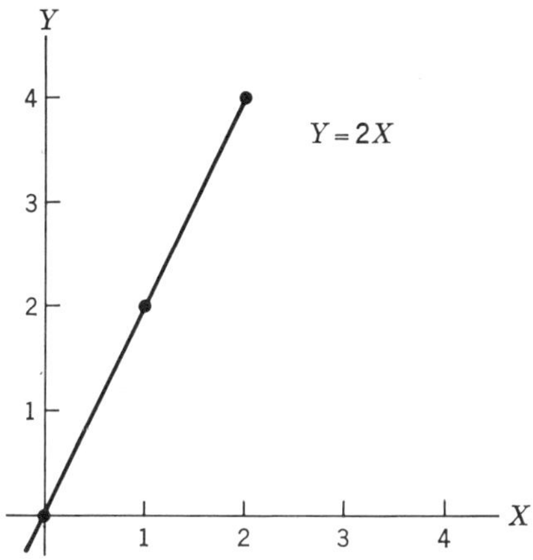

17–19 Abbildung 17–2 ist eine Darstellung der Funktion $Y = X$. Diese Funktion ist eine ______________ Funktion. Wenn sich der Wert von X um einen bestimmten Betrag ändert, dann ändert sich Y um den ______________ Betrag.

lineare

gleichen

Abbildung 17–2: Graphische Darstellung der Funktion $Y = X$

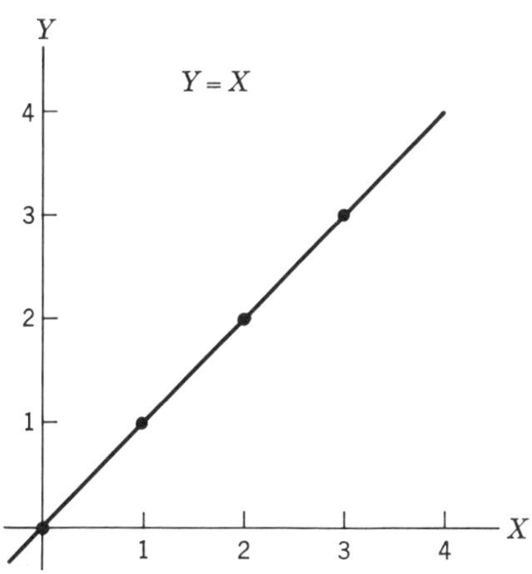

17–20 Die einfachste *allgemeine* Gleichung für eine lineare Funktion ist die Gleichung $Y = mX$. In dieser Gleichung sind Y und X Variablen und m ist eine ______________ . Die graphische Darstellung der Funktion $Y = mX$ geht stets durch den *Ursprung* des Koordinatensystems, also durch den Punkt mit den Koordinaten (0, 0). Wenn $X = 0$, muß Y für jeden beliebigen Wert von m ebenfalls gleich ______________ sein.

Konstante

0

17–21 Alle linearen Funktionen der Form $Y = mX$ ergeben bei graphischer Darstellung eine Gerade, die durch den ______________ geht. Ursprung
Bei solch einer linearen Funktion ist der Bruch Y/X eine Konstante. So beträgt z. B. der Bruch Y/X für die Punkte (2, 4) ______________ . 2
Der Wert von Y/X für einen *beliebigen* Punkt auf der Geraden $Y = 2X$ muß gleich ______________ sein. (Eine Ausnahme ist lediglich der Punkt (0, 0), da die Division durch 0 nicht zugelassen ist.) 2

17–22 Wenn beide Seiten der Gleichung $Y = mX$ durch X dividiert werden, ergibt sich die Gleichung $Y/X = m$. Da Y/X für alle Punkte, die dieser Gleichung genügen, denselben Wert besitzt, ist der Wert m in jeder linearen Gleichung dieser Form eine ______________ . Konstante

17–23 Wenn wir eine Gerade, die durch den Ursprung geht, vor uns haben, dann können wir leicht deren Gleichung bestimmen. Die allgemeine Gleichung ist auf jeden Fall ______________ . Y = mX
Um den Wert m zu bestimmen, wählen wir einen *beliebigen* Punkt auf der Linie außerhalb des Punktes (0, 0) und bestimmen dessen Koordinaten. (Zwei Punkte, die man dazu benutzen kann, sind in Abbildung 17–3 eingezeichnet). Wenn wir dann die ______________ -Koordinate durch die Y
______________ -Koordinate dividieren, so finden wir $m =$ ______________ . X - 3
Die Gleichung dieser Funktion ist deshalb ______________ . Y = 3 X

Abbildung 17–3: Graphische Darstellung einer linearen Funktion

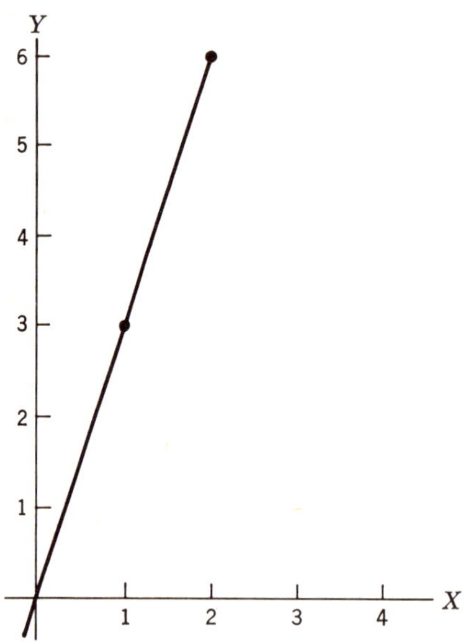

Zusammenfassung

17-24 Alle Funktionen der Form $Y = mX$ nennt man ______ Funktionen. Stellt man sie in einem rechtwinkligen Koordinatensystem dar, so erscheinen solche Funktionen als ______, die durch den Ursprung ______ gehen.

lineare

Geraden

(0, 0)

17-25 Haben wir eine lineare Funktion, die durch den Ursprung und durch die Punkte (2, 5) geht, so können wir deren Gleichung ermitteln. Sie beträgt ______.

Y = 2,5 X

C. Die Steigung linearer Funktionen

17-26 Wenn $X = 2X$, dann gilt, daß, sobald X um eine Einheit wächst, Y um ______ Einheiten wächst. Der Betrag der Änderung von Y für jede Änderung von X wird durch den Bruch Y/X angegeben. Wenn $Y = 2X$, dann ist $Y/X =$ ______.

zwei

2

17-27 Den Betrag der Änderung in Y für jede Änderung in X nennt man die ÄNDERUNGSRATE VON Y IN BEZUG AUF X. Der Bruch Y/X ist ein Maß für die ______ von Y ______ auf X.

Änderungsrate – in bezug

17-28 Die Änderungsrate von Y in bezug auf X ist gleich der STEIGUNG einer linearen Funktion. Diese Tatsache läßt sich aus der graphischen Darstellung einer linearen Funktion ersehen. Eine Gerade *steigt steiler an*, wenn der Wert des Bruches Y/X ______ ist.

größer

17-29 Da der Bruch Y/X die ______ bezeichnet, kann man diesen Bruch als die ______ der linearen Funktion bezeichnen.

Änderungsrate von Y in bezug auf X

Steigung

17-30 Dividiert man beide Seiten der Gleichung durch X, so ergibt sich für die Gleichung $Y = mX$: $m =$ ______. Daraus sieht man, daß m gleich der ______ der linearen Funktion ist.

$\frac{Y}{X}$

Steigung

17-31 Abbildung 17–4 ist eine graphische Darstellung der Funktion $Y = X$. Wir haben zwei Punkte (X_1, Y_1) und (X_2, Y_2) herausgegriffen, um die Steigung einer linearen Funktion mathematisch darzustellen. In dem Punkt (X_1, Y_1) beträgt der Wert von Y_1 ______. Im Punkt (X_2, Y_2) beträgt der Wert von Y_2 ______. Der *vertikale* Abstand zwischen diesen Punkten ist gleich $Y_2 - Y_1$ oder ______.

1

3

2

Abbildung 17–4: Die Steigung einer linearen Funktion

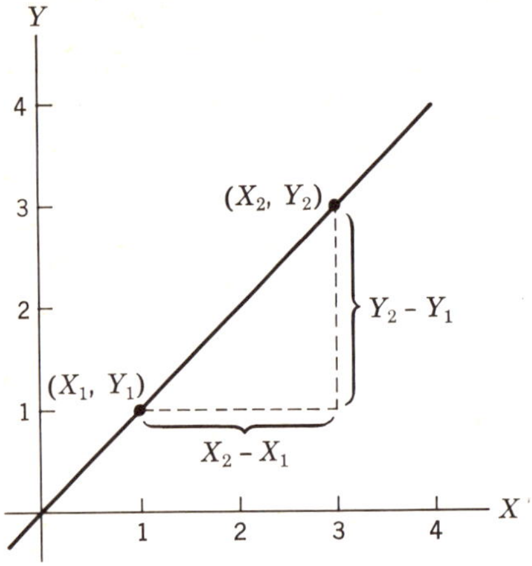

17–32 Der Wert X_1 ist gleich __________, und der Wert X_2 ist gleich __________. Der *horizontale* Abstand zwischen den beiden Punkten ist gleich $X_2 - X_1$; oder __________.

1
3
2

17–33 Die *Änderung* von Y zwischen diesen beiden Punkten ist $Y_2 - Y_1$. Die *Änderung* von X zwischen diesen beiden Punkten ist __________. Die *Änderungsrate* von Y in bezug auf die Änderung von X ist der Bruch $(Y_2 - Y_1)/(X_2 - X_1)$. *Dieser Bruch ist die Steigung* der linearen Funktion. Deshalb ist die Konstante m, die der __________ der linearen Funktion entspricht, gleich dem Bruch __________.

$X_2 - X_1$
Steigung
$\frac{Y_2 - Y_1}{X_2 - X_1}$

17–34 Ganz gleich, welches Punktepaar wir in Abbildung 17–4 auswählen, stets bleibt das Verhältnis der beiden Abstände $(Y_2 - Y_1)/(X_2 - X_1)$ konstant und ergibt den Wert m. In Abbildung 17–5 haben wir dieselben Punkte wie aus Abbildung 17–4 übernommen, aber die Distanzen $Y_2 - Y_1$ mit ΔY und die Distanz $X_2 - X_1$ mit ΔX bezeichnet.

Der griechische Buchstabe Delta, geschrieben Δ, wird gewöhnlich als Symbol für einen *Zuwachs* gebraucht. Unter Benutzung dieser Symbole beträgt der Wert von m __________.

$\frac{\Delta Y}{\Delta X}$

17–35 Die Abbildung 17–5 enthält noch ein anderes Zuwachspaar. Die Distanz $X_1 - 0$, d.h. die Distanz des Punktes (X_1, Y_1) von der Y-Achse wurde mit __________ bezeichnet. Die Distanz $Y_1 - 0$, also die Distanz desselben Punktes von der X-Achse, ist mit __________ bezeichnet worden. Wir können demnach ebensogut sagen, daß m gleich __________ ist.

X_1
Y_1
$\frac{Y_1}{X_1}$

Abbildung 17–5: Die Steigung einer linearen Funktion

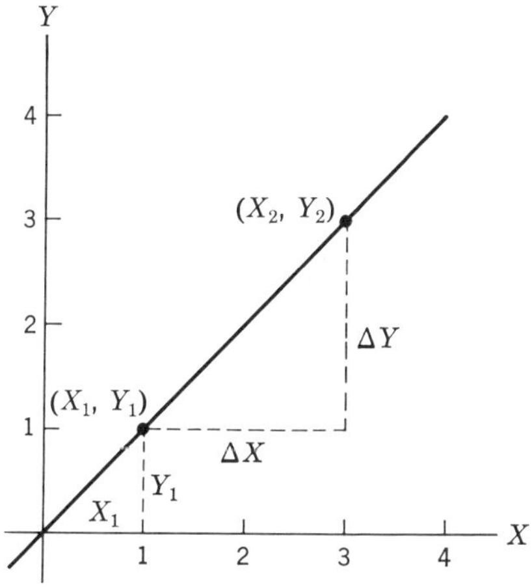

17–36 Wie in Abbildung 17–5 gezeigt wurde, ist $m = \Delta Y/\Delta X = Y_1/X_1$. Die Abstände X_1 und ΔX bzw. Y_1 und ΔY sind Grundlinien bzw. Höhen von einander ähnlichen Dreiecken. Das Verhältnis der Höhe zur Grundlinie in einem Dreieck ist gleich dem Verhältnis in anderen ähnlichen Dreiecken. Deshalb ist der Wert von m für *jedes* Paar von Punkten entlang der Geraden konstant. Diese Konstante ist die __________ der linearen Funktion. — Steigung

---

Zusammenfassung

17–37 Die Steigung einer linearen Funktion ist definiert als der Quotient aus dem Zuwachs in Y zwischen zwei Punkten auf der Geraden und dem __________ zwischen denselben Punkten. Dieser Quotient reduziert sich auf die Form Y/X, wenn die Gerade durch den Ursprung geht, wenn die Funktion also die Form __________ besitzt. In diesem Fall kann man den *Ursprung* ($Y_1 = 0$, $X_1 = 0$) als einen Punkt nehmen, und der Quotient beträgt $\frac{Y_2 - 0}{X_2 - 0}$. Daraus ergibt sich Y/X. — Zuwachs in X — Y = mX

17–38 Die folgende Tafel zeigt die Koordinaten von fünf Punkten:

	A	*B*	*C*	*D*	*E*
X	1	2	3	4	5
Y	0,5	1	1,5	2	____

Die Gleichung für diese lineare Funktion heißt __________. Die *Y*-Koordinate für den Punkt *E* beträgt __________. Die Steigung der Funktion beträgt __________. — Y = 0,5 X — 2,5 — 0,5

Abbildung 17–5: Wiederholung

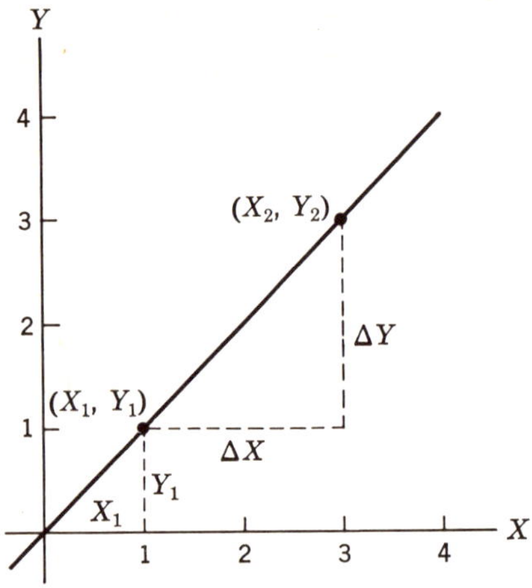

17–39 Gegeben sind folgende Koordinaten für drei Punkte (1, 2), (3, 6), (5, 10). Wie groß ist die Steigung dieser Funktion? ________. 2
Wie heißt die Gleichung? ________. $Y = 2X$

D. Der Y-Achsenabschnitt

17–40 Alle linearen Funktionen in den Abbildungen 17–1 bis 17–5 gehen durch den Punkt (0, 0), also durch den ________ des rechtwinkligen Koordinatensystems. Für solche Funktionen gilt, daß Y stets gleich 0 sein muß, wenn $X =$ ________ ist. Ursprung 0

17–41 Nicht alle linearen Funktionen gehen durch den Ursprung. In Abbildung 17–6 sehen wir zwei lineare Funktionen mit der gleichen Steigung, $m =$ ________. Ihre Linien verlaufen parallel, aber nur eine von ihnen geht durch den Ursprung. 0,5

17–42 Die Gerade $Y = 0{,}5\,X + 0$ *schneidet* die Y-Achse im Punkte ________. Die Gerade $Y = 0{,}5\,X + 2$ schneidet die Y-Achse im Punkte ________. (0, 0) (0, 2)

17–43 Die allgemeine Gleichung für eine Gerade ist die Gleichung $Y = mX + k$, wobei X und Y Variablen und m und k Konstanten sind. Da der Wert von ________ die Steigung der Geraden darstellt, nennt man m die STEIGUNGSKONSTANTE. m

Abbildung 17–6: Vergleich von zwei linearen Funktionen

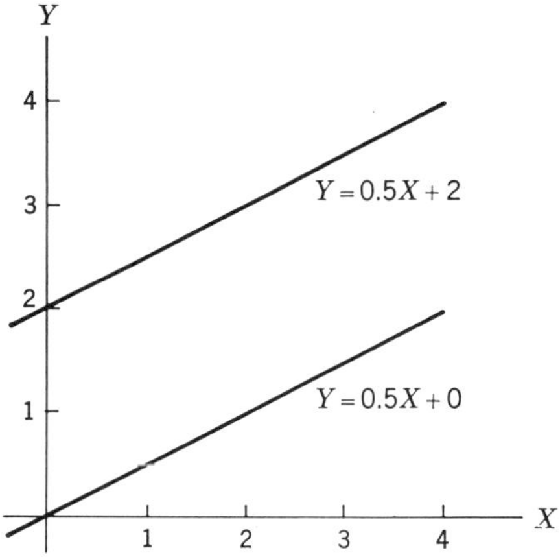

17–44 Die Konstante k bestimmt die Lage der Geraden in bezug auf die Y-Achse. Da sie den Punkt festlegt, an welchem die Gerade die Y-Achse *schneidet*, nennt man sie den Y-ACHSENABSCHNITT. In der Gleichung $Y = 0{,}5\,X + 2$ beträgt der ______________ 2. Y-Achsenabschnitt

17–45 Für die Gleichung $Y = 0{,}5\,X + 0$ in Abbildung 17–6 ist der Y-Achsenabschnitt gleich ______________. Wenn $X = 0$ ist, dann geht die Gerade durch den Punkt $Y =$ ______________. In der Gleichung $Y = 0{,}5\,X + 2$ ist Y gleich ______________, wenn $X = 0$.

0
0
2

17–46 Angenommen, $Y = 2\,X + 1$. Die Gerade, die diese Funktion graphisch darstellt, hat eine ______________ von 2 und einen ______________ von 1.

Steigung –
Y-Achsenabschnitt

Abbildung 17–7: Steigung der linearen Funktion $Y = X + 1$

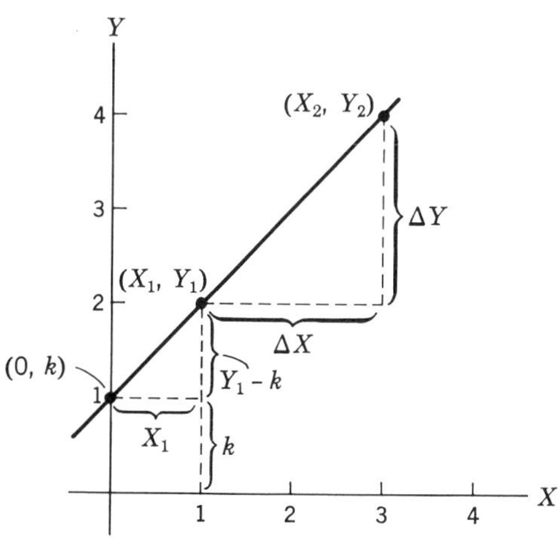

17–47 Wie groß auch der Wert des Y-Achsenabschnittes ist, die Steigung der Funktion bleibt dieselbe. Für die Gleichung $Y = X + 1$ in Abbildung 17–7 können wir die Steigung genauso einfach bestimmen wie für die Gerade $Y = X$, nämlich indem wir zwei Punktepaare auf der Geraden wählen und den Bruch ________________ bilden. $\frac{\Delta Y}{\Delta X}$ oder $\frac{Y_2 - Y_1}{X_2 - X_1}$

Zusammenfassung

17–48 Angenommen, $Y = 0{,}5\,X + 3$. Wenn $X = 0$, ist $Y =$ ____________. 3
Wenn $X = 2$, ist $Y =$ ____________. Wenn $X = 4$, ist $Y =$ ____________. 4 - 5
Die Steigung dieser Funktion ist ________________. Der Y-Achsenabschnitt beträgt ________________. 0,5 3

17–49 Die Gleichung für die lineare Funktion mit dem Achsenabschnitt $Y = 3$ und einem Durchgang durch das Punktepaar (4, 7) beträgt ________________. $Y = X + 3$

E. Positive und negative Steigungen

17–50 Abbildung 17–8 zeigt zwei verschiedene Funktionen. Die Gleichungen für diese beiden Geraden sind einander identisch mit Ausnahme der ________________-Konstanten, die in der einen Gleichung positiv, in der anderen Gleichung negativ ist. Steigungs

Abbildung 17–8: Lineare Funktionen mit positiven und negativen Steigungen

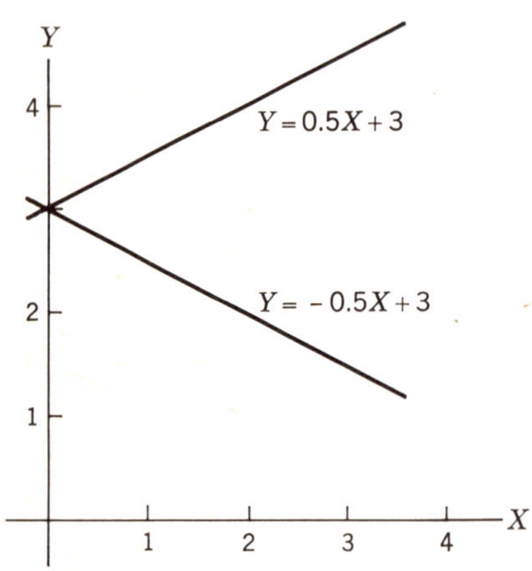

17-51 Die Gleichung $Y = 0{,}5\,X + 3$ hat eine positive Steigungskonstante. Wenn sich X ändert, ändert sich Y *in die gleiche Richtung*. Wenn z. B. der Wert für X ansteigt, so ________ auch der Wert für Y an. Funktionen mit einer positiven Steigungskonstanten nennt man ANSTEIGENDE LINEARE FUNKTIONEN. Jeder Anstieg in X ist von einem Anstieg in Y begleitet. Solch eine Funktion besitzt eine ________ Steigungskonstante.

steigt

positive

17-52 Alle linearen Funktionen mit einer positiven Steigungskonstante nennt man ________. Man kann auch sagen, Y sei eine ansteigende Funktion von X.

ansteigende lineare Funktionen

17-53 Die andere Gerade in Abbildung 17–8 besitzt die Gleichung $Y = -0{,}5\,X + 3$. Diese Gleichung hat eine ________ Steigungskonstante. Wenn X sich in eine bestimmte Richtung ändert, ändert sich Y in die ________ Richtung.

negative

entgegengesetzte (andere)

17-54 Wenn die Steigungskonstante negativ ist, dann ist ein Anwachsen des Wertes X von einem ________ des Wertes Y begleitet. Alle diese Funktionen nennt man ABSTEIGENDE LINEARE FUNKTIONEN, und man sagt, Y sei eine ________ Funktion von X.

Abfall

absteigende

17-55 Alle linearen Funktionen mit negativen Steigungskonstanten heißen ________, alle linearen Funktionen mit positiver Steigungskonstante nennt man ________.

absteigende lineare Funktionen

ansteigende lineare Funktionen

17-56 Die untere Linie in Abbildung 17–8 beschreibt eine ________ lineare Funktion. Der Wert des Y-Achsenabschnittes beträgt 3 und die Steigung der Funktion beträgt ________.

absteigende

– 0,5

17-57 Betrachten wir eine lineare Funktion mit $k = 2$ und $m = 0$. Die Steigung dieser Funktion ist weder positiv noch negativ.

17-58 Ist demnach $Y = 0\,X + 2$, so wird jeder Wert, den X annimmt, mit 0 multipliziert. Y ist für jeden Wert von X gleich ________. Änderungen des Wertes von X *beeinflussen in keiner Weise den Wert* von Y.

2

17-59 Ist $m = 0$, dann hat die Funktion eine Steigung von 0. Die allgemeine Gleichung $Y = mX + k$ reduziert sich in diesem Fall auf die einfachere Form $Y =$ ________. Für jeden Wert von X hat der Y-Wert den Wert des ________.

k

Y-Achsenabschnittes (k)

17-60 Abbildung 17–9 zeigt die Gerade $Y = 0\,X + 2$ oder $Y = 2$. Diese Gerade hat eine Steigung von ________. Für jeden Wert von X beträgt der zugehörige Wert von Y ________.

0

2

Abbildung 17–9: Lineare Funktion mit der Steigung 0

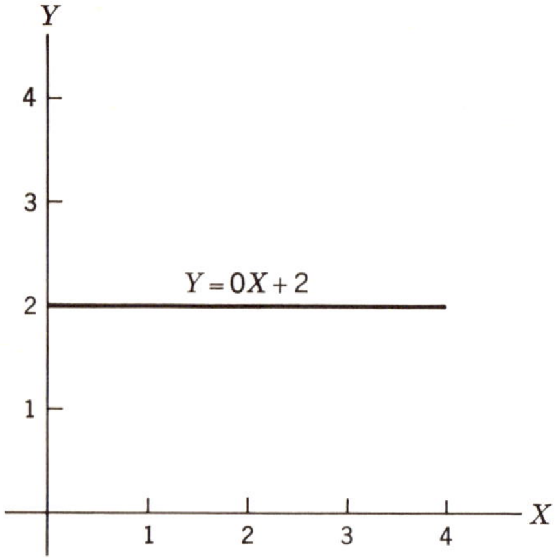

17–61 Die graphische Darstellung einer linearen Funktion mit der Steigung 0 ist eine Gerade, die parallel zur ________________ -Achse verläuft. — X

Zusammenfassung

17–62 Eine abfallende lineare Funktion kann wie folgt beschrieben werden: sie besitzt eine ________________ Steigungskonstante. Einem Anwachsen von X entspricht ein ________________ von Y. — negative / Abfall

17–63 Wenn eine lineare Funktion eine gerade Linie parallel zur X-Achse ergibt, dann ist die Steigung dieser Funktion gleich ____________ . — 0

17–64 Die allgemeine Gleichung für eine lineare Funktion ist ________________ . Diese Gleichung enthält zwei Konstanten: die eine ist die ________________ und wird in diesem Buch durch den Buchstaben ________________ gekennzeichnet; die andere ist der ____________ , und wird durch den Buchstaben ________________ gekennzeichnet. — $Y = mX + k$ / Steigungskonstante / m – Y-Achsenabschnitt / k

17–65 In *zwei* Fällen reduziert sich die allgemeine Gleichung für eine lineare Funktion. Geht die Funktion durch den Ursprung, dann heißt die Gleichung ________________ und die Konstante ________________ ist gleich 0. Hat die Funktion die Steigung 0, dann lautet die Gleichung ________________ und die Konstante ________________ ist gleich 0. — $Y = mX$ – k / $Y = k$ – m

---

Aufgaben zu Kapitel 17

17-1 Wie heißt die Gleichung für jede der folgenden Geraden?

(a) Die Gerade, die durch den Ursprung und den Punkt (2, 5) geht?

(b) Die Gerade, die durch die Punkte (0, 3) und (4, 0) geht?

(c) Die Gerade, die durch die Punkte (1, 2) und (4, 5) geht?

17-2 Welche der folgenden Funktionen gehen durch den Ursprung?

(a) $Y = -10\,X$?

(b) Die Gerade, die durch die Punkte (2, 3) und (5, 6) geht?

(c) Die Gerade mit einer Steigung von −0,5 und einem Durchgang durch die Punkte (2, 1,5)?

(d) Die Gerade mit einer Steigung von 2,5 und einem Durchgang durch die Punkte (10, 25)?

17-3 (a) Wie groß ist die Steigung der Funktion, die durch die Punkte (5, 10) geht und einen Y-Achsenabschnitt von 3 aufweist?

(b) Wie groß ist die Steigung der Funktion, die durch den Punkt (4, 7) geht und einen Y-Achsenabschnitt von 3 aufweist?

(c) Wie groß ist der Y-Achsenabschnitt der Funktion mit einer Steigung von −4,0 und einem Durchgang durch den Punkt (3, 8)? (Hinweis: $m = (Y-k)/X$).

17-4 Wie heißt die Gleichung, die eine durch die Punkte (2, 10) und (10, 10) gehende Gerade beschreibt? Wie groß ist die Steigung dieser Geraden und wie groß ist ihr Y-Achsenabschnitt?

Kapitel 18: Lineare Regression und Korrelation

In der Statistik spielt die *Korrelation*, d.h. der Zusammenhang zwischen zwei (oder mehreren) Variablen eine große Rolle. Wir wollen hier nur die einfacheren Methoden der Korrelationen kennenlernen, nämlich die Methoden zur Bestimmung von *linearen Korrelationen zwischen zwei Variablen.* In den meisten Fällen werden Sie von anderen Arten der Korrelation kaum Gebrauch machen müssen. Jedoch bildet die lineare Korrelation die Grundlage, von der aus andere Arten der Korrelation abgeleitet werden können. Falls Sie sich den Korrelationsmethoden doch noch intensiver zuwenden müssen, können Sie dieses Kapitel als Basis verwenden.

In diesem Kapitel wollen wir uns zuerst mit der Frage beschäftigen, wie man den Grad des Zusammenhangs zwischen zwei Variablen beschreiben kann. Wir werden zeigen, daß es möglich ist, ein Maß für die Größe eines solchen Zusammenhangs zu gewinnen, ein Maß, das wir den KORRELATIONSKOEFFIZIENTEN bezeichnen. Sodann wollen wir die Benutzung und die Bedeutung dieses Korrelationskoeffizienten näher kennenlernen.

A. Das Korrelationsdiagramm

Tabelle 18–1: Punktwerte von 10 Studenten in zwei Tests X und Y

Punktwerte	*Studenten*									
	A	*B*	*C*	*D*	*E*	*F*	*G*	*H*	*I*	*J*
in *X*	2	3	6	7	8	10	11	14	16	17
in *Y*	4	5	8	9	10	12	13	16	18	19

18–1 Tabelle 18–1 zeigt die Punktwerte von 10 Studenten in zwei Tests *X* und *Y*. Beide Werte stammen von derselben Gruppe von Studenten, und jeder Student hat einen Punktwert in jedem der beiden Tests. Eine kurze Betrachtung der Tabelle zeigt, daß die Studenten, die hohe Punktwerte im Test X erhalten haben, durchweg auch im Test Y ________ Punktwerte aufweisen. hohe

18–2 Hätten wir von vornherein von dieser Tendenz gewußt, nämlich daß Studenten mit hohen Punktwerten in X auch hohe Punktwerte in Y aufweisen, dann wären wir in der Lage gewesen, etwas über den Punktwert Y eines bestimmten Studenten auszusagen, wenn wir dessen Punktwert X kennen. Wir hätten sagen können, daß er, da sein Punktwert in X hoch ist, wahrscheinlich auch einen ________ Punktwert in Y hat. Eine ähnliche Schätzung können wir für die Y-Werte anderer Studenten vornehmen. hohen

18–3 Immer wenn eine Beziehung zwischen X- und Y-Werten vorhanden ist, enthält die Information über den X-Wert *einige* Information über den ________. Diese Beziehung ist es, die wir als *Korrelation* bezeichnen. Wenn der Grad der Korrelation relativ hoch ist, dann enthält der X-Wert relativ viel Information über den ________. Y-Wert Y-Wert

18–4 Es wäre wünschenswert, ein Maß zu besitzen, das uns angibt, *wieviel Information* über den Wert von Y wir bei der Kenntnis des entsprechenden X-Wertes besitzen. Mit anderen Worten: Wir möchten den Grad des ________ zwischen X und Y kennenlernen. Mit diesem Problem befaßt sich die Korrelationsstatistik. Zusammenhangs

18–5 Wir können nun die Werte von X und die Werte von Y als *zwei verschiedene Häufigkeitsverteilungen* ansehen. Aber anstatt daß wir sie getrennt darstellen, können wir sie in *einer* Graphik, die wir als KORRELATIONSDIAGRAMM bezeichnen, gemeinsam darstellen. Abbildung 18–1 ist ein *Korrelationsdiagramm* der Punktwerte aus Tabelle 18–1. Die Punktwerte X wurden in Klassen mit einem Klassenintervall von ________ zusammengefaßt. 2

18–6 Die Y-Punktwerte wurden ebenfalls in Klassen mit einem Klassenintervall von 2 gruppiert. Diese Klassen sind in der ersten ________ der Darstellung angeführt. Spalte

18–7 Die vertikalen Einteilungen des Diagramms sind *Spalten*, die horizontalen Einteilungen sind *Zeilen*. Für jedes Klassenintervall der X-Verteilung gibt es eine ________ und für jedes Klassenintervall der ________-Verteilung gibt es eine *Zeile*. Spalte Y

18–8 *Jede* Spalte kreuzt *jede* Zeile. An *jedem* Kreuzungspunkt wird ein *Feld* gebildet. Jedes Feld stellt eine bestimmte *Kombination* einer Klasse von X mit einer ________ dar. Das Feld der obersten rechten Ecke repräsentiert die Werte von ________ und ________ in X *und* die Werte von ________ und ________ in Y. Klasse von Y 17 ↔ 18 19 ↔ 20

Abbildung 18–1: Korrelationsdiagramm der Punktwerte aus Tabelle 18–1

Punktwerte im Test X

Punktwerte im Test y	1–2	3–4	5–6	7–8	9–10	11–12	13–14	15–16	17–18
19–20									/
17–18								/	
15–16							/		
13–14						/			
11–12					/				
9–10				//					
7–8			/						
5–6		/							
3–4	/								
1–2									

18–9 Wollten wir die Striche nur für die *Y*-Werte allein einzeichnen, so würden wir unseren Strich für einen bestimmten Wert einfach rechts von der Klasse setzen, zu der dieser Wert gehört. Im Korrelationsdiagramm setzen wir unsere Strichmarke jedoch *gleichzeitig* in das Feld *der entsprechenden* ______________. X-Klasse

18–10 Wenn z.B. der Student in *X* einen Punktwert von 2 und in *Y* einen Punktwert von 4 besitzt, dann machen wir einen Strich in jenes Feld der Abbildung 18–1, das durch die Kreuzung der ______________ ersten
Spalte mit der ______________ Zeile gebildet wird. zweiten

18–11 Abbildung 18–1 zeigt die Strichmarken für alle 10 Studenten. Ein Feld besitzt zwei Strichmarken. Diese beiden Marken bezeichnen die Paare von Punktwerten, die die Studenten ______________ und ______________ erhalten haben. D ↔ E

18–12 Wir sehen, daß dieses Vorgehen analog ist dem Verfahren, Punkte entlang einer *X*- und *Y*-Achse einzutragen. Die Punktwerte im

Test X bilden die X-Achse und die Punktwerte im Test Y bilden die ____________. Wir behandeln die X- und Y-Punktwerte als X- und Y-Koordinaten in einem rechtwinkligen Koordinatensystem. Die Abbildung sieht nur deshalb ein wenig anders aus, weil die Achsen in Klassen eingeteilt sind.

Y-Achse

18–13 Wir sehen, daß die Strichmarken eine gerade Linie bilden, die diagonal vom unteren linken bis zum oberen rechten Ende des Feldes des Korrelationsdiagramms verläuft. In jeder graphischen Darstellung kann eine gerade Linie durch eine Gleichung beschrieben werden, in der Y eine *lineare Funktion* von X ist. Dasselbe gilt für ein Korrelationsdiagramm wie in Abbildung 18–1. Da alle Strichmarken auf eine gerade Linie fallen, können wir die Y-Werte als eine __________ Funktion der X-Werte ansehen. Korrelationen dieser Art nennt man LINEARE KORRELATIONEN.

lineare

Abbildung 18–2: Korrelationsdiagramm für Fehlerwerte, die von einer Gruppe von 94 Ratten beim Erlernen von zwei Labyrinthen X und Y erzielt wurden

Fehlerzahl im Labyrinth X

Fehlerzahl im Labyrinth y

	1	2	3	4	5	6	7	8	9	10	11	f_Y
10								1	1	1	1	4
9							1		1	2	1	5
8						1	1	2	4	1		9
7						4	5	3	2			14
6					1	6	4	4	1			16
5				1	5	3	5	1				15
4			2	2	4	4	2					14
3		1	3	3	2	1						10
2	1	2	1	1								5
1	1	1										2
f_X	2	4	6	7	12	19	18	11	9	4	2	94

18–14 Abbildung 18–2 stellt ein ______________ dar. Eine Gruppe von 94 Ratten hat 2 Labyrinthe, X und Y, erlernt. Jede Ratte hat in jedem der beiden Labyrinthe eine bestimmte „Fehlerzahl" erzielt. Diese Fehlerzahlen wurden in der vorhin beschriebenen Weise in das Korrelationsdiagramm eingetragen. Aus dem Diagramm ersehen wir z. B.,

Korrelationsdiagramm

daß die Zahl der Ratten, die beim Erlernen des Labyrinths X 6 Fehler *und* beim Erlernen des Labyrinths Y 5 Fehler gemacht haben, gleich ______________ ist. 3

18–15 Abbildung 18–2 ist ein Beispiel für ein Korrelationsdiagramm, in dem nicht alle Punkte auf eine gerade Linie fallen. Wir finden ein beträchtliches Maß an „Streuung" vor. Allerdings gilt auch hier, daß hohe Punktwerte im Labyrinth X *im allgemeinen* mit ______________ hohen Punktwerten im Labyrinth Y einhergehen. Der allgemeine *Trend* der Striche erstreckt sich wiederum von der linken unteren zur rechten oberen Ecke der Korrelationstafel. Da dieser Trend mehr einer Geraden als einer Kurve entspricht, können wir auch hier von einer ______________ linearen Korrelation sprechen.

18–16 Beachten Sie, daß in Abbildung 18–2 die letzte *Zeile* mit f_X und die letzte *Spalte* mit f_Y bezeichnet wurde. Die Zahlen in Zeile f_X sind die *Spaltenhäufigkeiten* und die Zahlen in der Spalte f_Y sind die *Zeilenhäufigkeiten*. Wir sehen z. B., daß in der obersten Zeile vier Eintragungen sind und daß in der gleichen Zeile unter f_Y die Zahl 4 steht. Die Zahlen in der Spalte f_Y geben an, wieviel Ratten in jede Klasse der Variablen „Fehler im Labyrinth ______________ " fallen. Y

18–17 Um herauszufinden, wieviel Ratten in eine Klasse der Variablen „Fehler im Labyrinth X" fallen, brauchen wir nur einen Blick in das betreffende Feld der Zeile zu werfen, die mit ______________ über- f_X schrieben ist.

18–18 Wie viele Tiere haben sieben Fehler im Labyrinth X gemacht? ______________ . Wie viele haben sieben Fehler im Labyrinth Y ge- 18 macht? ______________ . Wie viele Tiere haben sieben Fehler im 14 Labyrinth X und im Labyrinth Y gemacht? ______________ . 5

18–19 Die Summe der Spaltenhäufigkeiten f_X beträgt 94, und die Summe der Zeilenhäufigkeiten f_Y beträgt ebenfalls 94. Diese Zahl erscheint rechts unten im Korrelationsdiagramm. Sie bezeichnet die ______________ der Ratten in diesem Experiment. Wir bezeichnen sie Gesamtzahl (-häufigkeit) mit dem Großbuchstaben N.

Zusammenfassung

18–20 Besteht eine Korrelation zwischen zwei Variablen X und Y, dann enthält die Information über einen Wert X auch eine ______________ Information über den zugehörigen Y-Wert. Die Korrelation gibt den Betrag der Information über (Achtung!) ______________ an, die in ______________ Y – X enthalten ist.

18–21 In einem Korrelationsdiagramm werden die Häufigkeitsverteilungen für die beiden Variablen *X* und *Y* ________________ dargestellt. Entlang der ersten Zeile des Korrelationsdiagramms sind die Klassen von *X* und entlang der ersten Spalte die Klassen von *Y* angegeben. gemeinsam (gleichzeitig)

18–22 Wenn der Trend der Striche in einem Korrelationsdiagramm geradlinig (und nicht kurvilinear) ist, dann nennt man die Korrelation eine ________________ Korrelation. Fallen die Marken genau auf eine solche gerade Linie, dann sind die Werte von *Y* eine lineare Funktion der Werte von *X*. lineare

---

B. Die Regressionsgerade

18–23 Enthält ein Korrelationsdiagramm Eintragungen, die genau auf eine gerade Linie fallen, dann ist *Y* eine lineare Funktion von *X*, und die Striche können durch eine Gleichung der Form $Y = mX + k$ (vgl. Kapitel 17) beschrieben werden. Fallen die Marken nicht alle *auf* eine gerade Linie, aber erkennt man, daß ein geradliniger Trend vorliegt, dann sprechen wir immer noch von einer *linearen* Korrelation. Wir gehen davon aus, daß die Marken *annähernd* durch eine Gleichung der Form ________________ beschrieben werden können. $Y = mX + k$

18–24 In einer linearen Korrelation ist *Y* eine lineare Funktion von *X*. Ist die Korrelation perfekt, dann liegen alle Marken genau auf einer ________________. *Y* ist dann eine *exakte* lineare Funktion von *X*. Ist die Korrelation dagegen nicht perfekt, so liegen die Striche um eine ________________ herum, und *Y* ist annähernd eine ________________ von *X*. Geraden Gerade – lineare Funktion

18–25 Jene Gleichung, die *Y* als lineare Funktion von *X* am besten beschreibt, nennt man die REGRESSIONSGLEICHUNG. Die Gerade, die diese Gleichung repräsentiert, nennt man die REGRESSIONSGERADE von *Y* auf *X*. Ist die Korrelation zwischen *X* und *Y* *perfekt und linear*, dann liegen die Marken im Korrelationsdiagramm genau auf der ________-geraden von *Y* auf *X*. Regressions

18–26 Sie sollten sich die Bezeichnung „Regressionsgerade *von Y auf X*" gut einprägen. Sie besagt, daß *Y* als Funktion von *X* gesehen wird, d.h., daß die Information, die über (Achtung!) ________________ zur Verfügung steht, benutzt wird, um eine Information über ________________ zu erhalten. Von der Bezeichnung her könnte man leicht denken, daß man *von Y auf X* schließt. Dies ist aber *nicht* der Fall. Man könnte X Y

nun auch X als eine Funktion von Y beschreiben und würde dann eine
______-Gerade von ______ auf ______ erhalten. Regressions – X – Y

18–27 Unter bestimmten Umständen sind die beiden ______-Geraden (Y auf X und X auf Y) identisch, aber in den meisten Fällen handelt es sich um *verschiedene* Geraden. Da alles, was für die Regression von Y auf X gilt, auch für die Regression von X auf Y gilt, wollen wir uns nur mit Y als Funktion von X befassen, also mit der Regressionsgeraden von ______. Regressions; Y auf X

18–28 Kehren wir nunmehr zum Labyrinth-Beispiel aus Abbildung 18–2 zurück. Abbildung 18–2 wird nachstehend mit einer zusätzlichen Spalte und einer zusätzlichen Zeile nochmals wiedergegeben.

Abbildung 18–2: Wiederholung. Zusätzlich die Werte für M_x und M_y

Fehler im Labyrinth X (Spalten); Fehler im Labyrinth y (Zeilen)

	1	2	3	4	5	6	7	8	9	10	11	f_Y	M_x
10								1	1	1	1	4	9.5
9							1		1	2	1	5	9.4
8						1	1	2	4	1		9	8.3
7						4	5	3	2			14	7.2
6					1	6	4	4	1			16	6.9
5				1	5	3	5	1				15	6.0
4			2	2	4	4	2					14	5.1
3		1	3	3	2	1						10	3.9
2	1	2	1	1								5	2.4
1	1	1										2	1.5
f_X	2	4	6	7	12	19	18	11	9	4	2	94	
M_y	1.5	2.0	3.2	3.4	4.4	5.6	6.1	6.9	7.9	9.0	9.5		

Die letzte Zeile wurde mit M_y überschrieben und enthält die *Mittelwerte* der *Spalten*. So z.B. beträgt die erste Zahl dieser Zeile 1,5; wie ist sie zustande gekommen? Die zweite Spalte (insgesamt) wurde *als eine eigene Häufigkeitsverteilung von Y-Werten* mit $n = 2$ *betrachtet.* Der Wert 1,5 ist die *durchschnittliche Zahl der Fehler im Labyrinth* ______, Y *die von den beiden Ratten in der zweiten Spalte* (also von den Ratten mit einer X-Fehlerzahl von 1) *gemacht wurden.*

18–29 Die dritte Spalte von links enthält die Eintragungen jener Ratten, die im Labyrinth X zwei Fehler gemacht haben. Es gibt ________ solcher Tiere, und ihre Y-Werte können abermals als eine eigene Häufigkeitsverteilung mit einem Mittelwert von ________ aufgefaßt werden. — vier; 2

18–30 Jede Zahl der Zeile M_y bezeichnet also den ________ der Fehler im Labyrinth ________, die von jenen Tieren gemacht wurden, deren Fehlerwerte im Labyrinth ________ in der ersten Zeile angegeben sind. — Mittelwert; Y; X

18–31 Alle Tiere, deren Punktwerte in einer bestimmten Spalte erscheinen, werden als eine eigene Gruppe behandelt, und ihre Fehlerwerte im Labyrinth ________ gelten als eigene Häufigkeitsverteilung, deren n in der mit ________ überschriebenen ________ zu finden ist. — Y; f_X – Zeile

18–32 Gehen wir in Abbildung 18–2 entlang der Zeile M_y von links nach rechts, so werden die Zahlen zunehmend ________. Was besagt das? Es besagt, daß eine Gruppe von Tieren, die im Labyrinth X viele Fehler gemacht hat, auch dazu neigt, im Labyrinth Y ________ Fehler zu machen. — größer; viele

18–33 Betrachten wir nun die Spalte am rechten Ende, die mit M_x überschrieben ist. Sie entspricht der Zeile M_y, die wir eben erörtert haben. Die Spalte M_x enthält die Mittelwerte der Fehler im Labyrinth X. Jede *Zeile* wird als eigene Häufigkeitsverteilung der Punktwerte im Labyrinth ________ aufgefaßt; der zugehörige Wert von n für jede Zeile ist in der Spalte, die mit ________ überschrieben ist, enthalten. — X; f_Y

18–34 Jede Zahl in der Spalte M_x bezeichnet den ________ der Fehler im Labyrinth ________, die von jenen Tieren gemacht wurden, deren Fehlerwerte im Labyrinth ________ in der ersten Spalte angegeben sind. — Mittelwert; X; Y

18–35 Gehen wir von unten nach oben, so werden die Zahlen für M_x zunehmend größer. Tiere, die im Labyrinth Y wenig Fehler gemacht haben, neigen dazu, relativ ________ Fehler im Labyrinth X zu machen. Tiere hingegen, die viele Fehler im Labyrinth Y gemacht haben, neigen dazu, relativ ________ Fehler im Labyrinth X zu machen. — wenig; viele

18–36 Wieviel Fehler im Labyrinth X haben im Durchschnitt Tiere gemacht, die im Labyrinth Y 4 Fehler gemacht haben? ________. — 5,1

Abbildung 18–2: Wiederholung

Fehler im Labyrinth X

Fehler im Labyrinth y	1	2	3	4	5	6	7	8	9	10	11	f_Y	M_x
10								1	1	1	1	4	9.5
9							1		1	2	1	5	9.4
8						1	1	2	4	1		9	8.3
7						4	5	3	2			14	7.2
6					1	6	4	4	1			16	6.9
5				1	5	3	5	1				15	6.0
4			2	2	4	4	2					14	5.1
3		1	3	3	2	1						10	3.9
2	1	2	1	1								5	2.4
1	1	1										2	1.5
f_X	2	4	6	7	12	19	18	11	9	4	2	94	
M_y	1.5	2.0	3.2	3.4	4.4	5.6	6.1	6.9	7.9	9.0	9.5		

Wieviel Fehler im Labyrinth *Y* haben im Durchschnitt Tiere gemacht, die im Labyrinth *X* 4 Fehler gemacht haben? ________________. 3,4

18–37 Abbildung 18–3 nennt man eine KORRELATIONSGRAPHIK. Die Spaltenmittelwerte M_y aus Abbildung 18–2 sind als *Y*-Koordinaten von Punkten dargestellt worden, deren *X*-Koordinaten die *Mittelpunkte der Klassenintervalle X* sind. Der niedrigste Wert von M_y, 1,5, ist über dem Wert ________________ der Achse „Fehler im Labyrinth *X*" abgetragen. 1

18–38 Diese Korrelationsgraphik zeigt die durchschnittliche Zahl der Fehler im *Y*-Labyrinth, die von Tieren gemacht wurden, die einer bestimmten Klasse Fehlern im Labyrinth ________________ angehören. X
Jede dieser Klassen wurde als eine eigene Häufigkeitsverteilung der Werte im Labyrinth *Y* betrachtet. Der Mittelwert der Fehler in diesem Labyrinth wurde als Funktion des Mittelpunktes zur zugehörigen *X*-Klasse aufgefaßt.

18–39 Die M_y-Werte liegen ungefähr auf einer geraden Linie. Deshalb ist die Beziehung zwischen Fehlern im Labyrinth *X* (die wir als *X*-Variable bezeichnen) und der *durchschnittlichen Zahl der Fehler im Labyrinth Y* (die wir als Variable M_y bezeichnen) ungefähr __________, linear
d. h. M_y ist ungefähr eine ________________ von ________________. lineare Funktion – X

Abbildung 18–3: Die Korrelationsgraphik zeigt die M_y-Werte (schwarze Kreise) aus Abbildung 18–2 als lineare Funktion der Fehlerwerte im Labyrinth X. Die offenen Kreise beiderseits eines jeden M_y repräsentieren die Fehlerwerte im Labyrinth Y, aus denen M_y als Mittelwert errechnet wurde. Die vertikalen Verteilungen der Kreise lassen sich mit den Eintragungen der Spalten in Abbildung 18–2 vergleichen

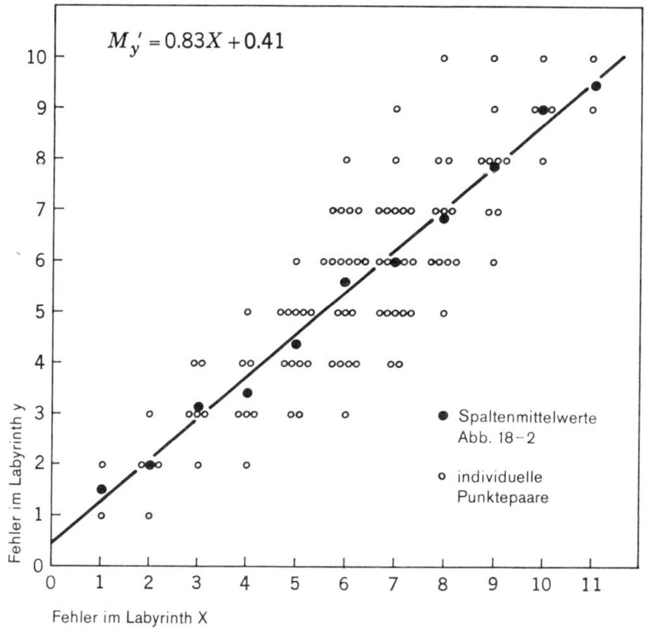

18–40 Wenn M_y ungefähr eine lineare Funktion von X ist, dann können die Punkte im Korrelationsdiagramm annähernd durch eine Gerade der Form $Y = mX + k$ beschrieben werden. Dabei setzen wir anstelle von Y die Variable M_y ein. Die Korrelationsgraphik läßt sich annähernd durch die *Regressionsgleichung* der Form ________________ beschreiben. — $M_y = mX + k$

18–41 Die Gerade, die durch das Korrelationsdiagramm der Abbildung 18–3 gezogen wurde, stellt die Gleichung $M_y' = 0{,}83\,X + 0{,}41$ dar. Diese Gleichung ist die ________________-Gleichung von M_y auf X, und die Gerade ist die ________________-Gerade von ________________ auf ________________. — Regressions; Regressions – M_y; X

18–42 In dieser Regressionsgleichung haben wir anstelle von M_y M_y' benutzt. Wir bezeichnen die Punkte, die *genau* auf die Gerade fallen, mit M_y', um sie von den *beobachteten* Spaltenmittelwerten M_y zu unterscheiden. Die Werte von M_y' liegen ________________ der Regressions- — genau auf geraden. Die Werte von M_y liegen meistens ein wenig __________ oder __________ der Regressionsgeraden. über ↔ unter

18–43 Die Variation der tatsächlichen Werte von M_y um die Regressionsgerade ist Ausdruck der *Stichprobenvariabilität*, und die Beziehung zwischen M_y und X kann als __________ Beziehung aufgefaßt werden, da sie sich gut durch eine gerade Linie annähern läßt. lineare

18–44 In dieser Regressionsgleichung befinden sich zwei Konstanten, nämlich die Konstante *m*, welche die *Steigung* der Geraden repräsentiert und einen Wert von __________ mit __________ Vorzeichen besitzt; ferner die Konstante *k*, die den *Y*-Achsenabschnitt bezeichnet und einen Wert von __________ besitzt. Diese Zahlenwerte nennt man REGRESSIONSKONSTANTEN. 0,83 – positivem 0,41

18–45 In der Korrelationsgraphik gibt es einen Punkt, der durch den Mittelwert der gesamten *X*-Verteilung und den Mittelwert der gesamten *Y*-Verteilung gebildet wird. Die Regressionsgerade von M_y auf X hat nun die Eigenschaft, daß sie durch diesen Punkt geht. Wir wollen nun sehen, ob dies der Fall ist. $\bar{X}$ beträgt 6,2 und $\bar{Y}$ beträgt 5,6. Sie können sich davon überzeugen, daß die Gerade durch den Punkt geht, dessen *X*-Koordinate __________ und dessen *Y*-Koordinate __________ beträgt. Wir stellen nun fest: *Jede Regressionsgerade geht durch den Punkt, der durch die Mittelwerte der beiden Verteilungen gebildet wird.* 6,2 – 5,6

Zusammenfassung

18–46 In einem Korrelationsdiagramm können diejenigen Versuchspersonen, die den gleichen Wert auf der *X*-Variablen besitzen und daher der gleichen Spalte angehören, als eine Gruppe betrachtet werden. Ihre Werte auf der __________-Variablen ergeben eine eigene Häufigkeitsverteilung, die ein eigenes *n* besitzt, einen eigenen Mittelwert und auch eine eigene __________. Y Standardabweichung

18–47 Die Spaltenmittelwerte bezeichnet man als M_y, da sie die Mittelwerte der *Y*-Werte darstellen, die an Versuchspersonen mit dem gleichen *X*-Wert beobachtet wurden. Jeder M_y-Wert ist also der Mittelwert der __________-Werte, die von Versuchspersonen stammen, die in dieselbe __________-Klasse fallen. Y X

18–48 Die Darstellung von M_y als einer Funktion von X nennt man eine Korrelationsgraphik. Wenn M_y annähernd eine lineare Funktion von X ist, dann kann man eine Regressionsgleichung der Form (Achtung!) __________ aufstellen. Die graphische Darstellung dieser $M_y = mX + k$

Gleichung ergibt eine Gerade. Diese Gerade bezeichnet man als ______________. Die Werte m und k in der Gleichung sind die ______________.

Regressionsgerade von M_y auf X
Regressionskonstanten

C. Die Beziehung zwischen den Regressionskonstanten und dem Korrelationskoeffizienten

18-49 Wenn zwei Variablen linear zusammenhängen, dann kann der Grad des Zusammenhangs durch eine einzige Zahl, durch den KORRELATIONSKOEFFIZIENTEN, ausgedrückt werden. Ist die Beziehung zwischen den beiden Variablen eng, so erwarten wir, daß der Korrelationskoeffizient einen relativ hohen Wert annimmt; ist die Beziehung eher lose, so erwarten wir, daß der ______________ einen relativ ______________ Wert annimmt.

Korrelationskoeffizient – niedrigen

18-50 Wir erwarten z. B., daß Studenten mit hohen Punktwerten in einem Eignungstest im allgemeinen auch ______________ Zensuren erzielen. Aber da Zensuren nicht nur von der Eignung abhängen, sondern auch von vielen anderen Faktoren (wie z. B. der Motivation), wird die *Korrelation* zwischen den beiden Variablen nicht perfekt sein. Der ______________ wird kaum den höchstmöglichen Wert annehmen.

hohe (gute)
Korrelationskoeffizient

18-51 Angenommen, wir kennen die Eignungswerte und die Zensuren von 4 Studenten. Eine Möglichkeit, mit diesen Werten zu arbeiten, ist, daß man sie in *Ordinalwerte* (d. h. *Ränge*) umwandelt. Jeder Student besitzt dann einen Rang von 1, 2, 3 oder 4 in bezug auf seine Eignung und einen Rang von 1, 2, 3 oder 4 in bezug auf seine ______________. Diese beiden Rangzahlen eines Studenten können gleich oder verschieden sein.

Zensur

Anmerkung: Obwohl Ränge *Ordinalwerte* sind, zeichnen wir eine Korrelationsgraphik, die zwischen zwei aufeinanderfolgenden Rängen *gleiche Intervalle* besitzt. Damit wollen wir nicht sagen, daß die Unterschiede zwischen den Werten, die den Rängen zugrunde liegen, gleich sind, sondern lediglich, daß die *Unterschiede* zwischen den verschiedenen *Rängen* jeweils gleich sind.

18-52 Jeder Student besitzt *zwei* Ränge. Wir wollen nun die Ränge, die die gleichen Personen innehaben, miteinander vergleichen. Abbildung 18-4 ist eine Korrelationsgraphik dieser Rangpaare, wobei die *X*-Achse die Ränge der ______________ und die *Y*-Achse die Ränge der ______________ repräsentiert.

Eignungstestwerte
Zensuren

18-53 Diese Korrelationsgraphik ist viel einfacher als das Diagramm in Abbildung 18-3, weil die Werte in Abbildung 18-4 *Ordinalwerte* sind. Auch handelt es sich nur um wenig Beobachtungen. Mittelwerte stehen nicht zur Verfügung, denn Mittelwerte können nur für ______________ -Werte berechnet werden.

Intervall

Abbildung 18–4: Korrelationsgraphik für r = + 1,00

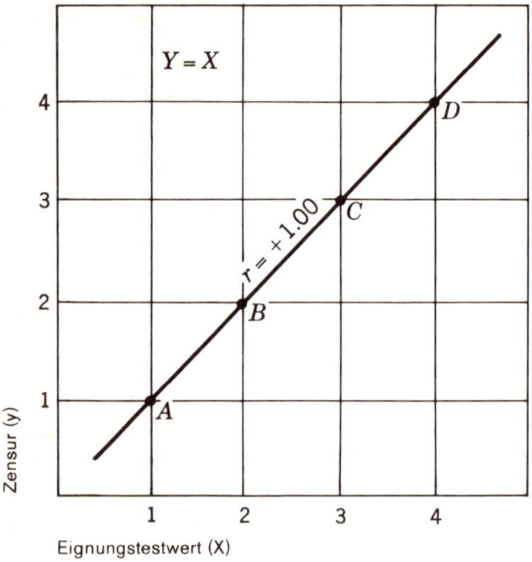

18–54 Jeder Punkt des Korrelationsdiagramms stellt die Kombination der beiden ______________ eines Studenten dar. Wie Sie sehen, ist jeder *X*-Rang ______________ dem entsprechenden *Y*-Rang. Die Korrelation ist *vollkommen* (oder perfekt). Eine höhere Korrelation als diese ist nicht möglich.

Ränge
gleich

18–55 Eine perfekte lineare Beziehung entspricht einem Korrelationskoeffizienten von +1,00. Diese Zahl ist deshalb der höchste Wert, den ein Korrelationskoeffizient erreichen kann. Wir bezeichnen den Korrelationskoeffizienten mit dem Buchstaben *r*. *r* ist also ein Symbol für den ______________.

Korrelations-
koeffizienten

18–56 Die Regressionsgerade von *Y* auf *X* in Abbildung 18–4 geht durch alle vier Punkte. Betrachten wir die Punkte für die Studenten *A* und *D* und bestimmen für diese beiden Punkte $\Delta Y/\Delta X$. Die Steigung $\Delta Y/\Delta X$ ist gleich ______________; der *Y*-Achsenabschnitt ist gleich ______________. Bei Ordinalwerten finden wir stets, daß der *Korrelationskoeffizient r* mit der *Steigung der Regressionsgeraden identisch* ist.

+ 1,0
0

18–57 In unserem einfachen Beispiel mit Ordinalwerten ist also der Korrelationskoeffizient gleich der ______________ der ______________ von *Y* auf *X*. *Dasselbe gilt für Intervallwerte, wenn und nur wenn die*

Steigung –
Regressionsgeraden

Standardabweichungen (s_X und s_Y) gleich sind. In dem Beispiel der Fehlerwerte im Labyrinth würde der Korrelationskoeffizient nur dann den Wert der ______________-Konstanten annehmen, wenn ________ und ______________ den ______________ Wert hätten. — Steigungs – s_X / s_Y – gleichen

18-58 Der Korrelationskoeffizient r ist unter zwei Bedingungen mit der Steigungskonstanten m identisch: (1) wenn die Werte im Korrelationsdiagramm ______________-Skalencharakter besitzen und (2) wenn bei Intervallwerten die beiden Verteilungen von X- und Y-Werten ______________ besitzen. — Ordinal / gleiche Standardabweichungen

18-59 Wenn Intervallvariablen korreliert werden, dann ist $m = r(s_y/s_x)$. Dabei ist m die Steigung der Regressionsgeraden von Y auf X. Wenn wir die Steigung der Regressionsgeraden von X auf Y ermitteln wollen, dann heißt die Formel $m = r(s_x/s_y)$. Achten Sie auf den Unterschied! Wir halten fest: Wenn die beiden Variablen unterschiedliche Streuungen besitzen, dann ist die Steigung der Regressionsgeraden (und auch der Korrelationskoeffizient) von Y auf X *eine andere* als die Steigung der Regressionsgeraden von X auf Y.

18-60 Bei der Gleichung der Regression von Y auf X steht s_y im ______________ der Formel, für die Regression von X auf Y dagegen steht s_y im Nenner. — Zähler

18-61 Sofern $s_y = s_x$ ist, ist $m = r$. Wenn die Standardabweichungen der beiden Variablen gleich sind, dann ist der Korrelationskoeffizient gleich der ______________ der Regressionsgeraden. — Steigung

18-62 *Beide* Regressionsgeraden müssen durch jenen Punkt gehen, dessen Koordinaten $\bar{X}$ und $\bar{Y}$ sind; d. h., die Geraden müssen stets durch jenen Punkt gehen, dessen Koordinaten die ______________ *beider* Verteilungen sind. Und trotz gleicher Steigung sind diese beiden Geraden nicht identisch, da die Steigung einmal von der X-Achse und das andere Mal von der Y-Achse aus betrachtet wird. Wenn also $s_x = s_y$, dann sind die Steigungen ______________, aber die Regressionsgeraden ______________. — Mittelwerte / gleich / verschieden

18-63 Da die Steigung m der Regressionsgeraden von Y auf X gleich $r(s_Y/s_X)$ ist, läßt sich r aus m berechnen, wenn ______________ und ______________ bekannt sind. Sind zum anderen die Standardabweichungen und r bekannt, dann läßt sich daraus ______________ berechnen. — s_Y / s_X / m

Anmerkung: Die Beziehung zwischen dem Korrelationskoeffizienten und der Steigung der Regressionsgeraden sowie den Standardabweichungen wurden dargestellt, um den Begriff der Korrelation verständlich zu machen. Diese Beziehungen *können* dazu benutzt werden, den Korrelationskoeffizienten zu berechnen. Sie können aber in den Statistiklehrbüchern einfachere und bessere Methoden zur Berechnung des Korrelationskoeffizienten finden. Sollten Sie in die Lage versetzt werden, statistische

Berechnungen durchzuführen, so brauchen Sie die entsprechenden *Berechnungsformeln* in diesen Büchern nur nachzulesen. Die hier dargestellten Gleichungen dienen weniger der Berechnung als der Erklärung.

Zusammenfassung

18-64 Werden Werte einer Variablen X und einer Variablen Y in Ränge umgewandelt und hat jedes Individuum den gleichen Rang in X wie in Y, so ist die Korrelation perfekt, und r hat den Wert ______________. Der Wert des Korrelationskoeffizienten kann niemals ______________ als dieser Wert sein.

+ 1,00
größer

18-65 Angenommen, zwei Verteilungen von Werten X_i und Y_i werden in z-Werte, also in z_x und z_y, umgewandelt. Wir haben zwei Verteilungen von Standardwerten vor uns, jede mit einem Mittelwert von ______________ und einer Standardabweichung von ______________. Wenn wir nun eine Korrelationsgraphik für die Regression der Werte z_y auf die Werte z_x zeichnen, dann ist die Steigung der Regressionsgeraden gleich ______________, da die Standardabweichungen der beiden Verteilungen ______________ sind.

0
1
r
gleich

D. Die Höhe des Korrelationskoeffizienten

18-66 Jeder Student aus Abbildung 18-4 hatte in X den gleichen Rang wie in Y. Die Steigung $\Delta Y/\Delta X$ der Regressionsgeraden war daher gleich ______________, und der Korrelationskoeffizient hatte einen Wert von ______________ mit einem ______________ Vorzeichen.

1,0
+ 1,0 – positiven

18-67 Betrachten wir nun den Fall, daß einige Studenten in Y und in X unterschiedliche Ränge aufweisen. Abbildung 18-5 zeigt solch einen Fall. Nur für die Studenten ______________ und ______________ sind die Y-Ränge gleich den X-Rängen. Dagegen sind für die Studenten ______________ und ______________ die beiden Ränge verschieden.

A ↔ D
B ↔ C

18-68 In Abbildung 18-5 geht die Regressionsgerade von Y auf X durch den mittleren Rang in beiden Variablen, d.h. durch den Punkt (2,5; 2,5). Die Gerade geht ferner durch den Punkt (0; 0,5), der dem ______________ der Geraden entspricht. Nehmen Sie nun diese zwei Punkte und bestimmen Sie ΔX und ΔY. Die Steigung $\Delta Y/\Delta X$ ist gleich ______________. Da es sich um Ordinalwerte handelt, ist r ebenfalls gleich ______________.

Y-Achsenabschnitt
0,80
0,80

Abbildung 18–5: Korrelationsgraphik für die Punkte A (1; 1), B (2; 3), C (3; 2), D (4; 4)

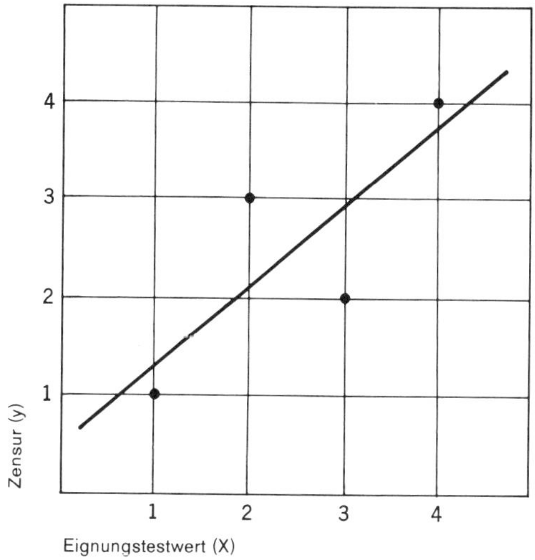

	X	Y
A	1	1
B	2	3
C	3	2
D	4	4

18-69 In Abbildung 18–6 besitzt kein Student denselben Rang in *X* und in *Y*. Stets besteht ein Unterschied von ________________ Einheit(en) zwischen den beiden Rängen eines Individuums. Die ausgezogene Gerade in Abbildung 18–6 ist die Regressionsgerade von *Y* auf *X* für diese Ränge; sie geht durch den Mittelpunkt der beiden Rang- einer

Abbildung 18–6: Korrelationsgraphik für die 4 Punkte A (1; 2), B (2; 1), C (3; 4), D (4; 3)

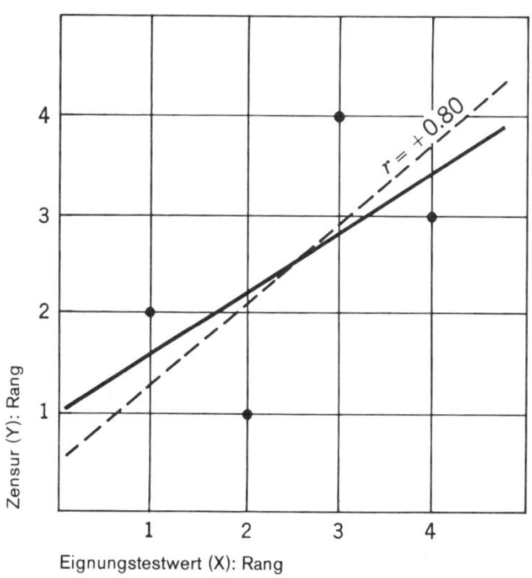

	X	Y
A	1	2
B	2	1
C	3	4
D	4	3

reihen (2,5; 2,5) und hat einen Y-Achsabschnitt von 1,0. Die Steigung der Geraden beträgt ______________ und r = ______________. 0,60 – 0,60
(Zum Vergleich ist die Regressionsgerade aus Abbildung 18–5 als gestrichelte Linie mit eingezeichnet worden.)

18–70 Vergleichen wir nun die Abbildungen 18–5 und 18–6. Sie sehen, daß die Streuung der Punkte rund um die Regressionsgerade in Abbildung 18–6 ______________ ist und daß die Steigung der Re- größer
gressionsgeraden von Y auf X ______________ ist. Je größer die flacher
Streuung um die Regressionsgerade, desto kleiner ist also der Wert von r.

18–71 Abbildung 18–7 vergleicht die Korrelation von +0,60 (gestrichelte Linie) mit derjenigen Korrelation, die sich für die in 18–7 angegebenen Rangwerte berechnet. Die Versuchsperson ______________ A
besitzt denselben Rang in X wie in Y, die Personen ______________ B ↔
und ______________ haben Paare von Rängen mit Rangdifferenzen C
von 1, und Person ______________ hat ein Paar von Rängen mit D
einer Rangdifferenz von 2 Einheiten. Die ausgezogene Linie ist die Regressionsgerade von Y auf X. Sie geht durch die Punkte (2,5; 2,5) und (0; 1,5). Die Steigung dieser Linie beträgt ______________ und 0,40
r beträgt ______________. 0,40

Abbildung 18–7: Korrelationsgraphik für die Punkte A (1; 1), B (2; 3), C (3; 4), D (4; 2)

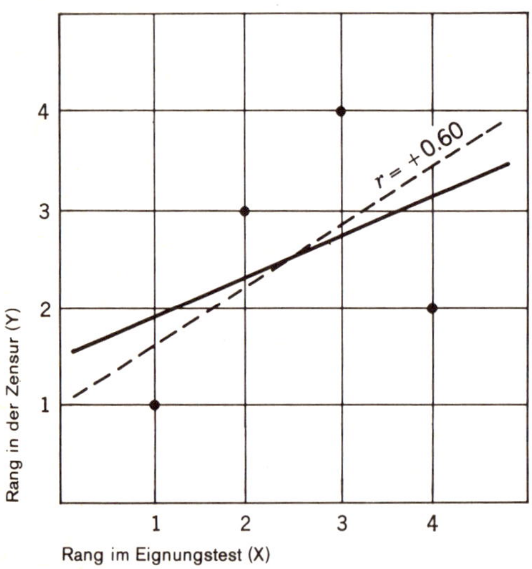

	X	Y
A	1	1
B	2	3
C	3	4
D	4	2

18–72 Abbildung 18–8 vergleicht die Korrelation von 0,40 (gestrichelte Linie) mit der Korrelation von 0,20 (ausgezogene Linie). Die

Abbildung 18–8: Korrelationsgraphik für die Punkte A (1; 3), B (2; 2), C (3; 1), D (4; 4)

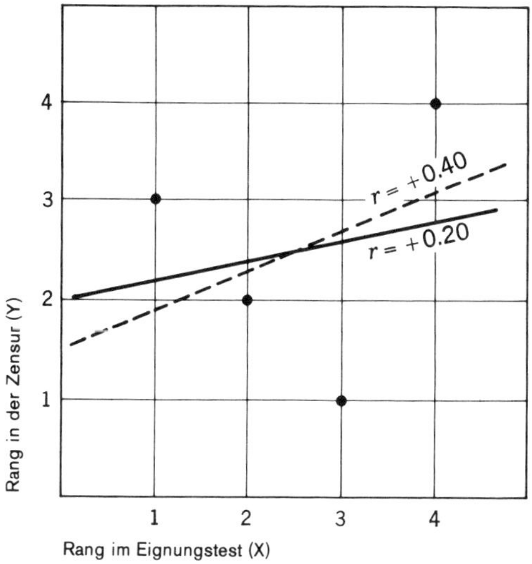

	X	*Y*
A	1	3
B	2	2
C	3	1
D	4	4

Eintragungen zeigen die Ränge, deren Korrelation 0,20 beträgt. Dadurch, daß diese Ränge sich ziemlich voneinander unterscheiden, ergibt sich für *r* ein ______________ Wert.

kleinerer

Abbildung 18–9: Korrelationsgraphik für die Punkte A (1; 2), B (2; 4), C (3; 1), D (4; 3)

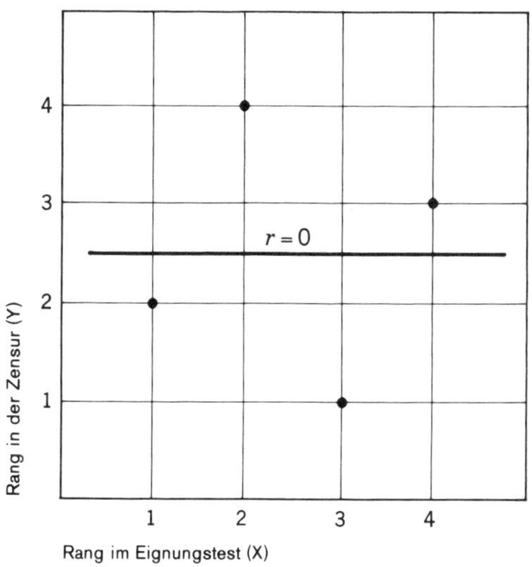

	X	*Y*
A	1	2
B	2	4
C	3	1
D	4	3

18-73 Abbildung 18–9 zeigt zwei Rangreihen, deren Korrelationskoeffizient gleich ______________ ist. Die Regressionsgerade von Y auf X verläuft nun parallel zur ______________-Achse. In solch einem Fall sind X und Y UNKORRELIERTE Variablen. Die Regressionsgleichung nimmt die Form $Y' = k$ an, wobei k angibt, wie weit die beiden Parallelen voneinander ______________ sind.

0

X

entfernt

Anmerkung: Da aus diesen Beispielen klar geworden sein wird, daß die *Rangdifferenzen* den Wert von r bestimmen, können wir die Formel für einen Korrelationskoeffizienten angeben, der unter dem Namen Spearmansche Rangkorrelation bekannt ist:

$$\varrho = 1 - \frac{6 \sum D^2}{N(N^2 - 1)}$$

In dieser Formel ist der griechische Buchstabe Rho — geschrieben ϱ — der Korrelationskoeffizient für Rangwerte. D ist die Differenz zwischen zwei Rängen für jedes einzelne Individuum und N ist die Zahl der Personen (oder der Paare von Rängen). Der Ausdruck ΣD^2 ist die Summe der quadrierten Rangdifferenzen für alle N Personen. Wenn wir die Werte für ein beliebiges Beispiel von Abbildung 18–5 bis Abbildung 18–9 in diese Gleichung einsetzen, so werden wir feststellen, daß die Gleichung die erwarteten Werte für den Korrelationskoeffizienten liefert. Beachten Sie, daß ein *Anwachsen* der Rangdifferenzen zu einem *Anwachsen* jenes Bruches führt, der von 1 zu subtrahieren ist, woraus sich ein *Absinken* des Korrelationskoeffizienten ergibt.

18-74 Werden die Rangdifferenzen noch größer als in Abbildung 18–9, dann fängt der Korrelationskoeffizient wieder an zu steigen, erhält aber ein *negatives* Vorzeichen. Abbildung 18–10 zeigt die Korrelationsgraphik für die danebenstehenden Rangpaare von X und Y. Die Regressionsgerade von Y auf X geht durch die Punkte (2,5; 2,5) und (0; 3). Die Steigung der Geraden hat ein ______________ Vorzeichen und einen Wert von ______________; r ist gleich ______________.

negatives

−0,20 – −0,20

Abbildung 18–10: Korrelationsgraphik für die Punkte A (1; 4), B (2; 1), C (3; 2), D (4; 3)

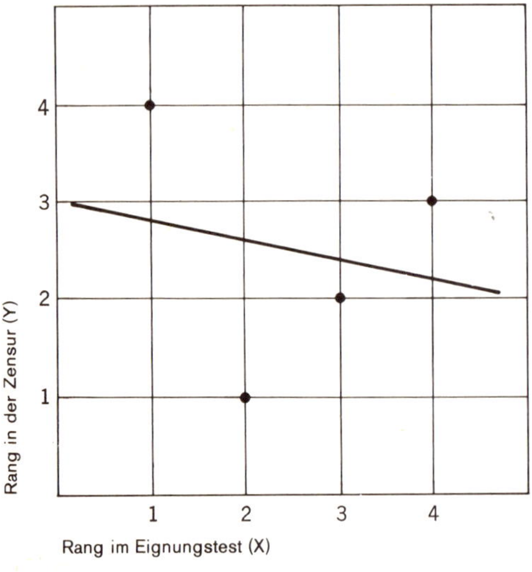

	X	Y
A	1	4
B	2	1
C	3	2
D	4	3

18–75 Betrachten wir nun einen ziemlich unwahrscheinlichen Fall: Nehmen wir an, Studenten mit *höchsten* Eignungswerten (X) erhalten die *niedrigsten* Zensuren. Die Abbildung 18–11 zeigt die Korrelationsgraphik für den Fall, daß der Student mit dem höchsten Eignungsrang die niedrigste Zensur erhält und umgekehrt. Die Regressionsgerade von Y auf X geht durch *alle* vier dargestellten Punkte, und die Korrelation ist somit perfekt. Die Steigung ist gleich __________. Sie entspricht einer perfekten NEGATIVEN Korrelation von $r =$ __________.

-1,00

-1,00

Abbildung 18–11: Korrelationsgraphik für die Punkte A (1; 4), B (2; 3), C (3; 2), D (4; 1)

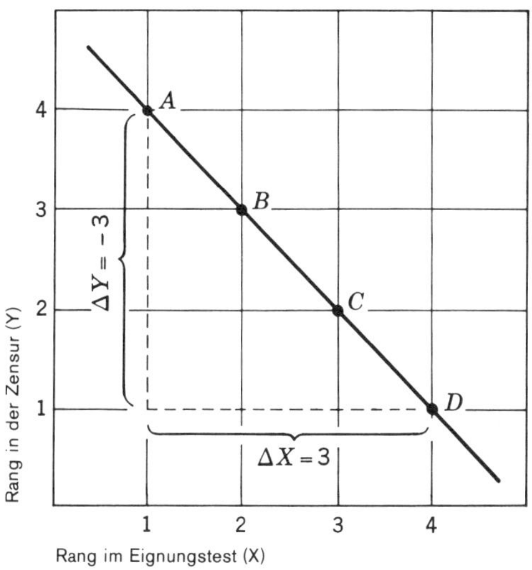

	X	Y
A	1	4
B	2	3
C	3	2
D	4	1

18–76 Als wir verschiedene positive Korrelationen betrachteten, fanden wir, daß sich zwei Änderungen ergeben, sobald r von +1 nach 0 abfällt; 1. die Steigung der Regressionsgeraden von Y auf X nimmt Werte an, die sich immer mehr dem Wert __________ nähern, und die Streuung der Punkte um die Regressionsgerade wird immer __________.

0

größer

18–77 Dieselben Dinge gelten für negative Korrelationen, bei denen sich r Null nähert. Die Steigung der Geraden geht immer mehr gegen __________, und die Streuung um die Regressionsgerade wird immer __________.

0

größer

Zusammenfassung

18–78 Jede Korrelation, die *perfekt* ist, entspricht einem Korrelationskoeffizienten mit einem numerischen Wert, der, unabhängig von seinem

Vorzeichen, gleich ________________ ist. Eine perfekte positive Korrelation entspricht einem Koeffizienten von ________________ und eine perfekte negative Korrelation einem Koeffizienten von ________________.

1,00
+1,00
−1,00

18–79 Wenn eine Korrelation *positiv* ist, so entsprechen hohe Werte der *X*-Variablen ________________ Werten der *Y*-Variablen. Ist eine Korrelation *negativ*, so entsprechen niedrige Werte der *X*-Variablen ________________ Werten der *Y*-Variablen.

hohen
hohen

18–80 Sind *X* und *Y* unkorreliert, dann beträgt der Wert von $r =$ ________________. Die Regressionsgerade von *Y* auf *X* ist dann eine ________________ Linie, die parallel zur ________________ verläuft.

0
gerade – X-Achse

E. Das Prinzip der kleinsten Quadrate

18–81 Die Regressionsgerade von *Y* auf *X* geht nicht durch alle Punkte in der Korrelationsgraphik, solange die Korrelation nicht ________________ ist. Ist die Korrelation kleiner als 1, dann zeigen die Punkte eine gewisse Streuung um die Regressionsgerade. *Man könnte deshalb verschiedene gerade Linien durch diesen Punkteschwarm legen.* Der Betrag der Streuung um diese Geraden würde in dem einen Fall größer, im anderen kleiner sein. *Die Regressionsgerade ist nun diejenige Linie, um die der Betrag der* ________________ *am kleinsten ist.*

1 (perfekt)
Streuung

18–82 Der Betrag der Streuung ist meistens definiert als die *Summe der quadrierten Abweichungen* der Punkte von der Geraden. In Abbildung 18–12 sind die Vertikalabweichungen der Punkte von der Geraden durch Pfeile gekennzeichnet. Die Steigung der Regressionsgeraden beträgt ________________ und der *Y*-Achsenabschnitt beträgt ________________. Die Gleichung für die Regressionsgerade ist daher ________________.

0,8 – 0,5
$Y' = 0{,}8\,X + 0{,}5$

18–83 Aufgrund der Regressionsgleichung läßt sich für jeden der vier Werte von *X* ein entsprechender Wert *Y'* berechnen. Diese Werte sind in der nebenstehenden Tabelle von Abbildung 18–12 aufgeführt. Die Vertikalabweichung jedes *Y*-Ranges von der Regressionsgeraden befindet sich in der Spalte mit der Überschrift ________________.

Y–Y'

18–84 *Die Regressionsgerade von Y auf X ist definiert als diejenige gerade Linie, bei der die* SUMME der QUADRIERTEN ABWEICHUNGEN $\Sigma(Y-Y')^2$ *ein Minimum ergibt.* Diese Summe (ΣD^2) beträgt für die Regressionsgerade in Abbildung 18–12 ________________.

1,80

Abbildung 18–12: Eine Korrelationsgraphik, welche die Vertikalabweichungen kennzeichnet, und eine Tabelle zur Berechnung der Summe der quadrierten Abweichungen

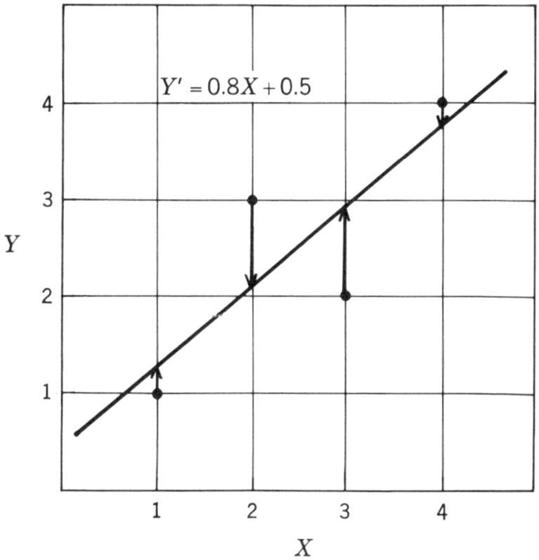

X	Y	Y′	Y – Y′ (D)	D^2
1	1	1.3	–0.3	0.09
2	3	2.1	0.9	0.81
3	2	2.9	–0.9	0.81
4	4	3.7	0.3	0.09
				$\Sigma D^2 = 1.80$

18–85 Die Regressionsgerade wird somit entsprechend dem Prinzip der KLEINSTEN QUADRATE bestimmt. Es ist jene gerade Linie, um die der Grad der Streuung am ______________ ist, wobei die Streuung definiert ist als die ______________ der ______________ aller Punkte von der Geraden.

kleinsten

Summe – quadrierten Abweichungen

18–86 Die Regressionsgerade von Y auf X in Abbildung 18–12 wurde nach dem Prinzip der ______________ bestimmt. Wir wollen nicht die Gültigkeit dieses Prinzips mathematisch überprüfen (eine solche Überprüfung ist in jedem Lehrbuch der Statistik nachzulesen), aber wir wollen uns davon überzeugen, daß die Summe der quadrierten ______________ der Punkte *jeder anderen Geraden* größer als 1,80 ist.

kleinsten Quadrate

Abweichungen

18–87 Angenommen, wir haben eine andere Gerade ausgewählt, von der wir glauben, daß sie sich den Punkten in Abbildung 18–12 gut anpaßt, etwa die ausgezogene Linie in Abbildung 18–13. Die gestrichelte Linie ist die Gerade aus Abbildung 18–12, die nach dem Prinzip der kleinsten Quadrate ermittelt wurde. Die ausgezogene Gerade $Y' = X$ scheint eine vernünftige Möglichkeit für eine Regressionsgerade zu sein, da sie *durch* zwei der vier Punkte geht. Der Wert D^2 für diese beiden Punkte beträgt deshalb ______________.

0

18–88 Die Abweichungen der anderen beiden Punkte von der ausgezogenen Geraden (die Punkte mit $X = 2$ und $X = 3$) sind in beiden

Abbildung 18–13: Korrelationsgraphik der Funktion $Y = X$

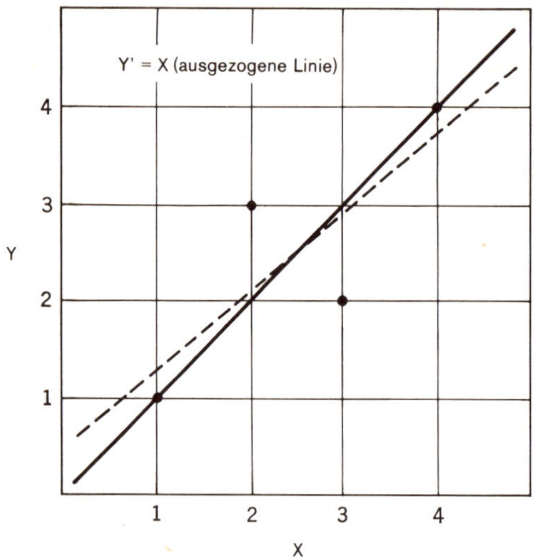

Fällen gleich ____________. Die *Summe* der quadrierten Abwei- eins
chungen von dieser Geraden ist deshalb gleich ____________. Diese 2
Summe ist somit ____________ als die Summe der quadrierten Ab- größer
weichungen von der Regressionsgeraden $Y' = 0{,}8\,X + 0{,}5$, die durch das Prinzip der kleinsten Quadrate bestimmt worden ist (vgl. Abbildung 18–12).

Zusammenfassung

18–89 Die Regressionsgerade ist diejenige Linie, bei der die ____________ Summe
der ____________ der Punkte von der Geraden ein Minimum ergibt. quadrierten Abweichungen
Deshalb bestimmt man die Regressionsgerade nach dem Prinzip der
____________. kleinsten Quadrate

18–90 Wenn der Wert s_X gleich dem Wert s_Y ist, dann hat der Korrelationskoeffizient denselben Wert wie die ____________ der Steigung
____________. Regressionsgeraden

Aufgaben zu Kapitel 18

18–1 (a) Zeichnen Sie in das Koordinatensystem der Abbildung A 18–1 die Regressionsgerade von Y auf X ein, die einer Korrelation von +0,75 zwischen den Rängen von 9 Personen entspricht. Wie sieht die Regressionsgleichung aus, die diese Gerade beschreibt? Bezeichnen Sie diese Gerade mit A.

(b) Zeichnen Sie in dasselbe Koordinatensystem die Regressionsgerade von Y auf X, die einer Korrelation von –0,50 zwischen den Rängen von 9 Personen entspricht. Wie sieht die Regressionsgleichung für diese Gerade aus? Bezeichnen Sie die Gerade mit B.

Abbildung A 18–1:

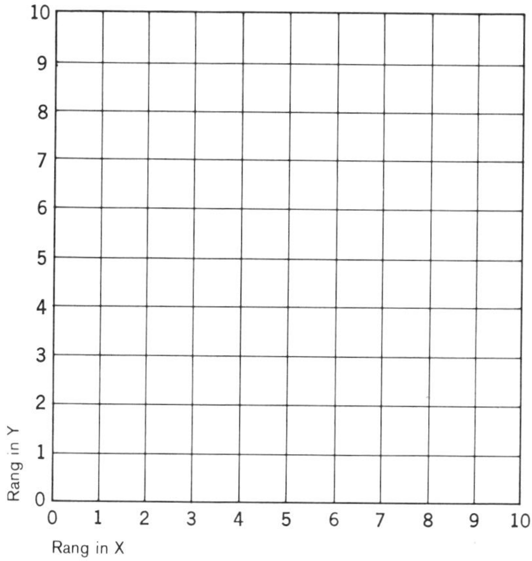

18–2 Unter welchen Bedingungen ist r gleich der Steigung der Regressionsgeraden von Y auf X?

18–3 Die Korrelation zwischen zwei Variablen X und Y ist $r = +0{,}60$, wobei $s_X = 4{,}0$ und $s_Y = 3{,}6$ ist. Wie groß ist die Steigung der Regressionsgeraden von Y auf X und wie groß ist umgekehrt die Steigung der Regressionsgeraden von X auf Y?

18–4 Die Korrelationsgraphik in Abbildung A 18–4 zeigt die Punkte von Rangpaaren in zwei Variablen X und Y für neun Individuen. Zwei Regressionsgeraden von Y auf X wurden in die Graphik eingezeichnet, von denen jedoch nur eine nach dem Kriterium der kleinsten Quadrate ermittelt wurde. Unterhalb des Korrelationsdiagramms sind die Ränge von X und Y für diese 9 Individuen zusammen mit den Y'-Werten, die für beide Regressionsgleichungen berechnet worden sind, angegeben.

(a) Entscheiden Sie, welche der beiden Linien, die richtige Regressionsgerade ist.
(b) Schreiben Sie die Regressionsgleichung für jede der beiden Geraden auf.
(c) Wie groß ist der Korrelationskoeffizient?

Abbildung A 18–4:

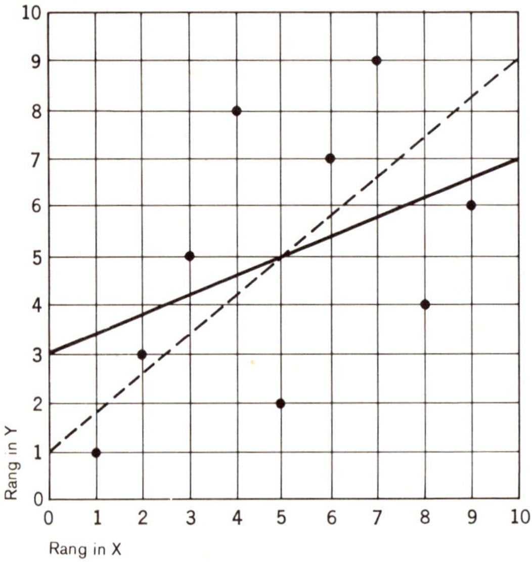

Tabelle:

ausgezogene Linie			*gestrichelte Linie*		
X	*Y*	*Y'*	*X*	*Y*	*Y'*
1	1	3,4	1	1	1,8
2	3	3,8	2	3	2,6
3	5	4,2	3	5	3,4
4	8	4,6	4	8	4,2
5	2	5,0	5	2	5,0
6	7	5,4	6	7	5,8
7	9	5,8	7	9	6,6
8	4	6,2	8	4	7,4
9	6	6,6	9	6	8,2

Kapitel 19: Anwendungen des Korrelationskoeffizienten

Die wichtigste Anwendung des Korrelationskoeffizienten in der wissenschaftlichen Forschung ist die Beschreibung von Gesetzmäßigkeiten. Wenn man feststellt, daß zwei Variablen eng miteinander verknüpft sind, kann man Hypothesen aufstellen über die möglichen Faktoren, die diesen Zusammenhang verursachen.

Korrelationskoeffizienten finden außerdem häufig im Zusammenhang mit psychologischen Tests Verwendung. Das vorliegende Kapitel befaßt sich in diesem Zusammenhang mit drei wichtigen Aspekten: (1) der Bestimmung der *Zuverlässigkeit* eines psychologischen Tests (Abschnitt A), (2) der Bestimmung der *Gültigkeit* eines Tests (Abschnitt B) und (3) der *Voraussage* über die zukünftige Leistung einer Versuchsperson (Abschnitte C, D und E).

Gemeinhin versteht man unter einem *psychologischen Test* eine Reihe von Aufgaben. Im technischen Sinne kann allerdings bereits jede einzelne Testaufgabe (Item) solch einer Serie als „Test" bezeichnet werden. Denn das Entscheidende an einem Test ist die Tatsache, daß ein Individuum verschiedene Punktwerte erhalten kann; dies ist bereits bei einer Aufgabe gegeben; sie kann entweder gelöst (1), oder nicht gelöst (0) werden. Besteht der Test, wie dies meistens der Fall ist, aus mehreren Aufgaben, so ergibt sich der Punktwert aus der Summe der einzelnen Aufgaben-Punktwerte.

A. Die Bestimmung der Zuverlässigkeit

19-1 Ein Test stellt ein *Meßinstrument* dar. Ein Schulleistungstest soll demnach ________________, wieviel der Schüler von dem Stoff weiß, der unterrichtet worden ist. messen

19-2 Ein Intelligenztest ist ein Instrument zur Messung der Intelligenz. Die Zahl der Punkte bei einem Intelligenztest entsprechen der Zahl der ________________ pro Stunde bei einem Tachometer. Sowohl der Intelligenztest als auch das Tachometer sind ________________. Kilometer Meßinstrumente

19-3 Ein Meßinstrument ist dann und nur dann zuverlässig (oder reliabel), wenn es stets das gleiche mißt. Ein Metermaß, das *bei wieder-*

holten Messungen desselben Objektes dasselbe Ergebnis liefert, ist ein *zuverlässiges* Meßinstrument. Ein Metermaß aus Gummi ist ein ______________ Meßinstrument. unzuverlässiges

19–4 Objekte, die mit einem zuverlässigen Metermaß mehrere Male gemessen wurden, liefern ______________ Ergebnis. Ist man über die Zuverlässigkeit eines Metermaßes in Zweifel, so kann man sie dadurch prüfen, daß man die ______________ Objekte mehrmals mißt und die Ergebnisse miteinander vergleicht. dasselbe gleichen

19–5 Findet man, daß die Meßergebnisse erheblich voneinander abweichen, so schließen wir daraus nicht, daß das gemessene Objekt von einer zur anderen Messung seine Länge geändert hat, sondern, daß das ______________ nicht ______________ ist. Meßinstrument – zuverlässig

19–6 Manche psychologischen Tests können denselben Versuchspersonen mehr als einmal vorgegeben werden. Um die Zuverlässigkeit solch eines Tests zu bestimmen, könnte man ihn zwei- oder mehrmal der ______________ Gruppe von Personen vorlegen und die Ergebnisse miteinander vergleichen. selben

19–7 Da allerdings jeder Testwert nur eine *Stichprobe* des Testverhaltens einer bestimmten Versuchsperson darstellt, müssen wir mit einer gewissen ______________-Variabilität rechnen. Danach erwarten wir, daß ein gewisser Unterschied zwischen dem ersten und dem zweiten Punktwert rein durch Zufall zustande kommt, selbst wenn der Test zuverlässig ist. Dieses Problem ergibt sich nicht bei der Längenmessung. Wiederholte Messungen der Länge eines Objektes können unmittelbar miteinander verglichen werden. Stichproben

19–8 Da also zwei Testwerte derselben Versuchsperson der Zufallsvariation ausgesetzt sind, müssen wir stets die Testwerte einer *Gruppe* von Versuchspersonen betrachten. Es ist deshalb zur Bestimmung der Zuverlässigkeit eines Testes am besten, ihn an zwei verschiedenen Zeitpunkten derselben ______________ von Individuen darzubieten. Gruppe

19–9 Wiederholte psychologische Messungen an derselben Gruppe von Versuchspersonen lassen im allgemeinen keine vollständige Übereinstimmung der Testpunktwerte erwarten. Um den Grad der Übereinstimmung zu bestimmen, berechnet man einen Korrelationskoeffizienten zwischen den ersten und den zweiten Punktwerten einer Gruppe von Versuchspersonen. Der Test kann nur dann als *zuverlässig* betrachtet werden, wenn der Korrelationskoeffizient zwischen den beiden Messungen genügend ______________ ist. hoch

19-10 Der Korrelationskoeffizient zwischen zwei Meßreihen ist hoch, wenn die Versuchspersonen, die bei der ersten Testdurchführung hohe Werte erzielten, dies auch ________ tun, d.h., wenn der Rang einer jeden Versuchsperson innerhalb der Gruppe bei den beiden Testdurchführungen in etwa ________ bleibt.

bei der zweiten
derselbe (gleich)

19-11 Einen solchen Korrelationskoeffizienten nennt man einen ZUVERLÄSSIGKEITSKOEFFIZIENTEN. Der Zuverlässigkeitskoeffizient gibt den Grad der Übereinstimmung zwischen zwei Testergebnissen ________ Gruppe von Versuchspersonen bei zwei Durchführungen desselben Tests an.

derselben

19-12 Es gibt bestimmte Tests, z.B. Intelligenztests, die bei der zweiten Durchführung mit Sicherheit andere Ergebnisse liefern als bei der ersten Durchführung. Da sich die Versuchspersonen beim zweiten Mal an einige Antworten *erinnern*, liefert die zweite Messung gewöhnlich ________ Punktwerte als die erste.

höhere

19-13 Nun haben verschiedene Versuchspersonen ein unterschiedlich gutes Gedächtnis. Wir wollen aber die Intelligenz messen und müssen versuchen, diesen Gedächtniseffekt auszuschalten. In einem solchen Falle kann der Zuverlässigkeitskoeffizient *nicht* als Korrelation zwischen den Testwerten derselben Gruppe in ________ Test aufgefaßt werden.

demselben

19-14 Man geht dann so vor, daß man eine große Zahl von Testaufgaben nach Zufall in zwei Gruppen teilt. Diese beiden Gruppen sollen *Parallelformen* desselben Tests darstellen. Der Zuverlässigkeitskoeffizient wird in diesem Falle definiert als die Korrelation zwischen den Punktwerten, die ________ Gruppe von Versuchspersonen in den beiden ________ des Tests erzielt hat.

dieselbe
Parallelformen

Zusammenfassung

19-15 Die Zuverlässigkeit eines psychologischen Tests wird bestimmt durch die Korrelation zwischen zwei Sätzen von Testwerten, die dieselben Versuchspersonen in ________ Test oder in zwei ________ erzielt haben.

demselben
Parallelformen

19-16 Benutzt man einen Korrelationskoeffizienten, um die Zuverlässigkeit eines Tests zu bestimmen, so nennt man ihn einen ________. Die Zuverlässigkeit läßt sich nicht aufgrund der Testwerte einer einzelnen Versuchsperson bestimmen; es bedarf dazu einer ________ von Versuchspersonen, die denselben Test zweimal durchführt oder zwei Parallelformen des Tests bearbeitet.

Zuverlässigkeits-Koeffizienten
Gruppe

B. Die Bestimmung der Gültigkeit

19-17 Ein zuverlässiger Test liefert bei zwei Messungen dieselben Ergebnisse. Nun ist es jedoch nicht immer klar, *was* diese Punktwerte *bedeuten*. Wir wissen genau, was ein Metermaß mißt, nämlich die *Länge*; ein Metermaß ist daher ein *gültiges* (valides) Maß für die ______________. Länge

19-18 Handelt es sich aber um einen Test zur Messung der Universitätseignung, so muß man sich fragen, ob dieser Test *wirklich* die Eignung für ein Universitätsstudium mißt. Es stellt sich damit die Frage nach der GÜLTIGKEIT des Tests. Es ist natürlich sehr wichtig zu wissen, ob dieser Test tatsächlich die ______________ zum Studium erfaßt Eignung oder nicht.

19-19 Schulleistungstests, deren Aufgaben nach „richtig" oder „falsch" bewertet werden, besitzen in der Regel eine hohe Zuverlässigkeit. Oftmals allerdings sind Richtig-Falsch-Aufgaben so formuliert, daß die Antworten auch ohne Wissen richtig *erraten* werden können. Tests mit solchen Aufgaben sind *kein* gültiges Maß für die ______________ Leistung eines Schülers in der Schule. Ein solcher Test mag dann ein gültiges Maß dafür sein, ob man in der Lage ist, die Antworten richtig zu erraten.

19-20 Das bedeutet also, daß ein Test *zuverlässig*, aber nicht ______________ sein kann. Andererseits kann aber ein Test nicht gültig gültig sein, wenn er nicht zuverlässig ist.

19-21 Nehmen wir an, es gibt einen Test zur Erfassung des technischen Verständnisses. Damit man einen solchen Test als gültig bezeichnen kann, müssen Versuchspersonen, die hohe Punktwerte in diesem Test erhalten, auch hohe Punktwerte in einer Tätigkeit erhalten, die ______________ Verständnis erfordert. Eine solche Tätigkeit nennt technisches man ein KRITERIUM. Die Gültigkeit ist definiert als die Korrelation zwischen dem Test und einem entsprechenden Kriterium.

19-22 Die Gültigkeit eines Tests wird ausgedrückt als Korrelation zwischen den Testpunktwerten und den Punktwerten in einem ______________. Kriterium Einen solchen Korrelationskoeffizienten nennt man einen GÜLTIGKEITSKOEFFIZIENTEN.

19-23 Um beispielsweise die Gültigkeit eines Universitäts-Eignungstests zu bestimmen, ist es erforderlich, ein Kriterium zu finden, mit dem man die Punktwerte in diesem Test vergleichen kann. Das Kriterium für technisches Verständnis ist gewöhnlich eine technische Leistung.

Das Kriterium für die Universitätseignung besteht gewöhnlich aus ________________. | Zensuren

19–24 Korrelieren die Punktwerte im Test hoch mit den Zensuren an der Universität, dann darf man annehmen, daß der Test eine hohe ________________ besitzt. Die Gültigkeit eines Eignungstests für Mediziner wird gemessen durch die Korrelation der Testpunktwerte mit ________________. | Gültigkeit | den Zensuren im Medizinstudium

19–25 Es ist nicht immer leicht, ein geeignetes Kriterium für die Gültigkeitsbestimmung zu finden; denn es gibt vielfach außer dem Test selbst keinerlei objektive Möglichkeit, das zu messen, was man zu messen wünscht. So z.B. benötigte man zur Bestimmung der Gültigkeit eines Intelligenztests ein gutes, vom Test unabhängiges Kriterium für die ________________. | Intelligenz

19–26 Um ein solches zu gewinnen, hat man in der Frühgeschichte der Intelligenzforschung Lehrer aufgefordert, Beurteilungen über die Intelligenz ihrer Schüler abzugeben und hat diese Beurteilungen als das ________________ zur Berechnung der ________________ für Intelligenztests herangezogen. | Kriterium – Gültigkeit

19–27 Seitdem sind, auch aufgrund theoretischer Überlegungen, eine Reihe guter Intelligenztests (wie z.B. der Hamburg-Wechsler-Test) entwickelt worden, so daß inzwischen diese Tests selbst zum Kriterium geworden sind, anhand dessen man feststellt, ob ein neuer Test ein ________________ Maß für die Intelligenz ist. | gültiges

19–28 Ein Gültigkeitskoeffizient ist ein Korrelationskoeffizient zwischen den Punktwerten, die eine Gruppe von Versuchspersonen in einem ________________, und den Punktwerten, die dieselbe Gruppe von Versuchspersonen in einem ________________ erzielt hat. | Test ↔ Kriterium

19–29 Der Gültigkeitskoeffizient und der Zuverlässigkeitskoeffizient setzen ________________ verschiedene Meßreihen, die von ein und derselben Gruppe von Versuchspersonen stammen, voraus. Zur Bestimmung des Zuverlässigkeitskoeffizienten bedarf es zweier Meßreihen ________________ Tests oder ________________ dieses Tests. Zur Bestimmung des Gültigkeitskoeffizienten bedarf es einer Reihe von ________________-Werten und einer Reihe von ________________-Werten. | zwei | desselben – zweier Parallelformen | Test ↔ Kriteriums

19–30 Ein Test, der nicht ________________ ist, kann auch nicht ________________ sein. Dagegen kann ein Test, der zwar nicht ________________ ist, dennoch ________________ sein. | zuverlässig | gültig | gültig | zuverlässig

C. Korrelation und Voraussage

19-31 Der Barometerstand veranlaßt uns häufig, Prognosen über die zukünftige Wetterlage zu machen. Auf der Basis einer bestimmten Information machen wir eine Voraussage. Ganz analog dazu versucht man, aufgrund eines Punktwertes, den eine Versuchsperson in einem Test erhalten hat, ihre Zensuren vorauszusagen. Eine solche Voraussage ist nur dann möglich, wenn zwischen den beiden Variablen (Test und Zensur) eine Korrelation besteht, also wenn der Test ______________ ist. gültig

19-32 Das Verfahren, das uns solche Voraussagen gestattet, läßt sich am Beispiel des Kapitels 18 C beschreiben. In diesem Beispiel wird die Variable X durch Rangwerte im Eignungstest und die Variable Y durch Rangwerte in der Zensur dargestellt. Da wir Ordinalwerte vor uns haben, ist der Korrelationskoeffizient gleich der ______________. Steigung der Regressionsgeraden

19-33 Die Ränge im Eignungstest werden in der Korrelationsgraphik entlang der X-Achse dargestellt, die Ränge in der Zensur entlang der Y-Achse. Im allgemeinen ist es üblich, die *vorauszusagende Variable* entlang der Y-Achse abzutragen. Die Variable, die zur Voraussage dient, wird entsprechend auf der ______________ abgetragen. X-Achse

19-34 Für jede Voraussage ist es unerläßlich, die *Regressionsgerade* zu bestimmen. Die Regressionsgerade ist die Gerade, die sich den Punkten der Korrelationsgraphik bestmöglich anpaßt. Sie wird nach dem Prinzip der ______________ ermittelt. Die Steigung dieser Geraden entspricht bei Ordinalwerten dem ______________. Bei Intervallwerten ist dies nur dann der Fall, wenn die Standardabweichungen der beiden Variablen X und Y ______________ sind. kleinsten Quadrate; Korrelationskoeffizienten; gleich

19-35 Die Regressionsgerade von Y auf X beschreibt das Ausmaß, in dem sich Y ändert, wenn X sich ändert. Wenn die Korrelation niedrig ist, dann ist die Steigung der Geraden ______________ und die Streuung der Punkte um die Gerade ______________. Wenn die Korrelation hoch ist, dann ist die Gerade steil und die Punkte liegen nahe daran. gering; groß

19-36 Nehmen wir an, wir haben bei einer Stichprobe von Studenten eine Korrelation von r zwischen dem Eignungstest und der Abschlußzensur erhalten. Wir erwarten nun, daß eine andere Stichprobe von Studenten einen ähnlichen Korrelationskoeffizienten liefert. Er wird wegen der Stichprobenvariabilität nicht gleich sein, aber er wird in einen angebbaren Bereich fallen. Mit anderen Worten, die Steigung der Geraden wird in etwa ______________ sein und die Streuung der Punkte um die Gerade wird sich ebenfalls nicht wesentlich ändern. gleich

19-37 Nehmen wir weiterhin an, wir haben von dieser zweiten Stichprobe von Studenten nur die Testwerte vorliegen und möchten deren Zensuren vorhersagen. Der Einfachheit halber wollen wir nicht mit Rohwerten, sondern mit Rängen arbeiten, da die Beziehung zwischen der Korrelation und der Regressionsgeraden bei ______________ einfacher ist. Rängen

19-38 Kennen wir den X-Rang (Test) eines Studenten, so wird unsere beste Voraussage seines noch unbekannten Y-Ranges darin bestehen, daß wir uns auf die Regressionsgerade beziehen. Da wir den X-Rang bereits kennen, suchen wir auf der Regressionsgeraden den Punkt auf, der diesem X-Rang entspricht. Gleichzeitig wird dieser Punkt durch einen Y-Rang bestimmt. Es handelt sich also um den Y-Rang, der zusammen mit dem X-Rang des Studenten einen Punkt bestimmt, der genau auf der ______________ liegt. Regressionsgeraden

Abbildung 19–1: Eine Korrelation von r = +0,5 zwischen Rängen in X und Y

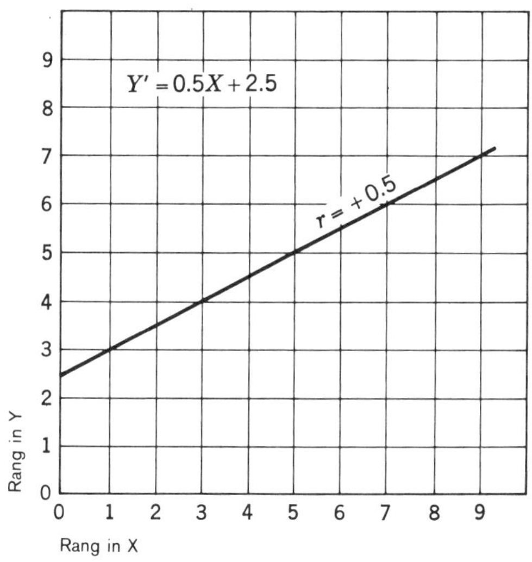

19-39 Angenommen, wir wissen, daß ein Student in der X-Variablen (Test) den Rang 3 besitzt und daß die Korrelation zwischen X und Y +0,5 beträgt. Der vorausgesagte Y-Rang (Zensur) für diesen Studenten läßt sich aus Abbildung 19–1 leicht ablesen. Es ist der Y-Wert, der jenem Punkt entspricht, der sich auf der Regressionsgeraden direkt über X befindet. So gehört zu einem X-Rang von 3 ein vorausgesagter Y-Rang von ______________. 4

19–40 Aus Abbildung 19–1 läßt sich auch für einen Studenten mit einem *X*-Rang von 7 ein *Y*-Rang voraussagen. Dieser vorausgesagte *Y*-Rang hat einen Wert von ______________. 6

19–41 Ein Student, dessen *X*-Rang 5 ist, besitzt einen vorausgesagten *Y*-Rang von ______________. Hier haben wir die Besonderheit, daß 5
beide Ränge gleich sind, was immer dann der Fall ist, wenn es sich um den *mittleren* Rang von *X und* von *Y* handelt.

19–42 Eine Versuchsperson, die einen mittleren Rang in einer Variable besitzt, hat stets auch einen vorausgesagten ______________ mittleren
Rang in der anderen Variablen, da *die Regressionsgerade stets durch den Punkt geht, der vom Mittelwert beider Variablen gebildet wird.* Dieser Punkt besitzt in Abbildung 19–1 die folgenden Koordinaten:
______________. (5; 5)

Abbildung 19–1: Wiederholung

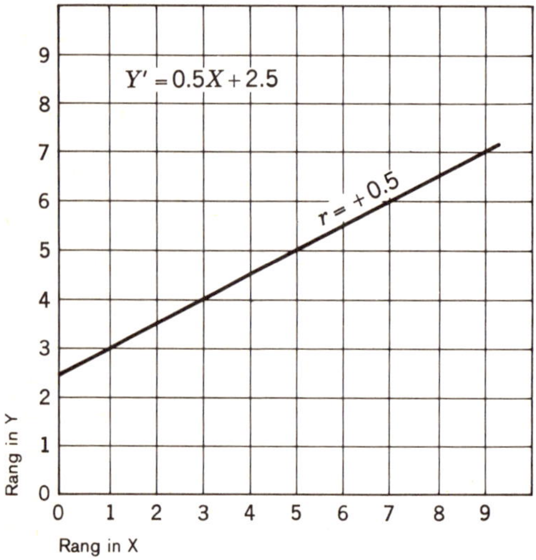

19–43 Angenommen, wir haben 11 statt 9 Studenten, so daß es auch 11 Rangpositionen gibt. Der mittlere Rang solch einer Gruppe ist
______________. Eine Versuchsperson mit dem Rang 6 in der *X*- 6
Variablen hat einen vorausgesagten *Y*-Rang von ______________. 6

19–44 Diese Tatsache kann dazu dienen, eine Regressionsgerade zu ermitteln, wenn *nur* der Korrelationskoeffizient bekannt ist. Die Regressionsgerade ist jene Gerade, deren Steigung gleich dem ______________ Korrelationskoeffizienten
ist, und die zugleich durch jenen Punkt geht, der von den ______________ Mittel
Werten beider Variablen gebildet wird.

19–45 Betrachten wir eine Gruppe von 11 Versuchspersonen, bei der die Korrelation zwischen X und Y +0,50 beträgt. Welche der drei Geraden in Abbildung 19–2 stellt die Regressionsgerade dar? (Hinweis: $\frac{\Delta Y}{\Delta X}$ muß = 0,5 sein) ________. Wie groß ist ihre Steigung? ________. Wie groß sind die Mittelwerte beider Variablen? ________.

b

+ 0,50

(6; 6)

Abbildung 19–2: Die Regressionsgerade für r = +0,5 und zwei andere Geraden

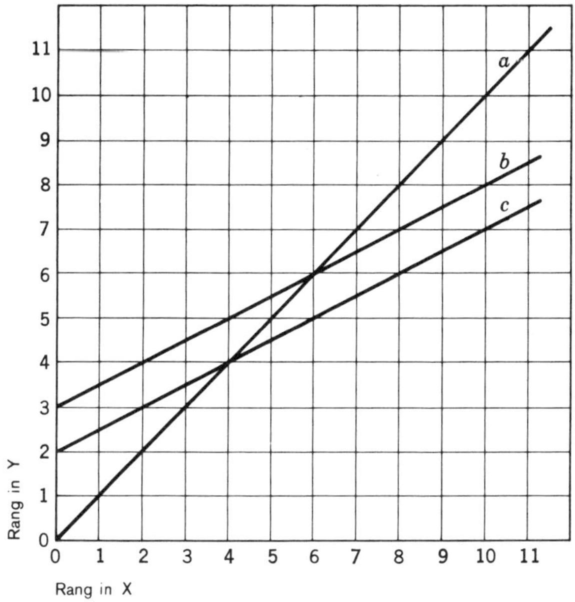

Zusammenfassung

19–46 Ist die Korrelation zwischen X und Y bekannt, so ist eine Voraussage über den voraussichtlichen Y-Rang einer Versuchsperson auf der Basis ihres ________ möglich. Die Voraussage besteht darin, daß man jenen Y-Rang aufsucht, dessen Punkt auf der Regressionsgeraden dem bekannten ________ entspricht.

X-Ranges

X-Rang

19–47 Da die Regressionsgerade stets durch den Punkt geht, der durch die ________ von X und Y gebildet wird, hat eine Versuchsperson, deren X-Rang dem Mittelwert der X-Ränge entspricht, stets einen vorausgesagten Y-Rang, der dem ________ aller Y-Ränge entspricht.

Mittelwerte

Mittelwert

D. Die Höhe des Korrelationskoeffizienten und die vorausgesagten Y-Werte

19–48 Je höher die Korrelation, desto enger ist die Beziehung zwischen den beiden Variablen. Eine große Änderung in X hat eine große Änderung in Y zur Folge. Bei einer niedrigen Korrelation dagegen haben die Werte in X ______________ Einfluß auf die Werte in Y. Eine genaue Voraussage der Y-Werte aufgrund der X-Werte ist nicht mehr möglich. Betrachten wir uns die Tabelle 19–1. Diese Tabelle vergleicht die Y-Ränge, die man für neun Studenten bei verschieden hohen Korrelationen (1,0; 0,75; 0,50; und 0) erhält. wenig

Tabelle 19–1

Student	*X-Rang*	$r = +1{,}00$	$r = +0{,}75$	$r = +0{,}50$	$r = 0$
A	1	1	2	3	5
B	2	2	2,75	3,5	5
C	3	3	3,5	4	5
D	4	4	4,25	4,5	5
E	5	5	5	5	5
F	6	6	5,75	5,5	5
G	7	7	6,5	6	5
H	8	8	7,25	6,5	5
J	9	9	8	7	5

19–49 Nur ein einziger Student besitzt einen vorausgesagten Y-Rang, der unbeschadet der Höhe der Korrelation stets gleich bleibt. Dieser Student ist mit dem Buchstaben ______________ bezeichnet und besitzt den Rang ______________ in X. Wir sehen also, daß dieser Student unabhängig vom jeweiligen r-Wert einen vorausgesagten Y-Rang von ______________ erhält, und zwar deshalb, weil es sich um den ______________ X-Rang handelt. E 5 5 mittleren

19–50 Beachten Sie, daß sich die *Spannweite* der vorausgesagten Y-Ränge mit r ändert. Obwohl wir neun Versuchspersonen und damit neun X-Ränge haben, variiert der vorausgesagte Y-Rang nur dann von 1 bis 9, wenn $r =$ ______________ ist. + 1,0

19–51 Je niedriger die Korrelation wird, desto enger wird die Spannweite der vorausgesagten Y-Ränge. Ist $r = 0$, dann haben alle vorausgesagten Y-Ränge den ______________ Wert. Warum finden wir bei neun Versuchspersonen für die vorausgesagten Y-Ränge nicht stets die Ränge 1 bis 9, gleichgültig, welchen Wert r besitzt? gleichen

Abbildung 19–1: Wiederholung

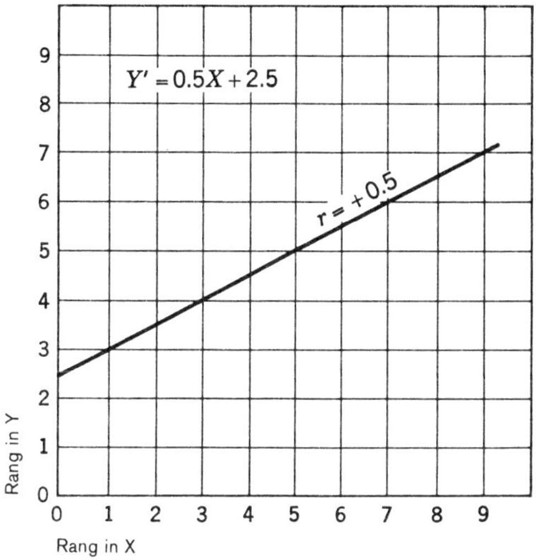

19–52 Sehen wir uns nochmals Tabelle 19–1 an. Wir sehen, daß bei einem Korrelationskoeffizienten von +0,50 die vorausgesagten *Y*-Ränge zwischen ______________ und ______________ variieren. Darunter befinden sich vier Dezimalränge, und man kann sich fragen, was ein Rang von 3,5 bei 9 Versuchspersonen bedeutet. 3 ↔ 7

19–53 Die beobachtete Verminderung der Spannweite der *Y*-Ränge entsteht dadurch, daß das Verfahren darauf abzielt, die Voraussage so genau wie möglich zu machen. Wenn die Korrelation zwischen *X* und *Y* perfekt ist, dann können wir mit Recht extreme Ränge in *Y* für jene Studenten voraussagen, die auch ______________ Ränge in *X* innehaben. In diesem Fall einer perfekten Korrelation, und nur in diesem Fall, besitzen die Versuchspersonen mit extremen *X*-Rängen *mit Sicherheit* auch extreme *Y*-Ränge. extreme

19–54 Ist eine Korrelation jedoch nicht perfekt, also kleiner als 1, dann geht die Regressionsgerade nicht genau durch alle Punkte des Korrelationsdiagramms. Studenten, die extreme Ränge in *X* haben, besitzen wahrscheinlich nicht ebenso hohe Ränge in *Y*, sondern sie werden Ränge besitzen, die mehr zur ______________ hin liegen (vgl. dazu die Abbildungen 18–3 bis 18–8). Mitte

19–55 Sagt man einem bestimmten Studenten einen gegen die Mitte hin gelegenen *Y*-Rang voraus, so wird der Unterschied zwischen der Voraussage und dem späteren tatsächlichen Punktwert kleiner sein als bei einer extremen Voraussage. Ein bestimmter Fehlerbetrag haftet jeder

Voraussage an, aber der Fehler ist ______________, wenn man in der Voraussage mehr nach der Mitte hin tendiert. kleiner

19–56 Der vorausgesagte *Y*-Rang einer Versuchsperson wird deshalb stets einen gewissen Kompromiß zwischen seinem *X*-Rang und dem mittleren Rang darstellen. Dieser Kompromiß ist am kleinsten, wenn die Korrelation nahezu perfekt ist. Bei einer hohen positiven Korrelation wird der vorausgesagte *Y*-Rang näher am *X*-Rang liegen als am mittleren Rang. Aber bei niedriger positiver Korrelation wird die Voraussage näher zur ______________ hin gemacht werden müssen, um große Fehler zu vermeiden. Mitte

19–57 Wie aber steht es mit Rängen wie 3,5? Solche halbierten Ränge werden zwei Versuchspersonen zugeteilt, die den *gleichen* Punktwert haben. Nehmen wir an, die *Punktwerte* für neun Versuchspersonen sind 130, 124, 119, 119, 116, 115, 109, 109, 99. Wir sehen, daß sich die dritte und vierte Versuchsperson in den Rang 3 (bzw. 4) *teilen*. Daher erkennen wir beiden den Rang von 3,5 zu. Dasselbe tun wir mit der siebenten und achten Versuchsperson, die beide den Rang ______________ (bzw. 8) innehaben, für die wir aber die Hälfte der Ränge 7 und 8, nämlich ______________, vergeben. 7 7,5

19–58 Die halbierten Ränge in Tabelle 19–1 zeigen an, daß *wir einen engeren Bereich der Variation in den Y-Rängen voraussagen*. Solche Rangaufteilungen kommen immer dann vor, wenn die Punktwerte einer Gruppe gering streuen. Viele gleiche Ränge bedeuten viele gleiche Punktwerte und damit eine ______________ Spannweite der Punktwerte. Wenige gleiche Ränge entsprechen wenig gleichen Punktwerten und damit einer großen Variation in den Punktwerten. geringe

19–59 Rangaufteilungen (bzw. gleiche Ränge) bei vorausgesagten *Y*-Rängen zeigen an, daß die Variation der vorausgesagten *Y*-Ränge klein ist. Dies ist dann der Fall, wenn die Korrelation zwischen den beiden Variablen ______________ ist. Damit soll nicht gesagt sein, daß man eine geringe Variation der tatsächlichen *Y*-Werte erwartet, sondern man versucht, den Fehler in der Voraussage möglichst ______________ zu halten. Die Unterschiede zwischen den vorausgesagten *Y*-Rängen und den tatsächlichen *Y*-Rängen sollen so klein wie möglich sein. niedrig klein

---

Zusammenfassung

19–60 Ist die Korrelation zwischen *X* und *Y* perfekt und positiv, so ist die beste Voraussage für den *Y*-Rang einer Versuchsperson deren

_______________-Rang. Ist die Korrelation zwischen beiden Variablen Null, dann ist die beste Voraussage für ihren Y-Rang der _______________. — X; mittlere Rang

19-61 Die Höhe des Korrelationskoeffizienten beeinflußt in keiner Weise den vorhergesagten Y-Rang für jene Versuchspersonen, die einen _______________ Rang in X haben. Gleichgültig, wie hoch die Korrelation ist, wird man für diese Versuchspersonen stets den _______________ Rang in Y voraussagen. Dies hängt damit zusammen, daß die Regressionsgerade stets durch den Punkt geht, der durch die _______________ beider Variablen bestimmt wird. — mittleren; mittleren; Mittelwerte

19-62 Bei niedriger positiver Korrelation werden Versuchspersonen mit extremen Rängen in X mutmaßlich _______________ extreme Ränge in Y aufweisen. Das bedeutet, daß die Spannweite der vorausgesagten Y-Ränge _______________ ist als die der X-Ränge. Dadurch wird der Fehler, der bei jeder Voraussage in Kauf genommen werden muß, minimalisiert. Bei Rangwerten macht sich diese Einengung der Spannweite in _______________ bemerkbar. — weniger; geringer; Rangaufteilungen

---

E Gründe für die Benutzung des Korrelationskoeffizienten zur Voraussage

19-63 Damit wir uns eine richtige Vorstellung von der Bedeutung des Korrelationskoeffizienten für die Voraussage machen können, stellen wir uns vor, daß wir vor der Aufgabe stehen, die Abschlußzensur eines bestimmten Studenten an einer bestimmten Universität zu *erraten.* Wenn wir die Abiturzensuren oder die Testwerte dieses Studenten zur Verfügung haben, dann können wir aufgrund unserer (begrenzten) Erfahrung und unserer Intuition eine bestimmte Schätzung abgeben.

19-64 Wenn wir darüber hinaus wissen, in welchem Ausmaß der Eignungstest oder das Abiturzeugnis mit der Abschlußzensur korreliert, dann können wir eine Voraussage machen, die (1) keine persönlichen Erfahrungen voraussetzt und (2) von der wir sagen können, daß sie dem unter diesen Umständen geringstmöglichen Fehlerbetrag unterliegt.

19-65 Sofern der Korrelationskoeffizient nicht gleich +1 ist, wird unsere numerische Schätzung stets einem gewissen Fehler unterliegen. Es geht nun bei solchen Voraussagen darum, den *geringstmöglichen* durchschnittlichen _______________-Betrag zuzulassen. — Fehler

19-66 Das in Abschnitt C beschriebene Verfahren, Voraussagen zu machen, ist so aufgebaut, daß der Betrag des Fehlers so _______________ wie möglich bleibt. — klein

19–67 Wollen wir mehrere Voraussagen machen, dann werden wir bei einigen Voraussagen einen größeren, bei anderen einen kleineren Fehler begehen. Wenn wir das Verfahren aber durchgehend anwenden, dann werden wir auf lange Sicht gesehen einen ______________ Fehler begehen als beim sogenannten *intuitiven* Vorgehen. kleineren

19–68 Wenn die Korrelation zwischen Testwerten und Zensuren gleich Null ist oder wenn die Höhe der Korrelation nicht bekannt ist, dann sagt die Regressionsmethode für jeden Studenten den ______________ Rang oder die mittlere Zensur voraus, gleich welchen Eignungstestwert er besitzt. mittleren

19–69 Ist dagegen die Korrelation größer als Null, dann werden wir unter Benutzung der Regressionsmethode eine Zensur voraussagen, die dem Rang des Studenten in seinem Eignungspunktwert näher kommt. Dadurch erreichen wir, daß der durchschnittliche Fehler so gering wie möglich ist.

19–70 Der Fehlerbetrag, den man bei einer Voraussage machen kann, ist kleiner, wenn die Korrelation zwischen den beiden Variablen hoch ist. Wenn der Zusammenhang zwischen den beiden Variablen lose ist, dann werden Voraussagen mit einem ______________ Fehlerbetrag behaftet sein. größeren

19–71 Immer, wenn wir eine „intuitive" Voraussage machen, stützen wir uns auf die *vermutete* Höhe der ______________ zwischen zwei Variablen, wie etwa zwischen dem Abiturzeugnis und den Universitätszensuren. Korrelation

19–72 Kennen wir den Wert dieser Korrelation zwischen den beiden Variablen nicht, dann laufen wir Gefahr, größere Fehler zu machen. Wir können den Grad der Korrelation z. B. unter- oder überschätzen und wir werden in jedem Fall einen ______________ Fehler begehen, als wenn wir die Korrelation kennen und die vorausgesagten Werte mit Hilfe der Regressionsmethode berechnen. größeren

Abschließende Bemerkung: Dieser letzte Abschnitt empfiehlt die Verwendung der Regressionsmethode in all den Fällen, in denen Voraussagen getroffen werden müssen; denn dieses Verfahren garantiert auf die Dauer den kleinstmöglichen Fehler. Häufig glaubt man, eine bessere Voraussage treffen zu können, wenn man, anstatt statistisch vorzugehen, die erhobenen Daten eindrucksmäßig ordnet und dann ein Urteil abgibt. Dabei wird man jedoch auf die Dauer einen größeren Fehler machen, als wenn man die Voraussage aufgrund der Korrelation trifft.

Sollten Sie trotzdem das Gefühl haben, daß die „intuitive" Schätzung einem mathematischen Verfahren überlegen ist, dann sollten Sie die Abhandlung von Paul MEEHL lesen, in der er das Verfahren der Intuition dem der Korrelation gegenüberstellt: *Clinical versus Statistical Prediction* (University of Minnesota Press, 1954).

Aufgaben zu Kapitel 19

19-1 Einer Versuchsperson werden 20 Farbplättchen gezeigt. Sie wird aufgefordert, diese Farbplättchen in eine Rangfolge von der schönsten bis zur häßlichsten zu bringen. Diese Ränge werden mit jenen Rängen korreliert, die die Versuchsperson bei der Wiederholung des Farbwahltests am nächsten Tag gibt. Handelt es sich hierbei um einen Zuverlässigkeits- oder um einen Gültigkeitskoeffizienten?

19-2 Wenn Sie schriftliche Aufsätze beurteilen sollten und dabei Zensuren vergeben müßten, wie würden Sie verfahren um festzustellen, ob Ihre Beurteilung *zuverlässig* ist? Wie könnten Sie feststellen, ob sie *gültig* ist?

19-3 Die Korrelation zwischen Körpergröße und Körpergewicht ergab bei einer großen Gruppe von Knaben eines bestimmten Alters ein r von +0,8.

(a) Sagen Sie den Gewichtsrang eines Knaben voraus, der in einer Gruppe von 25 Knaben in der Körpergröße den Rang drei innehat.

(b) Sagen Sie den Gewichtsrang eines Knaben voraus, der in der Körpergröße den Rang 18 innehat.

19-4 Eine Gruppe von 21 Schülern wurde einem Sprachtest unterzogen. Der Lehrer registrierte die Zeit, die jeder Schüler für den Test benötigte und zugleich die Zahl der Fehler, die er dabei gemacht hat. Er fand eine Korrelation von −0,4 zwischen der benötigten Zeit und der Zahl der Fehler. Sagen Sie für jenen Schüler, der die größte Zahl von Fehlern gemacht hat (dessen Fehlerrang also 21 betrug) den Zeitrang voraus (wobei Rang 1 den schnellsten Schüler repräsentiert).

Kapitel 20: Der Korrelationskoeffizient interpretiert in Termini der Fehlerreduktion

Wenn zwei Variablen *X* und *Y* korreliert sind, dann enthält jede Information über *X* eine gewisse Information über *Y*. Der Korrelationskoeffizient gibt den *Betrag* dieser Information an. Im folgenden soll nun etwas gesagt werden über den Zusammenhang zwischen dem Korrelationskoeffizienten und dem Betrag dieser Information. Eine Korrelation von +0,50 bedeutet *nicht*, daß wir aus *X* genau „halb" soviel Information über *Y* erhalten als bei einer Korrelation von +1. Ebensowenig bedeutet es, daß eine Korrelation von 0,50 „doppelt" soviel an Information enthält wie eine Korrelation von +0,25. Ebensowenig angemessen wäre es, einen Korrelationskoeffizienten als eine Prozentzahl zu interpretieren und etwa anzunehmen, daß eine Korrelation von +0,50 einer „50%igen" Ähnlichkeit entspreche. Solche Auffassungen über den Korrelationskoeffizienten sind leider genauso häufig wie falsch.

Dieses und die folgenden Kapitel geben zwei verschiedene Wege an, mit deren Hilfe man sich die Höhe des durch die Korrelation bezeichneten Zusammenhangs anschaulich vorstellen kann. Beide Wege sind leicht zu verstehen und für die praktische Interpretation des Korrelationskoeffizienten sehr wichtig. Der Korrelationskoeffizient bleibt solange ein bedeutungsloser Zahlenwert, als man nicht eine Möglichkeit der Interpretation besitzt.

Kapitel 20 schließt an Kapitel 19 an: dort haben wir gesehen, daß es möglich ist, die Korrelation zwischen zwei Variablen zur Voraussage zu benutzen. Werden solche Voraussagen auf der Basis des Korrelationskoeffizienten gemacht, so wird der Voraussagefehler minimalisiert. Wir haben bereits erwähnt, daß dieser Fehler bei einem hohen Korrelationskoeffizienten kleiner ist als bei einem niedrigen. Das folgende Kapitel wird nun zeigen, in welchem Ausmaß die Kenntnis des Korrelationskoeffizienten es uns ermöglicht, den Fehler zu verringern. Wir wollen feststellen, wie groß der Fehlerbetrag ist, den wir dadurch *vermeiden*, daß wir einen Korrelationskoeffizienten bestimmter Höhe benutzen.

A. Der Fehler einer Voraussage, wenn *r* gleich Null ist

20-1 In Kapitel 19 haben wir festgestellt, daß es bei einer großen Zahl von Voraussagen von Vorteil ist, die Regressionsmethode anzuwenden. Dabei mag man manchmal erheblich irren, aber bei konsistenter Handhabung der Methode macht man insgesamt ______ Fehler, als wenn man die Voraussagen auf „intuitiver" Basis vornimmt. — weniger

20-2 Wenn man *weiß*, daß *r* gleich Null ist, dann kann man den Voraussagefehler dadurch minimalisieren, daß man, für jeden *X*-Rang, gleich welchen Wert er hat, den ______ *Y*-Rang voraussagt. — mittleren

20-3 Wenn *r unbekannt* ist, dann wird man mangels besseren Wissens den geringsten Fehler machen, wenn man annimmt, daß die Korrelation Null ist. Man wird deshalb auch in diesem Fall für jeden *X*-Rang den ______ voraussagen. — mittleren Y-Rang
Die wahre Korrelation kann positiv oder negativ sein, sie kann hoch oder niedrig sein. Wenn man annimmt, daß sie Null ist, dann wird man auf die Dauer am wenigsten Fehler machen.

20-4 Wir sagen in solchen Fällen also den mittleren Rang voraus, wenn es sich um *Ordinalwerte* handelt. Wenn es sich um *Intervallwerte* handelt, dann sagen wir zweckmäßigerweise den ______ voraus. — Mittelwert

20-5 Fehler wird man nie vermeiden können. Man kann aber präzisieren, wie groß der Fehler ist, den man auf lange Sicht macht. Dieser Fehler wird um so größer sein, je ______ die Korrelation ist. — niedriger

20-6 Angenommen, wir wissen nicht, ob eine Korrelation zwischen dem Studienerfolg und einer anderen Variable besteht oder nicht. Wenn wir den Mittelwert der Zensuren kennen, dann werden wir für jeden Studenten den ______ der Zensuren voraussagen. — Mittelwert

20-7 Nehmen wir weiter an, die Verteilung der Zensuren ist ungefähr normal. Wenn eine Variable normalverteilt ist, dann liegen 68% der Punktwerte innerhalb von ______ Standardabweichungen vom Mittelwert entfernt. Wir werden deshalb, wenn wir für alle Studenten den Mittelwert voraussagen, in ______ % aller Fälle einen Wert voraussagen, der *nicht mehr* als eine Standardabweichung vom wahren Wert entfernt liegt. — ± 1 — 68

20-8 Wir können erwarten, daß 68% der Studenten, über die wir Voraussagen machen, tatsächlich Zensuren erhalten werden, die innerhalb einer Standardabweichung vom ______ der Verteilung ent- — Mittelwert fernt liegen. Wir können dasselbe auch anders formulieren und sagen, daß die Wahrscheinlichkeit, daß unsere Voraussage *innerhalb der Grenzen einer Standardabweichung richtig sein wird,* ______________ beträgt. 0,68

20–9 Umgekehrt kann man auch sagen, daß die Wahrscheinlichkeit, mit der eine tatsächlich erhaltene Zensur *außerhalb* einer Standardabweichung von der Voraussage entfernt liegt, ______________ ist. 0,32 Dagegen beträgt die Wahrscheinlichkeit, daß sie außerhalb von 2 Standardabweichungen liegt, nur 0,05, da ______________ % der Zensuren 95 innerhalb von ±2 Standardabweichungen vom Mittelwert entfernt zu erwarten sind.

20–10 Eine Feststellung, die in nicht mehr als in 5% aller Fälle falsch ist, lautet: „Die Zensur liegt irgendwo zwischen dem Mittelwert und ______________ Standardabweichungen über oder unter dem Mittelwert." 2

Zusammenfassung

20–11 Bei der Voraussage von Ergebnissen gibt man jeweils den Mittelwert an, wenn die Korrelation Null oder unbekannt ist. Damit will man nicht sagen, daß man nur Mittelwerte erwartet, sondern daß die Ergebnisse mit einer Wahrscheinlichkeit von 0,68 nicht mehr als ______________ vom Mittelwert entfernt liegen werden. ±1 Standardabweichung

20–12 Wenn man sagt, die Ergebnisse werden innerhalb von zwei Standardabweichungen vom Mittelwert entfernt liegen, dann ist diese Aussage in ______________ von 100 Fällen falsch. 5

B. Vertrauensgrenzen

Erinnern wir uns des Abschnittes D in Kapitel 13, wo wir die Vertrauensgrenzen besprochen haben. Die Vertrauensgrenzen bilden einen Bereich, innerhalb dessen mit einer vorgegebenen Wahrscheinlichkeit ein Populationsmittelwert zu erwarten ist. In diesem Abschnitt werden wir nun den Begriff der Vertrauensgrenzen auf den vorausgesagten Bereich anwenden, in den vermutlich ein bestimmter *Y*-Wert fallen wird.

Am Ende dieses Abschnittes werden die Gemeinsamkeiten sowie die Unterschiede zwischen den beiden Situationen behandelt.

20-13 Gehen Sie nun nach hinten und schlagen Sie Seite 380 auf. Betrachten Sie dort das Diagramm der Eignungspunktwerte X und der Zensuren Y der 228 Studenten einer amerikanischen Universität aus dem Jahre 1960 (Abbildung 20–3). Die durchschnittliche Zensur $\overline{Y}$ der Gruppe beträgt _________________. Die Standardabweichung der Zensurenverteilung s_Y beträgt _________________. 1,14 1,95

Diese Universität besitzt ein Benotungssystem, das 12 Zensuren vorsieht. Sie reichen von –4 bis 7. Jeder Zensur entspricht außerdem ein Buchstabe (von A+ bis D–). Z.B. entspricht der durchschnittlichen Zensur von 1,14 etwa der Buchstabe C+. Hohe Zensuren bedeuten gute Leistungen, niedrige Zensuren bedeuten schlechte Leistungen.

20–14 Die Zensur, die 1 s_Y oberhalb des Mittelwertes liegt, beträgt _________________. Die Zensur, die 2 s_Y oberhalb des Mittelwertes liegt, beträgt _________________. 3,09 5,04

20–15 Jede Voraussage über den Studienerfolg (Y) eines Anfängers beruht auf der Y-Verteilung der Studenten, die ihr Studium bereits abgeschlossen haben, und auf der Korrelation zwischen X und Y. Wenn die Korrelation Null (bzw. unbekannt) ist, dann sagen wir, daß die Abschlußzensur mit einer Wahrscheinlichkeit von 0,68 zwischen _________________ und _________________ liegt. Wir können aber ebensogut sagen, daß die Abschlußzensur mit einer Wahrscheinlichkeit von 0,95 zwischen _________________ und _________________ liegen wird. –0,81 ↔ +3,09 –2,76 ↔ +5,04

20–16 Diese Grenzen nennt man „Vertrauensgrenzen". Die Feststellung, „die Abschlußzensur wird zwischen –0,81 und +3,09 liegen", gibt die _________________-grenzen für das Vertrauensniveau 0,68 an. Wir können darauf vertrauen, daß die Voraussage in _________________ % der Fälle richtig ist. Vertrauens 68

20–17 Das Vertrauensniveau gibt die Wahrscheinlichkeit einer richtigen Voraussage an. Je höher man das Vertrauensniveau ansetzt, um so _________________ ist die Wahrscheinlichkeit einer richtigen Voraussage. Wenn wir voraussagen, daß die Abschlußzensur eines Studenten zwischen –2,76 und +5,04 liegen wird, so legen wir damit die Vertrauensgrenzen für das _________________-Vertrauensniveau, da die Wahrscheinlichkeit einer richtigen Voraussage in diesem Fall _________________ beträgt. größer 95% 0,95

20–18 Abbildung 20–1 zeigt die Vertrauensgrenzen für das 68%ige (punktierte Linien) und 95%ige (gestrichelte Linien) Vertrauensniveau, wenn die Korrelation zwischen X und Y gleich 0 ist. Die durchgezogene Gerade in Abbildung 20–1 ist die _________________ von Y auf X. Regressionsgerade

Abbildung 20–1: Vertrauensgrenzen für Voraussagen auf dem Vertrauensniveau 0,68 und 0,95 bei r = 0

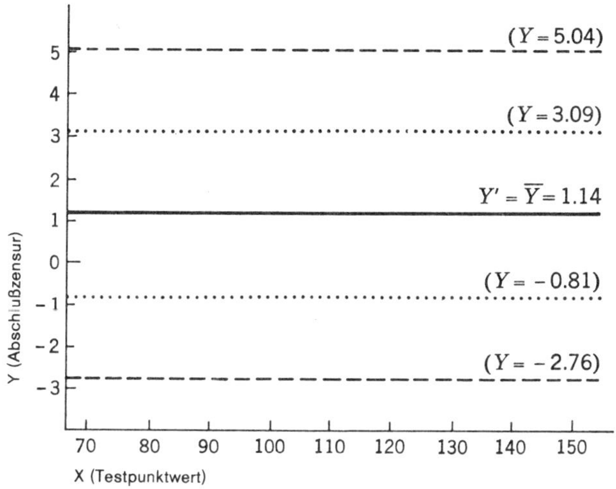

20–19 Die Vertrauensgrenzen für das 68%ige Vertrauensniveau werden durch die punktierten Linien auf der Höhe von $Y = 3{,}09$ und $Y = 0{,}81$ dargestellt. Für jeden beliebigen Studenten sagen wir damit einen Y-Wert Y' voraus, der auf der ______________-Geraden direkt oberhalb seines ______________ liegt. Die Wahrscheinlichkeit beträgt 0,68, daß sein tatsächlicher Y-Wert innerhalb des durch die gepunkteten Linien begrenzten Bereiches liegt.

Regressions
X-Wertes

20–20 Die gestrichelten Linien auf der Höhe von $Y = 5{,}04$ und $Y = -2{,}76$ sind die Vertrauens-______________ für das ______________ Vertrauensniveau. Die Wahrscheinlichkeit beträgt 0,95, daß der tatsächliche Y-Wert innerhalb des durch die gestrichelten Linien begrenzten Bereichs liegt.

Grenzen – 95%ige

20–21 Wenn wir in dieser Weise vorgehen, machen wir zwei *Annahmen:* Wir setzen erstens voraus, daß die Zensuren der neuen Studienanfänger (über die wir Voraussagen machen) gleich sein werden wie die Zensuren der Studenten der Stichprobe (aus der wir die Korrelation berechnet haben). Das heißt, daß beide Stichproben von Studenten – die früheren und die jetzigen – aus ______________ Population stammen.

derselben

20–22 Die zweite Annahme besagt, daß die Verteilung der *unbekannten* Y-Werte *normal* ist. Wir machen diese Annahme, damit wir die Multiplikatoren, mit denen wir s_y multiplizieren (die Zahl 1 für das 68%ige Vertrauensniveau und die Zahl 2 für das 95%ige Vertrauensniveau), aus der ______________ ablesen können.

z-Tabelle

20–23 Zur Bestimmung der Vertrauensgrenzen benutzen wir drei Informationen. Wir benutzen die Regressionsgerade von Y auf X, um den Wert Y als *Mittelpunkt* des Vertrauensbereichs zu bestimmen. Um die Breite des Bereichs festzulegen, benutzen wir einen z-Wert entsprechend dem Vertrauensniveau und multiplizieren ihn mit ________. s_y

---

Zusammenfassung

20–24 Bei der Voraussage eines Y-Wertes kann man die Wahrscheinlichkeit angeben, mit der die Voraussage falsch ist. Man sagt deshalb, der voraussichtliche Y-Wert liege innerhalb eines gewissen ________- Vertrauens-
Bereichs. Ist dieser Vertrauensbereich sehr breit, dann wird die Aussage mit ________ Wahrscheinlichkeit richtig sein. hoher

20–25 Dieses Verfahren setzt erstens voraus, daß die unbekannte Y-Verteilung ________ ist, und zweitens, daß Mittelwert und normal
Standardabweichung dieser Verteilung nicht signifikant von Mittelwert und Standardabweichung der bekannten ________-Verteilung verschieden sind. Y

Anmerkung: Eine Aussage über einen erwarteten Wert Y' auf der Basis eines beobachteten Wertes Y zu machen, ist ganz analog dem Vorgehen, eine Aussage über μ auf der Basis von $\bar{X}$ zu machen. In beiden Fällen entscheiden wir uns als erstes für ein angemessenes Vertrauensniveau, dann stellen wir fest, daß der Wert Y' (oder μ) vermutlich innerhalb bestimmter Vertrauensgrenzen vom Wert Y (oder $\bar{X}$) entfernt liegt. Die Vertrauensgrenzen basieren auf der Standardabweichung einer Verteilung von Y-Werten (oder $\bar{X}$-Werten); da der Multiplikator für die Standardabweichung gewöhnlich aus der z-Tabelle entnommen wird, müssen wir voraussetzen, daß die Verteilung der Y-Werte (oder der Stichprobenmittelwerte) annähernd normal ist.

C. Der Standardschätzfehler

20–26 Die Vertrauensgrenzen, die man bei der Voraussage festlegt, werden bestimmt, indem man s_Y mit einem bestimmten z-Wert multipliziert. s_Y ist die Standardabweichung der ________. Sie wird Y-Verteilung
jedoch *nur* dann zur Bestimmung der Vertrauensgrenzen herangezogen, wenn die Korrelation zwischen X und Y *Null* ist. Wir erwarten ja, daß mit einer höheren Korrelation der Vertrauensbereich immer enger wird, da die X-Werte die Y-Werte immer mehr determinieren. Wir wollen nun die Standardabweichung, die wir mit z multiplizieren müssen, um den Vertrauensbereich festzulegen, als den STANDARDSCHÄTZFEHLER (s_E) bezeichnen.

20–27 Die Standardabweichung, die wir bei der Aufstellung von Vertrauensgrenzen auf der Basis einer bestehenden Korrelation heranziehen, nennen wir den Standard-______________. Sobald $r = 0$, ist s_E gleich ______________. — Schätzfehler; s_Y

20–28 Ist r verschieden von 0, so ist s_E *kleiner* als s_Y. In diesem Fall ist der Abstand zwischen den Vertrauensgrenzen ______________, als wenn r gleich 0 ist. — kleiner

20–29 Ist r von 0 verschieden, so ist s_E ______________ als s_Y. Wir erwarten aber auch hier, daß 68 % der Y-Werte innerhalb von $\pm 1\ s_E$ vom Wert Y' entfernt liegen. — kleiner

20–30 Die Größe von s_E bestimmt man durch die folgende Formel:

$$s_E = s_Y \sqrt{1 - r^2}$$

Ist r von Null verschieden, dann ist $1 - r^2$ kleiner als 1, ebenso ist $\sqrt{1-r^2}$ kleiner als 1, so daß s_E ______________ als s_Y sein muß. — kleiner

Diese Formel sollte man sich merken, da sie für jeden Wert von r die Beziehung zwischen s_E zu s_Y angibt. Mit dieser Formel ist man stets in der Lage zu sagen, um wieviel eine Korrelation von bestimmter Größe die Genauigkeit der Vorhersage verbessert.

20–31 Wenn r gleich 0 ist, wird der Ausdruck $\sqrt{1-r^2}$ gleich __________, und s_E ist gleich ______________. Man sieht, der Standardschätzfehler ist gleich der Standardabweichung der ______________-Verteilung, wenn r gleich 0 ist. — 1; s_Y; Y

20–32 Wenn r größer wird (entweder in Richtung +1 oder in Richtung −1) wird der Ausdruck $1-r^2$ ______________, und auch der Ausdruck $\sqrt{1-r^2}$ wird kleiner. Der Wert s_E ______________ also, wenn r steigt. — kleiner; sinkt

20–33 Ist r gleich 1,00, so ist der Ausdruck $1-r^2$ gleich ______________ und der Wert s_E ist gleich ______________. In solch einem Fall kann man Y von X genau vorhersagen, und es bedarf keiner Angabe von Vertrauensgrenzen. Die Wahrscheinlichkeit, daß die Voraussage mit einem Fehler behaftet ist, ist gleich Null, da jeder X-Wert den entsprechenden Y-Wert vollständig determiniert. — 0; 0

20–34 Ist $r = 0{,}60$, so beträgt der Ausdruck $\sqrt{1-r^2}$ ______________. Ist $r = -0{,}60$, so ist der Wert s_E ebenfalls ______________ mal s_Y. — 0,8; 0,8

20–35 Das *Vorzeichen* des Korrelationskoeffizienten beeinflußt nicht die Größe von s_E, da das ______________ des Korrelationskoeffizienten in die Formel eingeht. — Quadrat

Zusammenfassung

20-36 Die Standardabweichung, auf die wir uns bei der Ermittlung von Vertrauensgrenzen beziehen, wenn Y von X vorausgesagt werden soll, nennt man den ______________ und bezeichnet man mit dem Symbol ______________. Standardschätzfehler s_E

20-37 Wenn r größer als Null ist, dann ist s_E stets ______________ als s_Y. Ist $r = +1$ oder $r = -1$, so ist s_E gleich ______________. kleiner 0

D. Standardschätzfehler und Vertrauensgrenzen

20-38 Die Bestimmung der Vertrauensgrenzen erfordert drei Schritte: Zunächst muß man sich ein Vertrauensniveau festlegen. Das konventionelle Signifikanzniveau ist das ______________ %-Niveau; auf diesem Niveau ist die Wahrscheinlichkeit einer *fehlerhaften* Aussage ______________. Das entsprechende Vertrauensniveau ist das ______________ %-Niveau. Die Wahrscheinlichkeit, mit der Voraussage *recht* zu behalten, beträgt ______________. 5 0,05 95 0,95

20-39 Der zweite Schritt besteht darin, den Wert Y' zu bestimmen, den Wert also, der den *Mittelpunkt* des Vertrauensintervalls angibt. Der Wert Y' für ein beliebiges Individuum ist der Y-Wert an jenem Punkt, an dem die Regressionsgerade von Y auf X eine auf seinem ______________-Wert errichtete Vertikale schneidet. Sind die Konstanten der Regressionsgleichung $Y' = mX + k$ bekannt, dann ist Y' durch Einsetzen des bekannten ______________-Wertes zu ermitteln. X X

20-40 Nehmen wir z.B. an, r ist $+0{,}80$. Für ein Individuum, dessen X-Wert gleich $\bar{X}$ ist, wird Y' gleich ______________ sein, da wir wissen, daß ein Individuum, das bezüglich der Variablen X am Mittelwert liegt, stets einen vorausgesagten ______________ Y-Wert erhält, gleichgültig, wie hoch die Korrelation zwischen X und Y ist. $\bar{Y}$ mittleren

20-41 Der dritte Schritt zur Bestimmung der Vertrauensgrenzen besteht darin, s_E zu bestimmen und dieses s_E mit der Zahl zu multiplizieren, die dem Vertrauensniveau entspricht. Für $r = +0{,}80$ ist s_E = ______________ $\times s_Y$. Der einem Vertrauensniveau von 0,95 entsprechende z-Wert ist etwa ______________, man erwartet dabei, daß 95% der Punktwerte innerhalb ± ______________ s_E vom Y'-Wert entfernt liegen. 0,6 2 2

20–42 Abbildung 20–2 veranschaulicht das genannte Beispiel. Die Korrelationsgraphik ist in *z-Einheiten* dargestellt, so daß $s_Y = s_X$ und deshalb $r = m$. D.h., die Korrelation ist gleich der Steigung der Regressionsgeraden. Für z-Einheiten gilt, daß $\bar{X} = 0$. Die Regressionsgerade kreuzt den Wert $z = 0$ an jenem Punkt, an dem z gleich ______________ ist; deshalb ist Y' für $\bar{X}$ gleich dem ______________ der Y-Verteilung. 0 – Mittelwert

Abbildung 20–2: Regressionsgerade und Vertrauensgrenzen für $r = +0{,}80$ (wobei X und Y in z-Einheiten dargestellt sind)

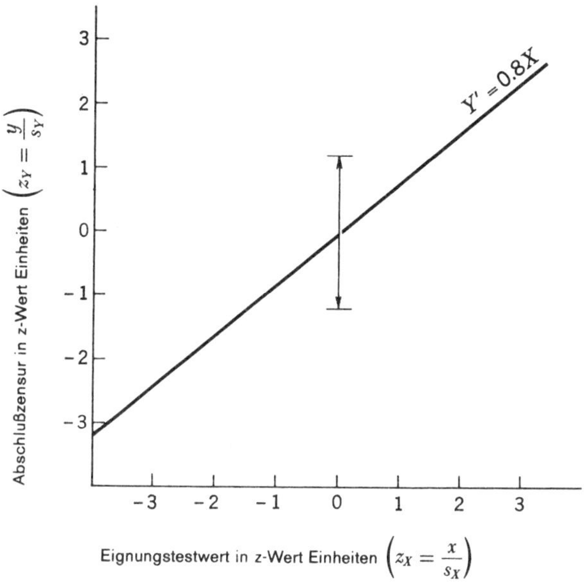

20–43 Da in unserem Beispiel s_E gleich $0{,}6\, s_Y$ ist, liegt die *obere* Vertrauensgrenze für das 95 %-Niveau bei Y' *plus* ______________ s_Y, 1,2
die *untere* Vertrauensgrenze liegt bei Y' ______________. Der zweiseitige Pfeil zeigt die Breite dieses Vertrauensbereichs. minus 1,2 s y

20–44 Unser 95 %-Vertrauensbereich ist also gegeben durch $Y' \pm 1{,}2\, s_Y$. Wäre $r = 0$, so wäre der Vertrauensbereich für dasselbe Vertrauensniveau gleich $Y' \pm$ ______________. 2 s y

20–45 $1{,}2\, s_Y$ ist zu $2\, s_Y$ wie 0,6 zu 1. Der Vertrauensbereich ist bei einem Korrelationskoeffizienten von $r = +0{,}80$ also nur 0,6mal so groß wie das entsprechende Vertrauensintervall bei einem $r = 0$. Durch den Korrelationskoeffizienten dieser Größe haben wir den Voraussagefehler um ______________ % verringert. 40

20–46 Angenommen, wir machen eine Voraussage für eine Versuchsperson, deren X-Wert 2,5 Standardabweichungen *oberhalb des Mittelwertes* liegt. Nehmen wir weiterhin an, daß die X- und die Y-Verteilung in z-Einheiten gegeben sind und daß zwischen X und Y eine Korrelation von $r = +0{,}80$ besteht. Die Regressionsgleichung ist dann $Y' =$ ______________ X. Für unsere Versuchsperson beträgt 0,8
$Y' =$ ______________. 2,0

20–47 Der Vertrauensbereich auf dem 95%-Vertrauensniveau läßt sich für diesen Fall wie folgt bezeichnen: ______________. Wir sagen deshalb voraus, daß der Y-Wert dieser Versuchsperson zwischen ______________ s_Y unterhalb des Mittelwertes der Y-Verteilung und ______________ s_Y oberhalb des Mittelwertes zu liegen kommt.

$Y' \pm 1{,}2\, s_Y$ (oder $Y' \pm 1{,}2$)
0,8
3,2

Zusammenfassung

20–48 Der erste Schritt in der Festlegung von Vertrauensgrenzen besteht darin, sich auf das ______________ zu einigen. Der zweite Schritt besteht darin, aus der Kenntnis der Regressionsgleichung ______________ zu bestimmen.

Vertrauensniveau (oder Signifikanzniveau)
Y'

20–49 Mit dem dritten Schritt müssen wir ______________ berechnen, und zwar aus der Kenntnis von r und s_Y. Die Formel, nach der wir s_E berechnen, heißt ______________.

s_E
$s_E = s_Y \sqrt{1 - r^2}$

E. Korrelation und Fehlerreduktion

20–50 Da $s_E = s_Y \sqrt{1-r^2}$, können wir auch schreiben: $s_E/s_Y = \sqrt{1-r^2}$. Bei einem r von $+0{,}80$, ist s_E/s_Y gleich ______________. Multiplizieren wir diese Zahl mit 100, so läßt sich sagen, daß s_E ______________% von s_Y beträgt.

0,6
60

20–51 Ist r gleich 0, dann beträgt s_E 100% von s_Y. Vergleichen wir $r = 0$ und $r = +0{,}80$, so stellen wir fest, daß sich die Größe von s_E von 100% auf 60% reduziert. Wir können auch sagen, s_E habe sich um ______________% verringert. 40

20–52 Für jeden beliebigen Wert von r gibt die Größe $100\% \times \sqrt{1-r^2}$ an, wie groß das prozentuale Verhältnis von s_E zu ______________ ist. Subtrahieren wir diese Größe von 100, dann erhalten wir den Wert, um den sich ______________ verringert, wenn man statt einer Korrelation von Null eine Korrelation von r zur Verfügung hat.

s_Y
s_E

20–53 Angenommen, r ist gleich +0,60. Die Größe $100\,\% \times \sqrt{1-r^2}$ ist dann gleich ______________; deshalb ist s_E ______________ % von s_Y. 80 - 80

20–54 Bei einem $r = +0{,}60$ ist die Größe $100 - (100\,\% \times \sqrt{1-r^2})$ gleich ______________. Ein r von +0,60 reduziert also s_E um ______________ %. 20 - 20

20–55 Tabelle 20–1 enthält die Werte von $\sqrt{1-r}$ für sechs verschiedene Werte von r. Bestimmen Sie die prozentuale Fehlerreduktion für die leeren Stellen. Sie werden bemerken, daß *es relativ hoher Korrelationen bedarf, um eine deutliche Reduktion von s_E zu erzielen.*

Tabelle 20–1:

r	$\sqrt{1-r^2}$	*Prozentzahlen der Reduktion von s_E (im Vergleich zu $r = 0$)*	
1,0	0	100	
0,8	0,6	40	
0,6	0,8	___	20
0,5	0,87	___	13
0,4	0,92	___	8
0,3	0,95	___	5

20–56 So bedarf es eines Korrelationskoeffizienten von ______________, um den Schätzfehler s_E um 40 % zu reduzieren. Eine Korrelation von 0,30 reduziert s_E nur um ______________ %. 0,8 5

20–57 Viele der Korrelationskoeffizienten, mit denen es die Psychologie und die Sozialwissenschaften zu tun haben, sind relativ niedrig. Korrelationen von 0,30 sind sehr häufig, und die Korrelation zwischen Eignungstests und der Abschlußzensur beträgt etwa 0,50. Eine Korrelation von 0,50 erlaubt uns Voraussagen, bei denen s_E um ______________ % *kleiner* ist als es sein würde, wenn $r = 0$ wäre. 13

Zusammenfassung

20–58 Die Höhe des Korrelationskoeffizienten bestimmt das Ausmaß, in dem der Standardschätzfehler ______________ verringert wird. Die Reduktion von s_E bewirkt, daß der Abstand zwischen den Vertrauensgrenzen ______________ wird, und daß die Genauigkeit der Voraussage ______________ wird. s_E kleiner erhöht

20-59 Das prozentuale Verhältnis von s_E zu s_Y berechnet man nach der Formel ______. Den Betrag, um den s_Y dadurch prozentual verringert wird, berechnet man nach der Formel ______.

$100 \times \sqrt{1 - r^2}$

$100 - (100 \times \sqrt{1 - r^2})$

20-60 Ist r gleich 0,80, so wird s_E um ______ % reduziert. Ist r gleich 0,30, so wird s_E nur um ______ % reduziert.

40

5

Aufgaben zu Kapitel 20

20–1 Die Standardabweichung einer bestimmten Y-Verteilung beträgt 10. Wie groß ist der Standardschätzfehler von Y, wenn die Korrelation zwischen X und Y unbekannt ist? Wie groß ist der Standardschätzfehler von Y, wenn die Korrelation +0,714 beträgt? Um wieviel wurde der Standardschätzfehler durch die Kenntnis der Korrelation zwischen X und Y reduziert?

20–2 Die Korrelation zwischen den Abschlußzensuren und dem Eignungstest variieren in unserem Beispiel je nach Jahrgang zwischen 0,45 und 0,55. Um wieviel wird der Fehler der Zensurenvoraussage reduziert, wenn man auf der Basis des Eignungstests und einer Korrelation von $r = 0{,}55$ die Abschlußzensur voraussagt?

20–3 Wie hoch muß eine Korrelation zwischen X und Y sein, damit der Standardschätzfehler um 40 % verringert wird? Muß diese Korrelation positiv sein?

20–4 Angenommen, die Regressionsgleichung von den Ausgaben für Unterhaltung auf das väterliche Einkommen ist bei Studenten $Y' = 0{,}00125\,X + 5$, wobei X das Einkommen und Y die Ausgaben für Unterhaltung darstellen. Welchen durchschnittlichen monatlichen Unterhaltungsaufwand können Sie für einen Studenten voraussagen, dessen Vater ein Einkommen von DM 10000,– pro Jahr besitzt? Welches sind die 95 %igen Vertrauensgrenzen, wenn s_Y = DM 5,– und $r = 0{,}75$ sind?

Kapitel 21: Der Korrelationskoeffizient interpretiert als Varianzanteil – I

Im Zusammenhang mit jeder beliebigen variierende Größe, wie es z.B. Universitätszensuren darstellen, ergibt sich die Frage nach den Quellen oder Ursachen dieser Variation. Variiert z.B. die Abschlußzensur bei Studenten nur aufgrund der unterschiedlichen Eignung für das Studium? Wahrscheinlich ist dies nicht der Fall. Nun kann der Korrelationskoeffizient als Maß für den *Anteil*, in dem die Variation der Abschlußzensur mit der Variation der Studieneignung zusammenhängt, verstanden werden. Der Korrelationskoeffizient wird verstanden als ein Maß, in dem eine Variable X zur Variation einer anderen Variablen Y beiträgt.

Wir werden sehen, daß der Korrelationskoeffizient eine numerische Antwort auf eine Frage gibt, die sich in verschiedener Weise stellen läßt, nämlich: Wieviel *Information* über Y ist in X enthalten?

Oder: Wie gut läßt sich Y vorhersagen, wenn X bekannt ist?

Oder: Wieviel trägt die Variation in X zur Variation in Y bei?

Oder: Wie gut läßt sich Y als eine lineare Funktion von X darstellen?

Die beiden ersten Formulierungen der Frage wurden bereits in Kapitel 20 beantwortet. Die beiden letzten Formulierungen der Frage erfordern jedoch, daß man den Korrelationskoeffizienten als Maß für die gemeinsame Varianz zweier Variablen betrachtet.

Das Konzept der Varianz ist nicht schwierig zu verstehen. Wir werden es an einem Beispiel demonstrieren. Dieses Beispiel kennen wir bereits aus Kapitel 20.

Wir erinnern uns, daß die Beobachtungen in dem Beispiel von 228 Studenten einer Universität stammen. Alle diese Studenten haben einen Eignungstest gemacht, und unsere Darstellung zeigte, wie die Punktwerte in diesem Eignungstest mit den Abschlußzensuren korrelieren.

A. Beschreibung eines Korrelationsdiagramms

21–1 Im Korrelationsdiagramm der Abbildung 20–3 auf Seite 380 ist die entlang der Y-Achse abgetragene Variable die ______________. Abschlußzensur
Diese Variable wollen wir voraussagen. Die Variable entlang der X-Achse ist die Eignung. Wie in Kapitel 8 bezeichnen wir die Rohwerte der X-Verteilung mit dem Großbuchstaben X und die Rohwerte der Y-Verteilung mit dem Großbuchstaben Y.

21-2 Das Klassenintervall der Y-Variablen beträgt ________ 0,5
Punkte. Das Klassenintervall der X-Variablen beträgt ________ 5
Testpunktwerte.

21-3 Die Zahlen, die in der ersten Spalte in Klammern stehen, sind die ________ der Y-Klassen. So hat die höchste Y-Klasse einen Mittelpunkte
Mittelpunkt von ________. Die niedrigste Y-Klasse hat einen 4,75
Mittelpunkt von ________. -3,75

21-4 Die Zahlen, die wir in der ersten Spalte unter $X = 70$ bis 74 finden, enthalten diejenigen Studenten, deren Testpunktwerte von ________ bis ________ betragen. Einer dieser Studen- 70 - 74
ten hat eine relativ hohe Abschlußzensur. Sie liegt im Intervall mit dem Mittelpunkt ________. Die niedrigste Zensur dieser Spalte liegt 2,75
im Intervall mit dem Mittelpunkt von ________. -2,75

21-5 Insgesamt liegen in dieser Spalte ________ Studenten. 5
Diese Zahl ($n = 5$) steht in der ________ Zeile der Tabelle. Die letzten
Zahl der Studenten, die Punktwerte von 75 bis 79 erreichen, beträgt ________. Die Zahl der Studenten, die 110 bis 114 Testpunkt- 3
werte erreichen, beträgt ________. 28

21-6 Die Zahl der Studenten nun, die Abschlußzensuren von 4,51 bis 5,0 erhielten, beträgt ________. Dieses $n = 14$ findet man in der 14
letzten Spalte. Wie viele der Studenten in dieser Zeile haben Punktwerte von 135 bis 139 erreicht? ________. 4

21-7 Die Zahl der Studenten mit Abschlußzensuren von 0 bis −0,50 beträgt ________. Die Zahl der Studenten mit Abschlußzen- 28
suren von 2,01 bis 2,50, die *gleichzeitig* Testpunktwerte von 115 bis 119 erreicht haben, beträgt ________. 3

21-8 Die Gesamtzahl der Studenten, deren Punktwerte in der Tabelle verzeichnet sind, beträgt ________. Diese Zahl befindet sich in 228
der rechten unteren Ecke. Man erhält sie entweder durch Addition aller darüberstehenden Zahlen oder durch Addition aller links stehenden Zahlen.

21-9 Am oberen rechten Ende der Seite außerhalb des Korrelationsdiagramms befinden sich die Mittelwerte und Standardabweichungen der beiden Variablen. Der Mittelwert der Zensuren aller Studenten beträgt ________ mit einer Standardabweichung von ________. 1,14 - 1,95
Wir wollen $\bar{Y}$, also den Mittelwert aller $\bar{Y}$-Werte, als den GESAMTMITTELWERT bezeichnen.

21-10 Die Zahl ganz rechts oben zeigt, daß die Korrelation zwischen den beiden Variablen ________ beträgt. Beachten Sie, daß der 0,45

Trend der Punktwerte von ______________ nach ______________ geht. D. h., die Korrelation ist ______________. — unten - oben; positiv

21-11 Wie im Korrelationsdiagramm der Abbildung 18-2 kann auch hier jede Zeile des Diagramms als eine Häufigkeitsverteilung der ______________-Werte all jener Studenten aufgefaßt werden, die dieselbe ______________ aufweisen. Jede dieser Verteilungen hat ihr eigenes n, ihren eigenen Mittelwert und ihre eigene Standardabweichung. Wir wollen diese Mittelwerte mit dem Symbol M_z bezeichnen (für „Mittelwerte der Zeilen"). — Eignungstest (X-); Abschlußzensur

21-12 Jede Spalte des Diagramms kann ebenfalls als eine Häufigkeitsverteilung (von Abschlußzensuren all jener Studenten, die denselben ______________ aufweisen) aufgefaßt werden. Die Mittelwerte dieser Verteilungen wollen wir mit M_s bezeichnen (für „Mittelwerte der ______________"). — Eignungstestwert; Spalten

---

Zusammenfassung

21-13 Die Variable, die man voraussagen will, wird entlang der ______________-Achse abgetragen. Dagegen wird die Variable, von der Voraussagen gemacht werden sollen, entlang der ______________-Achse abgetragen. — Y; X

21-14 Das Symbol $\overline{Y}$ bezeichnet den Mittelwert der ______________-Verteilung. Ihn nennen wir den Gesamtmittelwert von Y. Das Symbol M_s steht für die ______________ der ______________. Jeder von diesen ist der Mittelwert von Werten der ______________-Variablen, die von Studenten mit ungefähr gleichem Wert auf der ______________-Variablen gebildet werden. — Y; Mittelwerte - Spalten; Y; X

B. Die Varianz als ein Maß für die Variabilität

Die Tabellen 21-1 und 21-2, die wir in diesem und in dem nächsten Kapitel benutzen, finden Sie ebenfalls hinten im Buch auf Seite 382.

21-15 In Tabelle 21-1 ist die Berechnung von s_y im einzelnen ausgeführt. Die zweite Spalte zeigt die Häufigkeit n_z für jede Y-Klasse. Die Zahlen in dieser Spalte wurden der letzten Spalte des Korrelationsdiagramms entnommen. Die nächste Spalte zeigt die ______________-Werte (y). — Abweichungs

21-16 Die vierte Spalte in Tabelle 21–1 zeigt die ______________ der Abweichungswerte (y^2). | Quadrate

21-17 Die letzte Spalte schließlich enthält für jede *Y*-Klasse die Produkte aus ______________ und ______________. Werden diese Produkte addiert, so erhalten wir die ______________ der ______________ Abweichungswerte der *Y*-Verteilung. Diese Summe beträgt ______________. | $n_z \leftrightarrow y^2$ | Summe – quadrierten | 868,64

21-18 Die Summe der quadrierten Abweichungen ist Σy^2. Wird diese Größe durch $N = 228$ dividiert, so erhalten wir die ______________ s_y^2 der *Y*-Verteilung. | Varianz

21-19 Die Varianz ist das Quadrat der ______________. | Standardabweichung

21-20 Die Varianz der *Y*-Verteilung hat den Wert ______________. Die Standardabweichung beträgt ______________. In den Kapiteln 21 und 22 werden wir fast ausschließlich von der Varianz s_y^2 Gebrauch machen. | 3,81 | 1,95

21-21 Die Varianz und die Standardabweichung sind beides Maße für die ______________ der Punktwerte. Die Varianz hat jedoch gegenüber der Standardabweichung den Vorteil, daß sie leichter zu interpretieren ist. Die Varianz läßt sich in Teile zerlegen, die sich ihrerseits zur Gesamtvarianz aufsummieren lassen. Dies ist bei der Standardabweichung nicht möglich. | Streuung (Variation)

21-22 Wir wollen im nächsten Kapitel die *Faktoren*, die *zusammenwirkend* die Variation in den Zensuren verursachen, voneinander trennen. Deshalb gliedern wir die Varianz in Komponenten auf, und zwar so, daß sie additiv zur Gesamtvariation beitragen. Da die Varianz in mehrere additive Komponenten geteilt werden kann, nicht aber die Standardabweichung, benützen wir die ______________ als Maß für die Variabilität. | Varianz

---

Zusammenfassung

21-23 Die Standardabweichung ist die Quadratwurzel aus der Varianz. Standardabweichung und Varianz sind Maße für die Streuung. Soll aber ein Variabilitätsmaß in additive Komponenten zerlegt werden, dann ist die ______________ der Standardabweichung vorzuziehen. | Varianz

21-24 Die Standardabweichung ist die Wurzel aus dem mittleren Abweichungsquadrat, also der Varianz. Die Varianz ist nämlich der ______________ der ______________ Abweichungswerte. | Mittelwert | quadrierten

---

C. Die Regressionsgerade

21–25 Besteht zwischen Zensuren und Eignungstestwerten eine positive Korrelation, dann erhalten Studenten mit niedrigen Testwerten eher __________ Zensuren als Studenten mit hohen Testwerten. niedrigere

21–26 Jede Spalte der Abbildung 20–3 auf Seite 380 enthält die Anzahl der Studenten mit Punktwerten innerhalb einer bestimmten __________-Klasse. Da die Korrelation positiv ist, ist zu erwarten, daß die Abschlußzensuren mit Mittel links __________ sind als rechts. D.h., die Spaltenmittelwerte werden von links nach rechts __________. X niedriger größer

21–27 Abbildung 21–1, die sich nach Abbildung 20–3 auf Seite 381 befindet, stellt die Spaltenmittelwerte als Punkte dar. Der Trend der Punkte entspricht einer positiven linearen Korrelation. Die Punkte lassen sich durch eine __________ beschreiben. Diese Gerade geht vom unteren __________ bis zum oberen __________ Ende. Gerade linken – rechten

21–28 Jene Gerade, die sich den Zensuren nach dem Prinzip der kleinsten Quadrate am besten annähert, nennt man die __________-gerade von Y auf X. Die *Steigung* dieser Gerade beträgt $r(s_y/s_x)$. Sie hat in unserem Fall einen Wert von __________. Regressions 0,05

21–29 In der Regressionsgleichung $Y' = m \cdot X + k$ stellt m die __________ dar. Da die Regressionsgerade durch die __________ beider Verteilungen geht ($\overline{X} = 117$ und $\overline{Y} = 1{,}14$), muß die Gleichung der Regressionsgeraden für $X = 117$ und $Y' = 1{,}14$ gelten. Setzen wir für X, Y und m die entsprechenden Werte ein, so ergibt sich aus der obigen Gleichung für die Größe k der Ausdruck $1{,}14 - 0{,}05 \cdot 117$. k als der Y-Achsenabschnitt hat somit einen Wert von __________. Steigung Mittelwerte –4,7

21–30 Die Regressionsgleichung von Y auf X für $m = 0{,}05$, und $k = -4{,}7$ lautet dann: $Y' =$ __________. $0{,}05 \cdot X - 4{,}7$

21–31 Beträgt $X = 100$, dann muß (durch Einsetzen der entsprechenden Werte) $Y' =$ __________ betragen. Suchen Sie in Abbildung 21–1 auf Seite 381 diesen Punkt auf und überzeugen Sie sich, daß er auf der Regressionsgeraden liegt! +0,30

21–32 Würde die Regressionsgerade in Abbildung 21–1 ebenso aussehen, wenn r gleich $+1{,}00$ wäre? Die Steigung würde in diesem Fall gleich $1 \cdot (s_y/s_x)$, sein, d.h., sie würde den Wert __________ und nicht den Wert 0,05 besitzen, und dadurch ungefähr doppelt so groß sein. 0,11

21-33 Wäre r gleich + 1,00, dann müßten alle Werte genau auf der ________________ liegen. Dagegen streuen die Werte in Abbildung 20–3 und auch die Spaltenmittelwerte in Abbildung 21–1 um die Regressionsgerade. Regressionsgeraden

21-34 Wäre hingegen r gleich 0,00, dann wäre die Steigung der Regressionsgeraden gleich ________________. Die Abweichungen der Werte von der Regressionsgeraden würden dann den Abweichungen der Werte vom Gesamtmittelwert entsprechen. Null

---

Zusammenfassung

21-35 Um die Regression von Y auf X zu untersuchen, stellen wir die Mittelwerte der Y-Werte in den verschiedenen ________________-Klassen den Klassenmittelpunkten von X gegenüber. Besteht eine positive Korrelation, so zeigt sich ein Trend derart, daß die Mittelwerte in dem Maße, in dem X wächst, ________________ werden. X; größer

21-36 Die Regressionsgleichung von Y auf X besitzt die allgemeine Form Y'= ________________. Um die Konstanten ________________ und ________________ zu bestimmen, müssen wir folgende fünf Kennwerte zur Verfügung haben: ________________. $mX+k$ – m ↔ k; $r, s_Y, s_X, \overline{Y}, \overline{X}$.

D. Anwendung der Vorhersageregeln

In den Kapiteln 19 und 20 haben wir bestimmte Regeln zur Vorhersage von Y besprochen. Diese Regeln sind etwa dann anwendbar, wenn man vorhersagen will, welche Zensur ein Student mit einem bestimmten Eignungstestwert zu erwarten hat. Nunmehr wollen wir diese Regeln an einem Beispiel anwenden.

21-37 Angenommen, Sie sollen die Abschlußzensur eines jeden der 228 Erstsemester *schätzen*. Sie haben dazu lediglich zwei Informationen, nämlich den Gesamtmittelwert $\overline{Y}$ und die einzelnen Eignungstestwerte, je einen für jeden Studienanfänger. Da Sie keinerlei Information über eine etwa bestehende Korrelation besitzen, ist Ihre beste Schätzung für *jeden* Studenten – gleich, welchen Eignungstestwert er besitzt – der Wert ________________. $\overline{Y}$ (oder 1,14)

21-38 Betrachten wir einen der drei Studenten, deren Testwerte von 140 bis 144 reichen und deren Abschlußzensur 4,75 beträgt. Um wieviel hätten wir uns im obigen Fall bei diesem Studenten verschätzt? Die Differenz zwischen unserer Schätzung Y' und der tatsächlichen Zensur beträgt ______________. 3,61 (4,75 − 1,14)

21–39 Dieser Unterschied entspricht dem Abweichungswert dieses Studenten, da es sich um die Differenz zwischen seiner Zensur und dem ______________ -Mittelwert handelt. Gesamt- (Y-)

21–40 Betrachten wir einen anderen Studenten, und zwar einen Studenten, dessen Testwert zwischen 135 und 139 liegt und dessen Abschlußzensur etwa 0,75 beträgt. Die Differenz zwischen der tatsächlichen Zensur und der Schätzung ohne Kenntnis der Korrelation beträgt ______________. Dieser Abweichungswert hat ein ______________ Vorzeichen, weil der Wert für die geschätzte Zensur ______________ ist als für die tatsächliche Zensur. − 0,39 – negatives größer

21–41 Die Differenzen, die wir eben besprochen haben, sind in Abbildung 21–1 auf Seite 381 durch zwei *ausgezogene Pfeile* bezeichnet. Diese Differenzen entsprechen den Abweichungswerten $y = Y_i - \bar{Y}$ der beiden Studenten. Der nach unten zeigende Pfeil entspricht dem Abweichungswert mit einem ______________ Vorzeichen, und der nach oben zeigende Pfeil entspricht einem Abweichungswert mit einem ______________ Vorzeichen. Solche Pfeile könnte man für den y-Wert *eines jeden* der 228 Studenten zeichnen. positiven negativen

21–42 Angenommen, wir gehen nun nicht vom Mittelwert der Y-Verteilung aus, sondern für jede Spalte vom entsprechenden Wert R_s der Regressionsgeraden. Damit sind wir in der Lage, unsere Schätzungen besser den tatsächlichen Zensuren anzunähern. Statt für jeden Studenten den Gesamtmittelwert $\bar{Y}$ zu schätzen, geben wir den Wert der ______________ jener X-Klasse an, in die der Eignungstestwert des betreffenden Studenten fällt. Regressionsgeraden

21–43 Hierbei schätzen wir für jeden Studenten einer X-Klasse den gleichen Wert, aber wir wissen nunmehr, *zu welcher der 16 verschiedenen Y-Verteilungen* der betreffende Student gehört. Und die Werte der Regressionsgeraden werden sich um so mehr voneinander unterscheiden, je ______________ die Korrelation ist. höher

21–44 In Tabelle 21–2 auf Seite 382 sind die Werte der Regressionsgeraden für jede X-Klasse in der Spalte R_s aufgeführt. Wenn die Korrelation und damit die Regressionsgerade bekannt ist, dann schätzen wir für jeden Studenten, der einen Eignungstestwert zwischen 140 und 144 hat, eine Zensur von 2,39 (anstatt von 1,14). Natürlich werden wir mit dieser Schätzung die tatsächliche Zensur nicht genau treffen, aber der

Fehler ist kleiner als bei der Schätzung nach dem Gesamtmittelwert. Für jenen Studenten, dessen Abschlußzensur ungefähr 4,75 beträgt, ist der Fehler gleich ______________. Die Differenz $Y_i - R_s$ ist positiv, da wir den tatsächlichen Wert *unterschätzt* haben. Hätten wir den Gesamtmittelwert als Schätzung verwandt, dann wäre die Differenz zwischen tatsächlichem und vorhergesagtem Wert gleich ______________ und damit ______________ als bei Verwendung der Regressionsgeraden gewesen.

2,36(4,75−2,39)
3,61
größer

21–45 Betrachten wir einen Studenten mit einem Testwert zwischen 135 und 139 und einer Zensur von etwa 0,75. Für diesen Studenten ist die geschätzte Zensur 2,14. Der Wert $Y_i - R_s$ ist gleich ______________. Dessen Vorzeichen ist ______________, da wir den tatsächlichen Wert *überschätzt* haben. Hätten wir den Gesamtmittelwert als Schätzung verwandt, dann wäre die Differenz zwischen tatsächlichem und vorhergesagtem Wert gleich ______________ und damit ______________ als bei Verwendung der Regressionsgeraden gewesen.

−1,39
negativ
−0,39 kleiner

21–46 Das heißt: Die Abweichungen $Y_i - R_s$ brauchen nicht in *jedem* Falle kleiner zu sein als die Abweichungen $Y_i - \bar{Y}$. Jedoch wird die Summe der quadrierten Abweichungen, $\Sigma\,(Y_i - R_s)^2$, immer dann kleiner sein als die Summe der quadrierten Abweichungen vom Gesamtmittelwert, $\Sigma(Y_i - \bar{Y})^2$, wenn die Korrelation verschieden von ______________ ist, wenn also die Regressionsgerade nicht waagrecht verläuft.

Null

21–47 Die *punktierten Pfeile* in Abbildung 21–1 zeigen die Unterschiede zwischen diesen zweiten Schätzungen und den tatsächlichen Zensuren an. Der nach unten zeigende Pfeil entspricht einem Abweichungswert mit einem ______________ Vorzeichen, der nach oben zeigende Pfeil entspricht einem Abweichungswert mit einem ______________ Vorzeichen.

positiven
negativen

21–48 Die punktierten Pfeile lassen sich als Abweichungswerte verstehen. Diese Abweichungswerte unterscheiden sich allerdings von den Abweichungswerten der ausgezogenen Pfeile. Die ausgezogenen Pfeile entsprechen den Abweichungen $y =$ ______________. Die punktierten Pfeile hingegen stellen die Abweichungen der Y-Werte von den Werten der ______________ dar.

$Y_i - \bar{Y}$
Regressionsgeraden

21–49 Die Abweichungen $Y_i - \bar{Y}$ sind *Abweichungen der Werte vom* ______________*-mittelwert.* Die Abweichungen $Y_i - R_s$ sind *Abweichungen der Werte von der* ______________*-geraden.*

Gesamt
Regressionsgeraden

21–50 Wenn man den Korrelationskoeffizienten kennt, so wird man zu seiner Voraussage nicht den Gesamtmittelwert heranziehen, sondern man wird Y' als jenen Punkt auf der ______________ voraussagen, an dem diese den Eignungstestwert des betreffenden Studenten schneidet. Dieses Verfahren ist genauer als die Voraussage nach dem Gesamtmittelwert. Regressionsgeraden

---

Zusammenfassung

21–51 Ist der Korrelationskoeffizient nicht bekannt, so muß als beste Voraussage für jeden Studenten der ______________ der Y-Werte genommen werden. Die Differenz zwischen der Voraussage und der tattatsächlich erzielten Zensur eines Studenten ist gleich dem Abweichungswert ______________ für diesen Studenten.

Mittelwert

$Y_i-\bar{Y}$

21–52 Kennt man hingegen die Korrelation zwischen Eignung und Zensur, so kann man für jeden Studenten den Wert der ______________ jener X-Klasse vorhersagen, in die sein ______________-Testwert fällt. Die Differenz zwischen der Voraussage und der tatsächlichen Abschlußzensur ist der Abweichungswert ______________. Er entspricht der Abweichung der Zensur von der ______________.

Regressionsgeraden

Eignungs

Y_i-R_s

Regressionsgeraden

E. Die Genauigkeit der Schätzung auf der Basis von R_s und $\bar{Y}$

21–53 Bisher ist klar geworden, daß unsere Schätzung *genauer* ist, wenn wir die Werte der Regressionsgeraden für jede Spalte kennen. Betrachten wir hierzu die Spalte der Punktwerte 80–84 der Abbildung 20–3 von Seite 380. In dieser Spalte befinden sich 6 Zensuren. Unter diesen 6 Zensuren gibt es eine, die sich eindeutig näher am Gesamtmittelwert 1,14 befindet als am Wert der Regressionsgeraden, –0,61. Für diese Zensur wäre der Gesamtmittelwert eine bessere Vorhersage als der Wert der ______________.

Regressionsgeraden

21–54 Für alle anderen fünf Werte ist jedoch der Wert der Regressionsgeraden die ______________ Schätzung für die tatsächliche Zensur als der ______________.

bessere

Gesamtmittelwert

21–55 Wir können die Abweichung Y_i-R_s für alle 228 Fälle bestimmen. Wir können die Quadrate $(Y_i-R_s)^2$ bilden und für alle 228 Fälle aufsummieren: $\Sigma\,(Y_i-R_s)^2$. Wir erhalten dann eine *Quadratsumme*, von der wir wissen, daß sie bei Verwendung aller möglichen Geraden die ______________ ist.

kleinste

21–56 Denn die Regressionsgerade wurde als jene Gerade definiert, für die die Summe der quadrierten Abweichungen so __________ wie möglich ist. Das heißt, für jede andere Gerade ist die Summe der quadrierten Abweichungen der Zensuren vom jeweiligen Spaltenwert der Geraden __________. Ist die Korrelation verschieden von Null, so ist diese Quadratsumme __________ als die Quadratsumme $\Sigma(Y_i - \bar{Y})^2$. Ist die Korrelation Null, dann sind beide Quadratsummen __________.

klein
größer
kleiner
gleich

21–57 Die Tabelle 21–1 enthält in ihrer dritten Spalte die Abweichungen $Y_i - \bar{Y}$. Die Quadrate dieser Abweichungen befinden sich in der vierten Spalte der Tafel, und die Summe der __________ am Fuße der fünften Spalte. Diese Tabelle wurde bereits in Abschnitt B besprochen, da sie die Berechnung der zwei Variabilitätsmaße der Verteilung darstellt. Diese Maße sind __________ und __________.

quadrierten Abweichungen
s_y s_y^2

21–58 Die Summe der quadrierten Abweichungswerte, Σy_i^2, ergibt, durch N dividiert, die __________ der Y-Verteilung. Ihre Quadratwurzel wird mit dem Symbol __________ bezeichnet. s_y ist immer dann gleich dem Wert s_E, wenn r gleich 0 ist oder wenn die Korrelation nicht bekannt ist und daher zur Vorhersage nicht benutzt werden kann.

Varianz
s_y

21–59 Um nun die Summe der quadrierten Abweichungen der Zensuren von den Werten der Regressionsgeraden, $\Sigma(Y_i - R_s)^2$, zu berechnen, betrachten wir Tabelle 21–2 auf Seite 382. In der letzten Spalte ist $\Sigma(Y_i - R_s)^2$ für jede Spalte des Korrelationsdiagramms angegeben. Jede Spalte enthält mehrere Y-Werte. Die erste Zahl dieser Spalte, nämlich 17,87, ist also die __________ der __________ der fünf Abschlußzensuren der Klasse 70–74 von dem Wert der Regressionsgeraden, __________.

Summe – quadrierten Abweichungen
–1,11

21–60 Addieren wir alle diese Summen der letzten Spalte in Tabelle 21–2, dann erhalten wir die gesamte *Quadratsumme* der Abweichungen aller 228 mittleren Zensuren *von der Regressionsgeraden.* Diese Summe ist ein Maß für den Fehler, den wir machen, wenn wir die Zensuren auf der Basis der Regressionsgeraden vorhersagen. Ist die Regressionsgerade eine bessere Grundlage für die Schätzung als der Gesamtmittelwert, dann muß diese Quadratsumme __________ sein als die Quadratsumme der Abweichungen vom Gesamtmittelwert.

kleiner

21–61 Die Quadratsumme, die man vom Gesamtmittelwert erhält, beträgt 868,64. Die __________, die man von den Werten der Regressionsgeraden erhält, beträgt, 694,6. Daraus folgt, daß die Schätzung genauer ist, wenn man von der __________ ausgeht.

Quadratsumme
Regressionsgeraden

21-62 Die Summe der quadrierten Abweichungen, $\Sigma(Y_i - R_s)^2$, kann dazu benutzt werden, die Varianz der tatsächlichen Werte um die Regressionsgerade zu bestimmen. Um die Varianz zu erhalten, brauchen wir die Quadratsumme nur durch ______________ dividieren. Man erhält dann den Wert 3,05. 228 (oder N)

21-63 Und die Wurzel aus diesem Wert ist die ______________ der tatsächlichen um die vorhergesagten Zensuren. Diese Standardabweichung hat einen Wert von ______________. Sie ist der Standardschätzfehler, von dem wir bereits auf Seite 332 f. gesprochen haben. Standardabweichung 1,75

21-64 Dort hatten wir den Standardschätzfehler definiert als $s_E =$ ______________. Versuchen wir, ihn auf diese Weise zu berechnen. Wir wissen, daß $s_y = 1{,}95$ und $r = 0{,}45$ ist. Wenn wir einsetzen: $s_E = 1{,}95 \sqrt{1-0{,}45^2}$, dann erhalten wir den Wert $s_E =$ ______________. $s_y \sqrt{1-r^2}$ 1,75

21-65 Sie sehen, daß dieser Wert (bis auf Abrundungsfehler) mit der Standardabweichung der tatsächlichen Zensuren um die vorhergesagten Zensuren identisch ist. Wir sind auf diese Weise zu einer allgemeineren Definition des Standardschätzfehlers gelangt. Der Standardschätzfehler ist demnach die Standardabweichung der tatsächlichen um die ______________ *Y*-Werte. In einer Formel ausgedrückt: geschätzten

$$s_E = \sqrt{\frac{\Sigma(Y_i - R_s)^2}{N}}$$

oder $s_E =$ ______________. $s_y \sqrt{1-r^2}$

Zusammenfassung

21-66 Die relative Genauigkeit von Schätzungen, die auf der Regressionsgeraden beruhen, läßt sich dadurch bestimmen, daß man die Quadrate der Abweichungen der tatsächlichen Zensuren von den Werten der Regressionsgeraden, die zu ihrer Schätzung benutzt wurden, ______________. Diese Quadratsumme ist bei Bestehen einer Korrelation, die nicht Null ist, ______________ als die Quadratsumme der Abweichungen vom ______________. summiert kleiner Gesamtmittelwert

21-67 Dieses Maß für die Genauigkeit einer Schätzung hängt mit dem Standardschätzfehler s_E zusammen. Wird die Quadratsumme $\Sigma(Y_i - R_s)^2$ durch das Gesamt N dividiert, so erhält man die Varianz der tatsächlichen um die ______________ *Y*-Werte. Zieht man daraus die Quadratwurzel, dann erhält man den ______________ s_E. vorhergesagten Standardschätzfehler

Aufgaben zu Kapitel 21

21–1 Betrachten wir die folgenden Werte der Untersuchung, von der wir in diesem Kapitel ausgegangen sind, nämlich $\overline{Y} = 1{,}14$; $s_Y = 1{,}95$; $\overline{X} = 117$; $s_X = 17{,}38$ und $r = +0{,}45$.

(a) Die Abschlußzensur Y läßt sich vom Eignungspunktwert X über die Regressionsgleichung von Y auf X: $\overline{Y} = 0{,}05\ X - 4{,}7$ voraussagen. Sagen Sie Y' für einen Studenten voraus, dessen Eignungspunktwert 110 beträgt. Wie groß wäre der Standardschätzfehler bei einem $r = +\ 0{,}49$? Wäre $r = 0$, welche Voraussage wäre dann die beste? Wie groß ist der Standardschätzfehler bei einem $r = 0$?

(b) Bestimmen Sie die Regressionsgleichung von X auf Y, um aus der Kenntnis der Abschlußzensuren die voraussichtlichen Eignungstestwerte zu schätzen.

21–2 Kehren wir zum Korrelationsdiagramm der Abbildung 18–2 auf Seite 289 zurück! Aus der Kenntnis von $s_Y = 2{,}15$ und $N = 94$ läßt sich die Quadratsumme der Abweichungen $\Sigma(Y_i - \overline{Y})^2$ bestimmen. Wie groß ist sie? Wie groß ist die *Varianz* für die Verteilung dieser Y-Punktwerte?

Kapitel 22: Der Korrelationskoeffizient interpretiert als Varianzanteil – II

Kapitel 22 ist eine Fortsetzung von Kapitel 21, in dem das Korrelationsdiagramm der Eignungstestwerte und der Zensuren im einzelnen besprochen wurde. Die Abweichungen der Werte vom Gesamtmittelwert wurden mit den Abweichungen der Werte von der Regressionsgeraden verglichen, indem die Summen der Quadrate dieser Abweichungen berechnet wurden. In Kapitel 22 werden wir nun erörtern, warum in unserem Beispiel die Summe der quadrierten Abweichungen von der Regressionsgeraden kleiner ist als die Summe der quadrierten Abweichungen vom Gesamtmittelwert. Außerdem werden wir sehen, inwieweit dies mit der Korrelation zwischen X und Y zusammenhängt.

A. Zerlegung der Abweichungswerte

22–1 Für die meisten Zensuren in unserer Verteilung von 228 Werten, läßt sich ersehen, daß die Abweichung $Y_i - R_s$ ______ ist als die Abweichung $Y_i - \overline{Y}$. Wir können dies sowohl aus dem Korrelationsdiagramm ersehen, als auch durch den Vergleich der Quadratsummen der beiden Abweichungen. kleiner

22–2 Wenn wir $Y_i - R_s$ von $Y_i - \overline{Y}$ abziehen, so erfahren wir, um wieviel $Y_i - \overline{Y}$ größer als $Y_i - R_s$ ist. Führen wir die Operation $(Y_i - \overline{Y}) - (Y_i - R_s)$ durch, dann erhalten wir die Differenz ______ (stellen Sie das Glied mit dem positiven Vorzeichen an den Anfang). R_s-$\overline{Y}$

22–3 Diese Subtraktion zeigt, daß sich die Abweichung $Y_i - \overline{Y}$ aus der Abweichung $Y_i - R_s$ plus der Abweichung der Werte der Regressionsgeraden vom ______ zusammensetzt. Gesamtmittelwert

22–4 Jeder Abweichungswert $Y_i - \overline{Y}$ kann demnach in zwei Komponenten zerlegt werden: in die Abweichung des Rohwertes von der ______ und in die Abweichung der ______ vom ______ -Mittelwert: $Y_i - \overline{Y} = (Y_i - R_s) + ($ ______ $)$. Regressionsgeraden Regressionsgeraden Gesamt – R_s-$\overline{Y}$

22–5 In Kapitel 21 haben wir den Abweichungswert $Y_i - R_s$ betrachtet und seine Quadratsumme über alle 228 Werte gebildet. Eine solche Quadratsumme läßt sich auch für die andere Komponente, für ______ R_s-$\overline{Y}$

berechnen. Im folgenden wollen wir uns dieser zweiten Komponente zuwenden.

22–6 Für die Klasse 70–74 beträgt die Abweichung der Regressionsgeraden vom Gesamtmittelwert ________ (Sie finden diese Abweichung in der vierten Spalte der Tabelle 21–2). Dieser Wert hat ein negatives Vorzeichen, da der Wert der Regressionsgeraden ________ ist als der Gesamtmittelwert.

−2,25

kleiner

22–7 Die *quadrierte* Abweichung für die Klasse 70–74 beträgt ________. Dieser Wert befindet sich in der fünften Spalte der Tabelle 21–2 unter der Rubrik $(R_s - \overline{Y})^2$. Die *Summe* der quadrierten Abweichungen befindet sich in der ersten Spalte. Sie beträgt ________. Man erhält sie dadurch, daß man den Wert 5,0625 mit der Häufigkeit ________, dem n_s dieser Klasse, multipliziert.

5,0625

25,3025

5

22–8 Berechnet man diese Summe für alle Klassen und addiert sie auf, so erhält man für die totale *Quadratsumme* den Wert ________. Addieren Sie diese Quadratsumme zur Summe der quadrierten Abweichungen der Einzelwerte von der Regressionsgeraden (694,6). Sie erhalten den Wert ________. Dieser Wert ist praktisch gleich groß wie 868,64, die Summe der quadrierten Abweichungen vom ________. (Der Unterschied von 0,174 geht zu Lasten der Abrundungsfehler)

172,3

866,9

Gesamtmittelwert

22–9 Wenn wir also die Quadratsummen der beiden Komponenten des Abweichungsquadrats bilden, $\Sigma(Y_i - R_s)^2$ und $\Sigma(R_s - \overline{Y})^2$, und diese beiden Werte summieren, dann erhalten wir eine Summe, die gleich ist dem Wert $\Sigma($________$)^2$.

$Y_i - \overline{Y}$

Zusammenfassung

22–10 Jeder Abweichungswert $Y_i - \overline{Y}$ kann in zwei Komponenten zerlegt werden, nämlich in ________ und in ________. Die Summe dieser beiden Komponenten ist immer gleich ________.

$Y_i - R_s$ $R_s - \overline{Y}$

$Y_i - \overline{Y}$

22–11 Ebenso wie jeder einzelne Abweichungswert können auch die Quadratsummen in die genannten Komponenten zerlegt werden. Die Summe aller 228 Werte von (________$)^2$ plus der Summe aller 228 Werte von (________$)^2$ ist gleich der Summe aller 228 Werte von (________$)^2$.

$Y_i - R_s$

$R_s - \overline{Y}$

$Y_i - \overline{Y}$

B. Die Varianzkomponenten

22–12 Jede der drei Quadratsummen kann durch 228 dividiert werden und wird dann zur *mittleren quadrierten Abweichung* (zur Varianz). Wenn die Summe der quadrierten Abweichungswerte $\Sigma(Y_i - \bar{Y})^2$ durch 228 dividiert wird, dann erhalten wir die mittlere quadrierte Abweichung, d.h. die ________________ der gesamten Y-Verteilung. Wir nennen diese Größe die TOTALE VARIANZ, da der Abweichungswert $Y_i - \bar{Y}$ vom *Gesamtmittelwert* ausgeht. Varianz

22–13 Wenn man die Summe der quadrierten Abweichungen $\Sigma(R_s - \bar{Y})^2$ durch 228 dividiert, dann erhält man wiederum eine Varianz. Diese Größe spiegelt die Variation der Werte der Regressionsgeraden um den ________________ wider. Gesamtmittelwert

22–14 Die Variation der Werte der Regressionsgeraden um den Gesamtmittelwert kann bezeichnet werden als die VARIANZ DER REGRESSIONSGERADEN. Der Begriff „Varianz" kann für *jede* ________________ Abweichung gebraucht werden. Die Varianz der gesamten Verteilung oder die ________________ Varianz ist nur eine spezielle ________________ Abweichung. mittlere quadriete

totale
mittlere quadrierte

22–15 Wenn man schließlich die Summe der quadrierten Abweichungen der Einzelwerte vom jeweiligen Wert der Regressionsgeraden durch N = 228 dividiert, dann erhält man eine mittlere quadrierte Abweichung, welche die Variation der Zensuren um die Regressionsgerade angibt. Es ist dies die VARIANZ UM DIE REGRESSIONSGERADE. Es handelt sich also um die Variation der Zensuren jener Studenten, die denselben ________________ -testwert erreicht haben, um den jeweiligen Wert der ________________. Eignungs

Regressionsgerade

22–16 Wenn die Varianz um die Regressionsgerade *groß* ist, dann wird jede Schätzung von voraussichtlichen Zensuren, die auf der Regressionsgeraden basiert, einen ________________ Fehler aufweisen. Wenn die Varianz um die Regressionsgerade *klein* ist, dann werden diese Schätzungen einen ________________ Fehlbetrag aufweisen. großen

geringen

22–17 Erinnern Sie sich an Kapitel 18, als wir Abbildungen von hohen und niedrigen Korrelationen miteinander verglichen haben: Wenn r gegen Null geht, dann erfolgen zwei Änderungen: (1) die Steigung der Regressionsgeraden wird ________________, und (2) die Streuung der Punkte um die Regressionsgerade wird ________________. flacher

größer

22–18 Jede unserer beiden Varianzkomponenten — die Varianz *der* Regressionsgeraden und die Varianz *um die* Regressionsgerade — gibt uns Auskunft über die Größe von je *einer* dieser beiden Änderungen:

(1) die Streuung der Punkte um die Regressionsgerade wird durch die Varianz ______________ angegeben. — um die Regressionsgerade

22–19 (2) Zum anderen gibt die Varianz *der* Regressionsgeraden an, ob die Regressionsgerade steil oder flach ansteigt. Wenn die Varianz der Regressionsgeraden sehr klein ist, dann steigt die Regressionsgerade sehr ______________ an. — flach

22–20 Ist die Varianz der Regressionsgeraden gleich Null, dann besitzt die Regressionsgerade eine Steigung von ______________. Ist die Steigung größer als Null (und auch *r* größer als Null), dann muß die Varianz der Regressionsgeraden ______________ als Null sein. — Null; größer

22–21 Eine hohe Korrelation wird demnach von einer geringen Varianz ______________ und einer großen Varianz ______________ begleitet sein. Die *relative Größe* dieser beiden Varianzkomponenten hängt mit der Höhe der Korrelation zusammen. — um die Regr. ger.; der Regr. ger

---

Zusammenfassung

22–22 Die Größe $\Sigma(Y_i - \bar{Y})^2/N$ ist die ______________ Varianz. Die Größe $\Sigma(Y_i - R_s)^2/N$ ist die Varianz ______________. Die Größe $\Sigma(R_s - \bar{Y})^2/N$ ist die Varianz ______________. — totale; um die Regressionsgerade; der Regressionsgeraden

22–23 Wenn der Korrelationskoeffizient hoch ist, dann ist die Varianz der Regressionsgeraden relativ ______________ und die Varianz um die Regressionsgerade relativ ______________. — groß; klein

---

C. Der Korrelationskoeffizient und die Varianzkomponenten

22–24 Entnehmen Sie den Tabellen 21–1 und 21–2 auf Seite 382 die Werte für die einzelnen Varianzkomponenten und tragen Sie sie hier ein: Totale Varianz = ______________, Varianz der Regressionsgeraden = ______________, Varianz um die Regressionsgerade = ______________ — 3,81; 0,76 3,05

22–25 Die Summe aus der Varianz der Regressionsgeraden und der Varianz um die Regressionsgerade ergibt ______________. Dieser Wert entspricht der ______________. — 3,81; totalen Varianz

22–26 Indem wir jeden der 228 Abweichungswerte in zwei Komponenten aufgeteilt und für diese Komponenten die zugehörigen Varianzen berechnet haben, haben wir die totale Varianz in die Varianz der Werte um die ________________ und in die Varianz ________________ Regressionsgeraden um den ________________ zerlegt.

Regressionsgerade d
Gesamtmittelwert

22–27 Wir wissen, daß die relative Größe der zwei Varianzkomponenten mit der Höhe der ________________ zwischen *X* und *Y* zusammenhängt. Nehmen Sie nun die Varianz *der* Regressionsgeraden und dividieren Sie sie durch die *totale* Varianz. Der Quotient beträgt ________________ .

Korrelation
0,2

22–28 Die Quadratwurzel aus 0,2 beträgt 0,45. Und dieser Wert ist der Wert für *r. Wir können also den Korrelationskoeffizienten definieren als die Quadratwurzel aus dem Quotienten:* Varianz ________________ durch die ________________ Varianz.

der Regressionsgerade
totale

22–29 Wenn man die Varianz der Regressionsgeraden durch die totale Varianz teilt, dann erhält man den *Anteil*, den die Varianz der Regressionsgeraden an der totalen Varianz ausmacht. Dieser Quotient gibt an, welcher Anteil der totalen Varianz der *Y*-Verteilung auf die Varianz ________________ zurückgeht. Der Rest der totalen Varianz geht zu Lasten der Varianz ________________ .

der Regressionsgerade
um die Regressionsger

22–30 Je größer der Anteil an der totalen Varianz von *Y* ist, der durch die Varianz der Regressionsgeraden erklärt wird, desto größer ist der Korrelationskoeffizient. Je größer der Anteil ist, der durch die Varianz um die Regressionsgeraden erklärt wird, desto ________________ ist der Korrelationskoeffizient.

niedriger

22–31 Die totale Varianz ist ein Maß für die Variation der Werte um den ________________ . Wir haben gefragt, wieviel die einzelnen Komponenten zu dieser Variation beitragen. Die Varianz der Regressionsgeraden repräsentiert den Betrag der Variation der Werte der ________________ um den ________________ .

Gesamtmittelwert
Regressionsgeraden
Gesamtmittelwert

22–32 Das Ausmaß, in dem sich die Spaltenwerte der Regressionsgeraden voneinander unterscheiden, hängt von dem Ausmaß ab, in dem sich Studenten mit unterschiedlichen *Eignungstestwerten* in den ________________ voneinander unterscheiden. Daher stellt die Varianz der Regressionsgeraden jenen *Beitrag zur Gesamtvariation der Zensuren* dar, der auf lineare Unterschiede zwischen den Studenten bezüglich ihrer ________________ zurückgeht.

Zensuren
Eignung

22–33 Zum anderen repräsentiert die Varianz um die Regressionsgerade jenen Anteil an der Gesamtvarianz, der auf die Streuung der Zensuren um den jeweiligen Spaltenwert der ________________ zurückgeht.

Regressionsgeraden

Sie ist daher ein Maß für die Variation der Zensuren *bei jenen Studenten, die denselben Eignungstestwert erhalten haben.* Dieser Teil der Variation hängt *nicht* mit der Eignung zusammen, sondern ist auf Ursachen zurückzuführen, die nicht erfaßt worden sind.

Zusammenfassung

22–34 Der Korrelationskoeffizient kann definiert werden als die Quadratwurzel aus dem Quotienten: Varianz __________ durch die __________ Varianz.

der Regressionsgeraden
totale

22–35 Die Varianz der Regressionsgeraden repräsentiert das Ausmaß der Variation der __________ um den __________. Wenn man die Varianz der Regressionsgeraden durch die totale Varianz dividiert, dann erhält man den Anteil an der totalen Varianz der *Y*-Verteilung, der durch lineare Unterschiede in den Werten der Variable __________ determiniert ist.

Regressionsgeraden
Gesamtmittelwert
X

22–36 Die Varianz um die Regressionsgerade repräsentiert das Ausmaß der Variation der __________ -Werte um die Werte der __________. Diese Komponente der totalen Varianz (hängt/hängt nicht) __________ mit linearen Unterschieden in der *X*-Variable zusammen.

Y Regress. ger.
hängt nicht

D. Die Korrelation als Anteil an der Gesamtvarianz

22–37 Da zwischen den beiden Varianzkomponenten und der Korrelation ein ganz bestimmter Zusammenhang besteht, ist es möglich, einen dieser drei Zahlenwerte zu bestimmen, wann immer die zwei anderen bekannt sind. Das *Quadrat* von r gibt den Anteil an der totalen Varianz an, der auf die Varianz __________ zurückgeht. Wenn r gleich 0,50 ist, dann hat dieser Anteil den Wert __________.

der Regressionsgeraden
0,25

22–38 Der Anteil an der Gesamtvarianz, der auf die Varianz um die Regressionsgerade zurückgeht, beträgt dann $1\text{-}r^2$. Wenn $r = 0{,}50$ ist, dann hat dieser Anteil den Wert __________.

0,75

22–39 Der Wert von r beträgt in unserem Beispiel 0,45. Das heißt, daß etwa 20 Prozent der gesamten Variation der Zensuren auf die Variation in der Eignung zurückgeht, und daß etwa __________ Prozent anderen, in diesem Beispiel nicht erfaßten Faktoren zugeschrieben werden müssen.

80

22–40 Auf diese Weise sind wir zur zweiten der beiden Möglichkeiten gekommen, die „Höhe der Korrelation" zu interpretieren. Wir können das *Quadrat* des ______________ ansehen als den Anteil an der Varianz in Y (in den Zensuren), der durch die Unterschiede in X (in der Eignung) erklärt wird. — Korrelationskoeffizienten

22–41 Um diesen Anteil zu erhalten, müssen wir den Korrelationskoeffizienten ______________. Wenn wir diesen Anteil von der Zahl ______________ abziehen, erhalten wir den Anteil an der totalen Varianz, der von Unterschieden in X nicht erklärt wird. — quadrieren; 1

22–42 Es ist üblich, die Größe r^2 als den DETERMINATIONSKOEFFIZIENTEN zu bezeichnen, da sie angibt, wieviel an der totalen Varianz durch die Varianz ______________ determiniert wird, also durch Unterschiede in der Variable X (Eignung). Die Größe $1-r^2$ ist dagegen der Anteil, der durch die Variable X *nicht determiniert* wird. — der Regressionsgeraden

22–43 Betrachten wir nun verschiedene Werte von r. Wir haben bereits gesehen, daß ein Korrelationskoeffizient von 0,50 besagt, daß ______________ Prozent der totalen Varianz durch X erklärt werden und daß ______________ Prozent unerklärt bleiben. — 25; 75

22–44 Wenn r gleich 0,30 ist, wieviel Prozent der totalen Varianz in Y werden durch X erklärt? ______________. Wieviel Prozent bleiben unerklärt? ______________. — 9% (0,09 x 100); 91%

22–45 Welchen Wert von r braucht es, damit 49 Prozent der Varianz erklärt werden? r muß den Wert ______________ haben. — 0,70 ($0{,}70^2 = 0{,}49$)

22–46 Um 81 Prozent der Varianz aufzuklären, muß der Korrelationskoeffizient einen Wert von ______________ haben. — 0,90

Zusammenfassung

22–47 Wir haben nun zwei Wege kennengelernt, wie wir die Bedeutung eines bestimmten Korrelationskoeffizienten zwischen X und Y interpretieren können. Wir können ihn quadrieren, und wir wissen dann, daß r^2 den Anteil an der ______________ in Y darstellt, der durch X ______________ wird. Gleichermaßen wissen wir, daß $1-r^2$ den ______________ an der ______________ in Y darstellt, der durch X ______________ bleibt. — Varianz; erklärt; Anteil – Varianz; unerklärt

22–48 Oder aber wir ziehen die Quadratwurzel aus $1-r^2$, multiplizieren den erhaltenen Wert mit s_Y und erhalten auf diese Weise den Standard-______________ für Voraussagen von Y aufgrund von X. — Schätzfehler

Die Größe $1-\sqrt{1-r^2}$ gibt den Anteil an, um den s_E dadurch verringert wird, daß der Korrelationskoeffizient zwischen X und Y benutzt wird, um Y vorauszusagen.

22–49 Eine Korrelation von 0,50, die etwa die Größenordnung widerspiegelt, in der Universitätszensuren üblicherweise mit Eignungstestwerten korrelieren, kann folgendermaßen interpretiert werden: 1. Etwa ________________ Prozent der Variation der Zensuren können durch Unterschiede in der Eignung ________________ werden. 2. Wenn wir Zensuren für Studienanfänger, deren Eignungstestwerte bekannt sind, voraussagen wollen, dann ist der Standardschätzfehler der Voraussagen um etwa ________________ Prozent kleiner als bei einer Korrelation von 0.

25
erklärt
13

Nachtrag zu Kapitel 22

In unserem Beispiel haben wir die totale Varianz der Abschlußzensuren in zwei Komponenten zerlegt. Die Varianz, die unerklärt bleibt, nachdem der Anteil, der durch die Variation der Eignungstestwerte erklärt wird, entzogen wurde, ist wahrscheinlich nicht auf eine einzige Quelle zurückzuführen. Eine umfassendere Untersuchung hätte möglicherweise weitere Quellen ausfindig gemacht.

Die Methode, mit deren Hilfe man die totale Varianz in zwei *oder mehrere* Komponenten zerlegen kann, wird *Varianzanalyse* genannt. Wir haben in den Kapiteln 21 und 22 eine solche Varianzanalyse durchgeführt. Wenn die Analyse mehr als zwei Komponenten einschließt, dann wird ihre Handhabung etwas komplizierter, jedoch bleibt sie im Prinzip gleich. Die Methoden der Varianzanalyse gehören zu den wichtigsten statistischen Methoden der Versuchsplanung. Besonders vorteilhaft können sie dort angewandt werden, wo man mehrere Faktoren gleichzeitig untersuchen will.

Sie sind nun am Ende dieses Buches angelangt und damit in der Lage, die Varianzanalyse und auch kompliziertere Methoden, wie die multiple und partielle Korrelation und die Faktorenanalyse, zu verstehen. Falls Sie die Absicht haben, sich intensiver mit statistischen Methoden zu befassen, können Sie sich auf die auf Seite 361 angeführte Literatur stützen.

Aufgaben zu Kapitel 22

22–1 Wenn der Korrelationskoeffizient zwischen X und Y +0,40 beträgt, wie groß ist der Anteil an der totalen Varianz, der durch die Varianz der Regressionsgeraden erklärt wird? Welcher Anteil wird durch die Varianz um die Regressionsgerade erklärt?

22–2 Wenn die Varianz der Regressionsgeraden 3,6 und die Varianz um die Regressionsgerade 6,4 beträgt, wie groß ist dann der Wert für die totale Varianz? Wie groß ist der Wert für r^2? Welches ist der Wert von r?

22–3 Angenommen, der Korrelationskoeffizient beträgt +0,37. Welcher Anteil der Variation in Y wird durch die Variation in X erklärt? Welcher Anteil bleibt unerklärt? Um wieviel wird der Standardschätzfehler von Y auf X bei einer Korrelation von +0,37 verringert?

Literaturhinweise

Clauss, G. und Ebner, H., Grundlagen der Statistik, Frankfurt, Deutsch, 1970.

Edwards, A. L., Experimental Design in Psychological Research, 3. ed., Holt, Rinehart and Winston, Inc., London, 1968.

Guilford, J. P., Fundamental Statistics in Psychology and Education, New York, McGraw Hill, 1956.

Hofstätter, P. R. und Wendt, D., Quantitative Methoden der Psychologie, J. Ambrosius Barth, München, 1966.

Lienert, G. A., Verteilungsfreie Methoden in der Biostatistik, Meisenheim, Hain, 1962.

Lindquist, E. F., Design and Analysis of Experiments in Psychology and Education, Boston, Houghton Mifflin, 1953.

McNemar, Q., Psychological Statistics, John Wiley & Sons, Inc., New York, 1962.

Mittenecker, E., Planung und Statistische Auswertung von Experimenten, Wien, Deuticke, 1963.

Lösungen zu den Aufgaben

Kapitel 1

1–1 (a) Für die gesamte März-Population sind die folgenden Beobachtungen relevant: Die Zahl der Stunden, die der Schüler am 18. März geschlafen hat, die Stunden, die er am 19. März geschlafen hat und die Stunden, die er am 20. März geschlafen hat. (b) Die gesamte Population wurde erfaßt. (c) Nein, eine Frage nach der Signifikanz ist nicht sinnvoll. Alle relevanten Beobachtungen sind verfügbar.

1–2 (a) 31 Beobachtungen: die Zahl der Stunden, die der Schüler an jedem der 31 Märztage geschlafen hat. (b) Nur eine Stichprobe. (c) Die Frage nach der Signifikanz ist sinnvoll, da nicht alle relevanten Beobachtungen verfügbar sind. Die 2 drei-Tage-Perioden können sich aufgrund der Stichprobenvariabilität unterscheiden, ohne daß sich die zugrundeliegenden Populationen unterscheiden.

1–3 (a) Die Zahl der Stunden, die jeder der 20 Schüler an jedem der drei Märztage (18.–20.) geschlafen hat. (b) Die Gesamtheit. (c) Nein, da alle relevanten Beobachtungen verfügbar sind.

1–4 (a) Die Zahl der Stunden, die jeder der 20 Schüler an jedem Märztag (1.–31.) geschlafen hat. (b) Nur eine Stichprobe. (c) Ja, da nicht alle relevanten Beobachtungen verfügbar sind.

1–5 (a) Die Zahl der Stunden, die jeder Schüler des Internats an jedem der drei Märztage (18.–20.) geschlafen hat. (b) Nur eine Stichprobe. (c) Ja.

1–6 (a) Die Zahl der Stunden, die jeder Schüler des Internats an jedem Märztag (1. bis 31.) geschlafen hat. (b) Nur eine Stichprobe. (c) Ja.

Kapitel 2

2–1 Nein, es handelt sich nicht um eine Zufallsstichprobe, sondern die Stichprobe ist verzerrt. Da wir nicht wissen, welche Faktoren ein Zurücksenden der Fragebogen bestimmen, können wir nicht mit Sicherheit annehmen, daß jeder Befragte die *gleiche Chance* hat, in die Stichprobe aufgenommen zu werden.

2–2 Nein, beide Bedingungen wurden verletzt. Es ist nicht für alle Studenten gleich wahrscheinlich, daß sie in der Vorlesung anzutreffen sind. Außerdem werden vielleicht einige Studenten ihre Fragebogen gemeinsam ausfüllen, so daß die Antwort des einen Studenten nicht von der eines anderen unabhängig ist.

2–3 (a) Sieben Alternationen, drei Wiederholungen. (b) Die erwartete Häufigkeit ist 5; die beobachtete Häufigkeit 7. (c) Die 10 Beobachtungen über das Verhalten dieser 10 Ratten bilden die gesamte Population. Alle Beobachtungen sind tatsächlich verfügbar, so daß eine Frage nach der Signifikanz nicht sinnvoll ist. (d) Die Population besteht aus den 100 möglichen Beobachtungen über das Verhalten aller 100 Ratten dieser Kolonie bei den ersten zwei Durchgängen. Die tatsächlich verfügbaren Beobachtungen sind nur eine Stichprobe. Daher ist die Frage nach der Signifikanz sinnvoll. Der Unterschied zwischen erwarteter und beobachteter Häufigkeit kann lediglich auf der Stichprobenvariabilität beruhen (ein Faktor), oder er kann *darüber hinaus* noch auf einer Tendenz zur Alternation beruhen (d.h. auf einem tatsächlichen Unterschied zwischen dieser und einer nicht systematischen Population).

2–4 Die Wahrscheinlichkeit, daß es sich um einen weiblichen Namen handelt, beträgt 1/3. Die Wahrscheinlichkeit, daß es sich um einen männlichen Namen handelt, beträgt 2/3. Die erwartete Häufigkeit von Männernamen in einer Zufallsstichprobe von 60 Namen ist 40.

2–5 Den Feststellungen (b) und (e) kann aufgrund des verfügbaren Wissens zugestimmt werden. Feststellung (a) ist die entscheidende Unbekannte. Die meisten Vorlesungen enthalten wahrscheinlich *keine* Zufallsstichproben von Studenten. Der Feststellung (d) kann nur dann zugestimmt werden, *wenn* man sicher sein kann, daß es sich um eine Zufallsstichprobe handelt. Feststellung (c) würde die beste *Schätzung* für das Verhältnis männlich-weiblich in der Universität angeben, wenn es sich um eine Zufallsstichprobe handeln würde.

Kapitel 3

3–1 13/52, oder 1/4.

3–2 1/4. Die Ereignisse sind unabhängig. Der erste Zug beeinflußt nicht die Wahrscheinlichkeit der Ergebnisse beim zweiten Zug, vorausgesetzt, daß die gezogene Karte zurückgelegt wird.

3–3 12/51, da nach dem ersten Zug nur mehr 12 Pik im Kartenspiel verbleiben, und das Kartenspiel nur mehr aus 51 Karten besteht. Die Wahrscheinlichkeit für ein Karo ist 13/51.

3-4 6. Die Wahrscheinlichkeit für jeden Zug, eine Bildkarte zu ziehen, ist 3/13. 3/13 mal 26 gibt 6.

3-5 1/4 + 1/4 = 1/2.

3-6 1/13 mal 1/13 = 1/169.

3-7 3/8. 1/4. SSS, SSR, SRS, SRR, RSS, RSR, RRS, RRR. Acht Kombinationen, vier Ergebnisse.

3-8 $(1/6)^3 = 1/216$.

3-9 3 mal 1/216 = 1/72. 1/6 mal 1/6 = 1/36.

3-10 6 mal 1/216 = 1/36. 1/216.

3-11 0,1 mal 0,1 = 0,01. 0,9 mal 0,9 = 0,81. 2(0,1 mal 0,9) = 2(0,09) = 0,18.

Kapitel 4

4-1 $2^9 = 512$. 10. 1/512. 9!/6!3! = 84. 84/512.

4-2 2048 Kombinationen. 1/2048. 165. 165/2048.

4-3 (a) 1/4. (b) 3/8. (c) 3/32. 3/16(6/32). (d) 56/256 = 7/32. In zwei Vier-Ratten-Experimenten können nicht alle 56 Kombinationen auftreten. 8 Kombinationen können im Acht-Ratten-Experiment zusätzlich dadurch zustande kommen, daß man in einem Experiment vier Alternationen und im anderen eine Alternation erhält. Diese Kombinationen sind aber im Vier-Ratten-Experiment ausgeschlossen. Im einen gibt es drei Alternationen und im anderen zwei.

Kapitel 5

5-1 (a) Nullhypothese: Diese Stichprobe entstammt einer Population von „Zoologiestudenten über mehrere Jahre hinaus", in der sich Männer und Frauen im Verhältnis 2:1 verteilen. (b) 30. (c) Wenn die Nullhypothese zutrifft, muß jegliche Differenz zwischen beobachteten und erwarteten Häufigkeiten auf die Stichprobenvariabilität zurückzuführen sein. (d) Alternativhypothese: Die Population der „Zoologiestudenten über mehrere Jahre hinaus" enthält einen *größeren* Anteil an Frauen als die Population der Studenten an dieser Universität. (e) Die Wahrscheinlichkeit, 50 oder mehr Frauen in einer Stichprobe von 90 Studenten zu finden, und zwar unter der Annahme der Nullhypothese. (f) Wenn die Wahrscheinlichkeit, dieses Ergebnis unter der Nullhypothese zu erhalten, sehr klein, etwa 0,05 oder weniger ist.

5–2 (a) Nullhypothese: Das Ergebnis unterscheidet sich nicht signifikant von einem Zufallsergebnis, in welchem die Wahrscheinlichkeit einer richtigen Antwort 1/2 ist. (b) Alternativhypothese: Das Ergebnis unterscheidet sich signifikant von einem Zufallsergebnis, und zwar in die eine *oder* in die andere Richtung. Der Freund wird signifikant häufiger als nach Zufall *richtig* identifizieren. Der Freund wird signifikant häufiger als nach Zufall *falsch* identifizieren. (c) Für die erste Alternativhypothese: 112/1024, für die zweite: 56/1024, für die dritte: 1013/1024. Die *zweite* Alternativhypothese ist fast auf dem 0,05-Niveau signifikant. (d) Wenn Sie die *zweite* Alternativhypothese aufrechterhalten, so mögen Sie sich um den Fehler I. Art kaum sorgen, da sie fast auf dem 0,05-Niveau signifikant ist.

5–3 (a) Nullhypothese: Die Einstellung nach dem Film unterscheidet sich nicht signifikant von der Einstellung vor dem Film. (b) Die 2%-Stufe. (c) Ja. Nein. Auf dem 5%-Niveau erhöht er den Fehler I. Art, auf dem 2%-Niveau erhöht er den Fehler II. Art.

Kapitel 6

6–1 Nominal: a, b; ordinal: d; intervall: c, e.

6–2 Diskret: b, e; stetig: a, c, d.

6–3 Niedrigstes Gewicht: 80,5; höchstes Gewicht: 90,49; Mittelpunkt: 85,5. Dieses Gewicht würde in das nächsthöhere Intervall [91–100] fallen, da es auf die exakte untere Grenze dieses Intervalls fällt.

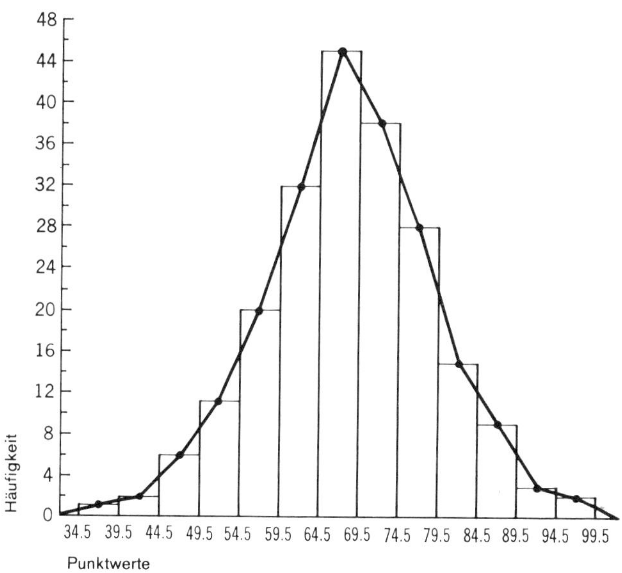

6–4 (a) Säulendiagramm: Die Abbildung sollte aus vertikalen Säulen bestehen, die über jedem Klassenintervall errichtet wurden. Die Höhe jeder Säule sollte der Häufigkeit der Klasse entsprechen, über der sie errichtet ist. Jede Säule sollte die gleiche Breite besitzen. Diese Breite sollte 5 Einheiten betragen. (b) Häufigkeitspolygon: Die Abbildung sollte aus Punkten bestehen, die über den Mittelpunkten der Klassenintervalle errichtet wurden. Die Punkte sollten durch Linien verbunden worden sein.

Kapitel 7

7–1 $\chi^2 = 20^2/30 + 20^2/60 = 20$, $df = 1$. Die Wahrscheinlichkeit, einen solchen Wert zu erhalten, wenn die Nullhypothese zutrifft, ist kleiner als 0,001.

7–2 Bei $N = 10$ ist $\chi^2 = 3{,}60$ und $df = 1$. Die Wahrscheinlichkeit liegt zwischen 0,10 und 0,05. Bei $N = 100$, ist $\chi^2 = 36{,}0$ und $df = 1$. Die Wahrscheinlichkeit ist kleiner als 0,001. Wenn N erhöht wird und der Anteil der richtigen Antworten gleich bleibt, steigt der Wert von χ^2, und die Wahrscheinlichkeit eines solchen Ergebnisses unter der Nullhypothese sinkt.

7–3 Die Tabelle der beobachteten und erwarteten Häufigkeiten sieht folgendermaßen aus:

Elterliches Einkommen

	hoch	*mittel*	*niedrig*	*Gesamt*
Jahrgang 1953	450/500	750/800	400/300	1600
Jahrgang 1963	1050/1000	1650/1600	500/600	3200
Gesamt	1500	2400	900	4800

$\chi^2 = 62{,}19$. $df = 2$. Die Wahrscheinlichkeit unter der Nullhypothese ist kleiner als 0,001. Die Nullhypothese wird deshalb auf der 1%-Stufe verworfen.

Kapitel 8

8–1 Nein. Wenn eine Variable entlang einer Nominalskala gemessen wird, können die Kategorien in jeder beliebigen Reihenfolge angeordnet werden. Ein „größer" und „kleiner" gibt es dann nicht. Eine Nominalskala besitzt auch nicht gleiche Skaleneinheiten. Die Kategorien können unterschiedlich weit gefaßt sein. Der Modalwert kann nur für Intervallwerte numerisch bestimmt werden.

8–2 Zwei Schritte sind erforderlich: (1) Man bestimmt das Klassenintervall mit dem Modalwert, setzt die exakte obere und untere Grenze fest, und (2) bestimmt den Mittelpunkt dieses Intervalls.

8–3 Bei Nominalwerten: die Modalklasse.
Bei Ordinalwerten: die Modalklasse und der Medianwert.
Bei Intervallwerten: alle vier Maße können verwendet werden, jedoch wird man sich meist nicht mit der Modalklasse begnügen, sondern wird den Modalwert selbst berechnen.

8–4 (a) Nur die Modalklasse (Nominalwerte). (b) Alle vier, bevorzugt der Mittelwert, der Medianwert und der Modalwert (Intervallwerte). (c) Die Modalklasse (der modale Rang) und die Berechnung des Medianwertes für die zugeteilten Ränge (Ordinalwerte).

8–5 Mittelwert: 3 165/50 = 63,3.
Medianwert: 59,5 + (6/13)10 = 64,1.
Modalwert: 64,5.
Unter diesen drei Maßen für die zentrale Tendenz wird der Mittelwert am meisten durch das Auftreten von Extremwerten beeinflußt; der Modalwert am wenigsten.

Kapitel 9

9–1 Spannweite = 10. Mittlere Abweichung = 134/75 = 1,79. Die mittlere Abweichung wurde nach der Formel $\Sigma f_i |x| / N$ berechnet. Dabei ist $|x_i|$ der absolute Wert der Abweichung des Mittelpunktes einer Klasse vom Mittelwert und f_i ist die Häufigkeit dieser Klasse.

Standardabweichung = 2,28. Sie wurde berechnet nach der Formel $s = \sqrt{\frac{\Sigma x_i^2}{N}}$

9–2 (a) Ein einziger Extremwert kann die Spannweite ungebührlich vergrößern. Das Maß ist gegenüber „Lücken" in der Verteilung unempfindlich. (b) Die Größe der Spannweite kann sehr leicht durch die Größe der Stichprobe beeinflußt werden. Wenn N wächst, wächst auch die Wahrscheinlichkeit, daß Extremwerte auftreten.

9–3 Die Varianz beträgt $s^2 = 5{,}20$. Die Varianz kann als das Quadrat der Standardabweichung definiert werden; oder als das arithmetische Mittel der quadrierten Abweichungen vom Mittelwert.

9–4 (a) 51,0. (b) 71,2. (c) 10,2.
Tatsächliche Anzahl: (a) 53. (b) 72. (c) 10.

9–5 (a) Ungefähr 34 Prozent. (b) Ungefähr 84 Prozent. (c) Ungefähr 2 Prozent.

Kapitel 10

10–1

$Cum\,f_i$	*kumulative Anteile*
75	1,000
74	0,987
70	0,933
64	0,853
55	0,733
45	0,600
29	0,387
19	0,253
11	0,147
6	0,080
2	0,027

10–2 (a) 60. (b) 13,5. (c) Die einzige Schwierigkeit bei der Anfertigung der graphischen Darstellung könnte die Lokalisation der Punkte in bezug auf die *X*-Achse sein. Die Punkte sollten an der exakten oberen Grenze eines jeden Klassenintervalls abgetragen werden. Wenn Sie genau gezeichnet haben, dann sollten die 9 Dezile mit den folgenden errechneten Werten übereinstimmen:

Dezil	*Wert*
erstes	11,8
zweites	13,0
drittes	13,8
viertes	14,6
fünftes	15,0
sechstes	15,5
siebtes	16,2
achtes	17,1
neuntes	18,1

Um diese Punkte graphisch bestimmen zu können, müssen Sie von den Punkten an der *Y*-Achse, die den kumulativen Anteilen 0,100, 0,200, ..., 1,000 entsprechen, horizontale Linien parallel zur *X*-Achse nach rechts ziehen, bis sich diese Linien mit der Kurve der kumulativen Anteile schneiden. Von diesen Schnittpunkten ziehen Sie vertikale Linien zur *X*-Achse herunter. Auf der *X*-Achse können Sie dann die entsprechenden Werte für die Dezile ablesen.

10–3 Einem Rohwert von 115 entspricht ein z-Wert von –0,27. Einem Rohwert von 134 entspricht ein z-Wert von +1,45. Einem Rohwert von 99 entspricht ein z-Wert von –1,73.

10–4 Mittelwert = 65. Standardabweichung = 8. 98. Perzentil = 81.

10-5 In einer Normalverteilung entspricht dem 50. Perzentil der z-Wert Null. Dem 84. Perzentil entspricht der z-Wert +1,00. Einem z-Wert von +2,0 entspricht das 98. Perzentil.

Kapitel 11

11-1 Mittelwert = 450. s = 15. Die Wahrscheinlichkeit von 435 bis zu 465 Kopfwürfen ist 0,68. Für 435 Kopfwürfe beträgt $z = -1{,}0$ und für 465 Kopfwürfe beträgt $z = +1{,}0$. Die Fläche vom Mittelwert bis $z = +1{,}0$ beträgt 0,3413, und zweimal diese Fläche ergibt 0,6826. Die Wahrscheinlichkeit von 465 bis zu 480 Kopfwürfen ist 0,136. Die Fläche zwischen $z = +1$ und $z = +2$ beträgt 0,1359 (Abbildung 10–5). Die Wahrscheinlichkeit von mehr als 495 Kopfwürfen ist gleich 0,0013. Für 495 Kopfwürfe beträgt $z = +3$.

11-2 Die erwartete Häufigkeit von SPD-Wählern in einer Stichprobe von 400 Wählern beträgt 200. s = 10. Die Wahrscheinlichkeit eines z-Wertes von +2 oder größer beträgt 0,0228.

11-3 (a) $z = +1{,}5$. (b) $z = -5$. (c) $z = -1$.

Kapitel 12

12-1 Die Nullhypothese kann auf dem 5%-Niveau zurückgewiesen werden, *entweder* wenn 480 oder mehr Köpfe fallen *oder* wenn 420 oder weniger Köpfe fallen. Die Richtung der Verfälschung wird nicht angegeben.

12-2 Zweiseitiger Test: a und c. Die Richtung des Unterschiedes wird nicht spezifiziert.

12-3 $z = 1{,}67$. Da keine Richtung spezifiziert wird, muß ein zweiseitiger Test angewandt werden. Die Wahrscheinlichkeit eines so großen z-Wertes in *beide* Richtungen beträgt 2(0,0475) = 0,0950. Die Nullhypothese kann auf dem 5%-Niveau nicht zurückgewiesen werden.

12-4 Gemäß der Nullhypothese sollten 32 positive und 32 negative Vorzeichen auftreten. Tatsächlich gibt es 35 positive und 29 negative Vorzeichen. Da $s = 4$ ist, beträgt $z = 0{,}75$. Ein zweiseitiger Test ist erforderlich. Die Wahrscheinlichkeit eines solchen Unterschiedes in beide Richtungen beträgt 0,4532. Die Nullhypothese kann nicht zurückgewiesen werden.

12-5 Die erste Hypothese erfordert einen einseitigen Test. z-Test: $p = 0{,}075$. Die zweite Hypothese erfordert einen zweiseitigen Test. $p = 0{,}15$. Der Chi-Quadrat-Test ist immer ein zweiseitiger Test, da er die *Richtung* der Abweichung zwischen erwarteten und beobachteten Häufigkeiten nicht in Betracht zieht. $\chi^2 = 2{,}08$, $df = 1$, p = zwischen 0,20 und 0,10.

Kapitel 13

13-1 Standardfehler des Mittelwertes = $\sigma / \sqrt{n} = 16/\sqrt{144} = 1{,}33$.

13-2 121. 0,110. Bei 95%igen Vertrauensgrenzen: zwischen 6,93 und 7,37. Bei 99%igen Vertrauensgrenzen: zwischen 6,87 und 7,43.

13-3 Ungefähr 95% (95,44%). Ungefähr 99% (98,76%).

13-4 (a) 1,645 bei 90%. (b) 2,327 bei 98%.

13-5 Bei unkorrigiertem $s_{\overline{X}}$ würden die Vertrauensgrenzen bei $6{,}9 \pm (0{,}17)(1{,}96)$, also bei 7,23 und 6,57 liegen. (a) Bei einem N von 7 ist der Korrekturfaktor die Quadratwurzel aus 0,67, also gleich 0,82. Die Vertrauensgrenzen liegen bei $6{,}9 \pm (0{,}17)(1{,}96)(0{,}82)$, also bei 7,17 und 6,63. Je größer also N wird, desto enger werden die Vertrauensgrenzen. (b) Bei einem N von 31 beträgt der Korrekturfaktor 0,96. Die Vertrauensgrenzen liegen bei 7,22 und 6,58. Mit dem Größerwerden von N sinkt der Beitrag des Korrekturfaktors. (c) Bei einem N von 120 beträgt der Korrekturfaktor 0,99, und die Vertrauensgrenzen sind auf zwei Dezimalstellen dieselben wie ohne Korrekturfaktor (7,23 und 6,57).
Es handelt sich nicht um eine Zufallsstichprobe, da die Beobachtungen nicht nach Zufall aus der *gesamten* Population von 7 bzw. 31 bzw. 120 Tagen ausgewählt wurden.

Kapitel 14

14-1 Bei einem σ von 1,35 und einem n von 100 beträgt der Wert für $\sigma/\sqrt{n} = 0{,}135$. Der Unterschied $\overline{X} - \mu$ ist $7{,}15 - 7{,}90 = 0{,}75$. Daher ist $(\overline{X} - \mu)/\sigma_{\overline{X}} = 5{,}6$. Dieser Wert ist mindestens auf dem 1%-Niveau signifikant.

14-2 (a) Bei einem n von 100 und einem s von 1 beträgt die Schätzung für $\sigma_{\overline{X}} = s/\sqrt{n} = 0{,}10$. Wenn der wahre Mittelwert gleich 2,0 ist, befinden sich die Vertrauensgrenzen bei $2 \pm 0{,}2$, also bei 1,8 und 2,2. Innerhalb dieser Grenzen muß die mittlere Zahl der Hausarbeitsstunden liegen, damit er mit 95%iger Sicherheit annehmen kann, daß der wahre Mittelwert 2 ist. (b) Bei einem $\overline{X}$ von 1,83 und einem s von 0,92 beträgt $s_{\overline{X}} = 0{,}092$. Der Quotient $(\overline{X} - \mu)/s_{\overline{X}}$ beträgt $0{,}17/0{,}092 = 1{,}85$. Bei einem zweiseitigen Test beträgt die Wahrscheinlichkeit, ein so großes oder größeres z zu erhalten, $2(0{,}03) = 0{,}06$. Der Unterschied erreicht demnach nicht die 5%ige Signifikanzgrenze. (c) Bei einem n von 200 würde $s_{\overline{X}}$ gleich

0,065 sein. Der z-Wert für einen Mittelwert von 1,83 würde 2,61 betragen. Die Wahrscheinlichkeit eines so großen oder größeren z-Wertes in beide Richtungen ist 2(0,0045) = 0,009. Dieser Wert ist mindestens auf dem 1%-Niveau signifikant.

Kapitel 15

15-1 t = 2,86. Bei einem zweiseitigen Test liegt p zwischen 0,01 und 0,02. Bei einem einseitigen Test liegt p zwischen 0,005 und 0,01.

15-2 Bei einem n von 10 muß t mindestens 2,262 betragen. Bei einem n von 20 muß t mindestens 2,093 betragen. Bei einem n von 31 muß t mindestens 2,042 betragen.

15-3 Bei einem einseitigen Test muß t mindestens 2,718 betragen. Bei einem zweiseitigen Test muß t mindestens 3,106 betragen.

15-4 Bei einem 0,02-Niveau muß t mindestens 2,567 betragen. Bei einem 0,01-Niveau muß t mindestens 2,898 betragen.

Kapitel 16

16-1 (1) Ein z-Test könnte in den Fällen (c) und (d) angewandt werden. In den anderen Fällen ist der Stichprobenumfang zu klein. Ebenso zulässig ist in den Fällen (c) und (d) ein t-Test. (2) In den Fällen (a), (b) und (e) geht es um die Differenzen zwischen Mittelwerten zweier Stichproben. (3) Nur Fall (a) schließt korrelierte Stichproben ein. Die Fälle (b) und (e) behandeln unkorrelierte Stichproben.

16-2 Es handelt sich um unkorrelierte Stichproben. Die Populationsvarianz schätzt man, indem man die beiden Stichproben kombiniert. Für jede der beiden Stichproben muß der Wert Σx_i^2 berechnet werden. Für die 2+-Gruppe ist $\Sigma x_i^2 = 24{,}37$; für die 2--Gruppe ist $\Sigma x_i^2 = 42{,}25$. Die geschätzte Populationsvarianz beträgt $s_P^2 = 1{,}332$. Die geschätzte Standardabweichung der Stichprobenverteilung der Unterschiede zwischen den Mittelwerten $s_{X_1 - X_2}$ beträgt 0,32. Der t-Wert ist −0,719. df = 50. Dieser Wert erreicht nicht einmal die Signifikanz auf dem 10%-Niveau.

16-3 $s_{\bar{D}} = 0{,}6$. $t = 1{,}57/0{,}6 = 2{,}6$ $df = 20$. Dieser t-Wert ist mindestens auf dem 2%-Niveau signifikant, wenn man einen zweiseitigen Test zugrunde legt. Die Einstellungsänderung ist demnach signifikant, jedoch kann man daraus nicht schließen, daß dies die Folge einer guten Zensur ist. Die anderen 11 Studenten, die sich in ihrer Zensur *nicht* verbessert haben, können ja beim zweiten Mal auch günstigere Einstellungen gezeigt haben. Es ist außerdem sogar möglich, daß gute Zensuren nicht die Ursache, sondern die Folge einer positiveren Einstellung sind.

Kapitel 17

17-1 (a) $Y = 2{,}5\,X$. (b) $Y = -0{,}75\,X + 3$. (c) $Y = X + 1$.

17-2 (a) und (d).

17-3 (a) +1,4. (b) +1,0. (c) 20.

17-4 Gleichung: $Y = 10$. Steigung: 0. *Y*-Achsabschnitt: 10.

Kapitel 18

18-1 Die Gerade *A* muß durch den mittleren Rang beider Variablen gehen, also durch den Punkt (5,5). Außerdem sollte sie durch den Punkt (9,8) gehen. Die Gleichung für diese Gerade lautet: $Y' = 0{,}75\,X + 1{,}25$. Die Gerade *B* muß durch die Punkte (5,5) und (9,3) gehen. Die Gleichung für diese Gerade lautet: $Y' = -0{,}50\,X + 7{,}5$.

18-2 Unter zwei Bedingungen ist *r* gleich der Steigung der Regressionsgeraden von *Y* auf *X*: (a) Wenn die beiden korrelierten Variablen in Ordinalwerten (also in Rängen) ausgedrückt sind, dann ist $r = m$. (b) Wenn bei Intervallwerten $s_y = s_x$ ist, dann ist ebenfalls $r = m$.

18-3 Die Steigung der Regressionsgeraden von *Y* auf *X* beträgt 0,54. Die Steigung der Regressionsgeraden von *X* auf *Y* beträgt 0,67.

18-4 (a) Die ausgezogene Gerade, die durch die Punkte (5,5) und (10,7) geht, ist die richtige Regressionsgerade von *Y* auf *X* für diese Daten. (b) Ausgezogene Gerade: $Y' = 0{,}40\,X + 3$. Gestrichelte Gerade: $Y' = 0{,}80\,X + 1$. (c) $r = +0{,}40$.

Kapitel 19

19-1 Es handelt sich um einen Zuverlässigkeitskoeffizienten.

19-2 Sie könnten die Zuverlässigkeit ermitteln, indem Sie die Aufsätze ein zweites Mal beurteilen und die zwei Beurteilungen miteinander korrelieren. Zur Bestimmung der Gültigkeit müßten Sie die von Ihnen gegebenen Beurteilungen mit einem *Kriterium* korrelieren, mit Werten also, von denen Sie annehmen, daß sie den Aufsätzen absolut angemessen sind. Die Schwierigkeit besteht hier in der Auffindung eines guten Kriteriums. Sie könnten z.B. die Aufsätze von einem „Fachmann" beurteilen lassen, falls ein solcher verfügbar ist. Oder Sie nehmen als Kriterium den Mittelwert aus einer Gruppe von kompetenten Beurteilern, die alle die gleichen Aufsätze gelesen und benotet haben.

19–3 Es gibt mehrere Möglichkeiten, diese Voraussagen zu treffen. Sie können die Regressionsgerade aufzeichnen, indem Sie ihr eine Steigung von r geben und sie durch die mittleren Ränge von X und Y gehen lassen. Dann können Sie den vorauszusagenden Rang dort ablesen, wo die Regressionsgerade den X-Rang schneidet. Oder aber Sie schreiben die Regressionsgleichung auf: $Y' = +0{,}80\,X + k$ (es handelt sich um *Ordinalwerte*). Da die Gerade durch den Punkt (13,13) gehen muß, kann man k bestimmen aus $k = 13 - 0{,}8(13) = 2{,}6$. Aus der Gleichung $Y' = 0{,}80\,X + 2{,}6$ kann man dann feststellen, daß (a) bei einem X von 3 $Y' = 5$ beträgt und daß (b) bei einem X von 18 $Y' = 17$ beträgt. Eine dritte Möglichkeit ist folgende: Ein Knabe mit einem Rang in X, der 10 Ränge unterhalb des mittleren Ranges von 13 liegt, wird einen Rang in Y haben, der 0,80(10) Ränge unterhalb des mittleren Ranges in Y liegen wird. Auf diese Weise gelangt man für (a) ebenfalls auf den Rang 5.

19–4 Alle eben genannten drei Methoden sind auch hier anwendbar, jedoch wird die Regressionsgleichung hier einfacher sein.
$Y' = -0{,}4\,X + k$. Wenn $X = 11$, dann muß $Y' = 11$ sein. Daher ist $k = 15{,}4$. Wenn $Y' = -0{,}4\,X + 15{,}4$ ist, dann muß für $X = 21$ $Y' = 7$ sein.

Kapitel 20

20–1 10. Wenn die Korrelation unbekannt ist, nimmt man an, daß sie Null ist. Der Standardschätzfehler ist dann gleich s_Y. Bei einem $r = +0{,}714$ beträgt der Standardschätzfehler 7. Der Fehler wurde um 30 Prozent reduziert.

20–2 Um ungefähr 17 Prozent. Der Standardschätzfehler ist $0{,}83\,s_Y$.

20–3 Um den Fehler um 40 Prozent zu verringern, muß der Wert $\sqrt{1-r^2}$ mindestens 0,6 sein und r muß mindestens +0,80 oder −0,80 sein. Da r *quadriert* wird, kann die Korrelation genauso gut negativ sein.

20–4 Der vorausgesagte Aufwand beläuft sich auf 17,50 DM monatlich. Der Standardschätzfehler ist 3,30 DM. Wenn man ihn für das 95 %ige Vertrauensintervall mit 1,96 multipliziert, ergeben sich Vertrauensgrenzen von 11,03 DM und 23,97 DM. 95 von 100 Studenten, deren Väter 10 000 DM jährlich verdienen, werden demnach nicht weniger als 11,03 DM und nicht mehr als 23,97 DM monatlich für Unterhaltung ausgeben.

Kapitel 21

21-1 (a) Wenn $X = 110$, dann ist $Y' = +0{,}8$. Bei einem r von $+0{,}49$ wäre der Standardschätzfehler 1,70. Bei einem r von 0 würde Y' gleich $\bar{Y} = 1{,}14$ sein. Der Standardschätzfehler würde $s_Y = 1{,}95$ betragen. (b) $X' = 4{,}01 \cdot Y + 112{,}43$.

21-2 434,5150. 4,622.

Kapitel 22

22-1 $r^2 = 0{,}16$. 16 Prozent werden durch die Varianz zwischen den Spalten erklärt. 84 Prozent werden durch die Varianz innerhalb der Spalten erklärt.

22-2 Totale Varianz = 10. $r^2 = 3{,}6/10 = 0{,}36$. $r = \pm 0{,}60$.

22-3 0,1369, also ungefähr 14 Prozent. Ungefähr 86 Prozent. Der Standardschätzfehler beträgt 0,93; er wird durch die Korrelation um etwa 7 Prozent verringert.

Dreieckstafel

N	$(2)^N$	$(^1/_2)^N$
1		
2		
3		
4		
5		
6		
7		
8		
9		
10		

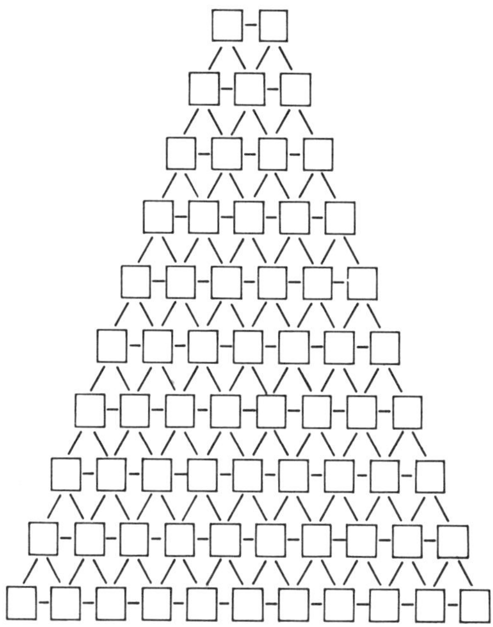

ausgefüllte Dreieckstafel

N	$(2)^N$	$(^1/_2)^N$
1	2	1/2
2	4	1/4
3	8	1/8
4	16	1/16
5	32	1/32
6	64	1/64
7	128	1/128
8	256	1/256
9	512	1/512
10	1024	1/1024

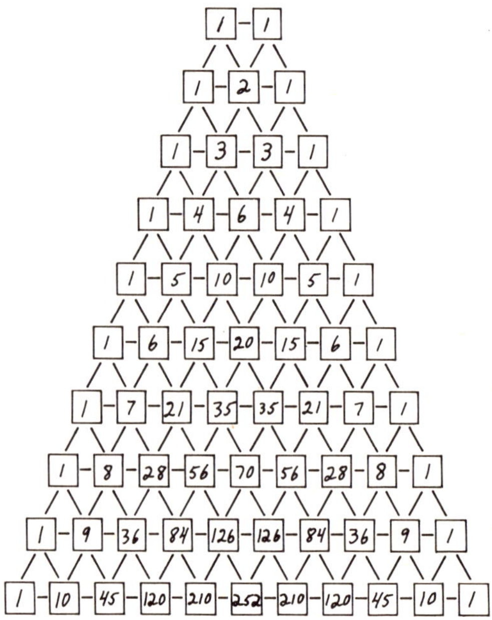

d.f.	*Wahrscheinlichkeit unter der Nullhypothese, daß $X^2 \geq$ Chi-quadrat*													
	0.99	0.98	0.95	0.90	0.80	0.70	0.50	0.30	0.20	0.10	0.05	0.02	0.01	0.001
1	0.00016	0.00063	0.0039	0.016	0.064	0.15	0.46	1.07	1.64	2.71	3.84	5.41	6.64	10.83
2	0.02	0.04	0.10	0.21	0.45	0.71	1.39	2.41	3.22	4.60	5.99	7.82	9.21	13.82
3	0.12	0.18	0.35	0.58	1.00	1.42	2.37	3.66	4.64	6.25	7.82	9.84	11.34	16.27
4	0.30	0.43	0.71	1.06	1.65	2.20	3.36	4.88	5.99	7.78	9.49	11.67	13.28	18.46
5	0.55	0.75	1.14	1.61	2.34	3.00	4.35	6.06	7.29	9.24	11.07	13.39	15.09	20.52
6	0.87	1.13	1.64	2.20	3.07	3.83	5.35	7.23	8.56	10.64	12.59	15.03	16.81	22.46
7	1.24	1.56	2.17	2.83	3.82	4.67	6.35	8.38	9.80	12.02	14.07	16.62	18.48	24.32
8	1.65	2.03	2.73	3.49	4.59	5.53	7.34	9.52	11.03	13.36	15.51	18.17	20.09	26.12
9	2.09	2.53	3.32	4.17	5.38	6.39	8.34	10.66	12.24	14.68	16.92	19.68	21.67	27.88
10	2.56	3.06	3.94	4.86	6.18	7.27	9.34	11.78	13.44	15.99	18.31	21.16	23.21	29.59
11	3.05	3.61	4.58	5.58	6.99	8.15	10.34	12.90	14.63	17.28	19.68	22.62	24.72	31.26
12	3.57	4.18	5.23	6.30	7.81	9.03	11.34	14.01	15.81	18.55	21.03	24.05	26.22	32.91
13	4.11	4.76	5.89	7.04	8.63	9.93	12.34	15.12	16.98	19.81	22.36	25.47	27.69	34.53
14	4.66	5.37	6.57	7.79	9.47	10.82	13.34	16.22	18.15	21.06	23.68	26.87	29.14	36.12
15	5.23	5.98	7.26	8.55	10.31	11.72	14.34	17.32	19.31	22.31	25.00	28.26	30.58	37.70
16	5.81	6.61	7.96	9.31	11.15	12.62	15.34	18.42	20.46	23.54	26.30	29.63	32.00	39.29
17	6.41	7.26	8.67	10.08	12.00	13.53	16.34	19.51	21.62	24.77	27.59	31.00	33.41	40.75
18	7.02	7.91	9.39	10.86	12.86	14.44	17.34	20.60	22.76	25.99	28.87	32.35	34.80	42.31
19	7.63	8.57	10.12	11.65	13.72	15.35	18.34	21.69	23.90	27.20	30.14	33.69	36.19	43.82
20	8.26	9.24	10.85	12.44	14.58	16.27	19.34	22.78	25.04	28.41	31.41	35.02	37.57	45.32
21	8.90	9.92	11.59	13.24	15.44	17.18	20.34	23.86	26.17	29.62	32.67	36.34	38.93	46.80
22	9.54	10.60	12.34	14.04	16.31	18.10	21.24	24.94	27.30	30.81	33.92	37.66	40.29	48.27
23	10.20	11.29	13.09	14.85	17.19	19.02	22.34	26.02	28.43	32.01	35.17	38.97	41.64	49.73
24	10.86	11.99	13.85	15.66	18.06	19.94	23.34	27.10	29.55	33.20	36.42	40.27	42.98	51.18
25	11.52	12.70	14.61	16.47	18.94	20.87	24.34	28.17	30.68	34.38	37.65	41.57	44.31	52.62
26	12.20	13.41	15.38	17.29	19.82	21.79	25.34	29.25	31.80	35.56	38.88	42.86	45.64	54.05
27	12.88	14.12	16.15	18.11	20.70	22.72	26.34	30.32	32.91	36.74	40.11	44.14	46.96	55.48
28	13.56	14.85	16.93	18.94	21.59	23.65	27.34	31.39	34.03	37.92	41.34	45.42	48.28	56.89
29	14.26	15.57	17.71	19.77	22.48	24.58	28.34	32.46	35.14	39.09	42.56	46.69	49.59	58.30
30	14.95	16.31	18.49	20.60	23.36	25.51	29.34	33.53	36.25	40.26	43.77	47.96	50.89	59.70

Aus R. A. Fisher and F. Yates: *Statistical Tables for Biological, Agricultural, and Medial Research,* published by Oliver & Boyd, Ltd., Edinburgh.

Tabelle der Flächen unter der Normalkurve (z-Tabelle)

$z = \frac{x}{\sigma}$	*Fläche vom Mittelwert bis z*	$z = \frac{x}{\sigma}$	*Fläche vom Mittelwert bis z*	$z = \frac{x}{\sigma}$	*Fläche vom Mittelwert bis z*	$z = \frac{x}{\sigma}$	*Fläche vom Mittelwert bis z*
.00	0.0000	1.40	0.4192	1.96	0.4750	2.46	0.4931
.05	0.0199	1.45	0.4265	1.97	0.4756	2.48	0.4934
.10	0.0398	1.50	0.4332	1.98	0.4761	2.50	0.4938
.15	0.0596	1.52	0.4357	1.99	0.4767	2.52	0.4941
.20	0.0793	1.54	0.4382	2.00	0.4772	2.54	0.4945
.25	0.0987	1.56	0.4406	2.01	0.4778	2.56	0.4948
.30	0.1179	1.58	0.4429	2.02	0.4783	2.58	0.4951
.35	0.1368	1.60	0.4452	2.04	0.4793	2.60	0.4953
.40	0.1554	1.62	0.4474	2.06	0.4803	2.62	0.4956
.45	0.1736	1.64	0.4495	2.08	0.4812	2.64	0.4959
.50	0.1915	1.66	0.4515	2.10	0.4821	2.66	0.4961
.55	0.2088	1.68	0.4535	2.12	0.4830	2.68	0.4963
.60	0.2257	1.70	0.4554	2.14	0.4838	2.70	0.4965
.65	0.2422	1.72	0.4573	2.16	0.4846	2.72	0.4967
.70	0.2580	1.74	0.4591	2.18	0.4854	2.74	0.4969
.75	0.2734	1.76	0.4608	2.20	0.4861	2.76	0.4971
.80	0.2881	1.78	0.4625	2.22	0.4868	2.78	0.4973
.85	0.3023	1.80	0.4641	2.24	0.4875	2.80	0.4974
.90	0.3159	1.82	0.4656	2.26	0.4881	2.82	0.4976
.95	0.3289	1.84	0.4671	2.28	0.4887	2.84	0.4977
1.00	0.3413	1.86	0.4686	2.30	0.4893	2.86	0.4979
1.05	0.3531	1.88	0.4699	2.32	0.4898	2.88	0.4980
1.10	0.3643	1.90	0.4713	2.34	0.4904	2.90	0.4981
1.15	0.3749	1.91	0.4719	2.36	0.4909	2.92	0.4982
1.20	0.3849	1.92	0.4726	2.38	0.4913	2.94	0.4984
1.25	0.3944	1.93	0.4732	2.40	0.4918	2.96	0.4985
1.30	0.4032	1.94	0.4738	2.42	0.4922	2.98	0.4986
1.35	0.4115	1.95	0.4744	2.44	0.4927	3.00	0.4987

Tabelle der kritischen t-Werte

d.f.	*Signifikenzniveau für zweiseitige Tests*					
	0.20	***0.10***	***0.05***	***0.02***	***0.01***	***0.001***
1	3.078	6.314	12.706	31.821	63.657	636.619
2	1.886	2.920	4.303	6.965	9.925	31.598
3	1.638	2.353	3.182	4.541	5.841	12.941
4	1.533	2.132	2.776	3.747	4.604	8.610
5	1.476	2.015	2.571	3.365	4.032	6.859
6	1.440	1.943	2.447	3.143	3.707	5.959
7	1.415	1.895	2.365	2.998	3.499	5.405
8	1.397	1.860	2.306	2.896	3.355	5.041
9	1.383	1.833	2.262	2.821	3.250	4.781
10	1.372	1.812	2.228	2.764	3.169	4.587
11	1.363	1.796	2.201	2.718	3.106	4.437
12	1.356	1.782	2.179	2.681	3.055	4.318
13	1.350	1.771	2.160	2.650	3.012	4.221
14	1.345	1.761	2.145	2.624	2.977	4.140
15	1.341	1.753	2.131	2.602	2.947	4.073
16	1.337	1.746	2.120	2.583	2.921	4.015
17	1.333	1.740	2.110	2.567	2.898	3.965
18	1.330	1.734	2.101	2.552	2.878	3.922
19	1.328	1.729	2.093	2.539	2.861	3.883
20	1.325	1.725	2.086	2.528	2.845	3.850
24	1.318	1.711	2.064	2.492	2.797	3.745
30	1.310	1.697	2.042	2.457	2.750	3.646
unendlich	1.282	1.645	1.960	2.326	2.576	3.291

Aus R. A. Fisher and F. Yates: *Statistical Tables for Biological, Agricultural, and Medical Research,* published by Oliver & Boyd, Ltd., Edinburgh.

	N = 228	r = + 0,45
	Eignungstest-werte	*Abschlußzensuren*
Mittelwert	$\overline{X} = 117$	$\overline{Y} = 1.14$
Standard-abweichung	$s_x = 17.38$	$s_y = 1.95$

Abbildung 20–3: Korrelationsdiagramm

Abschlußzensuren \ Eignungstestwerte	70–74	75–79	80–84	85–89	90–94	95–99	100–104	105–109	110–114	115–119	120–124	125–129	130–134	135–139	140–144	145–149	Insgesamt
4.51 bis 5.0 (4.75)											1	2	3	4	3	1	14
4.01 bis 4.5 (4.25)										1		1		2	1		5
3.51 bis 4.0 (3.75)									1	1	2		1	5	2		12
3.01 bis 3.5 (3.25)								2	1	2	1	2	1	1	4		14
2.51 bis 3.0 (2.75)	1					1			1	2	1	4	2	1	1		14
2.01 bis 2.5 (2.25)						1	1	3	3	3		1	2		1		15
1.51 bis 2.0 (1.75)							2	1	4	3	5	2	1	1	2		21
1.01 bis 1.5 (1.25)		1		1	1		3	2	3	3	3	2	6				25
0.51 bis 1.0 (0.75)			1		2		2	1		2	1		2	3			14
0.01 bis 0.5 (0.25)				2	5	2	1	2	5	4	2	3					26
–0.50 bis 0 (–0.25)		2	2		1	2	2	2	4	1	5	2	3	1	1		28
–1.00 bis –0.51 (–0.75)	2		1		3	1			1	1		1	2				12
–1.50 bis –1.01 (–1.25)	1							2	3			1	1				8
–2.0 bis –1.51 (–1.75)					1		2		1		2			1			7
–2.5 bis –2.01 (–2.25)				1				1		1							3
–3.0 bis –2.51 (–2.75)	1		1							1	2			2			7
–3.5 bis –3.01 (–3.25)			1														1
–4.0 bis –3.51 (–3.75)								1	1								2
Insgesamt	5	3	6	4	13	7	13	17	28	25	25	21	24	21	15	1	228

Abbildung 21–1: Korrelationsgraphik und Regressionsgerade von Y auf X

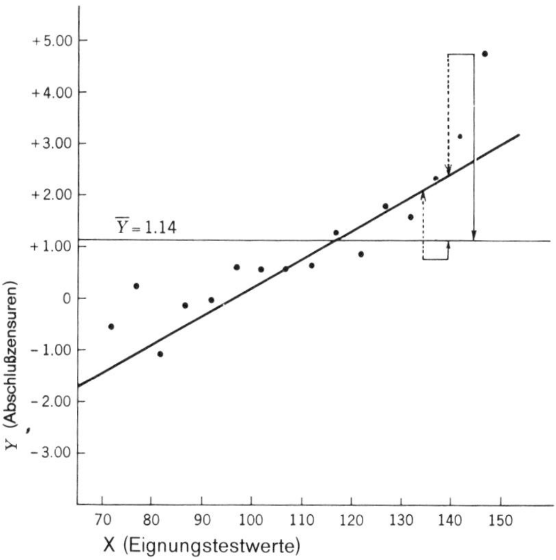

Tabelle 21-1: Berechnung der totalen Varianz

Abschlußzensuren (Mittelpunkt)	Zeilenhäufigkeiten (n_z)	$Y_i - \bar{Y}$ (y)	$(Y_i - \bar{Y})^2$ (y^2)	$n_z\,(Y_i - \bar{Y})^2$ [$n_z\,(y^2)$]
4.75	14	3.61	13.03	182.42
4.25	5	3.11	9.67	48.35
3.75	12	2.61	6.81	81.72
3.25	14	2.11	4.45	62.30
2.75	14	1.61	2.59	36.26
2.25	15	1.11	1.23	18.45
1.75	21	0.61	0.37	7.77
1.25	25	0.11	0.01	0.25
0.75	14	−0.39	0.15	2.10
0.25	26	−0.89	0.79	20.54
−0.25	28	−1.39	1.93	54.04
−0.75	12	−1.89	3.57	42.84
−1.25	8	−2.39	5.71	45.68
−1.75	7	−2.89	8.35	58.45
−2.25	3	−3.39	11.49	34.47
−2.75	7	−3.89	15.13	105.91
−3.25	1	−4.39	19.27	19.27
−3.75	2	−4.89	23.91	47.82

totale Quadratsumme = 868.64

totale Varianz (868.64/228) = 3.81

$s_Y = \sqrt{3.81} = 1.95$

Tabelle 21-2: Berechnung der Varianzkomponenten

Eignungstestwerte	Spaltenhäufigkeiten (n_s)	Varianz der Regressionsgeraden: Werte der Regressionsgeraden (R_s)	$R_s - \bar{Y}$	$(R_s - \bar{Y})^2$	$n_s(R_s - \bar{Y})^2$	Varianz um die Regressionsgerade: $\sum(Y_i - R_s)^2$
70–74	5	-1,11	-2,25	5,0625	25,3025	17,87
75–79	3	-0,86	-2,00	4,0000	12,0000	5,20
80–84	6	-0,61	-1,75	3,0025	18,3750	13,68
85–89	4	-0,36	-1,50	2,2500	9,0000	6,91
90–94	13	-0,11	-1,25	1,5625	20,3125	7,92
95–99	7	0,14	-1,00	1,0000	7,0000	12,38
100–104	13	0,39	-0,75	0,5625	7,3125	19,64
105–109	17	0,64	-0,50	0,2500	4,2500	60,04
110–114	28	0,89	-0,25	0,0625	1,7500	78,29
115–119	25	1,14	0	0	0	71,02
120–124	25	1,39	0,25	0,0625	1,5625	98,91
125–129	21	1,64	0,50	0,2500	5,2500	63,97
130–134	24	1,89	0,75	0,5625	13,5000	74,21
135–139	21	2,14	1,00	1,0000	21,0000	125,33
140–144	15	2,39	1,25	1,5625	23,4375	34,77
145–149	1	2,64	1,50	2,2500	2,2500	4,45
				Quadratsummen:	172,3	694,6

Varianz der Regressionsgeraden: $\frac{172{,}3}{228} = 0{,}76$

Varianz um die Regressionsgerade: $\frac{694{,}6}{228} = 3{,}05$

Sachregister